高等学校"十三五"规划教材·土木工程专业

西安石油大学教改立项教材

土力学与地基基础

主　编　崔　莹

副主编　张煜敏　代建波　朱熹育

主　审　赵均海

U0379673

西安电子科技大学出版社

内 容 简 介

本书为本科院校土木工程专业的专业课教材,主要针对石油类院校土木工程专业培养需求与现有教材内容无法良好匹配的现状而编写。本书在章节布局上注意体现"专业基础＋行业特色"的特点,在保留经典理论和应用内容的同时,适度增加石油、石化设备基础设计等内容,希望读者不仅能系统地学习和领会土木工程学科中常见的土力学、基础工程等的基本原理和计算方法,而且能够了解石油、石化行业常见的储罐和动力设备等基础设施的设计要点和设计流程,同时也能够学习到土木工程学科中常用的地基处理方法和处理原则。

本书共分 11 章,主要内容有土的物理性质及工程分类、土的应力计算与地基沉降计算、土的抗剪强度与地基承载力、土压力与土坡稳定、浅基础、深基础、桩基础、地基处理、储罐基础、动力设备基础等。各章均附有相应的思考题和习题,书中涉及的实例均为真实案例。本书部分章节可以作为课外学习内容。

本书获西安石油大学校级教学改革项目立项。

本书可作为本科院校尤其是石油石化类院校土木工程专业教材,也可供相关专业工程技术人员参考。

图书在版编目(CIP)数据

土力学与地基基础/崔莹主编. —西安:西安电子科技大学出版社,2016.9
高等学校"十三五"规划教材
ISBN 978-7-5606-4232-1

Ⅰ.① 土… Ⅱ.① 崔… Ⅲ.① 土力学—高等学校—教材 ② 地基—基础
(工程)—高等学校—教材 Ⅳ.① TU4

中国版本图书馆 CIP 数据核字 (2016) 第 211939 号

策 划	李惠萍	
责任编辑	王 斌 李惠萍	
出版发行	西安电子科技大学出版社(西安市太白南路 2 号)	
电 话	(029)88242885 88201467	邮 编 710071
网 址	www.xduph.com	电子邮箱 xdupfxb001@163.com
经 销	新华书店	
印刷单位	陕西天意印务有限责任公司	
版 次	2016 年 9 月第 1 版 2016 年 9 月第 1 次印刷	
开 本	787 毫米×1092 毫米 1/16 印张 22	
字 数	520 千字	
印 数	1～3000 册	
定 价	40.00 元	

ISBN 978-7-5606-4232-1/TU

XDUP 4524001-1

高等学校"十三五"规划教材
《土力学与地基基础》编委会名单

主　编　崔　莹

副主编　张煜敏　代建波　朱熹育

主　审　赵均海

编　委　崔　莹　张煜敏　代建波　朱熹育
　　　　计飞翔　高涌涛　梅　源　王凌波

前　言

　　"土力学与地基基础"是高等院校土木工程有关专业的一门重要课程。随着国家经济建设的发展和超高层建筑与特殊设备的兴建与投产，土力学与基础工程的现实意义已显得尤为重要。在目前的土木工程专业高等教育改革中，原"土力学"与"基础工程"两门专业课程已经被整合为"土力学与地基基础"一门课程。为了适应新形势下高等院校本科教学的要求，我们编写了本教材。

　　本教材参考了有关高等院校编写的同类教材。在编写过程中，我们把重点放在理论紧密联系实际上，努力做到语言通俗易懂，文字简明扼要，例题典型明确，力求深入浅出，便于理解，便于自学。在每一章开始均设置有本章要点，并在各章节末尾配有思考题和习题，便于学生进行学习和自测。

　　从内容和体系上来讲，本教材分为三部分：第一部分是土力学，第二部分是基础工程，第三部分是地基处理。本教材的编写原则是：

　　（1）讲清基本原理、理论和方法，不拘泥于推导过程。突出基本概念、原理和计算公式的应用条件，减少公式推导，加强工程应用内容，强调学生一线实用能力的培养。

　　（2）力求体现国家和行业的最新规范与标准。

　　（3）在每章前面列出章节要点，便于学生学习和掌握。

　　（4）在编写过程中根据石油院校土木工程专业特点和课改的需要，对内容进行了适当删减，增加了石油石化行业常见的结构和设备基础设计，突出实用性和石油类高校土木工程专业的培养特色，做到够用为度。

　　本教材获西安石油大学校级教学改革项目立项资助。教材参编人员均为教学一线教师，承担相关专业课程教学多年，经验丰富。本教材的主适人群定位为国内高等院校土木工程学科相关专业的本科学生，同时在内容的编排上突出应用，教材中涉及的实例均为真实案例，因此也可供广大石油行业油建单位的工程技术人员参考。教材中"游梁式抽油机基础"、"动力设备基础"、"储罐基础"等章节内容和成果均来源于作者主持或参与的研究课题，在一定程度上体现了学科的前沿应用。

　　本教材由西安石油大学的崔莹担任主编，西安石油大学的张煜敏、代建波和朱熹育担任副主编，长安大学的赵均海教授担任主审。崔莹负责统稿、定稿工作。具体编写分工如下：崔莹编写前言及第一、三、十一章，张煜敏编写第七、八、九章，代建波编写第六、十章，朱熹育编写第二、四、五章。长江大学的计飞翔和成都理工大学的高涌涛参与了第三、十一章部分内容的编写。西安建筑科技大学的梅源参与了第二、五章部分内容的编写。长安大学的王凌波参与了第八章部分内容的编写。

在本教材的编写过程中，引用和参考了一些教材、文献及论著，在此特向作者们表示衷心的感谢！

由于编者水平有限，书中不足和疏漏在所难免，恳请读者批评指正。

编　者
2016.5

目　录

— 4 —

第一章

绪　论

【本章要点】　土力学及基础工程学作为独立的学科已经历了将近百年的历史，它既是一项古老的工程技术，同时又是一门年轻的应用科学。本章的学习应着重掌握以下问题：

(1) 土力学、地基及基础的基本概念。

(2) 土力学与基础工程的发展脉络。

(3) 土力学与基础工程的关系。

1.1　概　述

1.1.1　土与土力学

　　土是指地壳表面岩石风化后的产物，从地质学的角度也统称为"第四季沉积物"。在通常情况下，土涵盖有固、液、气三相，属于典型的各向异性材料。土存在碎散性、三相性和自然变异性等特性。在工程实际中，土既是一种工程材料，也是我们要面对的工程环境。因此，土的性质对于工程建设的过程及结果都有着重大的影响，对土的研究直接关系着工程安全和经济投资。

　　从不同的角度出发，工程上对土有不同的分类方法。根据土的地质成因分类，将土分为残积土、坡积土、洪积土、冲积土、风积土等；根据土中有机质含量分类，可分为无机土、有机土、泥炭质土和泥炭；根据土的特殊性质进行分类，将其分为湿陷性黄土、红黏土、膨胀土、多年冻土、盐渍土、软土、人工填土等；根据土的颗粒级配或塑性指数分类，将土分为碎石土、砂土、粉土、黏性土等。同时与其他材料相比，水对于土的性质有着较大的影响，因此，研究并明确不同条件下土的特性是具有理论意义和工程价值的科学问题。

　　土力学是力学的一个分支，是以土为研究对象，主要研究土的特性及其受力后，应力、变形、强度和稳定性的学科。土力学的任务是通过研究土的物理、化学和力学性质及微观结构，进一步认识土在荷载、水、温度等外界因素作用下的反应特性。土力学的研究重点是研究在不同条件荷载作用下土的压缩性、剪切性、渗透性及动力特性等。

　　作为一门学科，土力学研究和解决工程中的三大类问题。一是土的强度问题，主要研究土中的应力和强度，如地基的强度与稳定性、地基土液化以及边坡的稳定性等。二是土变形问题，即使土具有足够的强度保证自身稳定。土的变形尤其是沉降与不均匀沉降不应超过结构设计的允许值，否则，将会导致结构产生倾斜、开裂。三是水的渗流对土体变形和稳定性的影响。尤其是对于某些水工建筑物地基，或其他土工结构，在荷载作用下要使土满足前述的强度和变形要求，此外还要研究水的渗流对土的强度和稳定性的影响。

1.1.2 地基与基础

设计建造的建筑物、构筑物或者结构均需要将荷载传递给地层，承受荷载的地层称之为地基。上述对象向地基传递荷载的下部结构称为基础。地基基础是保证建筑物安全和满足使用要求的关键之一。

基础按其埋置深度不同，可分为浅基础和深基础两类。一般埋深在 5 m 左右且能用一般方法施工的基础属于浅基础。基础埋深大于 5 m，需用特殊方法施工的基础则属于深基础，如桩基础、沉井的地下连续墙等。按照基础材料及传力的差异，基础可以分为刚性基础和非刚性基础。图 1-1 和图 1-2 所示即为最基本的两类刚性基础。其中，图 1-1 所示砖砌筑基础一般有两种砌法：一是按台阶宽高比 1∶1.5 砌筑(如图 1-1(a)所示)；另一种是按台阶宽高比 1∶2 砌筑(如图 1-1(b)所示)。素混凝土可以做成台阶形(如图 1-2(a)、(b)所示)，或梯形断面(如图 1-2(c)所示)。做成台阶形时，总高度在 350 mm 以内做成一台阶(如图 1-2(a)所示)；总高度在 350～900 mm 时，做成二台阶(如图 1-2(b)所示)；总高度大于 900 mm 时，做成三台阶，每台阶宽度不宜大于 500 mm。

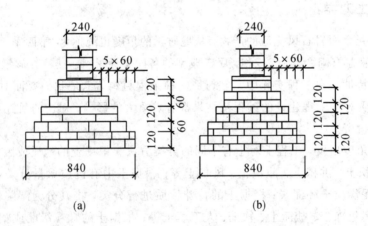

图 1-1 砖基础

按照地基经过处理与否，地基可以分为天然地基和人工地基。天然地基是指本身具有足够的强度，能直接承受建筑物荷载的土层。人工地基是指天然土层本身的承载能力弱，或建筑物上部荷载较大，须预先对土层进行人工加工或加固处理(如压实法、换土法、打桩法以及化学加固法等)后才能承受建筑物荷载的人工加固土层。在工程实际中，由于条件的制约，通常建筑或设备的地基以人工地基为主。

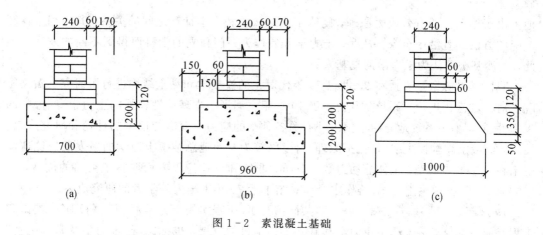

图 1-2 素混凝土基础

1.2 土力学及基础工程学科的发展概况

1.2.1 发展的脉络

土力学及基础工程学作为独立的学科已经历了将近百年的历史，有关的研究从 18 世纪末期就已经开始，它既是一项古老的工程技术，同时又是一门年轻的应用科学。我国封建时代的劳动人民基于生产生活的需要积累了大量实践经验，集中体现在能工巧匠的高超技艺。例如，隋朝石工李春所修赵州石拱桥，不仅因其建筑和结构设计的成就而著称于世，就论其地基基础的处理也是颇为合理的。西安半坡村新石器时代遗址和殷墟遗址的考古发掘等都发现有作为地基基础的土台和石础。但是，由于当时生产力发展水平的限制，还没有能够形成系统的科学理论。

1773 年，法国科学家库仑(Coulomb)发表了著名的土压力滑楔理论和土的抗剪强度公式，对于土力学理论的创立打下了良好的基础。1801 年，俄国学者富斯(ФуCC)第一次提出了关于道路轮沟形成的理论分析。1840 年，法国力学家彭思莱(Poncelet)对线性滑动土楔理论得出了更完善的解。1855 年，法国学者 H.达西(Darcy)创立了土的层流渗透定律。1857 年，英国学者 W.T.M.朗肯(Rankine)发表了土压力塑性平衡理论。1885 年，法国学者 J.布辛奈斯克(Boussinesq)求出了弹性半空间(半无限体)表面受竖向集中力作用时土中应力、变形的理论解。这些古典理论对土力学的发展起了很大的推动作用，形成一系列为解决实际工程建设而产生的理论和方法。经过长达一个多世纪的发展，许多研究者继承前人的研究，总结了实践经验，为孕育本学科的雏形而做出了贡献。

20 世纪 20 年代开始，通过许多研究者的不懈努力，土力学的研究有了迅速的发展。1915 年，瑞典学者 K.E.彼得森(Petterson)首先提出，后由瑞典学者 W.费伦纽斯(Fellenius)及美国学者 D.W.泰勒(Taylor)进一步发展而提出了土坡稳定分析的整体圆弧滑动面法。1920 年，法国学者 L.普朗德尔(Prandtl)发表了地基剪切破坏时的滑动面形状和极限承载力公式。1925 年，美籍奥地利学者 K.太沙基(Terzaghi)在归纳发展以往成就的基础上，发表了第一本土力学专著，接着又于 1929 年与其他作者一起发表了《工程地质学》。这两本比较系统完整的科学著作的出现，带动了各国学者对本学科各个方面的探索。

他提出了饱和土的有效应力原理，阐明了土工试验和力学计算之间的关系，其中用于计算沉降的方法一直沿用至今。从此，土力学开始作为一门独立的学科而得到不断的发展。因此，太沙基被公认为土力学的奠基人。

我国学者陈宗基教授在 20 世纪 50 年代对土的流变学和黏土结构进行了研究。黄文熙院士对土的液化进行了系统的研究，于 1983 年主编了一本理论性较强的土力学专著《土的工程性质》，书中系统地介绍了国内外有关各种土的应力应变本构模型的理论和研究成果。钱家欢、殷宗泽教授主编的《土工原理与计算》较为全面地总结了土力学的新发展。沈珠江院士在土体本构模型、土体静动力数值分析、非饱和土理论等方面取得了突出的成就，在 2000 年出版的《理论土力学》著作中全面总结了近 70 年来国内外学者的研究成果。

1948 年，太沙基与 R.佩克（Peck）共同撰写了《工程实用土力学》一书，将理论、测试和工程经验密切结合，推动了土力学和基础工程学科的发展，也标志着"土力学及基础工程"真正成为一门工程科学。从 1936 年在美国召开第一届"国际土力学及基础工程会议"（至十五届更名为"国际土力学及岩土工程会议"）起至 2013 年，共计开过 18 次国际会议。中国土木工程学会的土力学及基础工程分科学会于 1957 年加入国际土力学及基础工程协会，国际土力学及岩土工程学术大会已经成为了每四年举办一次的国际最大规模和最高水平的学术盛会，其间，世界各地（如亚洲、欧洲、非洲、泛美、澳新、东南亚等）以及包括中国在内的许多国家也都开展了类似的活动，交流和总结了本学科新的研究成果和实践经验。土力学是理论基础，研究作为工程载体岩土的特性及其应力应变、强度、渗流的基本规律；基础工程则研究在岩土地基上开展工程实践的具体技术问题，两者互为理论与应用的整体。

从狭义上讲，基础工程包括基础类型的选择、基础埋深的确定、基础结构设计及基础施工等内容。桩基础的使用具有悠久的历史，据考证人类在一万多年前就使用了桩。俄国工程师斯特拉乌斯（Страус）于 1899 年首先提出了混凝土灌注桩的建议。1901 年美国工程师莱蒙德（Raymond）设计并实现了在钢管内灌注混凝土的桩，近百年来随着社会的进步和经济建设的发展，桩基础得到了广泛应用，出现了许多新桩型，桩基础设计理论也得到极大的丰富和发展，特别是近年来考虑桩土共同作用的桩基设计理论得到广泛应用。与此同时，地下连续墙、沉井等基础型式也得到大量使用，基础设计计算理论日臻完善。

地震导致大量建筑物破坏，造成极大损失，其中有不少是因建筑物基础设计不当所致的。经过大量震害调查和理论研究，研究者逐渐总结了一套行之有效的基础抗震设计理论与计算方法，特别是近十几年来由于地震频繁发生，人们对建筑物抗震更加重视，理论研究为地震区的基础抗震设计提供了科学的理论指导。

随着社会的发展，高层、超高层建筑大量涌现，城市地下空间被开发利用，由此产生了大量与深基础有关的深基坑工程问题。特别是 20 世纪 90 年代以来，对基坑工程的研究取得了很大的进展，出现了许多支护型式，设计理论也得到丰富与发展。由于基坑围护系统大多为临时性结构，使基坑工程具有安全储备小、风险大的特点。基坑工程区域性强，不同地区根据具体情况采用不同的围护措施，基坑工程还受周边环境如建筑物、道路、地下管线的影响，即使在同一地区同样深度的基坑，其支护方案可能完全不同。基坑工程是一个复杂的系统工程，涉及勘察、稳定、变形和渗透、钢筋混凝土理论、支护系统施工、土方开挖及使用过程中的监控和环境保护等多方面因素。设计者必须具备较为全面的知识，才能适应基坑工程的设计要求。实践表明，大量的工程事故与土力学与基础工程问题有关，对这些事故产生的原因分析及处理反过来又促进了土力学与基础工程理论的发展，为人们积累了丰富的经验。由于基础工程是隐蔽性工程，它与勘察、设计和施工质量有着密切联系，关系着建筑物的安危，因此在基础工程的设计、施工中，必须严格遵守建设原则，避免基础工程事故的发生。

同时随着工业技术的不断发展，许多构筑物或设备的基础设计有了更为复杂的约束条件。在一些特殊行业，如石油天然气工程上，存在许多结构与普通房屋建筑相距较远的构筑物和设备（如大型储罐、抽油设备、穿跨越结构等）。如果地基基础处理不当，则会产生诸如类似加拿大特朗斯康谷仓片筏基础的突陷事故。同时，大多数机器在运行时其运动质量会对基础形成一种动荷载，也会使得地基土存在液化的危险。如何以工程实际为准绳，将土力学和基础工程的理论应用在特殊行业设备或结构的基础设计及地基土评价上是有现实意义的。综上所述，土力学是基础工程设计和施工技术的理论基础，而基础工程则是土力学与工程实际密切结合的结果。它们二者构成本课程的完整体系。

1.2.2　土力学与基础工程的关系

土力学是一门研究与土的工程问题有关的学科。其内容包括土中地下水的流网分析、土中应力计算、沉降计算、固结理论、地基承载力计算、水压力计算和土坡稳定分析等，这些都是运用流体力学、弹性理论和塑性理论的基本原理研究土这种特殊性质材料的宏观力学行为所得到的结果，为地基基础设计提供了各种分析计算方法。

基础工程是土木工程学科的一门重要分支，由于基础和上部结构是建筑物不可分割的组成部分，它们互为条件、相互依存，在设计和施工时必须统一考虑，地基基础的设计要求是由整个建筑物的结构特点和使用要求所决定的，各种类型上部结构的地基基础问题具有各自的专业特点。其内容包括：天然地基上浅基础的地基承载力计算和地基变形计算、基础底面反力分布与基础结构内力计算、基础的构造与配筋等；深基础和桩基础的设计原理与施工要点；支挡结构设计；动力机器基础设计；液化判别与地基抗震设计；特殊性土地基（湿陷性黄土、红黏土、膨胀土、盐渍土和冻土）的判别与设计计算以及各类地基处理方法（换填法、强夯法、振冲法、预压法、高压喷射注浆法、水泥土搅拌法等）的设计原理与施工要点。

1.3　本课程的主要内容

1.3.1　教材的编写特点

为了适应专业调整的需要，尽可能在考虑到土木工程一级学科背景的同时体现石油高等院校土木工程专业的授课需要，除了在内容编排上选择最基本、必需的内容以外，我们按照专业基础课与专业方向课相结合的思路，对本教材进行了细致的内容编排。针对石油院校中土木工程专业培养特点和现有的专业课教材内容无法体现培养目标的矛盾，在本教材的章节布局上体现了"专业基础＋行业特色"的特点。在保留经典理论和应用内容的同时，创新性地增加了石油设备基础设计及地基处理等内容。全书共分11章。在具体章节编排中，第二章至第五章为土力学学科基本内容，主要包括土的基本性质、土中应力、土的抗剪强度与地基承载力与土压力计算。第六章至第九章为常见基础工程的设计和地基处理方法，主要包括浅基础、深基础、桩基础以及地基处理。第十章至第十一章是两类在工业工程中常见的特殊基础设计，主要包括储罐基础设计计算和动力设备基础（游梁式抽油机基础、丛式井联动排采设备基础等）设计计算。

1.3.2 课程的学习要求

本课程是实践性和理论性都比较强的一门课程，在整个教学计划中，从基础课过渡到专业课，具有承上启下的作用，是专业教学前的一个重要环节。基础工程的分析与计算是建立在土力学基础之上的，涉及工程地质学、土力学、弹性力学、动力学、结构设计和施工等学科领域，内容广泛，综合性强，土建、桥梁、隧道、港口、海洋等有关工程均涉及基础工程。要成功建造一个基础工程，必须遵循勘察、试验测试、分析计算、方案对比论证、监测控制、反演分析、修正调整的工作方法。对于重要、复杂的基础工程，应通过数学模拟、物理模拟和原型观测等综合手段进行研究，只有这样才能正确进行基础工程的分析与设计。随着经济建设的发展，地基基础型式日益增多，新的基础型式不断涌现，这些都不断促进了基础工程设计计算理论的完善和发展。目前有些计算方法尚在探索阶段，没有上升到理论，离实用尚有一定距离，即便是现有计算理论也存在不少问题和不足，有待于进一步研究，以便加以完善和提高。

本课程涉及多个学科领域，所以内容复杂广泛、综合性强，学习时应该突出重点、兼顾全面。重视工程地质的基本知识，培养阅读和使用工程地质勘察资料的能力，牢固掌握土的应力、应变、强度和地基计算等土力学基本原理，理解动力设备和石油石化设备的施荷特点，以便应用这些基本概念和原理，结合相关建筑结构理论和施工知识，分析、解决基础设计与地基处理等问题。

思 考 题

1. 土力学研究和解决的工程中的主要问题是什么？
2. 地基的概念是什么？基础的概念是什么？二者有何区别？
3. 土力学与基础工程的学科发展脉络是什么？

第二章

土的物理性质及工程分类

【本章要点】 本章为土力学基本原理章节,学习过程具体应注意以下要点:

(1)了解土的形成,掌握不同成因类型土的工程性质。

(2)了解土的三相组成及其结构构造,掌握土的三相指标并能够进行指标间的换算。

(3)能够根据相关指数判断土的物理状态,掌握无黏性土与黏性土的物理性质指标。

(4)了解土的压实性及动力特性,了解地基土的不同分类。

2.1 土 的 生 成

土是由连续、坚固的岩石在物理风化、化学风化和生物风化作用下形成的大小不一的颗粒,各种自然力量的搬运、堆积、沉积,形成的固体矿物颗粒、水和气体的碎散集合体。在漫长的地质年代中,由于各种内力和外力地质作用形成了许多类型的岩石和土。岩石经历风化、剥蚀、搬运、沉积生成土,而土又经压密固结、胶结硬化也可再生成岩石。作为建筑物地基的土,是土力学研究的主要对象。

岩石是一种或多种矿物的集合体。它的特征及其工程性质在很大程度上取决于它的矿物成分。矿物是地壳中天然生成的自然元素或化合物,它具有一定的物理性质、化学成分和形态。组成岩石的矿物称为造岩矿物。岩石按成因划分,可分为岩浆岩、沉积岩和变质岩。

从土与岩石的生成过程得知,土与岩石互为产物,岩石不断风化破碎成土,土又不断压密、岩化而重新变成岩石。这一过程周而复始,不断循环,永远持续进行着。

工程上遇到的大多数土都是在第四纪地质历史时期内形成的。第四纪地质年代的土又可划分为更新世和全新世两类,如表 2-1 所示。不同成因类型的第四纪沉积物,各具有一定的分布规律和工程地质特征。根据岩屑搬运和沉积的情况不同,将土分为残积土、坡积土、洪积土、冲积土、湖泊沉积土、海洋沉积土、冰积土、风积土等。以下对其主要类型作以简单介绍。

表 2-1　土的生成年代

纪(或系)	世(或统)		距今年代/万年
第四纪(Q)	全新世(Q₄)	Q_{43}(晚期)	＜0.25
		Q_{42}(中期)	0.25～0.75
		Q_{41}(早期)	0.75～1.2
	更新世(Q_p)	晚更新世(Q_3)	1.2～12.8
		中更新世(Q_2)	12.8～73
		早更新世(Q_1)	73～248

2.1.1　残积土

残积土是指母岩表层经风化、剥蚀，未被搬运，残留在原地的岩石碎屑。残积土一般分布在基岩曾经出露地表面而又受到强烈风化作用的山区、丘陵及斜坡地的基岩顶部，如图 2-1 所示。

残积土由黏性土或砂类土以及具有棱角状的碎石所组成，有较高的孔隙度，没有经过搬运、分选，无层理，厚度变化大，一般山坡上较薄，在坡脚或低洼处较厚。如以残积层作为建筑物地基，应当注意不均匀沉降和土坡稳定性问题。在我国南方地区某些残积土有其特殊工程性质。如由石灰岩风化而成的残积红黏土，虽然其孔隙比较大，含水率高，但因其结构性强因而承载力高；由花岗岩风化而成的残积土，虽室内测定压缩模量较低，孔隙比也较大，但其承载力并不低。

2.1.2　坡积土

坡积土是指山坡上方的岩石风化产物在重力作用下被缓慢流动的雨、雪水流向下逐渐搬运，沉积在较平缓山坡上而形成的堆积物，如图 2-2 所示。

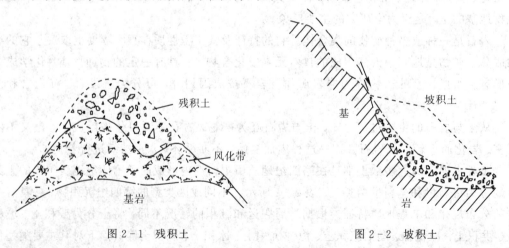

图 2-1　残积土　　　　　　　　　图 2-2　坡积土

坡积土的上部常与残积物相接，堆积的厚度也不均匀，一般上薄下厚。坡积物底面的倾斜度取决于基岩，颗粒自上而下呈现由粗到细的分选现象，其矿物成分与其下的基岩无关。作为地基时，由于坡积物的孔隙大，压缩性高，应注意不均匀沉降和地基稳定性。

由于坡积土形成于山坡，故较易沿下卧基岩倾斜层面发生滑动。利用坡积土做地基时，除应注意不均匀沉降外，还应考虑坡积土本身滑坡的发生及施工开挖后边坡的稳定性问题。

2.1.3 洪积土

洪积土是山区集中的洪水冲刷地表，挟带大量固体物质（如块石、砾石、粗砂等）流至山谷冲沟出口或倾斜平原后，由于流速降低、水流分散，集中在山口堆积而成的沉积物，在地貌学上称为山麓洪积扇，如图 2-3 所示。

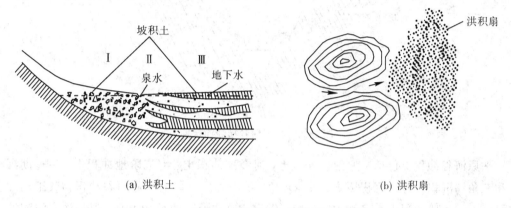

(a) 洪积土   (b) 洪积扇

图 2-3 洪积土与洪积扇

洪积土的分选作用较明显，离冲沟出口愈远，颗粒愈细。洪积土常呈现不规则的交互层理构造，有尖灭、夹层等形状。洪积扇的顶部（近山区）颗粒粗大、磨圆性差，透水性好，地下水位深，地层厚，常是优良的地基地层。洪积扇的前沿（远山区）沉积的主要是粉细砂、粉土、黏性土等细粒土。当该处地下水位浅、地势低洼时，在排水不畅处很容易形成盐碱地或沼泽地，其承载力低、压缩性高，属不良地基地层。但当泉水发育在洪积扇的中部时（地下含水层也常在泉水发育处尖灭），受形成过程中周期性干旱的影响，在临坡面大的远山区细颗粒土中，细小的黏土颗粒发生胶结作用，同时析出的部分可溶性盐类也发生胶结，使土体具有了较高的结构强度。这种情况下的远山区洪积土也属较好的地基地层。但布置在该处的工程项目在建设中一定要做好地面的排水设施，以免地表水渗入地下影响地基承载能力，或在地表汇流造成地表边坡的冲刷、破坏。洪积扇的中部扇形展开的很宽阔，沉积的砾石、砂粒、粉粒和黏土颗粒都有，地层呈交互层理构造，一般属于较好的地基地层；但当有泉水发育时，往往形成宽广的沼泽地带，属不良地基地层。

2.1.4 冲积土

冲积土即河流冲积物，是被河流流水搬运，沉积于山间宽广的山谷地带和地壳相对下降的平原地区的堆积物。可细分为山区河谷冲积物和平原河谷冲积物。冲积土的特点是具有明显的层理构造。经过搬运作用，颗粒磨圆度较好。随着从上游到下游的流速逐渐减小，冲积土具有明显的分选现象。上游沉积物多为粗大颗粒，中下游大多由砂粒逐渐过渡到粉粒和黏粒。

在山区河谷，河谷两岸陡峭，大多仅有河谷阶地存在，很少见有河漫滩出现，如图 2-4所示。山区河谷冲积土多由含纯砂的卵石、砾石等组成，其分选性也较平原河谷冲积物差。山区河谷冲积土的透水性很大，抗剪强度高，几乎不可压缩，是良好的地基地层。在高阶地往往是岩石或坚硬土层，作为地基，其条件很好。但在山区河谷地带进行工程建设时，必须考虑山洪和滑坡、崩塌等不良地质现象的发生。

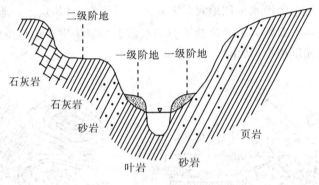

图 2-4　山区河谷横断面示例

平原河谷冲积土包括平原河床冲积土、河漫滩冲积土、河流阶地冲积土、牛轭湖沉积土和三角洲沉积土等。沉积历史、沉积环境、沉积物质不同的平原河谷冲积物其工程性质差异巨大。河床冲积土大多为中密砂粒，作为建筑物地基的承载力高，但需注意河流冲积作用可能导致地基毁坏以及凹岸边坡稳定问题。河漫滩冲积土其下层为砂粒、卵石等粗粒物质，上部为淤泥和泥炭土时，其压缩性高，强度低，作为建筑物地基时应认真对待，尤其是在淤塞的古河道地区，更应慎重处理；如冲积土为砂土，则承载力可能较高，但开挖基坑时要注意可能的流砂现象。河流阶地冲积土是由河床沉积土和河漫滩沉积土演变而来的，形成时间较长，强度较高，可作为建筑物的良好地基，如图 2-5 所示。

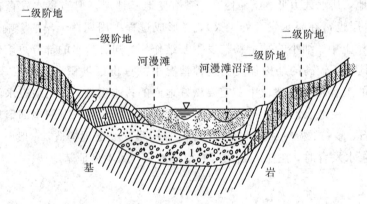

图 2-5　平原河谷横断面示例

1—砂卵石；2—中粗砂；3—粉细砂；4—粉质黏土；
5—粉土；6—黄土；7—淤泥

2.1.5 湖泊沉积土

湖泊沉积土指的是由湖浪作用而在湖中沉积的堆积土。近岸的沉积土主要由粗颗粒的卵石、圆砾、砂土组成,作为地基具有较高的承载力;远岸的沉积土则主要由细颗粒的砂土、黏性土组成,承载力较前者低。湖心沉积土是由河流和湖流挟带的细小悬浮颗粒到达湖心后沉积而成,主要由黏土和淤泥组成,常夹有细砂粉砂薄层,该沉积土强度低,压缩性高。

若湖泊逐渐淤塞后则可变成沼泽,形成沼泽土,它主要是由泥炭(有机物含量近60%以上)组成,其主要特征是:含水率极高,透水性极低,压缩性很高且不均匀,承载力也很低,一般不宜作为天然地基。

2.1.6 海洋沉积土

海洋沉积土指的是由河水带入海洋的物质和海岸风化后的物质以及化学、生物物质在搬运过程中随着流速逐渐降低在海洋各分区中沉积下来的堆积物。根据海洋各分区的不同可分为海滨沉积土、浅海沉积土、陆坡沉积土、深海沉积土等。

海滨沉积土(海水高潮位时淹没,低潮位时露出的海洋地带)主要由卵石、圆砾和砂等粗碎屑物质组成,有时有黏性土夹层,具有基本水平或缓倾斜的层理构造,作为地基,强度较高;但在河流入海口地区常有淤泥沉积,这是河流带来的泥砂及有机物与海中有机物沉积的结果。

浅海沉积土(水深约为0~200 m,宽度约为100~200 km的大陆架)主要由细颗粒砂土、黏性土、淤泥和生物化学沉积物组成;离海岸越远,沉积物的颗粒越细小;该沉积土具有层理构造,其中砂土比滨海带更疏松,易发生流砂现象,其分布广,厚度不均匀,压缩性高;在浅海带近代沉积的黏土则密度小、含水率高,因而其压缩性大、承载力低;而古老的黏土则密度大、含水率低,压缩性小,承载力高。

陆坡沉积土(浅海区与深海区之间过渡的陆坡地带,水深约为200~1000 m,宽度约为100~200 km)及深海沉积土(水深超过1000 m的海洋底盘)主要由机质淤泥组成,成分均一。

2.1.7 冰积土

冰积土是指由冰川或冰水挟带搬运所形成的沉积物,其分选性极差,石料占多数,冰水沉积物可能有一定成层性、分选性。

我国多年冰积土分为高纬度和高海拔多年冰积土。高纬度多年冰积土主要集中分布在大小兴安岭,面积为38~39万平方千米。高纬度的多年冰积土是欧亚大陆多年冰积土南缘,平面分布服从纬度地带性规律,即越往海拔高的地方冰积土面积越大,厚度也越大。高海拔多年冰积土分布在青藏高原、阿尔泰山、天山、祁连山、横断山、喜马拉雅山以及东部某些山地,如长白山、黄岗梁山、五台山、太白山等。高海拔多年冰积土形成与存在受当地海拔高度的控制。

2.1.8 风积土

风积土是指在干旱的气候条件下,岩石的风化破碎物由风力搬运所形成的堆积物。常见的风积土分为两类，一类是分布在我国华北、西北地区的黄土，它主要由粉土粒或砂粒组成，含可溶性盐，土质均匀，孔隙比大。黄土又分为类黄土和黄土两种，区别在于前者无湿陷性（遇水剧烈下沉），后者具有湿陷性，在实际工程上应当注意区分。另一类是风积砂（沙漠、沙丘），它属于不稳定的土层、随着风向和风力的变化而不断迁移，用其作为建筑物地基，常需要采取固砂措施。

2.2　土 的 组 成

在天然状态下，土由三相物质组成，即由固体颗粒、水和空气三相所组成。固体颗粒主要是土粒，有时还有粒间的胶结物和有机质，它们构成土的骨架；液相部分为水及其溶解物；气相部分为空气和其他微量气体。

当土骨架之间的孔隙被水充满时，我们称其为饱和土或完全饱和土；当土骨架间的孔隙不含水时，称其为干土；而当土的孔隙中既含有水，又有一定量的气体存在时，称其为非饱和土或湿土。

2.2.1　土中的固体颗粒

在土的三相组成中，固体颗粒形成土的骨架，是决定土的工程性质的主要成分。对于土中固体颗粒，主要从其矿物成分、颗粒的大小以及分布来描述。

1. 土颗粒的矿物成分

由于土是岩石风化的产物，所以土颗粒的矿物组成取决于成土母岩的矿物组成及其后的风化作用。土中矿物成分可以分为原生矿物和次生矿物。原生矿物是岩石经过物理风化生成的，其矿物成分与母岩相同，如石英、长石、云母等。次生矿物是原生矿物经化学风化或生物化学风化作用后所生成的新矿物，其矿物成分与母岩不同。次生矿物有很多种，难溶性盐类如 $CaCO_3$ 和 $MgCO_3$ 等、可溶性盐类如 $CaSO_4$ 和 $NaCl$ 等，还包括各种黏土矿物如高岭石、伊利石和蒙脱石等。由于黏土矿物亲水性不同，当其含量不同时土的工程性质就不同。

黏土矿物是指具有片状或链状结晶格架的铝硅酸盐，它是由原生矿物中的长石及云母等矿物风化形成。黏土矿物具有与原生矿物很不相同的特性，它对黏性土的性质影响很大。

黏土矿物主要有蒙脱石、高岭石和伊利石三种类型，其分述如下：

（1）蒙脱石：晶层结构是由两个硅氧晶片中间夹一个铝氢氧晶片构成。由于联结力弱，水分子很容易进入晶层之间，其矿物晶格结构很不稳定，正离子交换能力极强，活动性强，吸附水的能力强，具有强烈的吸水膨胀和失水收缩特性，是黏土矿物中亲水性最强的一类矿物，工程中如果遇见富含此类矿物的黏性土体时，一定要分析其膨胀性的大小，并对其膨胀性对工程的危害加以防范。

（2）伊利石：是云母在碱性介质中风化的产物。晶层结构是由两个硅氧晶片中间夹一个铝氢氧晶片构成，晶层间有钾离子连接。其晶格结构的稳定性、正离子交换能力、活动性和吸附水的能力等均介于蒙脱石和高岭石之间。

（3）高岭石：由长石、云母风化而成，晶层结构是由一个硅氧晶片中间夹一个铝氢氧晶片构成，晶层间通过氢键连接。由于氢键联结力较强，高岭石类矿物晶格结构较稳定，所以不容易吸水膨胀、失水收缩，或者说亲水能力差。

由于黏土矿物颗粒细小且扁平，且表面带有负电荷，所以极容易和极化的水分子相吸引。土颗粒的表面积越大，这种吸引力越强，黏土矿物表面积的相对大小可以用单位体积（或质量）的颗粒的总表面积来表示，称为土的比表面积。土颗粒越细，比表面积越大，则吸水能力越强。

另外在风化过程中，在微生物作用下，土中产生复杂的腐殖质。土中胶态的腐殖质颗粒细小，能吸附大量的水分子，由于这种极细颗粒的存在，使得土具有高塑性、膨胀性和高压缩性，所以对工程建设是极不利的，故对于有机质含量大于 $3\%\sim5\%$ 的土，应加注明，此种土不适宜作为填筑材料。

2. 土的粒度成分

土颗粒大小不同，其性质也不同。例如，粗颗粒的砾石具有很大的透水性，完全没有黏性和可塑性。而细颗粒的黏土透水性很小，黏性和可塑性较大。颗粒大小通常以粒径表示。如果将工程性质相似、颗粒大小相近的土粒归并成组，即称为粒组。

1）土的粒组划分

目前土的粒组划分方法并不完全一致，各个国家、甚至一个国家的各个部门或行业都有一些不完全相同的土颗粒划分规定。表 2-2 为《建筑地基基础设计规范》（GB50007—2011）常用土粒组划分方法，即将土粒划分为六大粒组：漂石或块石、卵石或碎石、圆砾或角砾、砂粒、粉粒及黏粒，各粒组界限粒径分别为 200 mm、20 mm、2 mm、0.075 mm 和 0.005 mm。

表 2-2 土粒粒组划分

粒组统称	粒组名称		粒径范围/mm
巨粒组	漂石或块石颗粒		＞200
	卵石或碎石颗粒		200～20
粗粒组	圆砾或角砾颗粒	粗	20～10
		中	10～5
		细	5～2
	砂粒	粗	2～0.5
		中	0.5～0.25
		细	0.25～0.1
		极细	0.1～0.075
细粒组	粉粒	粗	0.075～0.01
		细	0.01～0.005
	黏粒		≤0.005

2）土的粒度成分

土的粒度成分是指土中各种不同粒组的相对含量（以干土质量的百分比表示），它可以描述土中不同粒径土粒的分布特征，也称为颗粒级配或粒径级配，它可通过颗粒分析试验得到。工程中颗粒分析常用两种方法：对于粒径大于 0.075 mm 的粗粒土采用筛分法，而小于 0.075 mm 的细粒土采用沉降分析法。

筛分法是用一套孔径分别为 20 mm、10 mm、5 mm、2 mm、1 mm、0.5 mm、0.25 mm、0.075 mm 的筛子，将事先称过质量的烘干土样过筛，称量留在筛子上的土样质量，然后计算相应的百分数。沉降分析法是根据土粒在悬液中沉降的速度与粒径平方成正比的斯托克斯公式来确定各粒组相对含量的方法，基于这一原理实验室常用密度计法、移液管法来测定。

颗粒分析试验成果可用表或曲线表示。用表表示的常见于土工试验成果表中，用粒径级配曲线表示试样颗粒组成是一种较完善的方法，其纵坐标表示粒径小于某一粒径的土占总质量的百分数，横坐标表示土的粒径（因为土粒粒径相差数百、数千倍以上，小颗粒土的含量又对土的性质影响较大，所以横坐标用粒径的对数值表示），所得的曲线称为颗粒级配曲线或颗粒级配累积曲线。在图 2-6 中，曲线 a、b 表示两个试样颗粒级配情况，由曲线坡度陡缓可大致判断土的均匀程度。如果曲线陡峻，表示土粒大小均匀，级配不好，如曲线 a；反之则表示土粒不均匀，级配良好，如曲线 b。

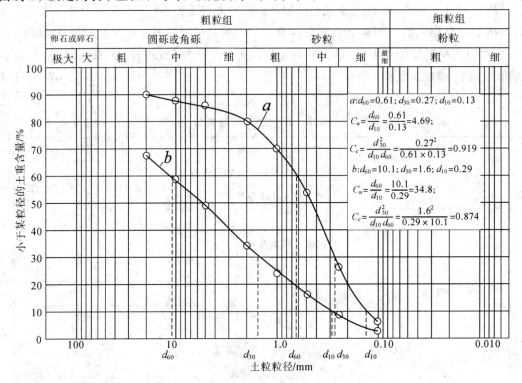

图 2-6　土的颗粒级配曲线示例

工程上常用土粒的不均匀系数和曲率系数来定量判断土的级配好坏。

不均匀系数

$$C_u = \frac{d_{60}}{d_{10}} \qquad (2.1)$$

曲率系数

$$C_c = \frac{d_{30}^2}{d_{60} \times d_{10}} \qquad (2.2)$$

式中：d_{10}、d_{30}、d_{60}——分别为相当于累计百分含量为 10%、30% 和 60% 的粒径(mm)；

$\qquad d_{60}$——称为限定粒径(mm)；

$\qquad d_{10}$——称为有效粒径(mm)。

不均匀系数 C_u 反映大小不同粒组的分布情况，$C_u < 5$ 的土为均粒土，如图 2-6 中曲线 a 代表的土样，$C_u = 4.69$ 属于级配不良的土；$C_u > 10$ 的土为如图 2-6 中曲线 b 代表的土样，$C_u = 34.8$ 时属于级配良好的土，$C_u = 5 \sim 10$ 的土为级配一般的土。

曲率系数 C_c 用来考虑累积曲线的整体形状，例如，原水电部《水电水利工程土工试验规程》(DL/T 5355—2006)规定，对于纯净的砂、砾，当 $C_u \geqslant 5$，且 $C_c = 1 \sim 3$ 时，它是级配良好的土，不能同时满足上述条件时，其级配是不好的。因而图中曲线 b，虽然 $C_u = 34.8 \geqslant 5$，但 $C_c = 0.874 < 1$，不能同时满足，故属于级配不好的土。

颗粒级配能够在一定程度上反映土的某些性质。对于级配良好的土，较粗颗粒间的孔隙被较细的颗粒所填充，因而土的密实度较好，相应的地基土的强度和稳定性也较好，透水性和压缩性也较小，可用作堤坝或其他土建工程的填方土料。

2.2.2 土中的水

在自然状态下，绝大多数环境中的土总是含水的，土中水可以是液态，也可以是固态或气态。研究土中水时必须考虑其存在状态及其与土粒之间的相互作用。存在于土粒矿物晶格以内的水称为结晶水。土中的结晶水只能在较高的温度(80℃～680℃，随土粒矿物成分的不同而异)下才能化为水汽而与土粒分离，因此在一般工程中，结晶水被视为矿物固体颗粒的一部分。由于一般情况下水汽和结晶水对土的工程性质影响不大，所以通常所说的水是指常温状态下的液态水。

按土中水是否受土粒电场力作用可以将土中水分为两类：一类称为结合水；另一类称为自由水。

1. 结合水

一般情况下，土粒的表面带有负电荷，在土粒周围形成电场，吸引水中的氢原子一端使其定向排列，形成围绕土颗粒的结合水膜，如图 2-7 所示。我们将受土颗粒电场力作用而吸附于土粒周围的土中水称为结合水。通常将结合水分为强结合水和弱结合水两种。将受颗粒电场力吸引，紧紧吸附于颗粒周围的结合水称为强结合水。强结合水的特征是：没有溶解能力，不能传递静水压力，受外力作用时与土颗粒一起移动，性质近于固体，具有很大的黏滞性、弹性和抗剪强度。

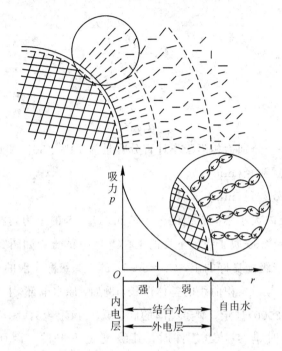

图 2-7　结合水分子定向排列简图

弱结合水是指紧靠于强结合水外围的一层水膜，故又称薄膜水。它仍不能传递静水压力，但水膜较厚的弱结合水能向较薄的水膜缓慢转移，直到平衡。弱结合水层的厚度小于 $0.5~\mu m$，它的密度为 $1.0\sim17~g/m^3$。土体的可塑性主要受弱结合水的影响，弱结合水膜厚度越大越多，土体可塑性越好；反之则相反。由于黏性土比表面积较大，含薄膜水多，故其可塑性范围大；而砂土比表面积较小，含薄膜水极少，故几乎不具有可塑性。

2. 自由水

自由水是指土粒电场力影响范围以外的土中孔隙水。自由水的性质和普通水一样，冰点为 $0℃$，有溶解能力，能传递静水压力。土中的自由水根据移动所受到作用力的不同可分为重力水和毛细水两种。

重力水是存在于地下水位以下透水土层中的土颗粒空隙中的自由水，也称地下水。重力水在自身重力和压力差的作用下稳定地流动，对土粒及置于其中的结构物都有浮力作用。重力水对土中应力状态和开挖基槽、基坑以及修筑地下构筑物时所采取的排水、防水措施有重要影响。

毛细水是受到水与空气交界面处表面张力作用的自由水，毛细水存在于地下水位以上的透水层中。毛细水根据其与地下水面的联系情况可分为毛细悬挂水（与地下水无直接联系）及毛细上升水（与地下水相连）。

毛细水常会给工程带来一些不利影响，主要有以下几个方面：

（1）毛细水的上升是引起路基冻害因素之一。

（2）对建筑物而言，毛细水上升可能会引起地下室过分潮湿，因而建筑物的地下部分要采取防潮措施。

（3）毛细水的上升可能引起土地的沼泽化和盐渍化。

（4）当地下水有侵蚀性时，毛细水上升对建筑物和构筑物的基础中的混凝土、钢筋等形成侵蚀作用。

此外，应注意重力水和毛细水的区别：充满重力水的饱水带具有各向相同的静水压力，而毛细水产生的孔隙水压力是负值。

2.2.3　土中的气体

土中的气体指的是土骨架形成的空隙中未被水占领的部分。根据气体的连通情况，将土中的气体分为两种类型：流通气体和密闭气体。

（1）流通气体是指与大气连通的气体，常见于无黏性的粗粒土中。它的成分与空气相似，当土受到外力作用时，这种气体很快从土孔隙中逸出，对土的性质影响不大。

（2）密闭气体是指与大气隔绝的以气泡形式存在的气体，常见于黏性细粒土中。密闭气体成分可能是空气、水汽、天然气或其他气体等，在压力作用下可被压缩或溶于水中，压力减小时又能复原，对土体的性质有一定的影响，它的存在可使土体的渗透性减小、弹性增大，延缓土体的变形随时间的发展过程。较为典型的是淤泥质土和泥炭土，由于微生物分解有机物，在土层中产生了一些可燃性气体（如硫化氢、甲烷等），使其在自重作用下长期不易压密，成为高压缩性土层。

当土骨架之间的孔隙被水充满时，我们称其为饱和土或完全饱和土；当土骨架间的孔隙不含水时，称其为干土；而当土的孔隙中既含有水，又有一定量的气体存在时，称其为非饱和土或湿土。

2.3　土的结构与构造

2.3.1　土的结构

土粒的结构是指由土粒的大小、形状、相互排列及其联结关系等形成的综合特征。它是在成土过程中逐渐形成的，与土的矿物成分、颗粒形状和沉积条件等有关，对土的工程性质有重要影响。土的结构一般分为单粒结构、蜂窝结构和絮状结构三种基本类型。

1. 单粒结构

土在沉积过程中，较粗的岩屑和矿物颗粒在自重作用下沉落，每个土粒都为已经下沉稳定的颗粒所支承，各土粒相互依靠重叠，构成单粒结构。根据形成条件不同，这类土粒可分为密实状态和疏松状态，如图 2-8 所示。密实状态的单粒结构土压缩性小、强度大，是良好的地基地层。疏松状态的单粒结构土在外荷载作用下，特别是在振动荷载作用下会使土粒移向更稳定的位置而使土质变得比较密实。

(a) 密实状态   (b) 疏松状态

图 2-8　单粒结构

2. 蜂窝结构

蜂窝结构主要是由粉粒(0.05～0.005 mm)所组成的土的典型结构形式，如图 2-9(a)所示。较细的土粒在自重作用下沉落时，碰到别的正在下沉或已经下沉的土粒，由于土粒细而轻，粒间接触点处的引力阻止了土粒的继续下沉，土粒被吸引着不再改变其相对位置，逐渐形成了链环状单元，很多这样的单元联结起来，就形成了孔隙较大的蜂窝状结构。蜂窝结构的土中，单个孔隙的体积一般远大于土粒本身的尺寸，孔隙的总体积也较大，沉积后如果未曾受到较大的上覆土压力作用，作为地基时可能会产生较大的沉降。

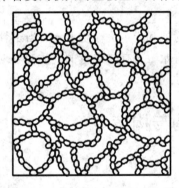

(a) 蜂窝结构   (b) 絮状结构

图 2-9　蜂窝结构与絮状结构

3. 絮状结构

絮状结构是指微小的黏粒主要由针状或片状的黏土矿物颗粒所组成，土粒的尺寸极小，重量也极轻，靠自身重量在水中下沉时，沉降速度极为缓慢，且有些更细小的颗粒已具备了胶粒特性，悬浮于水中做分子热运动；当悬浮液发生电解时(例如当河流入海时，水离子浓度的增大)，土粒表面的弱结合水厚度减薄，运动着的黏粒相互聚合(两个土颗粒在界面上共用部分结合水)，以面对边或面对角接触，并凝聚成絮状物下沉，形成絮状结构，如图 2-9(b)所示。在河流下游的静水环境中，细菌作用时形成的菌胶团也可使水中的悬浮颗粒发生絮凝而沉淀。所以絮状结构又被称为絮凝结构。絮状结构的土中有很大的孔隙，总孔隙体积比蜂窝结构的更大，土体一般十分松软。

2.3.2 土的构造

土的构造是指土体中物质成分、颗粒大小、结构形式等都相近的各部分土的集合体之间的相互关系特征，一般可分为层理构造、裂隙构造和分散构造。

1. 层理构造

层理构造土是最重要的构造特征，即成层性。这是由于不同阶段沉积物的物质成分、颗粒大小及颜色等都不相同，而使竖向呈现成层的性状。常见的有水平层理和交错层理，并常带有夹层、尖灭及透镜体等，如图 2-10 所示。

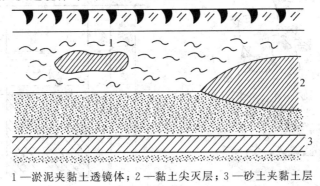

1—淤泥夹黏土透镜体；2—黏土尖灭层；3—砂土夹黏土层

图 2-10 土的层理构造

2. 裂隙构造

裂隙构造是因土体被各种成因形成的不连续的裂隙切割而形成的，如图 2-11 所示。裂隙中常充填各种盐类沉积物。裂隙的存在大大降低了土体的强度和稳定性，增大了透水性，容易对工程造成危害。此外，土中包裹物(如腐殖质、贝壳、结核等)以及洞穴的存在也会造成土的不均匀性。

3. 分散构造

分散构造是指颗粒在其搬运和沉积过程中，经过分选的卵石、砾石、砂石等因沉积厚度较大而不显层理的一种构造，如图 2-12 所示。分散构造的土比较接近理想的各向同性体。

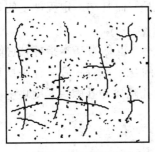

图 2-11 裂隙构造

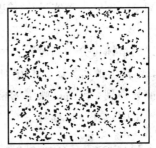

图 2-12 分散构造

2.4　土的三相比例指标

土是由固体颗粒(表示为 s)、土中水(表示为 w)和土中气(表示为 a)构成的三相体系，土中的三相物质本来是交错分布的，如 2-13(a)所示。为了便于说明和计算，将其三相物质抽象地分别集合在一起，构成一种土的三相物质之间的数量关系，如图 2-13(b)所示。

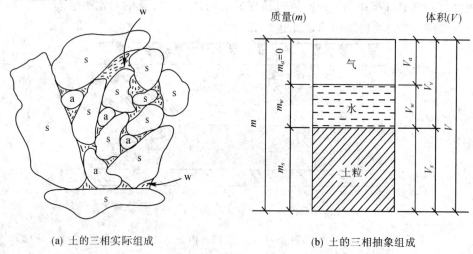

(a) 土的三相实际组成　　　　　　　　(b) 土的三相抽象组成

图 2-13　土的三相组成示意图

图中符号的意义如下：

m_s——土粒质量(g)；　　　　　　　　V_w——土中水的体积(cm^3)；

m_w——土中水的质量(g)；　　　　　　V_a——土中气体体积(cm^3)；

m_a——空气的质量，假定为零；　　　　V_v——土中孔隙的体积(cm^3)，

m——土的总质量(g)，$m=m_s+m_w$；　　　　$V_v=V_w+V_a$；

V_s——土粒体积(cm^3)；　　　　　　V——土的总体积(cm^3)，$V=V_v+V_s$。

土的三相物质在体积和质量(重量)上的比例关系称为三相比例指标。三相比例指标反映土的干燥与潮湿、疏松与密实等许多基本物理性质，而且在一定程度上间接反映了土的力学性质。

土的三相比例指标可分为两种：一种是试验指标，也称为基本指标，它们均由实验室试验测试得到，包括土的密度、土粒相对密度和土的含水率等；另一种是换算指标，这些可由试验指标换算得到，包括反映土的松密程度的孔隙比和孔隙率、反映土中含水程度的饱和度以及各种密度(重度)指标等。

2.4.1　土的试验指标

通过试验测定的指标有土的密度、土粒相对密度和土的含水率。

1. 土的天然密度

土单位体积的质量称为土的天然密度，用 ρ 表示，单位为 g/cm^3。即

$$\rho = \frac{m}{V} \tag{2.3}$$

式中：m——土的总质量（g），$m = m_s + m_w$；

V——土的总体积（cm^3），$V = V_s + V_w + V_a = V_s + V_v$。

天然状态下，土的密度变化范围较大，一般情况下，土密度的变化范围为 $1.6 \sim 2.2\ g/cm^3$，腐殖土的密度较小，常为 $1.5 \sim 1.7\ g/cm^3$ 甚至更小。土的密度常用环刀法测定，即用一个环刀（刀刃向下）放在削平的原状土样向上徐徐削去环刀外围的土，边削边压，使保持天然状态的土样压满在环刀内，称得环刀内土样的质量，求得它与环刀容积之比值即为其密度。

砂石和砾石等粗颗粒土的密度用灌水法或灌砂法测定，根据试样的最大粒径确定试坑尺寸，参考《土工试验方法标准》（GB/T 50123 — 1999），称出从试坑中挖出的试样质量，在试坑里铺上塑料薄膜，灌水或砂测量试坑的体积，也即被测土样的体积，最后算出密度。

对于容易破裂的土或形状不规则的坚硬土块，可采用蜡封法测其密度，具体操作方法见《土工试验方法标准》（GB/T 50123 — 1999）。

值得注意的是，用环刀法测得的密度是环刀内土样所在深度范围内的平均密度。它不能代表整个碾压层的平均密度。由于碾压土层的密度一般是从上到下减小的，若环刀取在碾压层的上部，则得到的数值往往偏大，若环刀取的是碾压层的底部，则所得的数值将明显偏小，就检查路基土和路面结构层的压实度而言，我们需要的是整个碾压层的平均压实度，而不是碾压层中某一部分的压实度，因此，在用环刀法测定土的密度时，应使所得密度能代表整个碾压层的平均密度。然而，这在实际检测中是比较困难的，只有使环刀所取的土恰好是碾压层中间的土，环刀法所得的结果才可能与灌砂法的结果大致相同。另外，环刀法适用面较窄，对于含有粒料的稳定土及松散性材料无法使用。

2. 土粒相对密度

土粒质量与同体积 $4℃$ 时纯水质量之比，称为土粒相对密度，过去习惯上称为比重，用 d_s 表示，为无量纲量，即

$$d_s = \frac{m_s}{V_s} \cdot \frac{1}{\rho_{w1}} = \frac{\rho_s}{\rho_{w1}} \tag{2.4}$$

式中：d_s——土粒相对密度，无量纲；

ρ_s——土粒密度（g/cm^3）；

ρ_{w1}——纯水在 $4℃$ 时的密度，等于 $1\ g/cm^3$ 或 $1\ t/m^3$。

土粒相对密度主要取决于土的矿物成分，也与土的颗粒大小有一定关系。它的数值一般为 $2.6 \sim 2.8$；土中有机质含量增大时相对密度明显减小。土粒相对密度可在实验室内用比重瓶法测定，但是，由于同类土的土粒相对密度变化幅度很小，加之土粒相对密度的测试方法要求严，容易出现测试误差，所以工程中常按地区经验来选取土粒相对密度，表 2-3 可供参考。

表 2 – 3   土粒相对密度参考值

土的名称	砂 土	粉 土	黏 性 土	
			粉 质 黏 土	黏 土
土粒相对密度	2.65～2.69	2.70～2.71	2.72～2.73	2.74～2.76

3. 土的含水率

土体中水的质量与土粒质量之比，称为土的含水率，用 w 表示，以百分数计，即

$$w = \frac{m_w}{m_s} \times 100\%\qquad(2.5)$$

式中：m_w——土中水的质量（g）；

$\quad\quad m_s$——土中颗粒的质量（g）。

含水率是标志土的湿度的一个重要物理指标。天然土层的含水率变化范围很大，与土的种类、埋藏条件及所处的自然地理环境有关。天然土体的含水率变化范围很大，一般砂土含水率的范围为 0%～40%，干燥粗砂土其值接近于零，而饱和砂土可达 40%；黏性土含水率的范围为 20%～60%，坚硬的黏性土的含水率小于 30%，而饱和状态的软黏性土（如淤泥），含水率可达 60% 或更大。云南某地的淤泥和泥炭土含水率更是高达 270%～299%。黏性土随含水率的大小发生状态变化，含水率对黏性土等细粒土的力学性质有很大影响，一般说来，同一类土（细粒土）的含水率愈大，土愈湿愈软，作为地基时的承载能力愈低。

土的含水率通常用"烘干法"测定。在野外没有烘箱或需要快速测定含水率时，可用酒精燃烧法或红外线烘干法。卵石的含水率可用铁锅炒干法。

2.4.2   土的换算指标

根据上述的三个试验指标，可以将土的换算指标分为反映土中孔隙含量的指标、反映土中含水程度的指标及特定条件下土的密度与重度三大类。具体指标如下所述。

1. 反映土中孔隙含量的指标

1）孔隙比

土中孔隙体积与土粒体积之比称为孔隙比，用 e 表示，为无量纲量，即

$$e = \frac{V_v}{V_s}\qquad(2.6)$$

孔隙比用小数表示，是评价土的密实程度的重要指标，一般 $e<0.6$ 的土是密实的低压缩性土；$e>1.0$ 的土是疏松的高压缩性土。

2）孔隙率

土中孔隙体积与土的总体积之比称为孔隙率，用 n 表示，以百分数表示，即

$$n = \frac{V_v}{V} \times 100\%\qquad(2.7)$$

一般土的空隙率范围为 30%～50%。

2. 反映土中含水程度的指标

土中被水所充填的孔隙体积与孔隙总体积的百分比，称为饱和度，用 s_r 表示，为无量纲量，即

$$s_r = \frac{V_w}{V_v} \times 100\% \tag{2.8}$$

砂性土根据饱和度分为稍湿（$s_r \leqslant 50\%$）、很湿（$50\% < s_r \leqslant 80\%$）与饱和（$s_r > 80\%$）三种湿度状态。

3. 特定条件下土的密度与重度

1）土的干密度与干重度

干密度是指单位体积土体中固体颗粒部分的质量，也可将其理解为单位体积的干土质量，用 ρ_d 表示，单位为 g/cm^3，即

$$\rho_d = \frac{m_s}{V} \tag{2.9}$$

干重度是指单位体积土体中固体颗粒部分所受的重力，用 γ_d 表示，单位为 kN/m^3，即

$$\gamma_d = \rho \cdot g \tag{2.10}$$

土的干密度通常反映填方工程（包括土坝、路基和人工压实地基）中填土的松密，以控制填土的压实质量。干密度越大，表明土体压实越密实，亦即工程质量越好。

2）土的饱和密度与饱和重度

饱和密度是指孔隙中全部充满水时，单位体积土体的质量，用 ρ_{sat} 表示，单位为 g/cm^3，即

$$\rho_{sat} = \frac{m_s + V_v \cdot \rho_w}{V} \tag{2.11}$$

饱和重度是指孔隙中全部充满水时，单位体积土体所受的重力，用 γ_{sat} 表示，单位为 kN/m^3，即

$$\gamma_{sat} = \rho_{sat} \cdot g \tag{2.12}$$

3）土的有效密度与有效重度

有效密度指地下水位以下，单位土体体积中土粒的质量扣除同体积水的质量，也称为浮密度，用 ρ' 表示，单位为 g/cm^3，即

$$\rho' = \frac{m_s - V_s \cdot \rho_w}{V} \tag{2.13}$$

有效重度是指地下水位以下，土体单位体积所受重力再扣除浮力，用 γ' 表示，单位为 kN/m^3，即

$$\gamma_{sat} = \rho_{sat} \cdot g \tag{2.14}$$

对于同一种土，在体积不变的条件下各密度指标之间存在如下关系，即

$$\rho' < \rho_d \leqslant \rho \leqslant \rho_{sat} \tag{2.15}$$

土的三相比例指标之间可以互相换算，根据上述三个试验实测指标，可以用换算公式求得全部换算指标，也可以用某几个指标换算其他的指标。这种换算关系见表 2-4。

表 2−4　土的三相比例指标换算公式

名称	符号	三相比例表达式	常用换算公式	单位	常见的数值范围
土粒相对密度	d_s	$d_s = \dfrac{m_s}{V_s \rho_{w1}}$	$d_s = \dfrac{S_r e}{\omega}$		黏性土： 2.72～2.75 粉　土： 2.70～2.71 砂类土： 2.65～2.69
含水率	ω	$\omega = \dfrac{m_w}{m_s} \times 100\%$	$\omega = \dfrac{S_r e}{d_s}$，$\omega = \dfrac{\rho}{\rho_d} - 1$		20%～60%
密度	ρ	$\rho = \dfrac{m}{V}$	$\rho = \rho_d(1+\omega)$，$\rho = \dfrac{d_s(1+\omega)}{1+e}\rho_w$	g/cm³	1.6～2.0 g/cm³
干密度	ρ_d	$\rho_d = \dfrac{m_s}{V}$	$\rho_d = \dfrac{\rho}{1+\omega}$，$\rho_d = \dfrac{d_s}{1+e}\rho_w$	g/cm³	1.3～1.8 g/cm³
饱和密度	ρ_{sat}	$\rho_{sat} = \dfrac{m_s + V_v \rho_w}{V}$	$\rho_{sat} = \dfrac{d_s + e}{1+e}\rho_w$	g/cm³	1.8～2.3 g/cm³
有效密度	ρ'	$\rho' = \dfrac{m_s - V_s \rho_w}{V}$	$\rho' = \rho_{sat} - \rho_w$，$\rho' = \dfrac{d_s - 1}{1+e}\rho_w$	g/cm³	0.8～1.3 g/cm³
重度	γ	$\gamma = \dfrac{m}{V} \cdot g = \rho \cdot g$	$\gamma = \dfrac{d_s(1+\omega)}{1+e}\gamma_w$	kN/m³	16～20 kN/m³
干重度	γ_d	$\gamma_d = \dfrac{m_s}{V} \cdot g = \rho_d \cdot g$	$\gamma_d = \dfrac{d_s}{1+e}\gamma_w$	kN/m³	13～18 kN/m³
饱和重度	γ_{sat}	$\gamma_{sat} = \dfrac{m_s + V_v \rho_w}{V} \cdot g$ $= \rho_{sat} \cdot g$	$\gamma_{sat} = \dfrac{d_s + e}{1+e}r_w$	kN/m³	18～23 kN/m³
有效重度	γ'	$\gamma' = \dfrac{m_s - V_s \rho_w}{V} g = \rho' \cdot g$	$\gamma' = \dfrac{d_s - 1}{1+e}\gamma_w$	kN/m³	8～13 kN/m³
孔隙比	e	$e = \dfrac{V_v}{V_s}$	$e = \dfrac{d_s \rho_w}{\rho_d} - 1$，$e = \dfrac{d_s(1+\omega)\rho_w}{\rho} - 1$		黏性土和粉土： 0.40～1.20 砂类土： 0.30～0.90
孔隙率	n	$n = \dfrac{V_v}{V} \times 100\%$	$n = \dfrac{e}{1+e}$，$n = 1 - \dfrac{\rho_d}{d_s \rho_w}$		黏性土和粉土： 30%～60% 砂类土： 25%～45%
饱和度	S_r	$S_r = \dfrac{V_w}{V_v} \times 100\%$	$S_r = \dfrac{\omega d_s}{e}$，$S_r = \dfrac{\omega d_s}{n \rho_w}$		0～100%

注：水的重度 $\gamma_w = \rho_w \cdot g = 1\ \text{t/m}^3 \times 9.807\ \text{m/s}^2 = 9.807 \times 10^3\ (\text{kg} \times \text{m/s}^3)/\text{m}^2 \approx 10\ \text{kN/m}^3$

例题 2.1　从地下水位以下某黏土层取出一土样做实验，测得其质量为 15.3 g，烘干后质量为 10.6 g，土粒相对密度为 2.70，求试样的含水率、孔隙比、孔隙率、饱和密度、浮密度、干密度及其相应的重度。

解：已知：$m = 15.3$ g，$m_s = 10.6$ g，$d_s = 2.70$。

因为从地下水位以下取出的土样，土体处于饱和状态，所以 $S_r = 1.0$。

又知：$m_w = m - m_s = 15.3 - 10.6 = 4.7$ g，故

（1）含水率为

$$\omega = \frac{m_w}{m_s} \times 100\% = \frac{4.7}{10.6} \times 100\% = 44.3\%$$

（2）孔隙比为

$$e = \frac{wd_s}{S_r} = \frac{0.443 \times 2.7}{1.0} = 1.20$$

（3）孔隙率为

$$n = \frac{e}{1+e} = \frac{1.2}{1+1.2} = 0.545 = 54.5\%$$

（4）饱和密度及其重度分别为

$$\rho_{\text{sat}} = \frac{d_s + e}{1+e}\rho_w = \frac{2.7 + 1.2}{1 + 1.2} = 1.77 \text{ g/cm}^3$$

$$\gamma_{\text{sat}} = \rho_{\text{sat}} \times g = 1.77 \times 10 = 17.7 \text{ kN/m}^3$$

（5）浮密度及其重度分别为

$$\rho' = \rho_{\text{sat}} - \rho_w = 1.77 - 1.0 = 0.77 \text{ g/cm}^3$$

$$\gamma' = \rho' \times g = 0.77 \times 10 = 7.7 \text{ kN/m}^3$$

（6）干密度及其重度分别为

$$\rho_d = \frac{d_s \gamma_w}{1+e} = \frac{2.7 \times 10}{1 + 1.2} = 1.23 \text{ g/cm}^3$$

$$\gamma_d = \rho_d \times g = 1.23 \times 10 = 12.3 \text{ kN/m}^3$$

例题 2.2　某干砂试样 $\rho = 1.69$ g/cm^3，$d_s = 2.70$，经细雨后，体积未变，饱和度达到 $S_r = 40\%$，试问细雨后砂样的密度、重度和含水率各是多少？

解：对于干砂试样，其密度应为 $\rho = 1.69$ g/cm^3。

孔隙比 $e = \dfrac{d_s \rho_w}{\rho_d} - 1 = \dfrac{2.70}{1.69} - 1 = 0.60$；

雨后含水率 $\omega = \dfrac{S_r e}{d_s} = \dfrac{40\% \times 0.6}{2.70} = 9.0\%$；

雨后砂样密度 $\rho = \dfrac{d_s(1+w)}{1+e}\rho_w = \dfrac{2.70(1 + 9.0\%)}{1 + 0.60} = 1.84$ g/cm^3；

雨后砂样重度 $\gamma = \rho \cdot g = 1.84 \times 10 = 18.4$ kN/m^3。

2.5　土的物理性质指标

2.5.1　无黏性土的物理性质指标

无黏性土包括碎石、砾石和砂类土等单粒结构的土。无黏性土的密实程度与其工程性

质有着密切的关系，呈密实状态时其强度较大，可以作为良好的天然地基；而处于松散状态时由于其承载能力小、受荷载作用压缩变形大，是不良的地基。

土的孔隙比一般可以用来描述土的密实程度，但无黏性的密实程度并不单独取决于孔隙比，而在很大程度上取决于土的级配情况。颗粒级配不同的无黏性土即使具有相同孔隙比，但由于颗粒大小不同，颗粒排列不同，所处的密实状态也会不同。为同时考虑孔隙比和级配的影响，引入砂土相对密实度的概念。

1. 相对密实度

当无黏性土处于最紧密状态时所具有的孔隙比称为最小孔隙比 e_{min}，用振密法测定；无黏性土处于最松散状态时其所具有的孔隙比称为最大孔隙比 e_{max}，用松砂器法测定。

用天然孔隙比 e 与同一种无黏性土的最大孔隙比 e_{max} 和最小孔隙比 e_{min} 进行对比，看 e 靠近 e_{max} 还是 e_{min} 来判别其相对密实度。相对密实度可按下式计算，有

$$D_r = \frac{e_{max} - e}{e_{max} - e_{min}} \tag{2.16}$$

从上式可以看出，当无黏性土的天然孔隙比接近于最小孔隙比 e_{min}，相对密实度 D_r 接近于 1 时，表明无黏性土接近于最密实的状态；而当无黏性土的天然孔隙比接近于最大孔隙比 e_{max}，相对密实度 D_r 接近于 0 时，表明无黏性土接近于最松散的状态；根据 D_r 值可把无黏性土密实度状态划分为三种，即

$$0.67 < D_r \leqslant 1 \qquad 密实的$$
$$0.33 < D_r \leqslant 0.67 \qquad 中密的$$
$$0 < D_r \leqslant 0.33 \qquad 松散的$$

2. 依据现场试验确定密实度

理论上讲，用相对密实度确定土的密实度是比较合理的，但由于测定无黏性土的最大孔隙比和最小孔隙比的试验方法的缺陷，试验结果常有较大出入；同时由于很难取原状土样，无黏性土的天然孔隙比很难准确地测定，这使相对密实度的应用受到限制。所以在工程实践中常用标准贯入试验、静力触探等原位测试方法来评价无黏性土的密实度。

标准贯入试验属于动力触探的一种，它是用规定的锤重(63.5 kg)和落距(76 cm)把标准贯入器打入土中，记录贯入一定深度(30 cm)所需的锤击数 N 值的原位测试方法。标准贯入试验的贯入锤击数反映了土层的松密和软硬程度，是一种简便的测试手段。《岩土工程勘察规范》(GB50021—2001)规定砂土的密实度应根据标准贯入锤击数按表 2-5 的规定划分为密实、中密、稍密和松散四种状态，如表 2-5 所示。

表 2-5　标准贯入试验判定砂土密实度

密实度	密实	中密	稍密	松散
标准贯入锤击数	$N > 30$	$15 < N \leqslant 30$	$10 < N \leqslant 15$	$N \leqslant 10$

2.5.2　黏性土的物理性质指标

黏性土是指具有内聚力的所有细粒土，包括粉土、粉质黏土和黏土。工程实践表

明，黏性土的含水率对其工程性质影响极大。当黏性土的含水率小于某一限度时，结合水膜变得很薄，土颗粒靠得很近，土颗粒间联结力很强，土就处于坚硬的固态；含水率增大到某一限度值时，随着结合水膜的增厚，土颗粒间联结力减弱，颗粒距离变大，土从固态变为半固态；含水率再增大，结合水膜进一步增厚，土就进入了可塑状态；再进一步增加含水率，土中开始出现自由水，自由水的存在进一步减弱了颗粒间的联结能力，当土中自由水含量增大到一定程度后，土颗粒间的联结力丧失，土就进入了流动状态。

虽然含水率和饱和度能反映土体中含水率的多少和孔隙的饱和程度，却无法很好反映土体随含水率的增加从固态到半固态、从半固态到可塑状态、再从可塑状态最终进入流动状态（或称为流塑状态）的物理特征变化过程，因此有必要引入界限含水率的概念以确定土的含水状态特征。

1. 界限含水率

黏性土由一种状态转到另一种状态的分界含水率，称为界限含水率，它对黏性土的分类及工程性质的评价有重要意义。

按界限含水率划分的土的含水状态特征如图 2-14 所示。

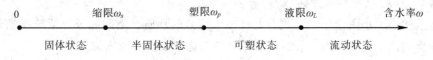

图 2-14　黏性土的界限含水率及含水状态特征

1）液限 w_L（％）

液限是指土的流动状态与可塑状态间的界限含水率。黏性土的液限测定，目前我国多用锥式液限仪法，如图 2-15 所示。将调制均匀的稠糊状试样塞满盛土杯，用刀片刮平杯口，将 76 g 重的圆锥体轻轻放置在杯口表面的中心处，让其在自身重力作用下徐徐沉入试样，若经 5 s 后锥体沉陷深度恰好为 10 mm，则杯内土样的含水率即为该种土的液限值。

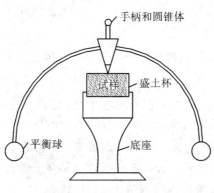

图 2-15　锥式液限仪

在日、美等国家，土的液限是用碟式液限仪来测定的。它是将调成浓糊状的试样装在碟内，刮平表面，用切槽器在土中成槽，槽底宽度为 2 mm，如图 2-16 所示，然后将碟子抬高 10 mm，使碟下落，连续 25 次后，如土槽合拢长度为 13 mm，这时试样的含水率就是液限。

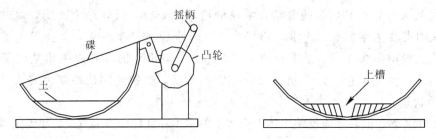

图 2-16　碟式液限仪

2）塑限 w_p（%）

塑限是指土从可塑状态到半固体状态间的分界含水率。黏性土塑限的测定常用"搓条法"。把塑性状态的土在毛玻璃板上用手搓条，在缓慢的、单方向的搓动过程中土膏内水分渐渐蒸发，如搓到土条的直径为 3 mm 左右时，土条断裂为若干段，则此时的含水率即为塑限。搓条法由于采用手工操作，受人为因素的影响较大，因而成果不稳定，为改进测试方法常采用液、塑限联合测定法。

黏性土塑性大小决定于土的成分及孔隙水溶液的性质。土的成分包括粒度成分、矿物成分及交换阳离子成分；孔隙水溶液的性质是指化学成分及浓度。

3）缩限 w_s（%）

缩限是指土从半固体状态到固体状态间的分界含水率。可用收缩皿法测定，由于建筑工程中缩限并不常用，故这里不进行过多介绍。

2. 塑性指数与液性指数

在已知黏性土的界限含水率后，可根据其实际含水率的大小确定其所具有的含水状态特征。但对于颗粒组成不同的黏性土，在含水率相同时，其软硬程度却未必相同，因为不同土的可塑状态含水率范围各不相同，为了表述不同土的上述差异，为此引入土的塑性指数和液性指数的概念。

1）塑性指数 I_p

塑性指数是指液限与塑限的差值，去掉百分号，即土处在可塑状态的含水率变化范围，用 I_p 表示，为

$$I_p = w_L - w_p \tag{2.17}$$

塑性指数越大，土的塑性也越大。塑性指数的大小与土中结合水的可能含量有关，亦即土的塑性指数越大，表面该土能吸附结合水越多，但仍处于可塑状态，即该土黏粒含量高或矿物成分吸水能力强。工程上常按塑性指数对黏性土进行分类。

$$I_p > 17 \qquad 黏土$$
$$10 < I_p \leqslant 17 \qquad 粉质黏土$$

2）液性指数 I_L

液性指数是指黏性土天然含水率与塑限的差值和液限与塑限的差值之比，即

$$I_L = \frac{w - w_p}{w_L - w_p} = \frac{w - w_p}{I_p} \tag{2.18}$$

从上式可见，当土的 $w < w_p$ 时，$I_L < 0$，天然土处于坚硬状态；当 $w < w_L$ 时，$I_L > 1.0$，天然土处于流动状态；而当 $w_p < w < w_L$ 时，I_L 在 $0 \sim 1.0$ 之间变化，天然土处于可塑状态。可见，液性指数反映了黏性土的软硬程度，I_L 越大土质越软；反之，土质越硬。

《建筑地基基础设计规范》(GB50007 — 2011)规定，黏性土根据其塑性指数可划分为坚硬、硬塑、可塑、软塑、流动五种软硬状态，其划分标准如表 2-6 所示。

表 2-6　黏性土软硬程度的划分

状态特征	坚硬	硬塑	可塑	软塑	流动
液性指数	$I_L \leqslant 0$	$0 < I_L \leqslant 0.25$	$0.25 < I_L \leqslant 0.75$	$0.75 < I_L \leqslant 1.0$	$I_L > 1.0$

3. 灵敏度与触变性

1）灵敏度

土体保持天然状态，其结构没有被扰动的土称为原状土。天然结构被破坏后的土称为重塑土。灵敏度指的是在土的密度和含水率不变的条件下，原状土的无侧限抗压强度 q_u 与重塑土的无侧限抗压强度 q_0 的比值，用 S_t 表示，即

$$S_t = \frac{q_u}{q_0} \tag{2.19}$$

式中：S_t——黏性土的灵敏度；

　　　q_u——原状土的重塑土无侧限抗压强度(kPa)；

　　　q_0——与原状的无土密度、含水率相同、结构完全破坏的重塑土无侧限抗压强度(kPa)。

灵敏度分下列几类：

$S_t \leqslant 1$，不灵敏　　　　　　$S_t = 4 \sim 8$，灵敏
$S_t = 1 \sim 2$，低灵敏　　　　　$S_t = 8 \sim 16$，很灵敏
$S_t = 2 \sim 4$，中等灵敏　　　　$S_t > 16$，流动

灵敏度反映黏性土结构性的强弱。灵敏度高的土，其结构性愈高，受扰动后土的强度降低就愈多，施工时应特别注意保护基槽，使结构不扰动，避免降低地基强度。

2）触变性

土的触变性指的是当黏性土结构受扰动时，土的强度降低，但静置一段时间，土的强度又逐渐增长的性质。这是由于土粒、离子和水分子体系随时间而趋于新的平衡状态。

4. 崩解性

崩解性指的是黏性土由于浸水而发生崩解散体的性质。黏性土的崩解形式是多种多样的，有的是均匀的散粒状，有的呈鳞片状、碎块状或崩裂状等。崩解现象的产生是由于土水化，使颗粒间连接减弱及部分胶结物溶解而引起的崩解，是表征土的抗水性的指标。

评价黏性土的崩解性一般采用下列三个指标：

（1）崩解时间，它是指一定体积的土样完全崩解所需的时间。

（2）崩解特征，它是指土样在崩解过程的各种现象，即出现的崩解形式。

（3）崩解速度，它是指土样在崩解过程中，土样质量的损失与时间之比，即

$$V = \frac{W - W_t}{t} \tag{2.20}$$

式中：V——崩解速度（g/s）；

$\quad\quad W$——试样原重量（g）；

$\quad\quad W_t$——在 t 时间段后试样的重量（g）；

$\quad\quad t$——时间段（s）。

黏性土崩解性的影响因素主要有以下几个方面：

（1）物质成分：矿物成分、粒度成分及交换阳离子成分。

（2）土的结构特征（结构连接）。

（3）含水率。

（4）水溶解的成分及浓度。

一般来说，土的崩解性在很大程度上与原始含水率有关。干土或未饱和土比饱和土崩解得要快得多。

2.6 土 的 压 实 性

土的压实是指土体在压实能量作用下，土颗粒克服粒间阻力，产生位移，使土中空气与水被挤出，使得孔隙减小，密度增加的过程。

土工建筑物，如土坝、土堤及道路填方是用土作为建筑材料而成的。为了保证填料有足够的强度，较小的压缩性和透水性，在施工时常常需要压实，以提高填土的密实度（工程上以干密度表示）和均匀性。

研究土的填筑特性常用现场填筑试验和室内击实试验两种方法。前者是在现场选一试验地段，按设计要求和施工方法进行填土，并同时进行有关测试工作，以查明填筑条件（如土料、堆填方法、压实机械等）和填筑效果（如土的密实度）的关系。

室内击实试验是近似地模拟现场填筑情况，是一种半经验性的试验，用锤击方法将土击实，以研究土在不同击实功作用下的击实特性，以便取得有参考价值的设计数值。本文主要对室内击实试验做一简单介绍。

1. 土的击实试验与原理

击实试验是利用击实设备（如图 2-17 所示）把某一具有一定含水率的土料填入击实筒内，用击锤按规定落距对土打击一定的次数。击实试验分为轻型击实试验与重型击实试验两种类型。其中，轻型击实试验适用于粒径小于 5 mm 的土，击实筒容积为947 cm³，击锤质量为 2.5 kg，把制备成一定含水率的土料分三层装入击实筒，每层土料用击锤均匀锤击 25 下，击锤落高为 30.5 cm；重型击实试验适用于粒径小于 40 mm的土，击实筒容积为 2104 cm³，击锤质量为 4.5 kg，分五层击实，每层 56 击，击锤落

高为 45.7 cm。

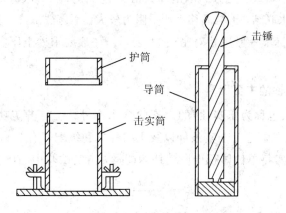

图 2-17　击实设备

　　最后，根据击实后土样的密度和实测含水率计算相应的干密度。采用不同的击实功来击实土体，测得不同的含水率和干密度数值，将这些数值点在坐标纸上连成曲线，即为击实曲线。在击实曲线上可找到某一峰值，称为最大干密度 $\rho_{d\max}$，与之相对应的含水率，称为最优含水率 w_{op}，如图 2-18 所示。最优含水率表示在一定击实功作用下，达到最大干密度的含水率，即当击实土料为最优含水率时，土体的压实效果最好。

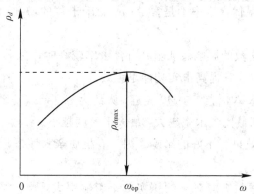

图 2-18　含水率与干密度的关系曲线

2. 土的击实特性

　　研究土的击实特性的目的在于揭示击实作用下土的干密度、含水率和击实功三者之间的关系和基本规律，从而选定适合工程需要的最小击实功。

　　1) 黏性土的击实性

　　黏性土的最优含水率一般在塑限附近，约为液限的 55%～65%。在最优含水率时，土粒周围的结合水膜厚度适中，土粒联结较弱，又不存在多余的水分，故易于击实，使土粒靠拢而排列紧密。

　　实践证明，土被击实到最佳情况时，饱和度一般在 80% 左右。

　　2) 无黏性土的击实性

　　无黏性土的情况则有些不同。无黏性土的压实性也与含水率有关，但是不存在一个最优含水率。一般在完全干燥或者充分洒水饱和的情况下容易压实到较大的干密度。潮湿状态，由于具有微弱的毛细水联结，土粒间移动所受阻力较大，不易被挤紧压实，干密度不大。

无黏性土的压实标准一般用相对密度 D_r 表示。一般要求砂土压实至 $D_r>0.67$ 即达到密实状态。

3. 影响土的击实性的主要因素

影响土的击实性(也称为压实性)的因素除含水率外，还与击实功能、土质情况(矿物成分和粒度成分)，所处状态、击实条件以及土的种类和级配等有关。

压实功能是指压实每单位体积土所消耗的能量，击实试验中的压实功能可表示为

$$N=\frac{W \cdot d \cdot n \cdot m}{V} \tag{2.21}$$

式中：W——击锤质量(kg)，在标准击实试验中击锤质量为 2.5 kg；

d——落距(m)，击实试验中定为 0.30 m；

n——每层土的击实次数，标准试验为 27 击；

m——铺土层数，试验中分三层；

V——击实筒的体积，其单位为 1×10^{-3} m^3。

同一种土，用不同的功能击实，得到的击实曲线也不一样。

土的最大干密度和最优含水率不是常量；$\rho_{d\max}$ 随击数的增加而逐渐增大，而 w_{op} 则随击数的增加而逐渐减小。

当含水率较低时，击数的影响较明显；当含水率较高时，含水率与干密度关系曲线趋近于饱和线，也就是说，这时提高击实功能是无效的。

试验证明，最优含水率 w_{op} 约与 w_p 相近，大约为 $w_{op}=w_p+2$。填土中所含的细粒越多，即黏土矿物越多，则最优含水率越大，最大干密度越小。

有机质对土的击实效果有不好的影响。因为有机质亲水性强，不易将土击实到较大的干密度且能使土质恶化。

在同类土中，土的颗粒级配对土的压实效果影响很大，颗粒级配不均匀的容易压实，均匀的不易压实。这是因为级配均匀的土中较粗颗粒形成的孔隙很少有细颗粒去充填。

2.7 地基土的工程分类

自然界的土，往往是各种不同大小粒组的混合物，由于颗粒大小不同的土体，其工程性质很不相同，所以在进行建筑工程勘察、设计与施工中就需要首先明确土的类别，才能判别其工程特性。

土的工程分类就是根据分类用途和土的性质差异将其划分成一定的类别。国内外对土的分类方法很多，往往都是根据自己的地区、行业特点，制定自己的分类标准。

2.7.1 按土的颗粒级配或塑性指数分类

根据土的颗粒级配或塑性指数对土体进行分类是我国各部门最为常用而且分类结果大

致相同的一种土的分类方法。以下我们以《建筑地基基础设计规范》(GB50007—2011)为例，介绍这种方法的分类结果。

1. 碎石土

土的粒径 $d>2$ mm 的颗粒含量超过颗粒总重量 50％ 的土称为碎石土。根据土的粒径级配中各粒组的含量和颗粒形状将碎石土可分为漂石和块石、卵石和碎石、圆砾或角砾等，其划分标准如表 2-7 所示。

表 2-7　碎石土的分类

土的名称	颗粒形状	颗 粒 级 配
漂石	圆形及亚圆形为主	粒径大于 200 mm 的颗粒超过全重的 50％
块石	棱角形为主	
卵石	圆形及亚圆形为主	粒径大于 20 mm 的颗粒超过全重的 50％
碎石	棱角形为主	
圆砾	圆形及亚圆形为主	粒径大于 2mm 的颗粒超过全重的 50％
角砾	棱角形为主	

注：定名时应根据粒组含量由大到小以最先符合者来确定。

2. 砂土

粒径 $d<2$ mm 的颗粒含量不超过颗粒总重量 50％，且 $d>0.075$ mm 的颗粒超过颗粒总重量 50％ 的土称为砂土。根据粒组颗粒含量将砂土可分为砾砂、粗砂、中砂、细砂和粉砂，其划分标准如表 2-8 所示。

表 2-8　砂土的分类

土的名称	颗 粒 级 配
砾砂	粒径大于 2 mm 的颗粒占全重的 25％～50％
粗砂	粒径大于 0.5 mm 的颗粒超过全重的 50％
中砂	粒径大于 0.25 mm 的颗粒超过全重的 50％
细砂	粒径大于 0.075 mm 的颗粒超过全重的 85％
粉砂	粒径大于 0.075 mm 的颗粒超过全重的 50％

注：定名时应根据粒组含量由大到小以最先符合者来确定。

3. 粉土

塑性指数 $I_p \leqslant 10$ 且粒径 $d>0.075$ mm 的颗粒含量不超过颗粒总重量的 50％ 的土称为粉土。根据其颗粒级配还可细分为砂质粉土(粒径小于 0.005 mm 的颗粒含量小于等于颗粒总重量的 10％)和黏质粉土(粒径小于 0.005 mm 的颗粒含量大于颗粒总重量的 10％)。

4. 黏性土

塑性指数 $I_p \geqslant 10$ 的土称为黏性土。按照塑性指数的大小黏性土还可再分为

粉质黏土　　　　$10 < I_p \leqslant 17$

黏土　　　　　$I_p > 17$

黏性土的工程性质除了会受到含水率的极大影响以外，还与其沉积历史有很大的关系，不同地质时代沉积的黏性土，尽管其某些物理性质指标可能很接近，但其工程力学性质却可能相差悬殊，一般而言，土的沉积历史愈久，结构性愈强，力学性质愈好。

2.7.2 按土的特殊性质分类

根据土的特殊性质所进行的分类是另一种常见的土的分类法，按这种方法分类的土称为特殊土。特殊土是指由特殊性质的矿物组成的或在特定的地理环境中形成的或在人为条件下形成的性质特殊的土，其分布具有明显的区域性，所以又称为区域性土。特殊土的类型包括下述五种。

1. 软土

软土泛指孔隙比大、天然含水率高、渗透性差、压缩性高、强度低的软塑、流塑状黏性土。它包括淤泥（$1.0 < e \leqslant 1.5$）、淤泥质土（$e > 1.5$）、有机质土和有机质含量很高的泥炭土等。当软土的孔隙比 $1.0 < e \leqslant 1.5$ 且含水率大于土的液限时，称为淤泥质土；当孔隙比 $e > 1.5$ 且含水率大于土的液限时，称为淤泥；当有机质含量大于 5% 时称为有机质土；当有机质含量大于 60% 时称为泥炭。我国的软土主要分布在沿海地区，在内陆的河流两岸河漫滩、湖泊盆地和山涧洼地也有零星分布。

软土普遍具有含水率大、持水性高、渗透性小、孔隙比大、压缩性高、强度及长期强度低（易产生流变）的共同特点，对公路、铁道工程和建筑工程的勘察设计、施工等都极为不利。

2. 红黏土

红黏土是出露于地表的碳酸岩系岩石在亚热带温湿气候条件下经风化作用所形成的棕红、褐黄等色的高塑性土。红黏土的液限一般大于 50%，上硬下软，失水后干硬收缩，裂隙发育，吸水后迅速膨胀软化，在我国云南、贵州和广西等省区分布较广。

一般情况下，红黏土的表层压缩性低、强度较高、水稳定性好，属良好的地基地层，但在接近下伏基岩面的下部，随着含水率的增大，土体成软塑或流塑状态，强度明显变低，作为地基时条件较差。另外还要特别指出，红黏土的压实性较差。

3. 膨胀土

黏粒成分主要由亲水性矿物伊里石和蒙脱石组成。具有强烈的吸水膨胀和失水收缩特性的黏性土称为膨胀土，其自由膨胀率通常大于 40%。膨胀土在我国南方分布的较多、北方分布的较少。

膨胀土地区易产生边坡开裂、崩塌和滑动。土方开挖工程中遇雨易发生坑底隆起和坑壁侧胀开裂；地下洞室周围易产生高地压和洞室周边土体大变形现象；地裂缝发育对道路、渠道等易造成危害；其反复的吸水膨胀和失水收缩会造成围墙、室内地面以及轻型建、构筑物的破坏，甚至种植在建筑物周围的阔叶树木生长（吸水）都会对建筑物的安全构成影响。

4. 盐渍土

地表深度 1.0 m 范围内易溶盐含量大于 0.5% 的土称为盐渍土。盐渍土中常见的易溶盐有氯盐（NaCl、KCl、$CaCl_2$、$MgCl_2$）、硫酸盐（Na_2SO_4、$MgSO_4$）和碳酸盐（NA_2CO_3、$NaHCO_3$、$CaCO_3$）。按盐渍土中易溶盐的化学成分可将盐渍土划分为氯盐型、硫酸盐型和碳酸盐型盐渍土，其中氯盐型吸水性极强，含水率高时松软，易翻浆；硫酸盐型盐渍土易吸水膨胀、失水收缩、性质类似膨胀土；碳酸盐型盐渍土碱性大、土颗粒结合力小、强度低。盐渍土的液限、塑限随土中含盐量的增大而降低，当土的含水率等于其液限时，土的抗剪强度近乎等于零，因此高含盐量的盐渍土在含水率增大时极易丧失其强度。

5.湿陷性黄土

黄土在一定压力下受水浸湿后结构迅速破坏而发生附加下沉的现象称为湿陷，浸水后发生湿陷的黄土称为湿陷性黄土。湿陷性黄土按其湿陷起始压力的大小又可分为自重湿陷性黄土和非自重湿陷性黄土。在湿陷性黄土地基上进行工程建设时，必须考虑因地基湿陷引起附加沉降对工程可能造成的危害，选择适宜的地基处理方法，避免或消除地基的湿陷或因少量湿陷所造成的危害。

2.7.3 细粒土按塑性图分类

在对颗粒进行粗细划分时，通常都是以 0.075 mm 作为分界尺寸，大于 0.075 mm 的称为粗颗粒，反之则称为细颗粒。《土的工程分类标准》（GB/T 50145 — 2007）规定，试样中粗粒组颗粒（大于 0.075 mm）含量少于颗粒总质量的 25% 时，称为细粒土；粗粒组颗粒含量大于颗粒总质量的 50% 时，称为粗粒土；而试样中粗粒组颗粒含量在 25%～50% 之间时称为含粗颗粒的细粒土。

细粒土按塑性图的分类首先由卡萨格兰德于 1948 年提出，这个分类系统经过微小的修改后被世界许多国家采纳为土的统一分类系统的一部分。土的塑性图如图 2 - 19 所示。

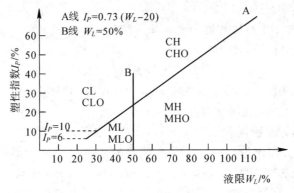

图 2 - 19 细粒土分类的塑性图

土的塑性图是根据大量的试验资料，经统计后绘制成的按土的塑性指数和土的液限确定细粒土的一种图式，它将所有的细粒土分归 4 个区域，图中的 A 线以上和其以下各有两个区。所有黏土均位于 A 线和 $I_p=10$ 的水平线以上；所有的粉土均位于 A 线和 $I_p=7$ 的水平线以下；位于 B 线左侧（$w_L<40\%$）的为低液限土；位于 B 线右侧（$w_L>40\%$）的为高液限土。公式中的 w_L 需去掉百分号。如采用碟式液限仪，A 线的方程为 $I_p=0.73(w_L-20)$；B 线的方程为 $w_L=50\%$。

思考题及习题

思考题

1. 土与岩石之间是如何相互转化的？

2. 岩石按其成因可分为哪些类型？

3. 第四纪沉积物类型有哪些？各类型沉积物对工程建设有什么影响？

4. 土是由哪几部分组成的？各组成部分的性质如何？

5. 土的不均匀系数与曲率系数分别是什么？它们之间有什么区别和联系？

6. 土的三项指标有哪些？哪些指标是直接测定的？各指标的物理意义是什么？

7. 什么是土的界限含水率？如何通过界限含水率划分土的状态？

8. 黏性土的含水状态特征有哪些？通过什么来确定？

9. 土的灵敏度与触变性是什么？它们主要影响土的哪方面性能？

10. 影响土的压实性的因素有哪些？

11. 什么是土的液化？土的液化与哪些因素有关？

12. 土的工程分类体系有哪些？其分类结果如何？

习　题

1. 某原状土样的密度为 1.85 g/cm³、含水率为 34%、土粒相对密度为 2.71，试求该土样的饱和密度、有效密度和有效重度（先导得公式然后求解）。（答案：饱和密度为 1.33 g/cm³，有效密度为 0.871 g/cm³，有效重度为 8.71 kN/m³）

2. 某一施工现场需要填土，基坑的体积为 2000 m³，土方来源是从附近土丘开挖，经勘察土的相对密度为 2.70，含水率为 15%，孔隙比为 0.60。要求填土的含水率为 17%，干重度为 17.6 kN/m³。

(1) 取土场的重度、干重度和饱和度是多少？

(2) 应从取土场开采多少方土？

(3) 碾压时应洒多少水？填土的孔隙比是多少？

（答案：(1) 取土场的重度为 19.4 kN/m³，干重度为 16.88 kN/m³，饱和度为 67.5%；(2) 2082.8 方；(3) 70.4 t，孔隙比是 0.534）

3. 某砂土土样的天然密度为 1.77 t/m³，天然含水率为 9.8%，土粒相对密度为 2.67，土样烘干后测定最小孔隙比为 0.461，最大孔隙比为 0.943，试求天然孔隙比 e 和相对密实度 D_r，并评定该砂土的密实度。（答案：$e=0.656$，$D_r=0.595$，中密）

4. 某饱和土样含水率为 38.2%，密度为 1.85 t/m³，塑限为 27.5%，液限为 42.1%。问：要制备完全饱和、含水率为 50% 的土样，则每立方米土应加多少水？加水前和加水后土各处于什么状态？（答案：0.158 t，完全饱和土样加水前为可塑状态，加水后为流塑状态）

5. 已知某土样含水率为 20%，土粒相对密度为 2.7，孔隙率为 50%，若将该土加水至完全饱和，问 10 m³ 该土体需加水多少？（答案：2.3 t）

6. 某干砂试样重度为 16.6 kN/m³，土粒的相对密度为 2.70，置于雨中，若砂样的体积不变，饱和度增加到 40%，求此砂样在雨中的相对密度和含水率。（答案：相对密度为 2.70，含水率为 9.28%）

第三章

土的应力计算与地基沉降计算

【本章要点】 土力学理论所分析的主要是土的变形和强度，而这些分析的前提是必须知道荷载及其所产生的应力。因此本章的学习应着重掌握以下问题：

(1) 饱和土的有效应力原理。

(2) 土中应力及其应力状态。

(3) 土中自重应力计算及其分布的规律。

(4) 基础底面应力或接触压力的简化计算。

(5) 不同分布荷载作用下的附加应力计算及其分布规律。

(6) 地基沉降的发展过程及其计算方法。

3.1　土的变形特性

土的变形特性的研究主要集中在土的压缩性方面。土的压缩性是指土在压力作用下体积减小的性质。在自重或外力作用下，土骨架（固体颗粒）发生变形，土中孔隙减少，导致土体体积缩小；而对于饱和土来讲，其压缩变形的特征是随着土体中孔隙体积的减少，土中孔隙水被排出。影响土的变形特征的因素有：

(1) 内在因素：土的物质结构因素，它决定着土材料变形、强度特性。如固相矿物颗粒本身压缩、液相水的压缩、孔隙压缩等。

(2) 外在因素：各种作用在土体上的力、温度、各种自然条件的变化、人为污染的影响等。如建筑物重量及其分布、地下水位变化、施工及其温度变化影响等。

(3) 时间因素：也称为时间过程因素，土体在压力作用下，变形总是要经历一段时间才能完成，变形历时的长短与土的性质有关。

3.2　有效应力原理

有效应力概念已成为饱和土力学的重要基础，饱和土的所有力学性质均由有效应力控制。体积变化和强度变化均取决于有效应力的变化。

1. 总应力

当外力作用于土体后，土中某一截面上的力包括上部土体自重、静水压力、气体压力及外荷载作用共同产生于该截面的应力称为总应力，用 σ 表示。

2. 孔隙水压力

由于饱和土中孔隙是连通的，因此其既能承力又能传力。饱和土体孔隙水之间传递的应力称为孔隙水压力，用 u 表示。其特征为：方向垂直于作用面；在任一点，各方向的孔隙水压力值相等；大小呈线性分布且等值传递。u 的计算公式为

$$u = \gamma_w h_w \tag{3.1}$$

式中：γ_w——水的重度（kN/m^3）；

h_w——该点测压管水柱高度（m）。

3. 有效应力

土颗粒之间接触传递的应力称为有效应力，用 σ' 表示。土体有效应力示意图如图 3-1 所示。按图 3-1 的简化情况并考虑土体平衡条件，沿 a-a 面取脱离体，a-a 面是沿着土颗粒间接触面截取的曲状截面，在此截面上土颗粒接触面间的作用法向应力为 σ_s，各土颗粒接触面积之和为 A_s，孔隙水压力为 u，气体压力为 u_a，相应的面积分别为 A_w、A_a，总面积为 A。由此可建立平衡条件

$$\sigma A = \sigma_s A_s + u A_w + u_a A_a \tag{3.2}$$

而针对饱和土来讲，上式中的 u_a 及 A_a 均为零，因此式（3.2）可简化为

$$\sigma A = \sigma_s A_s + u A_w = \sigma_s A_s + u(A - A_s) \tag{3.3}$$

进一步简化为

$$\sigma = \sigma' + u \text{ 或 } \sigma' = \sigma - u \tag{3.4}$$

此即太沙基（Terzaghi，1936）提出的饱和土有效应力原理，即作用于饱和土体上的总应力由孔隙水压力和作用在土骨架上的有效应力两部分组成。

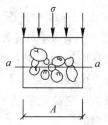

图 3-1 土体有效应力示意图

3.3 地基中的应力分布

目前为止，计算土中应力方法仍以弹性力学解法为主，把土体看做连续的、完全弹性的、均质的和各向同性体的介质。

3.3.1 均质土中的自重应力

均质土中的自重应力分布如图 3-2 所示，应力计算公式为

$$\sigma_{cz} = \gamma z \tag{3.5}$$

式中：γ——土的天然容重（kN/m^3）；

z——天然地面以下任意深度(m)；

σ_{cz}——z 处水平面上的竖向自重应力(kPa)。

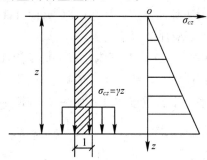

图 3 - 2　均质土中竖向自重应力分布图

从式(3.5)及图 3 - 2 不难看出，均质土中的竖向自重应力在任意水平面上均匀分布，沿深度线性变化。根据弹性理论可推导出土中水平自重应力的表达式为

$$\sigma_{cx} = \sigma_{cy} = k_0 \sigma_{cz} \tag{3.6}$$

式中：σ_{cx}、σ_{cy}——垂直平面上的水平自重应力(kPa)；

k_0——土的静止侧压力数，可按 $k_0 = \mu/(1-\mu)$ 计算或由试验测定；

μ——土的泊松比，可查表 3 - 1。

表 3 - 1　土的泊松比

项次	土的种类与状态		μ
1	碎石土		$0.15 \sim 0.20$
2	砂　土		$0.20 \sim 0.25$
3	粉　土		0.25
4	粉质黏土	坚硬状态	0.25
		可塑状态	0.30
		软塑及流塑状态	0.35
5	黏　土	坚硬状态	0.25
		可塑状态	0.35
		软塑及流塑状态	0.42

3.3.2　成层土中的自重应力

一般情况下，天然地基往往由成层土所组成。按弹性理论模型，设各层土厚度为 h_1，h_2，$\cdots$，h_i，$\cdots$，h_n，容重为 γ_1，γ_2，$\cdots$，γ_i，$\cdots$，γ_n，则深度为 z 处的水平面上的自重应力为

$$\sigma_c = \gamma_1 h_1 + \gamma_2 h_2 + \cdots + \gamma_n h_n = \sum_{i=1}^{n} \gamma_i h_i \tag{3.7}$$

式中，n——天然地面以下深度 z 范围内的土层数。

上式中的 σ_c 即为某一深度处的竖向自重应力 σ_{cz}。由于土体自重应力计算时通常更关注竖向自重应力，因此无特别说明时土体的自重应力均为土的竖向自重应力，即将 σ_{cz} 简写为 σ_c。

实际工程计算自重应力时，应注意以下两点：

（1）若存在地下水，则按公式计算，地下水位以下应采用浮容重指标；

（2）若存在不透水层，则不透水层面上的自重应力等于该面内单位面积上饱和土柱体叠加水重后的重量。成层地基土中自重应力分布如图 3-3 所示。

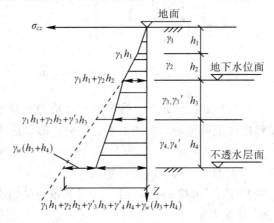

图 3-3　成层地基土中自重应力分布

3.3.3　基础底面附加压力

1. 基底压力

基底压力分布与基础的大小、刚度、性状、埋深、地基土的性质及作用在基础上荷载的大小和分布等许多因素有关。

1）中心受压基础的基底压力的简化计算

当基础所受荷载通过基础底面形心时，基底压力呈均匀分布，其计算公式为

$$p = \frac{F+G}{A} \tag{3.8}$$

式中：p——基底压力(kPa)；

F——基础顶面的竖向荷载(kN)；

G——基础及其台阶上回填土的自重(kN)，$G = \gamma_G A d$，其中，γ_G 为基础和回填土的平均容重，一般取 $20\ \mathrm{kN/m^3}$，地下水位以下土层采用有效容重，d 为基础埋深；

A——基础底面积($\mathrm{m^2}$)，当基础长度大于宽度 10 倍时，即条形基础，应取 1 m 长的基础计算，此时公式中 F、G 分别为每延米的荷载，A 用基础宽度 b 替代。

2）单向偏心受压基础的基底压力的简化计算

矩形基础只在一个方向受偏心荷载时，通常沿偏心方向布置基础的长边，基底压力沿短边方向呈均匀分布，而长边方向上两端分别出现最大和最小基底压力，如图 3-4 所示。

平均基底压力计算公式为

$$\bar{p} = \frac{F+G}{lb} \tag{3.9}$$

最大基底压力计算公式为

$$p_{max} = \frac{F+G}{lb}\left(1+\frac{6e}{l}\right) \tag{3.10}$$

最小基底压力计算公式为

$$p_{min} = \frac{F+G}{lb}\left(1-\frac{6e}{l}\right) \tag{3.11}$$

式中：$\bar{p}$——基础底面范围内平均基底压力(kPa)；

p_{max}、p_{min}——最大、最小基底压力(kPa)；

l——基础底面长度(m)；

b——短边长度(m)；

e——偏心距(m)。

$$e = \frac{\sum M}{F+G} \tag{3.12}$$

$\sum M$——作用于基础底面中心处的合力矩(kN·m)。

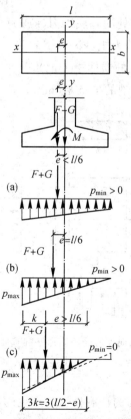

图 3-4　单向偏心受压基底压力分布图

在图 3-4 中，当偏心距 $e<l/6$ 时，最小基底压力 $p_{min}>0$，基底压力沿长边方向呈梯形分布；当 $e=l/6$ 时，$p_{min}=0$，基底压力沿长边方向呈三角形分布；当 $e>l/6$ 时，则

$p_{min} < 0$，基底出现拉应力，此时基底应力将重新分布，基础局部与地基脱离接触。根据力的平衡原理，得到重新分布后的最大基底压力为

$$p_{max} = \frac{2(F+G)}{3lk} \tag{3.13}$$

式中，k 为偏心荷载作用点至最大压力边缘的距离，$k = \dfrac{l}{2} - e$。需要注意的是，条形基础，若荷载在沿宽度 b 的方向上有偏心距且按式（3.13）计算时，F 与 G 取线荷载，l 替换成 b。

3）双向偏心受力基础的基底压力的简化计算

当矩形基础同时承受沿长边和短边方向的弯矩作用时，如图 3-5 所示。在基底不产生拉应力的情况下，基底范围内任一点 (x, y) 处的基底压力、最大基底压力及最小基底压力可按如下公式计算，有

$$p(x, y) = \frac{F+G}{A} \pm \frac{M_x}{I_x}y \pm \frac{M_y}{I_y}x \tag{3.14}$$

$$p_{max} = \frac{F+G}{A} \pm \frac{M_x}{W_x} \pm \frac{M_y}{W_y} \tag{3.15}$$

$$p_{min} = \frac{F+G}{A} \pm \frac{M_x}{W_x} \pm \frac{M_y}{W_y} \tag{3.16}$$

式中：$p(x, y)$——任一点 (x, y) 处的基底压力（kPa）；

M_x、M_y——沿 x、y 方向的力矩（kN·m）；

I_x、I_y——基底对 x 及 y 轴的惯性矩（m⁴）；

W_x、W_y——基底对 x 及 y 轴的抵抗矩（m³）。

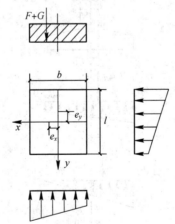

图 3-5　双向偏心受压矩形基础基底压力分布图

2. 基底附加压力

基底附加压力是指由于建筑物的荷载作用而产生的，作用在基底平面处的附加于原有自重应力之上的压力。其计算公式为

$$p_0 = p - \sigma_c = p - \gamma_0 d \tag{3.17}$$

式中：p_0——基底附加压力（kPa）；

d——基础埋深(m)，从天然地表算起；

γ_0——基底以上土的平均容重(kN/m^3)，$\gamma_0 = (\gamma_1 h_1 + \gamma_2 h_2 + \cdots + \gamma_n h_n)/d$，其中，$h_1$，$h_2$，$\cdots$，$h_n$ 和 γ_1，γ_2，$\cdots$，γ_n 分别为基础埋深范围内自上至下各层土的厚度和容重。

3.3.4　地基中的附加应力

1. 均质地基中的附加应力

1) 集中荷载作用下的地基附加应力

(1) 竖向集中力作用。

① 布辛奈斯克公式。1885 年法国数学家布辛奈斯克(Boussinesq)推导出弹性半空间表面上作用竖向集中力 P 时弹性体内任意点的应力和位移的解析解。

以 P 的作用点 O 为原点建立空间坐标系，则 $M(x, y, z)$点的六个应力分量和三个位移分量的布辛奈斯克解为

$$\sigma_x = \frac{3P}{2\pi}\left\{\frac{x^2 z}{R^5} + \frac{1-2\mu}{3}\left[\frac{1}{R(R+z)} - \frac{(2R+z)x^2}{(R+z)^2 R^3} - \frac{z}{R^3}\right]\right\} \tag{3.18(a)}$$

$$\sigma_y = \frac{3P}{2\pi}\left\{\frac{y^2 z}{R^5} + \frac{1-2\mu}{3}\left[\frac{1}{R(R+z)} - \frac{(2R+z)y^2}{(R+z)^2 R^3} - \frac{z}{R^3}\right]\right\} \tag{3.18(b)}$$

$$\sigma_z = \frac{3P}{2\pi}\frac{z^3}{R^5} = \frac{3P}{2\pi R^2}\cos^3\beta \tag{3.18(c)}$$

$$\tau_{xy} = \frac{3P}{2\pi}\left[\frac{xyz}{R^5} - \frac{1-2\mu}{3}\frac{(2R+z)xy}{(R+z)^2 R^3}\right] \tag{3.18(d)}$$

$$\tau_{yz} = \frac{3P}{2\pi}\frac{yz^2}{R^5} \tag{3.18(e)}$$

$$\tau_{zx} = \frac{3P}{2\pi}\frac{xz^2}{R^5} \tag{3.18(f)}$$

$$u = \frac{P}{4\pi G}\left[\frac{xz}{R^3} - (1-2\mu)\frac{x}{R(R+z)}\right] \tag{3.19(a)}$$

$$v = \frac{P}{4\pi G}\left[\frac{yz}{R^3} - (1-2\mu)\frac{y}{R(R+z)}\right] \tag{3.19(b)}$$

$$w = \frac{P}{4\pi G}\left[\frac{z^2}{R^3} + 2(1-\mu)\frac{1}{R}\right] \tag{3.19(c)}$$

式中：σ_x、σ_y、σ_z——M 点处 x、y、z 方向的正应力(kPa)；

τ_{xy}、τ_{yz}、τ_{zx}——M 点的剪应力(kPa)；

u、v、w——M 点沿 x、y、z 方向的位移(m)；

G——土的剪切模量(MPa)，$G = \dfrac{E}{2}(1+\mu)$；

E——土的弹性模量(MPa)；

μ——土的泊松比；

R——M 点至坐标原点 O 的距离(m)，$R = \sqrt{x^2 + y^2 + z^2} = \sqrt{r^2 + z^2}$；

β——$\overline{OM}$ 与 z 轴的夹角度(°)。

竖向集中力作用下的地基附加应力如图 3-6 所示。

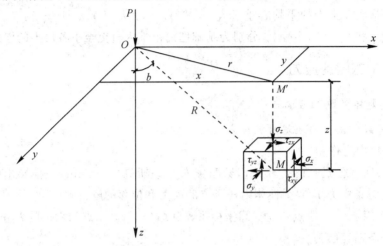

图 3-6 竖向集中力作用下的地基附加应力

在以上应力分量中，对地基沉降意义最大的是竖向正应力 σ_z，关于 σ_z 的计算与分布规律如下：

将图中的几何关系 $R^2 = r^2 + z^2$ 代入式(3.18(c))中，有

$$\sigma_z = \frac{3P}{2\pi} \frac{z^3}{R^5} = \frac{3}{2\pi} \frac{1}{\left[1 + \left(\frac{r}{z}\right)^2\right]^{5/2}} \frac{P}{z^2} = K \frac{P}{z^2} \tag{3.20}$$

$$K = \frac{3}{2\pi} \frac{1}{\left[1 + \left(\frac{r}{z}\right)^2\right]^{5/2}} \tag{3.21}$$

式中，K 为竖向集中力作用下的附加应力系数，可由表 3-2 查出。

表 3-2 竖向集中力作用下竖向附加应力系数 K

r/z	K	r/z	K	r/z	K	r/z	K	r/z	K
0	0.4775	0.50	0.2733	1.00	0.0844	1.50	0.0251	2.00	0.0085
0.05	0.4745	0.55	0.2466	1.05	0.0744	1.55	0.0224	2.20	0.0058
0.10	0.4657	0.60	0.2214	1.10	0.0658	1.60	0.0200	2.40	0.0040
0.15	0.4516	0.65	0.1978	1.15	0.0581	1.65	0.0179	2.60	0.0029
0.20	0.4329	0.70	0.1762	1.20	0.0513	1.70	0.0160	2.80	0.0021
0.25	0.4103	0.75	0.1565	1.25	0.0454	1.75	0.0144	3.00	0.0015
0.30	0.3849	0.80	0.1386	1.30	0.0402	1.80	0.0129	3.50	0.0007
0.35	0.3577	0.85	0.1226	1.35	0.0357	1.85	0.0116	4.00	0.0004
0.40	0.3294	0.90	0.1083	1.40	0.0317	1.90	0.0105	4.50	0.0002
0.45	0.3011	0.95	0.0956	1.45	0.0383	1.95	0.0095	5.00	0.0001

② 等代荷载法。如果地基中某点与局部荷载的距离比荷载截面尺寸大很多，则局部荷载可以近似地用一个集中力等量代替，应用式(3.18(c))计算该点的附加应力。

在任意形状面积上作用的分布荷载，可将荷载面划分成若干单元，每个单元上的分布荷载

以集中力近似代替，先按布辛奈斯克公式计算每个等代集中力在计算点引起的附加应力，然后叠加，即可得到面荷载在计算点引起的附加应力，此法即为等代荷载法，如图3-7所示。

将任意形状的荷载面积划分成若干单元，设第 i 个单元面积为 A_i，其上的分布荷载用作用于单元形心的等代集中力 P_i 近似代替，则整个面荷载在地面下深度 z 处的任一点引起的附加应力 σ_z 应为各等代集中力在该点所引起的附加应力之和，即

$$\sigma_z = \sum_{i=1}^{n} K_i \frac{P}{z^2} = \frac{1}{z^2} \sum_{i=1}^{n} K_i P_i \tag{3.22}$$

式中：z——计算点深度（m）；

$\qquad n$——荷载面内划分的单元格数；

$\qquad P_i$——第 i 个单元上的等代集中力（kN）；

$\qquad K_i$——集中力 P_i 作用下的附加应力系数，r_i/z 由表3-2查取；

$\qquad r_i$——P_i 的作用点到任一点的水平距离（m）。

该法的计算精度取决于划分单元的数量和面积，若荷载面积为矩形或圆形，叠加过程可简化为用积分来完成，但此法不适用于过于靠近荷载面的计算点。

（2）水平集中力作用（见图3-8）。

当地基表面作用有平行于 xOy 面的水平集中力 P_h 时，地基中任意点 $M(x, y, z)$ 的应力由西罗提(Cerruti)用弹性理论解出。M 点竖向应力 σ_z 为

$$\sigma_z = \frac{3P_h}{2\pi} \frac{xz^2}{R^5} \tag{3.23}$$

式中：P_h——作用于坐标原点的水平集中力（kN）；

$\qquad x$、z——计算点的坐标（m）；

$\qquad R$——计算点至集中力作用点的距离（m）。

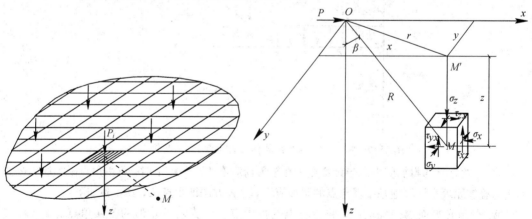

图3-7　任意面荷载作用时的等代荷载法　　　图3-8　水平集中力作用下的附加应力

2）矩形面积上各种分布荷载作用下的地基附加应力

（1）矩形面积上竖向均布荷载作用。设地基表面的矩形面积基础长为 l、宽为 b，其上作用竖向均布荷载 p_0，则可用布辛奈斯克公式和等代荷载法求出矩形角点下的附加应力，再利用角点法求任意点下的附加应力。

① 角点下的附加应力，如图3-9所示。受均布荷载作用的矩形面积的四个角点为 O、

A、C、D，其下同一深度处的竖向附加应力大小相等。以 O 为坐标原点建立空间坐标系，在荷载面积内任一点$(x、y)$处取微面元 $dA = dx\,dy$，将微面元上的分布荷载以集中力 dP 代替，$dP = p_0 dA$。则在 O 点下深度 z 处的 M 点，由 dP 所引起的竖向附加应力为

$$d\sigma_z = \frac{3dP}{2\pi} \frac{z^3}{R^5} = \frac{3p_0}{2\pi} \frac{z^3}{(x^2 + y^2 + z^2)^{5/2}} dx\,dy \qquad (3.24)$$

将式(3.24)对矩形面积 $OACD$ 积分，即得矩形面积上均布荷载 p_0 作用下 M 点的附加应力 σ_z

$$\sigma_z = \int_b^l \int_0^b \frac{3p_0}{2\pi} \frac{z^3}{(x^2 + y^2 + z^2)^{5/2}} dx\,dy$$

$$= \frac{p_0}{2\pi} \left[\arctan \frac{m}{n\sqrt{1 + m^2 + n^2}} + \frac{m \cdot n}{\sqrt{1 + m^2 + n^2}} \left(\frac{1}{m^2 + n^2} + \frac{1}{1 + n^2} \right) \right] \qquad (3.25)$$

式中，p_0 为矩形面积上作用的竖向均布荷载的强度，$m = l/b$，$n = z/b$。

为计算方便，可将式(3.25)简化为

$$\sigma_z = K_c p_0 \qquad (3.26)$$

式中，K_c 为矩形面积上竖向均布荷载作用时角点下的竖向附加应力分布系数(简称角点附加应力系数)，可查表 3-3 获得。

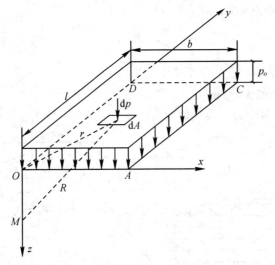

图 3-9　矩形面积均布荷载作用时角点下 M 点的应力

② 任意点下的附加应力。当计算点不在矩形荷载面积的角点下时，可用角点附加应力公式和应力叠加原理来计算地基中任意点的附加应力，这种方法即角点法，其步骤如下：

A. 在基底平面内做辅助线，将计算点的投影点转化为若干矩形的公共角点。

B. 利用角点附加应力公式计算各矩形荷载在计算点所引起的附加应力。

C. 将附加应力值代数叠加。

根据计算点位置的不同，角点法具体可分以下四种情况：

在竖向均布荷载 p_0 作用下，M 点下深度为 z 处的附加应力计算公式为

$$\sigma_z = (K_{cMead} + K_{cMebc}) p_0 \qquad (3.27(a))$$

$$\sigma_z = (K_{cMeah} + K_{cMebg} + K_{cMhdf} + K_{cMgcf}) p_0 \qquad (3.27(b))$$

$$\sigma_z = (K_{cMeab} - M_{cMedc})p_0 \tag{3.27(c)}$$

$$\sigma_z = (K_{cMeaf} - K_{cMebh} - K_{cMgdf} + K_{cMgch})p_0 \tag{3.27(d)}$$

式中：p_0——基础底面面积 $abcd$ 上竖向均布荷载强度(kPa)；

K_{cMead}——矩形 $Mead$ 角点的附加应力系数，按矩形 $Mead$ 的 m、n 查表 3-3 可得，其余系数意义同理。（查表时，b 恒指短边，l 恒指长边）。

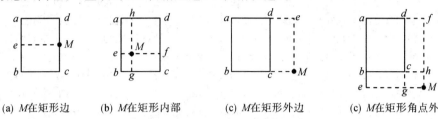

(a) M在矩形边　(b) M在矩形内部　(c) M在矩形外边　(c) M在矩形角点外

图 3-10　角点法计算简图

在图 3-10(b)中，若 M 为基础的中心点 O（如图 3-11 所示），则得竖向均布荷载作用下矩形面积中心点下附加应力计算公式

$$\sigma_{zO} = 4K_{el}p_0 \tag{3.28}$$

式中，K_{el} 为矩形角点的附加应力系数。

图 3-11　矩形基础中心点的附加应力

(2) 矩形面积上竖向三角形荷载作用，如图 3-12 所示。

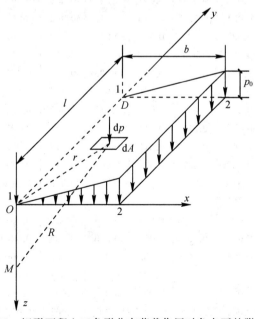

图 3-12　矩形面积上三角形分布荷载作用时角点下的附加应力

表 3 - 3　矩形面积上竖向均布荷载作用时角点下的竖向附加应力分布系数

$\dfrac{z}{b}$	l/b										
	1.0	1.2	1.4	1.6	1.8	2.0	3.0	4.0	5.0	10.0	条形
0	0.250	0.250	0.250	0.250	0.250	0.250	0.250	0.250	0.250	0.250	0.250
0.2	0.249	0.249	0.249	0.249	0.249	0.249	0.249	0.249	0.249	0.249	0.249
0.4	0.240	0.242	0.243	0.243	0.244	0.244	0.244	0.244	0.244	0.244	0.240
0.6	0.223	0.228	0.230	0.232	0.232	0.233	0.234	0.234	0.234	0.234	0.223
0.8	0.200	0.208	0.212	0.215	0.217	0.218	0.220	0.220	0.220	0.220	0.200
1.0	0.175	0.185	0.191	0.196	0.198	0.200	0.203	0.204	0.204	0.205	0.175
1.2	0.152	0.163	0.171	0.176	0.179	0.182	0.187	0.188	0.189	0.189	0.152
1.4	0.131	0.142	0.151	0.157	0.161	0.164	0.171	0.173	0.174	0.174	0.131
1.6	0.112	0.124	0.133	0.140	0.145	0.148	0.157	0.159	0.160	0.160	0.112
1.8	0.097	0.108	0.117	0.124	0.129	0.133	0.143	0.146	0.147	0.148	0.097
2.0	0.084	0.095	0.103	0.110	0.116	0.120	0.131	0.135	0.136	0.137	0.084
2.2	0.073	0.083	0.092	0.098	0.104	0.108	0.121	0.125	0.126	0.128	0.073
2.4	0.064	0.073	0.081	0.088	0.093	0.098	0.111	0.116	0.118	0.119	0.064
2.6	0.057	0.065	0.072	0.079	0.084	0.089	0.102	0.107	0.110	0.112	0.057
2.8	0.050	0.058	0.065	0.071	0.076	0.080	0.094	0.100	0.102	0.105	0.050
3.0	0.045	0.052	0.058	0.064	0.069	0.073	0.087	0.093	0.096	0.099	0.045
3.2	0.040	0.047	0.053	0.058	0.063	0.067	0.081	0.087	0.090	0.093	0.040
3.4	0.036	0.042	0.048	0.053	0.057	0.061	0.075	0.081	0.085	0.088	0.036
3.6	0.033	0.038	0.043	0.048	0.052	0.056	0.069	0.076	0.080	0.084	0.033
3.8	0.030	0.035	0.040	0.044	0.048	0.052	0.065	0.072	0.075	0.080	0.030
4.0	0.027	0.032	0.036	0.040	0.044	0.048	0.060	0.067	0.071	0.076	0.027
4.2	0.025	0.029	0.033	0.037	0.041	0.044	0.056	0.063	0.067	0.072	0.025
4.4	0.023	0.027	0.031	0.034	0.038	0.041	0.053	0.060	0.064	0.069	0.023
4.6	0.021	0.025	0.028	0.032	0.035	0.038	0.049	0.056	0.061	0.066	0.021
4.8	0.019	0.023	0.026	0.029	0.032	0.035	0.046	0.053	0.058	0.064	0.019
5.0	0.018	0.021	0.024	0.027	0.030	0.033	0.043	0.050	0.055	0.061	0.018
6.0	0.013	0.015	0.017	0.020	0.022	0.024	0.033	0.039	0.043	0.051	0.013
7.0	0.010	0.011	0.013	0.015	0.016	0.018	0.025	0.031	0.035	0.043	0.009
8.0	0.007	0.009	0.010	0.011	0.013	0.014	0.020	0.025	0.028	0.037	0.007
9.0	0.006	0.007	0.008	0.009	0.010	0.011	0.016	0.020	0.024	0.032	0.006
10.0	0.005	0.006	0.007	0.007	0.008	0.009	0.013	0.017	0.020	0.028	0.005
12.0	0.003	0.004	0.005	0.005	0.006	0.006	0.009	0.012	0.014	0.022	0.003
14.0	0.002	0.003	0.003	0.004	0.004	0.005	0.007	0.009	0.011	0.018	0.002
16.0	0.002	0.002	0.003	0.003	0.003	0.004	0.005	0.007	0.009	0.014	0.002
18.0	0.001	0.002	0.002	0.002	0.003	0.003	0.004	0.006	0.007	0.012	0.001
20.0	0.001	0.001	0.002	0.002	0.002	0.002	0.004	0.005	0.006	0.010	0.001
25.0	0.001	0.001	0.001	0.001	0.001	0.002	0.002	0.003	0.004	0.007	0.001
30.0	0.001	0.001	0.001	0.001	0.001	0.001	0.002	0.002	0.003	0.005	0.001
35.0	0.000	0.000	0.001	0.001	0.001	0.001	0.001	0.002	0.002	0.004	0.000
40.0	0.000	0.000	0.000	0.000	0.001	0.001	0.001	0.001	0.001	0.003	0.000

矩形面积上作用有竖向三角形分布荷载，最大荷载强度为 p_0，规定矩形零荷载边两角点用点 1 表示，最大荷载边两角点用点 2 表示。以角点 1 为坐标原点 O 建立空间坐标系，在矩形面积内任一点 $(x、y)$ 处取微面积 $dA = dx\,dy$，微面积上的分布荷载用集中力 $dP = (p_0 \cdot x/b)dx\,dy$ 代替，则 dP 在 O 点下任意深度 z 处 M 点引起的竖向附加应力 $d\sigma_z$ 可利用式(3.29)求得

$$d\sigma_z = \frac{3p_0}{2\pi b} \frac{xz^3}{(x^2 + y^2 + z^2)^{5/2}}dx\,dy \tag{3.29}$$

将 $d\sigma_z$ 沿矩形面积积分，即得到矩形面积上竖向三角形荷载作用下角点 a 下任意深度 z 处竖向附加应力 σ_z 为

$$\sigma_z = K_{ta}p_0 \tag{3.30}$$

$$K_{ta} = \frac{mn}{2\pi}\left[\frac{1}{\sqrt{m^2 + n^2}} - \frac{n^2}{(1+n^2)\sqrt{1+m^2+n^2}}\right] \tag{3.31}$$

$$m = \frac{l}{b}, \ n = \frac{z}{b} \tag{3.32}$$

若以角点 b 为坐标原点建立坐标系，同理可得矩形面积上竖向三角形荷载作用下角点 b 下任意深度 z 处竖向附加应力 σ_z 为

$$\sigma_z = K_{tb}p_0 \tag{3.33}$$

K_{ta}、K_{tb} 分别为矩形面积上竖向三角形荷载作用下角点 a、b 下的附加应力系数，可由表3-4查得。表中 b 指荷载呈三角形分布的矩形短边的长度，但实际工程设计时，该方向一般是长边。

若要计算竖向三角形分布荷载作用下矩形中心点下的附加应力，如图 3-13 所示，可将三角形分布荷载分解为两个三角形分布荷载与一个均匀分布荷载的叠加，中心点 O 下的附加应力即为三个分布荷载在 O 点产生的附加应力的叠加，即

$$\sigma_z = \frac{(2K_{t1} + 2K_{t2} + 2K_{c2})p_0}{2} \tag{3.34}$$

式中，K_{t1}、K_{t2}、K_{c2} 分别为按矩形 Ⅰ、Ⅱ查得的附加应力系数。

表 3-4　矩形面积上三角形分布荷载作用时角点下附加应力系数

z/b	l/b									
	0.2		0.4		0.6		0.8		1.0	
	K_{t1}	K_{t2}	K_{t1}	K_{t2}	K_{t1}	K_{t2}	K_{t1}	K_{t2}	K_{t1}	K_{t2}
0.0	0.0000	0.2500	0.0000	0.2500	0.0000	0.2500	0.0000	0.2500	0.0000	0.2500
0.2	0.0223	0.1821	0.0280	0.2115	0.0296	0.2165	0.0301	0.2178	0.0304	0.2182
0.4	0.0269	0.1094	0.0420	0.1604	0.0487	0.1781	0.0517	0.1844	0.0531	0.1870
0.6	0.0259	0.0700	0.0448	0.1165	0.0560	0.1405	0.6210	0.1520	0.0654	0.1575
0.8	0.0232	0.0480	0.0421	0.0853	0.0553	0.1093	0.0637	0.1232	0.0688	0.1311
1.0	0.0201	0.0346	0.0375	0.0638	0.0508	0.0852	0.0602	0.0996	0.0666	0.1086

z/b	l/b									
	0.2		0.4		0.6		0.8		1.0	
	K_{t1}	K_{t2}	K_{t1}	K_{t2}	K_{t1}	K_{t2}	K_{t1}	K_{t2}	K_{t1}	K_{t2}
1.2	0.0171	0.0260	0.0324	0.0491	0.0450	0.0673	0.0546	0.0807	0.0615	0.0901
1.4	0.0145	0.0202	0.0278	0.0386	0.0392	0.0540	0.0483	0.0661	0.0554	0.0751
1.6	0.0123	0.0160	0.0238	0.0310	0.0339	0.0440	0.0424	0.0547	0.0492	0.0628
1.8	0.0105	0.0130	0.0204	0.0254	0.0294	0.0363	0.0371	0.0457	0.0435	0.0534
2.0	0.0090	0.0108	0.0176	0.0211	0.0255	0.0304	0.0324	0.0387	0.0384	0.0456
2.5	0.0063	0.0072	0.0125	0.0140	0.0183	0.0205	0.0236	0.0265	0.0284	0.0318
3.0	0.0046	0.0051	0.0092	0.0100	0.0135	0.0148	0.0176	0.0192	0.0214	0.0233
5.0	0.0018	0.0019	0.0036	0.0038	0.0054	0.0056	0.0071	0.0074	0.0088	0.0091
7.0	0.0009	0.0010	0.0019	0.0019	0.0028	0.0029	0.0038	0.0038	0.0047	0.0047
10.0	0.0005	0.0004	0.0009	0.0010	0.0014	0.0014	0.0019	0.0019	0.0023	0.0024

z/b	l/b									
	1.2		1.4		1.6		1.8		2.0	
	K_{t1}	K_{t2}	K_{t1}	K_{t2}	K_{t1}	K_{t2}	K_{t1}	K_{t2}	K_{t1}	K_{t2}
0.0	0.0000	0.2500	0.0000	0.2500	0.0000	0.2500	0.0000	0.2500	0.0000	0.2500
0.2	0.0305	0.2184	0.0305	0.2185	0.0306	0.02185	0.0306	0.2185	0.0306	0.2185
0.4	0.0539	0.1881	0.0543	0.1886	0.0545	0.1889	0.0546	0.1891	0.0547	0.1892
0.6	0.0673	0.1602	0.0684	0.1616	0.0690	0.1625	0.0649	0.1630	0.0696	0.1633
0.8	0.0720	0.1355	0.0739	0.1381	0.0751	0.1396	0.0759	0.1405	0.0764	0.1412
1.0	0.0708	0.1143	0.0735	0.1176	0.0753	0.1202	0.0766	0.1215	0.0774	0.1225
1.2	0.0664	0.0962	0.0698	0.1007	0.0721	0.1037	0.0738	0.01055	0.0749	0.1069
1.4	0.0606	0.0817	0.0644	0.0864	0.0672	0.0897	0.0692	0.0921	0.0707	0.0937
1.6	0.0545	0.0696	0.0586	0.0743	0.0615	0.0780	0.0639	0.0806	0.0656	0.0826
1.8	0.0487	0.0596	0.0528	0.0644	0.0560	0.0681	0.0585	0.0709	0.0604	0.0730
2.0	0.0434	0.0513	0.0474	0.0560	0.0507	0.0596	0.0533	0.0625	0.0553	0.0649
2.5	0.0326	0.0365	0.0362	0.0405	0.0393	0.0440	0.0419	0.0469	0.0440	0.0491
3.0	0.0249	0.0270	0.0280	0.0303	0.0307	0.0333	0.0331	0.0359	0.0352	0.0380
5.0	0.0104	0.0108	0.0120	0.0123	0.0135	0.0139	0.0148	0.0154	0.0161	0.0167
7.0	0.0056	0.0056	0.0064	0.0066	0.0073	0.0074	0.0081	0.0083	0.0089	0.0091
10.0	0.0028	0.0028	0.0033	0.0032	0.0037	0.0037	0.0041	0.0042	0.0046	0.0046

z/b	l/b									
	3.0		4.0		6.0		8.0		10.0	
	K_{t1}	K_{t2}	K_{t1}	K_{t2}	K_{t1}	K_{t2}	K_{t1}	K_{t2}	K_{t1}	K_{t2}
0.0	0.0000	0.2500	0.0000	0.2500	0.0000	0.2500	0.0000	0.2500	0.0000	0.2500
0.2	0.0306	0.2186	0.0306	0.2186	0.0306	0.2186	0.0306	0.2186	0.0306	0.2186
0.4	0.0548	0.1894	0.0549	0.1894	0.0549	0.1894	0.0549	0.1894	0.0549	0.1894
0.6	0.0701	0.1638	0.0702	0.1639	0.0702	0.1640	0.0702	0.1640	0.0702	0.1640
0.8	0.0773	0.1423	0.0776	0.1424	0.0776	0.1426	0.0776	0.1426	0.0776	0.1426
1.0	0.0790	0.1244	0.0794	0.1248	0.0795	0.1250	0.0796	0.1250	0.0796	0.1250
1.2	0.0774	0.1096	0.0779	0.1103	0.0782	0.1105	0.0783	0.1105	0.0783	0.1105
1.4	0.0739	0.0973	0.0748	0.0982	0.0752	0.0986	0.0752	0.0987	0.0753	0.0987
1.6	0.0697	0.0870	0.0708	0.0882	0.0714	0.0887	0.0715	0.0888	0.0715	0.0889
1.8	0.0652	0.0782	0.0666	0.0797	0.0673	0.0805	0.0675	0.0806	0.0675	0.0808
2.0	0.0607	0.0707	0.0624	0.0726	0.0634	0.0734	0.0636	0.0736	0.0636	0.0738
2.5	0.0504	0.0559	0.0529	0.0585	0.0543	0.0601	0.0547	0.0604	0.0548	0.0605
3.0	0.0419	0.0451	0.0449	0.0482	0.0469	0.0504	0.0474	0.0509	0.0476	0.0511
5.0	0.0214	0.0221	0.0248	0.00256	0.0283	0.0290	0.0296	0.0303	0.0301	0.0309
7.0	0.0124	0.0126	0.0152	0.0154	0.0186	0.0190	0.0204	0.0207	0.0212	0.0216
10.0	0.0066	0.0066	0.0084	0.0083	0.0111	0.0111	0.0128	0.0130	0.0139	0.0141

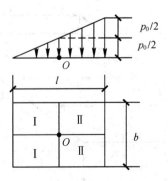

图 3-13　矩形面积上三角形分布荷载作用时中心点下的附加应力

（3）矩形面积上竖向梯形荷载作用。矩形面积上作用有竖向荷载，呈梯形分布，如图 3-14 所示，最大荷载强度为 p_{max}，最小荷载强度为 p_{min}，可将梯形分解为三角形分布荷载与均布荷载的共同作用，分别计算两种分布荷载产生的附加应力，然后叠加即可。

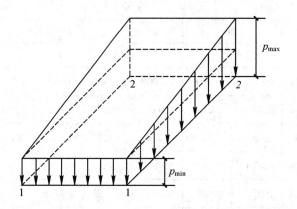

图 3-14　矩形面积竖向梯形荷载作用下附加应力的计算

（4）矩形面积上水平均布荷载作用。当矩形面积上作用水平方向的均布荷载时，如图 3-15 所示，可用西罗提公式对矩形面积积分，求出矩形角点下任意深度处的附加应力。在地表同一深度处，四个角点下的附加应力绝对值相等，但有正负之分。a、c 点下取负值，b、d 点下取正值，即

$$\sigma_z = \pm K_h p_h \tag{3.35}$$

$$K_h = \frac{1}{2\pi}\left[\frac{m}{\sqrt{m^2 + n^2}} - \frac{mn^2}{(1+n^2)\sqrt{1+m^2+n^2}}\right] \tag{3.36}$$

式中：$m = l/b$，$n = z/b$；

　　　l——垂直于水平荷载作用方向的边长（m）；

　　　b——平行于水平荷载作用方向的边长（m）；

　　　K_h——矩形面积上水平均布荷载作用下角点下附加应力系数，可由表 3-5 查得；

　　　p_h——矩形面积上水平方向的均布荷载（kPa）。

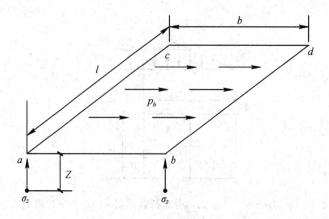

图 3-15　矩形面积上水平均布荷载作用时角点下附加应力

表 3－5　矩形面积上水平均布荷载作用时角点下附加应力系数

$n=$ z/b	$m=l/b$										
	1.0	1.2	1.4	1.6	1.8	2.0	3.0	4.0	6.0	8.0	10.0
0.0	0.1592	0.1592	0.1592	0.1592	0.1592	0.1592	0.1592	0.1592	0.1592	0.1592	0.1592
0.2	0.1518	0.1523	0.1526	0.1528	0.1529	0.1529	0.1530	0.1530	0.1530	0.1530	0.1530
0.4	0.1328	0.1347	0.1356	0.1362	0.1365	0.1367	0.1371	0.1372	0.1372	0.1372	0.1372
0.6	0.1091	0.1121	0.1139	0.1150	0.1156	0.1160	0.1168	0.1169	0.1170	0.1170	0.1170
0.8	0.0861	0.0900	0.0924	0.0939	0.0948	0.0955	0.0967	0.0969	0.0970	0.0970	0.0970
1.0	0.0666	0.0708	0.0735	0.0753	0.0766	0.0774	0.0790	0.0794	0.0795	0.0796	0.0796
1.2	0.0512	0.0553	0.0582	0.0601	0.0615	0.0624	0.0645	0.0650	0.0652	0.0652	0.0652
1.4	0.0395	0.0433	0.0460	0.0480	0.0494	0.0505	0.0528	0.0534	0.0537	0.0537	0.0538
1.6	0.0308	0.0341	0.0366	0.0385	0.0400	0.0410	0.0436	0.0443	0.0446	0.0447	0.0447
1.8	0.0242	0.0270	0.0293	0.0311	0.0325	0.0336	0.0362	0.0370	0.0374	0.0375	0.0375
2.0	0.0192	0.0217	0.0237	0.0253	0.0266	0.0277	0.0303	0.0312	0.0317	0.0318	0.0318
2.5	0.0113	0.0130	0.0145	0.0157	0.0167	0.0176	0.0202	0.0211	0.0217	0.0219	0.0219
3.0	0.0070	0.0083	0.0093	0.0102	0.0110	0.0117	0.0140	0.0150	0.0156	0.0158	0.0159
5.0	0.0018	0.0021	0.0024	0.0027	0.0030	0.0032	0.0043	0.0050	0.0057	0.0059	0.0060
7.0	0.0007	0.0008	0.0009	0.0010	0.0012	0.0013	0.0018	0.0022	0.0027	0.0029	0.0030
10.0	0.0002	0.0003	0.0003	0.0004	0.0004	0.0005	0.0007	0.0008	0.0011	0.0013	0.0014

3）条形荷载作用下的地基附加应力

当一定宽度的无限长条形面积上承受在各个截面上分布都相同的荷载时，土中的应力状态为平面应变状态，即垂直于长度方向的任一截面内应力的大小及分布规律都是相同的，与所取截面位置无关。

实际工程中当然没有无限长条形荷载面积，但研究表明，当截面两侧荷载延伸长度均超过截面宽度5倍时，该截面内应力分布与无限条形荷载面积的土中应力相差甚少。因此，墙基、路基、挡土墙、堤坝等条形基础和构筑物，通常可按平面问题计算地基中的附加应力。

（1）无限长均布线荷载作用，如图3－16所示。当地表面作用有无限长均布线荷载 $\overline{p}$ 时，地基中任意点 M 处附加应力分量只有 σ_z、σ_x、τ_{xz}。按等代荷载法原理，沿线荷载方向取微段 $\mathrm{d}y$，微段上的线荷载用集中力 $\overline{p}\mathrm{d}y$ 近似代替，$\overline{p}\mathrm{d}y$ 在 M 点引起的附加应力 $\mathrm{d}\sigma_z$ 按式（3.18(c)）计算，积分可得无限长均布线荷载在地基中 M 点引起的附加应力为

$$\sigma_z = \int_{-\infty}^{+\infty} \frac{3\bar{p}z^3}{2\pi(x^2 + y^2 + z^2)^{5/2}} dy = \frac{2\bar{p}z^3}{\pi(x^2 + z^2)^2} \tag{3.37}$$

同理可推得

$$\sigma_z = \frac{2\bar{p}x^2 z}{\pi(x^2 + z^2)^2} \tag{3.38}$$

$$\tau_{xz} = \tau_{zx} = \frac{2\bar{p}xz^2}{\pi(x^2 + z^2)^2} \tag{3.39}$$

其中，x、z 分别为计算点 M 至荷载所在的竖直面和地基表面的距离。上述均布线荷载作用下地基附加应力解首先由弗拉曼（Flamant）得出，故又称之为弗拉曼解。

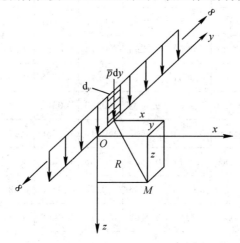

图 3-16　均布线荷载作用下的地基附加应力

此外，按广义胡克定律和 $\varepsilon_y = 0$ 的条件，有

$$\sigma^y = \mu(\sigma_x + \sigma_z) \tag{3.40}$$

实际工程中线荷载是不存在的，但可以将它看成是条形面积在宽度趋于零时的特殊情况。

（2）条形面积上均布荷载作用，如图 3-17 所示。当地基表面作用有宽度为 b 的条形均布荷载 p_0 时，在条形荷载的宽度方向上取微宽度 $d\xi$，将其上作用的微宽度条形荷载用线荷载 $d\bar{p} = p_0 d\xi$ 代替，利用式（3.37），$d\bar{p}$ 在地基内任意点 M 引起的竖向附加荷载 $d\sigma_z$ 为

$$d\sigma_z = \frac{2z^3}{\pi[(x - \varepsilon)^2 + z^2]^2} p_0 d\xi \tag{3.41}$$

将式（3.41）沿宽度 b 积分，即可得条形荷载在 M 点引起的附加应力 σ_z 为

$$\sigma_z = \int_0^b \frac{2z^3 p_0}{\pi[(x - \varepsilon)^2 + z^2]^2} d\xi$$

$$= \frac{p_0}{\pi}\left[\arctan\frac{m}{n} - \arctan\frac{m-1}{n} + \frac{mn}{m^2 + n^2} - \frac{n(m-1)}{n^2 + (m-1)^2}\right] \tag{3.42}$$

简化为

$$\sigma_z = K_{sz} p_0 \tag{3.43}$$

同理可求得条形均布荷载作用下地基内 M 点引起的附加应力 σ_x 和剪应力 τ_{xz} 为

$$\sigma_x = K_{sx}p_0 \qquad (3.44)$$

$$\tau_{xz} = K_{sxz}p_0 \qquad (3.45)$$

其中，K_{sz}、K_{sx}、K_{sxz} 分别为条形面积上均布荷载作用时竖向附加应力系数、水平向附加应力系数、剪应力系数。其值可按 $m=x/b$、$n=z/b$ 由表 3-6 查得，b 为条形荷载分布宽度。

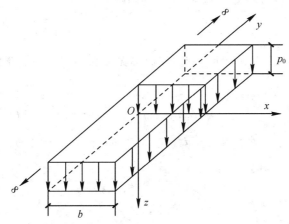

图 3-17　均布条形荷载作用下地基附加应力

表 3-6　条形面积上均布荷载作用时的附加应力系数

z/b	x/b														
	0.00			0.50			1.00			1.50			2.00		
	K_{sz}	K_{sx}	K_{sxz}	K_{sz}	K_{sx}	K_{sxz}	K_{sz}	K_{sx}	K_{sxz}	K_{sz}	K_{sx}	K_{sxz}	K_{sz}	K_{sx}	K_{sxz}
0.00	1.00	1.00	0	0.50	0.50	0.32	0	0	0	0	0	0	0	0	0
0.25	0.96	0.45	0	0.50	0.35	0.30	0.02	0.17	0.05	0	0.07	0.01	0	0.04	0
0.50	0.82	0.18	0	0.48	0.23	0.26	0.08	0.21	0.13	0.02	0.12	0.04	0	0.07	0.02
0.75	0.67	0.08	0	0.45	0.14	0.20	0.15	0.22	0.13	0.04	0.14	0.07	0.02	0.10	0.04
1.00	0.55	0.04	0	0.41	0.09	0.16	0.19	0.15	0.16	0.07	0.14	0.10	0.03	0.13	0.05
1.25	0.46	0.02	0	0.37	0.06	0.12	0.20	0.11	0.14	0.10	0.12	0.10	0.04	0.11	0.07
1.50	0.40	0.01	0	0.33	0.04	0.10	0.21	0.08	0.13	0.11	0.10	0.10	0.06	0.10	0.07
1.75	0.35		0	0.30	0.03	0.08	0.21	0.06	0.11	0.13	0.09	0.10	0.07	0.09	0.08
2.00	0.31		0	0.28	0.02	0.06	0.20	0.05	0.10	0.14	0.07	0.10	0.08	0.08	0.08
3.00	0.21		0	0.20	0.01	0.03	0.17	0.02	0.06	0.13	0.03	0.07	0.10	0.04	0.07
4.00	0.16		0	0.15		0.02	0.14	0.01	0.03	0.12	0.02	0.05	0.10	0.03	0.05
5.00	0.16		0	0.12			0.12			0.11			0.09		
6.00	0.11		0	0.10			0.10			0.10					

4）圆形面积上竖向均布荷载作用下的地基附加应力

圆形均布荷载中心点下附加应力如图 3-18 所示。设作用在地表圆形面积上的竖向均

布荷载为 p_0，圆的半径为 r，则圆心 O 点下任意深度处的附加应力仍可通过布辛奈斯克公式在圆面积内积分求得。

以圆心 O 为柱坐标原点，在圆面积内任意点 $(\rho、\theta)$ 处取微面积 $dA = \rho d\rho d\theta$，将微面积上的分布荷载用集中力 $dP = p_0 dA = p_0\rho d\rho d\theta$ 代替，dP 作用点与 M 点的距离为 $R = \sqrt{\rho^2 + z^2}$，由式(3.18(c))得 dP 点在 M 点引起的附加应力 $d\sigma_z$ 为

$$d\sigma_z = \frac{3 p_0 z^3 \rho}{2\pi(\rho^2 + z^2)^{5/2}} d\rho d\theta$$

将上式在圆形面积上积分，即得到均布荷载在圆心 O 下任意点 M 处引起的竖向附加应力，为

$$\sigma_z = \int_0^{2\pi}\int_0^r \frac{3 p_0 z^3 \rho}{2\pi(\rho^2 + z^2)^{5/2}} d\rho d\theta = \left[1 - \frac{1}{(1 + r^2/z^2)^{3/2}}\right] p_0 = K_r p_0 \qquad (3.46)$$

式中，K_r 为圆形面积上均布荷载作用在圆心下的竖向附加应力系数，可由表3-7查得。

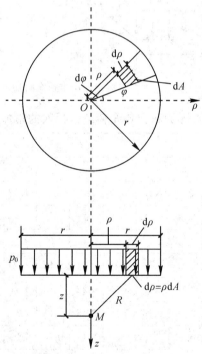

图3-18　圆形均布荷载中心点下附加应力

表3-7　圆形面积上均布荷载作用是圆心下竖向附加应力系数

r/z	K_r	r/z	K_r
0.268	0.1	0.918	0.6
0.400	0.2	1.110	0.7
0.518	0.3	1.387	0.8
0.637	0.4	1.908	0.9
0.766	0.5	∞	1.0

2. 非均质地基中的附加应力

在实际工程中，有些地基土有明显非均质或各向异性的特点，对于这些地基中附加应力的问题，如果仍按照弹性理论和公式计算，可能会产生较大误差。以此类地基内某一深度处的竖向正应力为例，非均质和各向异性的影响一般有两种结果：一是发生应力集中现象，二是发生应力扩散现象。

1）双层地基

天然形成的双层地基有两种情况：一种是坚硬土层上覆盖有较薄的可压缩土层；另一种是软弱土层覆盖有一层压缩模量较高的硬壳层。

图 3-19 为均布荷载中心点 O 下的竖向应力分布。曲线 1 为均质地基中附加应力分布，曲线 2 为上层软、下层坚硬地基中附加应力分布，曲线 3 为上层坚硬、下层软地基中附加应力分布。与均质情况相比，在荷载作用的中心线下，上软下硬的双层地基中发生应力集中现象，上硬下软地基中发生应力扩散现象。

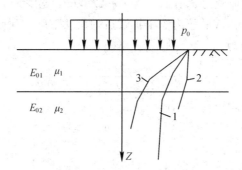

图 3-19　双层地基在荷载中心线下的竖向附加应力

（1）上软下硬的双层地基。此类地基中，应力集中程度与下卧坚硬土层或岩层的埋藏深度有关，埋藏越浅，应力集中现象越显著。在上软下硬的双层地基中，应力扩散程度与双层地基的变形模量 E_0 和泊松比 μ 有关，并随参数 f 的增加而加剧，有

$$f = \frac{E_{01}}{E_{02}} \cdot \frac{1 - \mu_2^2}{\mu_1^2} \tag{3.47}$$

式中：E_{01}、E_{02}——上、下土层的变形模量（MPa）；

　　　μ_1、μ_2——上、下土层的泊松比。

由于各种土的泊松比差别不大，故参数 f 主要取决于上、下土层的变形模量之比 E_{01}/E_{02}。一般地，当 $E_{01}/E_{02} < 3$ 时，认为应力集中程度不明显，可按均质地基计算。

（2）上硬下软的双层地基。上硬下软的双层地基中应力扩散程度随上层持力层厚度的增加而变得显著。

持力层厚度不超过宽度的 1/4 时，可忽略应力扩散的影响，按大面积荷载下的薄压缩层考虑，即持力层中各点竖向附加应力均近似于地表面荷载值。

当上、下土层变形模量比 $E_{01}/E_{02} \geqslant 3$，并且持力层厚度大于荷载宽度的 1/4 时，地基附加应力可按照应力扩散简化理论近似计算，如图 3-20 所示。

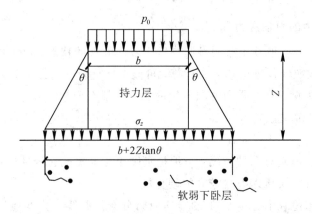

图 3-20 上硬下软的双层地基的附加应力扩散简化计算

在图 3-20 中,当地基表面在长度为 l、宽度为 b 的矩形面积上受均布荷载 p_0 作用时,假设 p_0 在沿其分布的长度和宽度方向均以一定扩散角 θ 在持力层中向较松软的下卧层顶面扩散,下卧层顶面处附加应力 σ_z 在长度为 $l+2Z\tan\theta$、宽度为 $b+2Z\tan\theta$ 的矩形面积上呈均匀分布。由扩散前的基底总压力等于扩散后的松软下卧层顶面上的总压力,可得松软下卧层顶面处的附加应力为

$$\sigma_z = \frac{p_0 lb}{(b+2Z\tan\theta)(l+2Z\tan\theta)} \tag{3.48}$$

式中:p_0——持力层表面均布荷载(kPa);

l、b——均布荷载的矩形分布面积的长(m)、宽(m);

Z——持力层厚度(m);

θ——应力扩散角(m)。

如果地基表面宽度为 b 的条形面积上受均布荷载 p_0 作用,地基附加应力只沿荷载宽度方向向下扩散,取 1 m 长条形荷载计算,则松软下卧层顶面处附加应力为

$$\sigma_z = \frac{p_0 b}{b+2Z\tan\theta} \tag{3.49}$$

2) 变形模量随深度增大的地基

土的变形模量随地基深度增大,这种现象在砂土中尤为显著。试验和理论证明此类地基的附加应力会出现应力集中现象。对于集中力 P 作用下的附加应力可采用费罗列希(Frohlich)等建议的半经验公式计算

$$\sigma_z = \frac{vP}{2\pi R^2}\cos^v\theta \tag{3.50}$$

式中,v 为大于 3 的集中因数,其值随 E_0 与地基深度的关系及泊松比 μ 而异。当 $v=3$ 时,式(3.50)与布辛奈斯克公式完全相同。

3.4 地基的最终沉降量

地基的最终沉降量指地基达到沉降稳定时的总沉降量。其大小主要取决于土的压缩性和地基附加应力的大小。目前,常用计算方法有分层总和法、弹性力学公式法、地基沉降

三分量法、平均固结度法、按实测沉降推算法等。

3.4.1　分层总和法

分层总和法的原理是将地基土分成若干土层，分别计算各土层竖向压缩变形量，然后叠加求和得到地基的总竖向压缩变形量，即地基总沉降量。本节介绍单向压缩分层总和法和规范推荐公式法。

1. 单向压缩分层总和法

1）基本原理

假定地基土层只有竖向单向压缩，不产生侧向变形，并且只考虑地基的固结沉降，利用侧限压缩试验的结果 e - p 压缩曲线计算沉降量。

2）基本思路

将压缩层范围内地基分成若干层（如图 3 - 21 所示），在单向压缩的条件下计算各层的压缩变形量，然后求和得到地基最终沉降量。

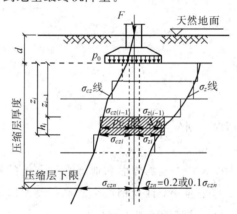

图 3 - 21　单向压缩分层总和法

在计算各层竖向压缩变形量时，由于各层厚度较小，在层面和层底土的内摩擦力作用下，可近似认为土层无侧向变形，此时其与单向压缩试验仪中土样的应力、变形条件相吻合，故由单向压缩变形量计算式：$s = h(e_1 - e_2)/(1 + e_1)$ 可得薄压缩层竖向压缩变形量为

$$s_i = \frac{e_{1i} - e_{2i}}{1 + e_{1i}} h_i \qquad (3.51)$$

式中：s_i——第 i 层土竖向压缩变形量（m）；

e_{1i}——第 i 层土在自重应力作用下的孔隙比；

e_{2i}——第 i 层土在自重应力和附加应力共同作用下的孔隙比；

h_i——第 i 层土的厚度（m）。

考虑到压缩系数的定义和压缩模量与压缩系数间的关系，由上式得

$$s_i = \frac{p_{2i} - p_{1i}}{E_{si}} h_i \qquad (3.52)$$

式中：p_{1i}——第 i 层土的自重应力（kPa）；

p_{2i}——第 i 层土的自重应力和附加应力之和(kPa);

E_{si}——第 i 层土的压缩模量(MPa)。

p_{1i} 与 p_{2i} 分别按下式计算,即

$$p_{1i} = \Delta\sigma_{ci} = \frac{\sigma_{c(i-1)} + \sigma_{ci}}{2} \tag{3.53}$$

$$p_{2i} = \Delta\sigma_{ci} + \Delta\sigma_{zi} = \frac{\sigma_{c(i-1)} + \sigma_{ci}}{2} + \frac{\sigma_{z(i-1)} + \sigma_{zi}}{2} \tag{3.54}$$

式中:$\sigma_{c(i-1)}$、σ_{ci}、$\Delta\sigma_{ci}$——分别为第 i 层土顶面、底面处的自重应力及其平均值;

$\sigma_{z(i-1)}$、σ_{zi}、$\Delta\sigma_{zi}$——分别为第 i 层土顶面、底面处的附加应力及其平均值。

将式(3.53)和式(3.54)代入式(3.52),可得

$$s_i = \frac{\Delta\sigma_{zi}}{E_{si}} h_i \tag{3.55}$$

按式(3.51)和式(3.52)计算各层竖向压缩变形量后,地基最终沉降量即为各层竖向压缩变形量之和为

$$s = \sum_{i=1}^{n} \Delta s_i = \sum_{i=1}^{n} \frac{e_{1i} - e_{2i}}{1 + e_{1i}} h_i \tag{3.56(a)}$$

或

$$s = \sum_{i=1}^{n} \Delta s_i = \sum_{i=1}^{n} \frac{\Delta\sigma_{zi}}{E_{si}} h_i \tag{3.56(b)}$$

式中,n 为地基压缩层范围内的划分土层数。

3)计算步骤及方法

(1)地基分层。分层时,天然土层的界面和地下水位等土的性质或指标发生变化处应作为划分层面;划分土层的厚度越小,计算精度会越高,但工作量也越大。一般分层厚度 $h_i \leqslant 0.4b$(b 为基础底面宽度),或取经验值 1 m～2 m。

(2)地基应力计算。计算各层土顶面、底面处的自重应力、附加应力以及各层自重应力平均值和附加应力平均值。

(3)确定地基压缩层的深度 Z_n。通常按下式原则确定,即

$$\frac{\sigma_{zn}}{\sigma_{cn}} \leqslant 0.2 \tag{3.57}$$

即当地基某一深度处附加应力与自重应力比不超过 0.2 时,则该深度可作为压缩层的最终计算深度。若在该深度以下还存在高压缩性土,则应将式中 0.2 换成 0.1。

(4)计算各层竖向压缩变形量。当已知 e-p 曲线时,按式(3.51)计算;已知 E_{si} 时,按式(3.55)计算。

(5)计算地基最终沉降量。按式(3.56(a))或式(3.56(b))计算。

例题 3 - 1 某建筑物独立基础,基础底面为正方形 $l \times b = 4$ m $\times 4$ m,上部结构传至基础顶面的荷载 $N = 1500$ kN,基础底面埋深 $d = 1.0$ m,地基土为粉质黏土,土的天然重度为 $\gamma = 16$ kN/m³,地下水位深度为 3.4 m,水下饱和重度 $\gamma_{sat} = 18$ kN/m³。土的 e-p 曲线如图 3 - 22 所示。用分层总和法计算基础底面中点的沉降量。

解：(1) 绘制基础剖面图和地基土的剖面图，如图 3-22(a)所示。

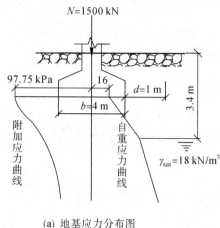
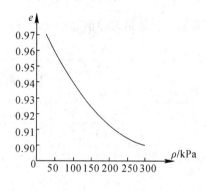

(a) 地基应力分布图　　　　　　　　(b) 地基土压缩曲线

图 3-22　例 3-1 图

(2) 计算分层厚度。从基底开始 $h_i \leqslant 0.4b = 1.6$ m。地下水位以上 2.4 m 分两层，各为 1.2 m；地下水位以下按 1.6 m 分层。

(3) 计算地基土的自重应力：

当 $z = 0$ m 时，$\sigma_{c0} = 16 \times 1 = 16$ kPa。

当 $z = 1.2$ m 时，$\sigma_{c1} = 16 + 16 \times 1.2 = 35.2$ kPa。

当 $z = 2.4$ m 时，$\sigma_{c2} = 35.2 + 16 \times 1.2 = 54.4$ kPa。

当 $z = 4.0$ m 时，$\sigma_{c3} = 54.4 + (18 - 10) \times 1.6 = 67.2$ kPa。

当 $z = 5.6$ m 时，$\sigma_{c4} = 67.2 + (18 - 10) \times 1.6 = 80$ kPa。

当 $z = 7.2$ m 时，$\sigma_{c5} = 80 + (18 - 10) \times 1.6 = 92.8$ kPa。

(4) 计算基底附加压力。基底压力 $p = \dfrac{N}{lb} + \gamma_G d = \left(\dfrac{1500}{4} + 20 \times 1\right) = 113.75$ kPa；

基底附加应力 $p_0 = p - \gamma d = (113.75 - 16 \times 1) = 97.75$ kPa。

(5) 计算基础中点下地基中的附加应力。利用角点法计算，过基底中点将荷载面四等分，计算边长为 2 m×2 m，$\sigma_z = 4\alpha_a p_0$，由表确定，计算结果如例 3-1 表 1 所示。

例 3-1 表 1　附加应力

z/m	z/b	K_c	σ_z/kPa	σ_c/kPa	σ_z/σ_c	z_n/m
0	0	0.250	97.76	16	—	—
1.2	0.6	0.223	87.20	35.2	—	—
2.4	1.2	0.152	59.44	54.4	—	—
4.0	2.0	0.084	32.84	67.2	—	—
5.6	2.8	0.050	19.56	80	0.25	—
7.2	3.6	0.033	12.92	92.8	0.14	7.2

(6) 计算沉降深度 z_n。根据 $\sigma_{c0} = 0.2\sigma_c$ 的确定原则，由表 1 计算结果可取 $z_n = 7.2$ m。

(7) 计算最终沉降量。由图 3-22(b)所示的 e-p 曲线，根据 $s_i = \left(\dfrac{e_{1i} - e_{2i}}{1 + e_{1i}}\right) h_i$，计算各分层沉降量，计算结果如例 3-1 表 2 所示。

例 3-1 表 2   最终沉降量

z/ m	σ_c/ kPa	σ_z/ kPa	h_i/ mm	$\overline{\sigma_c}$/ kPa	$\overline{\sigma_z}$/kPa	$\overline{\sigma_c} + \overline{\sigma_z}$	e_1	e_2	$\dfrac{e_{1i} - e_{2i}}{1 + e_{1i}}$	S_i/ mm
0	16	97.76	1200	25.6	92.48	118.08	0.970	0.937	0.0168	20.16
1.2	35.2	87.20	1200	44.8	73.32	118.12	0.960	0.936	0.0122	14.64
2.4	54.4	59.44	1600	60.8	46.14	106.94	0.954	0.940	0.0072	11.52
4.0	67.2	32.84	1600	73.6	26.20	99.80	0.945	0.941	0.0021	3.36
5.6	80	19.56	1600	86.4	16.24	102.64	0.942	0.940	0.0010	1.60
7.2	92.8	12.92	—	—	—	—	—	—	—	51.28

2. 规范法

1）基本原理

规范法与单向压缩分层总和法假设相同，即地基无侧向变形。

2）基本思路

同样是将压缩层范围内地基分成若干层，分层计算各层的压缩变形量，然后叠加得到地基最终沉降量。

3）计算步骤及方法

(1) 地基土分层。规范法只需按天然土层分层或按土的压缩性变化分层。

(2) 确定地基压缩层深度 Z_n。按《建筑地基基础设计规范》(GB50007—2011)规定，Z_n 的确定方法为：先凭经验假定某一深度值为压缩层深度 Z_n，按地基竖向变形量计算式计算 Z_n 深度范围内的总压缩变形量 s_n'；再由深度 Z_n 处向上取厚度为 Δz 的土层（Δz 按表 3-8 规定取值），再按第 i 层竖向压缩变形量计算式计算出该土层压缩变形量 $\Delta s_n'$；然后比较 $\Delta s_n'$ 和 s_n'，若满足 $\Delta s_n'/s_n' \leqslant 0.025$，则假定深度值即可作为压缩层深度，否则，继续往深处取值。

表 3-8   计算厚度 Δz

b/m	$b \leqslant 2$	$2 < b \leqslant 4$	$4 < b \leqslant 8$	$b > 8$
Δz/m	0.3	0.6	0.8	1.0

注：b 为基础宽度，其单位为 m。

当无相邻荷载影响且基础宽度在 1~30 m 范围内时，地基沉降计算的压缩层深度为

$$Z_n = b(2.5 - 0.4 \ln b) \tag{3.58}$$

式中，b 为基础宽度。

(3) 计算各层竖向压缩变形量 $\Delta s_i'$ 和地基总竖向压缩变形量 s'。第 i 层竖向压缩变形量计算公式为

$$\Delta s_i' = \frac{p_0}{E_{si}} (z_i \overline{\alpha_i} - z_{i-1} \overline{\alpha_{i-1}}) \tag{3.59}$$

式中：$\Delta s_i'$——第 i 层的计算变形量(m)；

p_0——对应荷载标准值的基底附加压力(kPa)；

z_i、z_{i-1}——第 i 层底面、顶面至基础底面的距离(m);

$\overline{\alpha_i}$、$\overline{\alpha_{i-1}}$——第 i 层底面、顶面处基底中心点下的平均附加应力系数,如表 3-9 所示。

表 3-9　矩形面积上均布荷载作用下中心点下的平均附加应力系数表

z/b	l/b												
	1.0	1.2	1.4	1.6	1.8	2.0	2.4	2.8	3.2	3.6	4.0	5.0	>10.0 (条形)
0.0	1.000	1.000	1.000	1.000	1.000	1.000	1.000	1.000	1.000	1.000	1.000	1.000	1.000
0.2	0.987	0.990	0.991	0.992	0.992	0.992	0.993	0.993	0.993	0.993	0.993	0.993	0.993
0.4	0.936	0.947	0.953	0.956	0.958	0.960	0.961	0.962	0.962	0.963	0.963	0.963	0.963
0.6	0.858	0.878	0.890	0.898	0.903	0.906	0.910	0.912	0.913	0.914	0.914	0.915	0.915
0.8	0.775	0.801	0.810	0.831	0.839	0.844	0.851	0.855	0.857	0.858	0.859	0.860	0.860
1.0	0.698	0.738	0.749	0.764	0.775	0.783	0.792	0.798	0.801	0.803	0.804	0.806	0.807
1.2	0.631	0.663	0.686	0.703	0.715	0.725	0.737	0.744	0.749	0.752	0.754	0.756	0.758
1.4	0.573	0.605	0.629	0.648	0.661	0.672	0.687	0.696	0.701	0.705	0.708	0.711	0.714
1.6	0.524	0.556	0.580	0.599	0.613	0.625	0.641	0.651	0.658	0.663	0.666	0.670	0.675
1.8	0.482	0.513	0.537	0.556	0.571	0.583	0.600	0.611	0.619	0.624	0.629	0.633	0.638
2.0	0.446	0.475	0.499	0.518	0.533	0.545	0.563	0.575	0.584	0.590	0.594	0.600	0.606
2.2	0.414	0.443	0.466	0.484	0.499	0.511	0.530	0.543	0.552	0.558	0.563	0.570	0.577
2.4	0.387	0.414	0.436	0.454	0.469	0.481	0.500	0.513	0.523	0.530	0.535	0.543	0.551
2.6	0.362	0.389	0.410	0.428	0.442	0.455	0.473	0.487	0.496	0.504	0.509	0.518	0.528
2.8	0.341	0.366	0.387	0.404	0.418	0.430	0.449	0.4631	0.472	0.480	0.486	0.495	0.506
3.0	0.322	0.346	0.366	0.383	0.397	0.409	0.427	0.441	0.451	0.459	0.465	0.474	0.487
3.2	0.305	0.328	0.348	0.364	0.377	0.389	0.407	0.420	0.431	0.439	0.445	0.455	0.468
3.4	0.289	0.312	0.331	0.346	0.359	0.371	0.388	0.402	0.412	0.420	0.427	0.437	0.452
3.6	0.276	0.297	0.315	0.330	0.343	0.353	0.372	0.385	0.395	0.403	0.410	0.421	0.436
3.8	0.263	0.284	0.301	0.316	0.328	0.339	0.356	0.369	0.379	0.388	0.394	0.405	0.422
4.0	0.251	0.271	0.288	0.302	0.314	0.325	0.342	0.355	0.365	0.373	0.379	0.391	0.408
4.2	0.241	0.260	0.276	0.290	0.300	0.312	0.328	0.341	0.352	0.359	0.366	0.377	0.396
4.4	0.231	0.250	0.265	0.278	0.290	0.300	0.316	0.329	0.339	0.347	0.353	0.365	0.384
4.6	0.222	0.240	0.255	0.268	0.279	0.289	0.305	0.317	0.327	0.335	0.341	0.353	0.373
4.8	0.214	0.231	0.245	0.258	0.269	0.279	0.294	0.300	0.316	0.324	0.330	0.342	0.362
5.0	0.206	0.223	0.237	0.249	0.260	0.269	0.284	0.296	0.306	0.313	0.320	0.332	0.352

地基总竖向压缩变形量计算公式为

$$s' = \sum_{i=1}^{n} \Delta s_i' = \sum_{i=1}^{n} \frac{p_0}{E_{si}} (z_i \overline{\alpha_i} - z_{i-1} \overline{\alpha_{i-1}}) \tag{3.60}$$

(4)确定沉降计算经验系数 Ψ_s。沉降计算经验系数 Ψ_s,根据地区沉降观测资料及经验确定,也可采用表 3-10 的推荐值。

表 3 - 10　沉降计算经验系数 Ψ_s

$\overline{E_s}/\mathrm{MPa}$	2.5	4.0	7.0	15.0	20.0
$p_0 \geqslant f_{ck}$	1.4	1.3	1.0	0.4	0.2
$p_0 \leqslant 0.75 f_{ck}$	1.1	1.0	0.7	0.4	0.2

其中，$\overline{E_s}$ 为沉降计算深度范围内压缩模量的当量值，有

$$\overline{E_s} = \frac{\sum\limits_{i=1}^{n}(z_i \overline{\alpha}_i - z_{i-1}\overline{\alpha}_{i-1})}{\sum\limits_{i=1}^{n}\dfrac{(z_i \overline{\alpha}_i - z_{i-1}\overline{\alpha}_{i-1})}{E_{si}}} \tag{3.61}$$

（5）计算地基最终沉降量 s。引入经验系数后，计算地基最终沉降量的规范法公式为

$$s = \Psi_s s' = \Psi_s \sum_{i=1}^{n} \frac{p_0}{E_{si}}(z_i \overline{\alpha}_i - z_{i-1}\overline{\alpha}_{i-1}) \tag{3.62}$$

例题 3 - 2　某建筑物独立基础（如图 3 - 23 所示），上部传至基础顶面的荷载为 1200 kN，基础埋深 $d=1.5$ m，基础尺寸 $l \times b = 4$ m×2 m。土层第一层黏土层厚 3.0 m，重度 $\gamma_1 = 19$ kN/m³，压缩模量 $E_s = 4.3$ MPa；第二层粉质黏土层厚 4.2 m，$\gamma_2 = 19.5$ kN/m³，$E_s = 5.0$ MPa；第三层粉砂层，$\gamma_3 = 18.8$ kN/m³，$E_s = 5.5$ MPa，用规范法求该基础中点的最终沉降量。

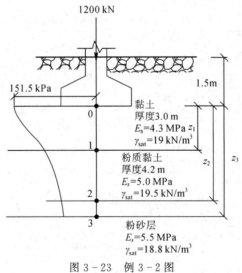

图 3 - 23　例 3 - 2 图

解：（1）基底附加压力为

$$p = \frac{N}{lb} + \gamma_G d = \frac{1200}{4 \times 2} + 20 \times 1.5 = 180 \text{ kPa}$$

基础底面附加应力为

$$p_0 = p - \gamma d = 180 - 19 \times 1.5 = 151.5 \text{ kPa}$$

（2）求沉降计算深度 z_n。由于没有相邻基础的影响，故可先估算为

$$z_n = b(2.5 - 0.4\ln b) = 2 \times (2.5 - 0.4 \times \ln 2) = 4.445 \text{ m}$$

按该深度，可计算至第二层埋深 6.5 m 处，z_n 取 5.0 m。

（3）沉降计算，如例 3 - 2 表所示。

例 3-2 表　按规范法计算基础最终沉降量

位置	$z_i/$m	l/b	z/b $b=1$ m	$\overline{\alpha_i}$	$z_i\overline{\alpha_i}/$mm	$z_i\overline{\alpha_i}-$ $z_{i-1}\overline{\alpha_{i-1}}$	$\dfrac{p_0}{E_{si}}$	$\Delta s_i/$mm	$\sum\Delta s_i$ /mm	$\dfrac{\Delta S_i}{\sum\Delta S_i}$
0	0		0	4×0.2500 $=1.0$	0	—	—	—	—	—
1	1.5	2.0/1= 2.0	1.5	4×0.2152 $=0.8608$	1291.20	1291.20	0.035	45.19	—	—
2	4.7		4.7	4×0.1222 $=0.4888$	2297.36	1006.16	0.030	30.18	—	—
3	5.0		5.0	4×0.1169 $=0.4676$	2338.00	40.64	0.030	1.22	76.59	$0.016\leqslant$ 0.025

（4）确定沉降经验系数 Ψ_s，有

$$\overline{E_s}=\frac{\sum A_i}{\sum(A_i/E_{si})}=\frac{p_0\sum(z_i\overline{\alpha_i}-z_{i-1}\overline{\alpha_{i-1}})}{p_0\sum[(z_i\overline{\alpha_i}-z_{i-1}\overline{\alpha_{i-1}})/E_{si}]}$$

$$=\frac{1291.2+1006.16+40.64}{\dfrac{1291.2}{4.3}+\dfrac{1006.16}{5.0}+\dfrac{40.64}{5.0}}=4.59\ \text{MPa}$$

由 $\overline{E_s}$ 及 $p_0=f_k$，查表得 $\Psi_s=1.24$。

（5）求基础最终沉降量，有

$$s=\Psi_s\sum\Delta s_i=1.24\times76.59=94.97\ \text{mm}$$

3.4.2　相邻荷载对地基沉降的影响

相邻建筑物荷载同样会使地基产生附加应力，当额外产生的附加应力与建筑物自身所引发的附加应力发生叠加时，将会引起地基的附加沉降，如图 3-24 所示。在软土地基中，这种附加沉降可达到自身引起沉降量的 50% 以上，往往导致建筑物发生事故。因此在地基沉降计算中，应考虑相邻荷载的影响。

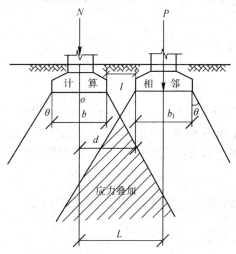

图 3-24　相邻荷载对地基附加应力的影响

地基附加沉降的影响因素有：两基础之间的距离、相邻荷载的大小、地基土的性质、施工先后顺序等。

当需要考虑相邻荷载影响时，可用角点法计算相邻荷载在基础中点下地基中引起的附加应力，由分层总和法计算地基的附加沉降，或按应力叠加原理，采用角点法由规范法计算地基的附加沉降量。

3.4.3　应力历史对地基沉降的影响

由于土样在前期压力下产生了压缩弹性变形和残余变形，完全卸荷后，弹性变形可以恢复，但残余变形不能恢复，所以土样并不能完全恢复到初始孔隙比的状态。如重新逐级加压，则可测得土样在各级荷载作用下再压缩稳定后的孔隙比，得到再压缩曲线。而试验数据表明，再压缩曲线与回弹曲线并不重合，这就说明不同的应力历程下土的压缩性是有区别的。

3.4.4　正常固结、超固结和欠固结的概念

设天然土层在沉积历史上最大的固结压力为 p_c，称为先期固结压力；对现地表下某一深度 z 处的土层，上覆土自重应力为 $p = \gamma z$。根据 p 和 p_c 的相对大小，可将土分为正常固结土、超固结土、欠固结土三种，如图 3-25 所示。

(a) $p < p_c$　　　　(b) $p = p_c$　　　　(c) $p > p_c$

图 3-25　天然土层三种固结状态

1. 正常固结土（$p = p_c$ 或 $p_c/p = 1$；p_c/p 称为超固结比（OCR））

土层沉积年代较长，在土的自重作用下沉降已完成，达到稳定状态，则其先期固结压力 p_c 等于现地表下土中自重应力 p，这类土称为正常固结土。

2. 超固结土（$p < p_c$ 或 $p_c/p > 1$）

由于古冰川融化、流水及人工开挖等剥蚀作用，使现地表下任意深度 z 处土自重应力小于该处土层历史上受到的最大固结压力（即先期固结压力），这类土称为超固结土。

3. 欠固结土（$p > p_c$ 或 $p_c/p < 1$）

欠固结土主要指新近沉积黏性土、人工填土及地下水位下降后原水位以下的黏性土等。其在自重应力作用下的变形尚未完成，导致土中应力超过先期固结压力，土将在 $p - p_c$ 的作用下进一步压缩，故称为欠固结土。在欠固结土地基上的建筑物必须考虑土在 $p - p_c$ 的作用下的附加沉降。

3.4.5　正常固结土、超固结土与欠固结土的沉降计算

1. 正常固结土的沉降计算

正常固结土的沉降计算需要用土的原始压缩曲线。通常情况下，土的原始压缩曲线接

近直线，如图 3-26 所示，其斜率为压缩指数 C_c，则有

$$e_1 - e_2 = C_c \lg\left(\frac{p_2}{p_1}\right) \tag{3.63}$$

式中：p_1——土的自重应力（kPa）；

p_2——土的自重应力与附加应力之和（kPa），$p_2 = p_1 + \Delta p$；

e_1、e_2——对应于 p_1、p_2 时的孔隙比。

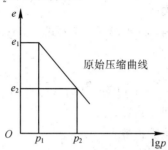

图 3-26　正常固结土的沉降计算

以单向压缩分层总和法为例，将上式代入式(3.51)和式(3.56(a))，得到用原始压缩曲线计算正常固结土最终沉降量公式：

$$s = \sum_{i=1}^{n} \frac{C_{ci} h_i}{1 + e_{1i}} \lg\left(\frac{p_{2i}}{p_{1i}}\right) \tag{3.64}$$

式中，C_{ci} 为按原始压缩曲线确定的第 i 层土的压缩指数，其余符号意义同前。

2. 超固结土的沉降计算

计算超固结土时，要考虑到其应力历史的压缩曲线中存在原始回弹和原始压缩两个阶段，如图 3-27 所示，其中，原始回弹和原始压缩曲线的斜率分别称为原始回弹指数和原始压缩指数。

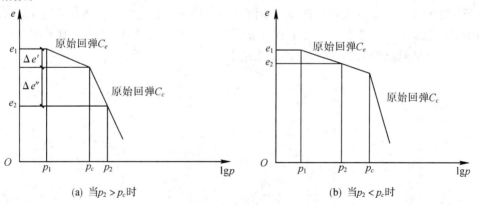

(a) 当 $p_2 > p_c$ 时　　　　　　　　　　　　(b) 当 $p_2 < p_c$ 时

图 3-27　超固结土的沉降计算

在建筑物或结构物荷载作用下，土中应力由自重应力 p_1 增至自重应力与附加应力之和 p_2，根据 p_2 与 p_c 的大小关系，沉降计算可分为两种情况。

1) 当 $p_2 > p_c$ 时

在图 3-27(a)中，即当土中自重应力与附加应力之和大于先期固结压力时，土中应力

由 p_1 增至 p_2，孔隙比变化为

$$e_1 - e_2 = \Delta e' - \Delta e'' = C_e \lg\left(\frac{p_c}{p_1}\right) + C_c \lg\left(\frac{p_2}{p_c}\right) \tag{3.65}$$

式中：p_1——土的自重应力（kPa）；

　　　p_2——土的自重应力与附加应力之和（kPa）；

　　　C_e——土的原始回弹指数；

　　　C_c——土的原始压缩指数。

以单向压缩分层总和法为例，将式（3.65）代入式（3.56(a)），得到考虑应力历史的最终沉降量计算公式为

$$s = \sum_{i=1}^{n} \frac{h_i}{1+e_{1i}} \left[C_{ei} \lg\left(\frac{p_{ci}}{p_{1i}}\right) + C_{ci} \lg\left(\frac{p_{2i}}{p_{ci}}\right) \right] \tag{3.66}$$

式中：C_{ei}——第 i 层土的原始回弹指数；

　　　C_{ci}——第 i 层土的原始压缩指数；

　　　p_{ci}——第 i 层土先期固结压力。

2）当 $p_2 < p_c$ 时

在图 3-27(b) 中，即当土中自重应力与附加应力之和小于先期固结压力时，土中应力由 p_1 增至 p_2，孔隙比变化为

$$e_1 - e_2 = C_e \lg(p_2/p_1) \tag{3.67}$$

按单向压缩分层总和法，将式（3.67）代入式（3.56(a)），得到考虑应力历史时最终沉降量计算公式为

$$s = \sum_{i=1}^{n} \frac{C_{ei} h_i}{1+e_{1i}} \lg\left(\frac{p_{2i}}{p_{1i}}\right) \tag{3.68}$$

3）欠固结土的沉降计算

欠固结土因固结尚未完成，而这部分固结会造成地基沉降，所以对于欠固结土地基，其沉降计算时必须考虑到欠固结部分。如图 3-28 所示，即既要计算由 p_1 增至 p_2 时附加应力引起的沉降，还要考虑应力由先期固结压力 p_c 增至目前自重应力 p_1 时的沉降量。故当土中应力 p_c 增加至 p_2 时，孔隙比的变化量为

$$e_{1i} - e_{2i} = C_{ci} \lg\left(\frac{p_{2i}}{p_{ci}}\right) \tag{3.69}$$

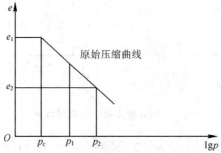

图 3-28　欠固结土的沉降计算

按单向压缩分层总和法，将上式代入式（3.56(a)），得到考虑应力历史时最终沉降量计算公式：

$$s = \sum_{i=1}^{n} \frac{h_i}{1+e_{1i}} C_{ci} \lg\left(\frac{p_{2i}}{p_{ci}}\right) \qquad (3.70)$$

3.5　地基沉降与时间的关系

3.5.1　地基沉降与时间关系计算目的

地基沉降变形是在外荷载作用下随时间的增长而变化的。通常认为地基土体的总沉降量是由瞬时沉降、主固结沉降和次固结沉降三部分组成。瞬时沉降是由于土骨架的畸变和土中水、气体的压缩所引起的地基沉降，它被认为是弹性可恢复的；主固结沉降是由于土中水排出、土体固结而引起的地基沉降，它是地基沉降的主要部分，是不可恢复的。次固结沉降是由于主固结完成后，由于土骨架的蠕变而引起的地基沉降，它是土中孔隙水压力完全消散、有效应力不再增加后仍随时间而缓慢形成的沉降。

3.5.2　地基沉降与时间关系的计算

（1）已知地基的最终沉降量，求某一时间地基的固结沉降量。若地基土层压缩系数 a、渗透系数 k、孔隙比 e、压缩层厚度 h 已知，并给定时间 t，通过计算可得到土的固结系数 C_v，由此计算出时间因数 T_v。然后，根据土层应力分布图算出 a 值与土层顶底面处的附加应力值之比，利用图 3-29 的曲线，查出相应的固结度 U_t，某一时间 t 时地基的固结沉降量为

$$s_t = U_t s \qquad (3.71)$$

（2）已知地基的最终沉降量，求土层达到一定沉降量所需要的时间。首先，根据地基的最终沉降量及给定的固结沉降量，求出土层达到的固结度 $U_t = s_t/s$；其次，由图 3-29 所示的曲线，结合 a 值，查出相应于此固结度的时间因数 T_v；最后，求出土层达到一定沉降量所需要的时间 t，即

$$t = \frac{T_v H^2}{C_v} \qquad (3.72)$$

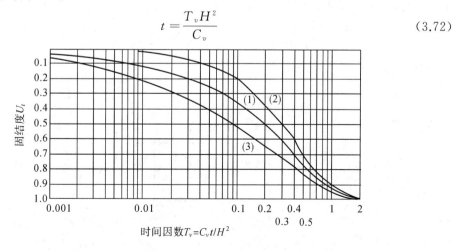

图 3-29　固结度 U_t 与时间因数 T_v 的关系曲线

3.5.3 地基沉降与时间经验估算法

1. 双曲线法

统计分析实际工程观测结果，得到从工程施工期一半开始的地基变形与时间关系曲线（如图 3-30 所示），该曲线近似一条双曲线，其表达式为

$$s_t = \frac{sT}{\alpha + T} \tag{3.73}$$

式中：s_t——任一时刻 t 的地基沉降量（mm）；

$\quad$ s——地基最终沉降量（mm）；

$\quad$ T——施工期一半开始的地基沉降历时（年）；

$\quad$ α——综合反映地基固结性能的待定常数。

α 值可以通过实测曲线上接近施工完毕时，某一时段 t_1 的地基沉降量 s_{t1} 反求，即

$$\alpha = \frac{st_1}{s_{t1}} - t_1 \tag{3.74}$$

确定 α 值及地基的最终沉降量 s 后，可利用式(3.73)求任一时段地基变形量 s_t。此外，还可利用式(3.74)推算地基最终沉降量或验算地基最终沉降量的计算结果。

在实测曲线上任取两点 (t_1, s_{t1})、(t_2, s_{t2})，因 α 值不随时间变化，故有

$$\frac{st_1}{s_{t1}} - t_1 = \frac{st_2}{s_{t2}} - t_2 \tag{3.75}$$

2. 三点法

设实测曲线近似一维固结曲线，则在曲线上找三个点来计算参数，得出 s_∞，则有

$$U_t = 1 - \alpha e^{-\beta t} \tag{3.76}$$

式中，α、β 为与固结形式有关的系数。

设地基土层的变形随时间的变化关系曲线如图 3-30 所示。在曲线上选取三点 (t_1, s_1)、(t_2, s_2)、(t_3, s_3)，三点所对应的固结度分别为 U_1、U_2、U_3，此三点的固结度均应满足式(3.76)，将此式改写为

$$1 - U_t = \alpha e^{-\beta t} \tag{3.77}$$

将三点 U 值代入式(3.77)，则有

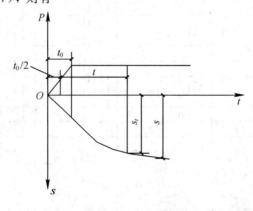

图 3-30 变形随时间变化的关系曲线

$$1-U_1 \over 1-U_2 = \alpha e^{\beta(t_2-t_1)} = \frac{1-\dfrac{s_1-s_d}{s_\infty-s_d}}{1-\dfrac{s_2-s_d}{s_\infty-s_d}} \tag{3.78}$$

$$1-U_2 \over 1-U_3 = \alpha e^{\beta(t_3-t_2)} = \frac{1-\dfrac{s_2-s_d}{s_\infty-s_d}}{1-\dfrac{s_3-s_d}{s_\infty-s_d}} \tag{3.79}$$

式中：s_d——土层的瞬时沉降（mm）；

s_∞——土层的最终沉降，包括土的瞬时沉降 s_d 和固结沉降 s_c，$s_\infty = s_d + s_c$。

如选取的三个点，t_1、t_2、t_3 之间满足以下关系

$$t_2-t_1 = t_3-t_2 \tag{3.80}$$

则式（3.78）与式（3.79）相等，整理后，可得出最终沉降量为

$$s_\infty = \frac{s_3(s_2-s_1)-s_2(s_3-s_2)}{(s_2-s_1)-(s_3-s_2)} = \frac{s_2^2-s_1 s_3}{2s_2-s_1-s_3} \tag{3.81}$$

由固结度公式得

$$U_t = \frac{s_t}{s_c} = \frac{s-s_d}{s_\infty-s_d} \tag{3.82}$$

整理后得

$$s_d = \frac{s-U_t s_\infty}{1-U_t} = \frac{s-s_\infty(1-\alpha e^{-\beta t})}{\alpha e^{-\beta t}} \tag{3.83}$$

根据地层土层的固结形式，由表 3－11 确定 α、β 值，在实测曲线上找出一点 (s,t)，代入式（3.83），可算出地基的瞬时沉降。

表 3－11　α、β 系数表

土层固结形式	α	β
一维固结	$8/\pi^2$	$(\pi^2 C_v)/4H^2$
轴对称固结	1	$8C_v/[F(n)d_e^2]$

表中，$F(n) = \dfrac{n^2}{n^2-1}\ln n - \dfrac{3n^2-1}{4n^2}$，有

$$n = \frac{d_e}{d_w}$$

式中：d_e——等效排水圆柱体直径（m）；

d_w——排水井直径（m）；

n——井径比。

此法考虑了瞬时沉降 s_d 和固结沉降 s_c，但未考虑次固结 s_s 的影响。

3. 逐渐加荷时的固结曲线

实际工程中，荷载不会瞬时一次施加，而是逐渐施加的，对于等速逐渐加荷的一维固结问题，已得到理论解，但工程往往采用一种简易的方法确定地基的固结曲线，具体方法如下：

（1）绘制一次瞬时加荷的 U_t-t 关系曲线，如图 3－31 中的 a 线。

（2）在加荷阶段，即 $0 < t < T_0$ 段，认为地基固结度满足

$$U_t^f = \frac{U_{t/2} \Delta p}{p} \qquad (3.84)$$

式中：U_t^f——逐渐加荷对应于 t 时刻的地基固结度；

T_0——逐渐加荷结束的时间；

T——从加荷开始起算的时间；

$U_{t/2}$——瞬间一次加荷条件下对应于时刻 $t/2$ 的地基固结度；

p——加荷终了时的荷载强度（kPa）；

Δp——对应于 t 时刻的荷载强度（kPa）。

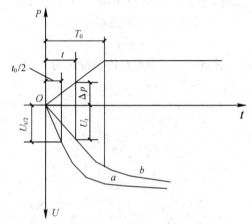

图 3-31　一维等速逐渐加荷固结曲线

（3）在加荷完成以后的时段里，即 $t > T_0$ 段，认为

$$U_t^f = U_{\left(t - \frac{T_0}{2}\right)} \qquad (3.85)$$

式中，$U_{\left(t - \frac{T_0}{2}\right)}$ 为瞬间一次加荷对应于 $\left(t - \dfrac{T_0}{2}\right)$ 时地基固结度。

此法采用了如下的假设：

（1）逐渐加荷时，加荷终了 T_0 时刻的固结度等于一次瞬间加荷 $T_0/2$ 时的固结度；

（2）加荷期间的固结度正比于增加荷载强度 Δp 与最终荷载强度 p 的比值；

（3）T_0 以后的固结度比一次瞬间加荷时的固结度延迟 $T_0/2$。

3.5.4　地基瞬时沉降、主固结沉降与次固结沉降

前述提到，在外荷载作用下，地基变形是随时间发展的。一般认为地基土沉降量由瞬时沉降、主固结沉降和次固结沉降三分量组成（如图 3-32 所示），即

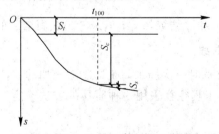

图 3-32　地基沉降发展三分量

$$s = s_d + s_c + s_s \tag{3.86}$$

式中：s_d——瞬时沉降量（mm）；

　　　s_c——主固结沉降量（mm）；

　　　s_s——次固结沉降量（mm）。

1. 瞬时沉降

瞬时沉降是指在荷载作用瞬间由于土骨架的畸曲变形和土中水、气体的压缩所引起的地基沉降，又称为畸变沉降或不排水沉降。瞬时沉降可认为是弹性的、可恢复的，对于较厚的软土层，当基底尺寸较大时，瞬时沉降所占比例较大。

对饱和或接近饱和的黏土地基，在受到中等应力增量作用时，弹性量可近似地假定为常数，故斯肯普顿提出黏土的瞬时沉降可按弹性力学公式进行计算，即

$$s_d = (1 - \mu^2) \omega b p_0 / E \tag{3.87}$$

式中：μ——土的泊松比；

　　　E——土的弹性模量。

斯肯普顿考虑到饱和黏性土瞬时加荷时体积变化等于零的特点，取 $\mu = 0.5$，将式（3.87）转化为

$$s_d = 0.75 \omega b p_0 / E \tag{3.88}$$

弹性模量 E 值的确定比较困难，应用中，弹性模量可按三轴剪切或无侧限单轴压缩试验得到的应力–应变曲线上确定的初始切线模量 E_i 或现场荷载试验条件下的再加荷载模量 E_r 取值，也可近似采用下式计算，即

$$E = (250 \sim 500)(\sigma_1 - \sigma_3)_f = (500 \sim 1000) c_u \tag{3.89}$$

式中：$(\sigma_1 - \sigma_3)_f$——饱和黏土三轴剪切不排水试验中试样破坏时的主应力差；

　　　c_u——饱和黏土的不排水抗剪强度（kPa）。

无黏性土地基透水性强，加荷载后沉降速度很快，瞬时沉降和固结沉降很难分开，且其弹性模量明显与其侧限条件有关，并随深度的增加而增大。

2. 主固结沉降

主固结沉降是由于土中水排出、土体固结而引起的地基沉降，是地基沉降的主要部分。

在单向压缩条件下，地基的主固结沉降通常要用 $e - \lg p$ 曲线上得到的压缩指数 C_c，按分层总和原理计算。超固结、正常固结及欠固结的黏性土其压缩曲线和 C_c 具有不同的特征，因而主固结沉降的具体计算有所差异。实际工程中，土的固结过程中有侧向变形，故斯肯普顿（Skempton）和比伦（Bjerrum）建议对计算主固结沉降量进行修正，即

$$s'_c = \lambda s_c \tag{3.90}$$

式中：s_c——按单项压缩性计算的主固结沉降量（mm）；

　　　s'_c——修正后的主固结沉降量（mm）；

　　　λ——主固结沉降修正系数，一般取 $\lambda = 0.2 \sim 1.2$，可由孔隙压力系数 A 值从图3 - 33中查得。

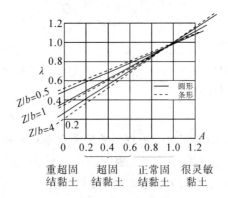

图 3-33　固结沉降修正系数 λ

3. 次固结沉降

次固结沉降指土中空隙水已经消散,有效应力增长基本不变后仍随时间而缓慢增长所引起的沉降。

室内试验及现场测试表明,次固结沉降时孔隙比与时间的关系在半对数图上接近于一条直线,如图 3-34 所示。次固结引起的孔隙比变化可近似地表示为

$$\Delta e = C_s \lg(t/t_{100}) \qquad (3.91)$$

式中:C_s——土的次固结系数,即图 3-34 中直线段的斜率,无量纲;

t_{100}——对应于主固结沉降完成 100% 的时间(h);

t——所求次固结沉降的时间(h),$t > t_{100}$。

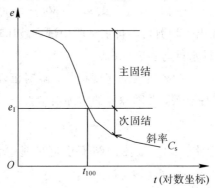

图 3-34　地基沉降时孔隙比与时间的关系

表 3-12　C_s 的一般值

土　类	正常固结土	超固结土(OCR>2)	高塑性黏土、有机土
C_s	$0.005 \sim 0.020$	<0.001	$\geqslant 0.03$

地基次固结沉降一般也按单向压缩分层总和法计算,将式(3.91)代入式(3.56(a)),得到次固结沉降量为

$$s_s = \sum_{i=1}^{n} \frac{C_{si} h_i}{1 + e_{1i}} \lg \frac{t}{t_{100}} \qquad (3.92)$$

式中：e_{1i}——第 i 层土在主固结沉降完成 100% 时的孔隙比；

$\quad\quad C_{si}$——第 i 层土的次固结系数；

$\quad\quad h_i$——第 i 层土的厚度(m)。

C_s 值主要取决于土的天然水含量 w，近似计算时取 $C_s = 0.018w$，其一般取值范围如表 3 - 12 所示。

思考题及习题

思考题

1. 什么是正常固结土、超固结土和欠固结土？土的应力历史对土的压缩性有何影响？

2. 试绘出通过基础中心点、边缘点和基础外一点的竖线上垂直附加应力的分布曲线。如果将它绘成地基中不同水平面上的应力分布曲线，它们应该是什么形状？

3. 简述有效应力的基本概念，在地基土的最终沉降量计算中，土中附加应力是指有效应力还是总应力？

4. 基底附加压力计算中为什么要减去基底自重应力？

5. 计算地基沉降的分层总和法与《建筑地基基础设计规范》(GB50007 — 2011)方法有何异同？

习　题

1. 某薄压缩层天然地基，其压缩层土厚度为 2 m，土的天然孔隙比为 0.9，在建筑物荷载作用下压缩稳定后的孔隙比为 0.8，求该薄土层的最终沉降量。(答案：105.26 mm)

2. 某建筑物工程地质勘察，取原状土进行压缩试验，试验结果如习题 2 表所示，计算土的压缩系数 a 和相应侧限压缩模量 E_s，评价此土的压缩性。(答案：0.16 MPa^{-1}；12.2 MPa；中压缩性)

习题 2 表

压应力 σ/kPa	50	100	200	300
孔隙比 e	0.964	0.952	0.936	0.924

3. 某矩形基础长 3.6 m，宽 2 m，埋深 1 m。底面以上荷载 $N = 900$ kN。地基土为粉质黏土，$\gamma = 16$ kN/m³，$e_1 = 1.0$，$a = 0.4$ MPa^{-1}，用规范法计算基础中心点的最终沉降量。(答案：68.4 mm)

4. 某矩形基础宽为 4 m，基底附加压力 $p = 100$ kPa，基础埋深 2 m，地表以下 12 m 深度范围存在两层土，上层土厚 6 m，土天然重度 $\gamma = 18$ kN/m³，孔隙比 e 与压力 p(MPa)关系取为 $e = 0.85 - 2p/3$；下层土厚 6 m，土天然重度 $\gamma = 20$ kN/m³，孔隙比 e 与压力 p(MPa)关系取为 $e = 1.0 - p$。地下水位埋深 6 m。试采用传统单向压缩分层总和法和规范推荐分层总和法分别计算该基础的沉降量。(沉降计算经验系数取 1.05)(答案：分层总和法：156.6 mm；规范法：166 mm)

5. 某场地地表以下为 4 m 厚的均质黏土，该土层为下卧坚硬岩层。已知黏性土的重度 $\gamma = 18$ kN/m³，天然孔隙比 $e_0 = 0.85$，回弹再压缩指数 $C_e = 0.05$，压缩指数 $C_c = 0.3$，前期固结压力 p_c 比自重应力大 50 kPa。在该场地大面积均匀堆载，载荷大小为 $p = 100$ kPa，

求因堆载引起地表的最终沉降量。(答案：184 mm)

6. 某基础下地基为 10 m 厚的饱和黏土层，其下为坚硬的不透水层，初始孔隙比 $e_0=1.0$，压缩系数 $a=0.3$ MPa^{-1}，压缩模量 $E_s=6600$ kPa，渗透系数 $k=1.8$ cm/s。在大面积荷载 $p_0=120$ kPa 作用下，试就黏性土层在单面和双面排水两种条件，分别求：

(1) 加荷一年时的沉降量；(答案：单面排水为 71 mm，双面排水为 136 mm)

(2) 沉降量达 156 mm 所需时间。(答案：单面排水为 5.9 年，双面排水为 1.5 年)

第四章

土的抗剪强度与地基承载力

【本章要点】 本章要求了解地基强度的意义与应用，属于土力学重点理论及实际应用章节。需要重点掌握以下要点：

(1) 掌握土的极限平衡关系式(莫尔-库仑破坏理论)的实际意义，应力圆与抗剪强度曲线之间的关系。

(2) 掌握土的直接剪切试验机三轴压缩试验的试验方法及实际应用。

(3) 了解无侧限抗压强度试验及十字剪切试验，了解影响抗剪强度指标的因素。

(4) 掌握地基临塑荷载与临界荷载的推导公式，掌握并理解地基各种极限承载力公式的意义，了解影响地基承载力的因素及确定方法。

4.1 概　　述

土的抗剪强度是指土体抵抗剪应力的极限值或土体抵抗剪切破坏的受剪能力。建筑物地基在外荷载作用下会产生土中剪应力和剪切变形，土体具有抵抗剪应力的能力，即剪阻力或抗剪力，它相应于剪应力的增加逐渐发挥，当剪阻力完全发挥时，土体就处于剪切破坏的极限状态，此时剪应力也就到达极限，这个值就是土的抗剪强度。随着荷载的增加，剪切破坏范围随之加大，最终形成一个连续滑动面，导致土体失稳进而造成工程事故。

剪切破坏是土的强度破坏的重要特点，土体的抗剪强度是决定土体稳定性的关键因素，故土的抗剪强度问题就是土的强度问题。土的抗剪强度的应用在工程上主要包括以下几个方面：

(1) 地基承载力基地及稳定性计算。地基承载力的大小与土的抗剪强度有直接关系，地基承载力理论计算公式中要用到土的抗剪强度指标 c 与 φ 的值。

地基稳定性由上部荷载与地基土的抗剪强度关系确定，同样要用到土的抗剪强度指标 c 与 φ 的值。当上部荷载较小时，地基土处于压密阶段或地基中仅有很小范围达到塑性破坏，地基是稳定的；当上部荷载增大，地基中塑性变形范围增大，直至塑性破坏区连成一片，地基将发生整体滑动。稳定性计算中的抗滑力矩直接用到地基土的抗剪强度指标。

(2) 土压力计算。作用在挡土墙及地下结构上的土压力与土的性质、挡土结构的位移等因素有关，土压力的计算是以土的抗剪强度理论为基础的，因此挡土墙或地下结构的合理设计，需要合理确定土压力以及确定土的强度和破坏方式。

（3）土坡稳定性。土木工程中经常遇到各类土坡。土坡分为天然土坡（如山坡、海滨、河岸等）和人工土坡（如基坑开挖边坡、路基、堤坝等）两类。影响土坡稳定性因素比较多，其中土的性质（主要是土的强度指标）为主要因素之一。在进行天然土坡稳定性评价、加固处理及人工土坡稳定性分析、设计时，都要用到土的强度理论及土的强度指标值。

4.2　土的极限平衡条件

4.2.1　土体中任一点的应力状态

在土中任取一单元体，如图 4-1(a) 所示，设作用在该单元体上的大、小主应力分别为 σ_1、σ_3，在单元体内与大主应力 σ_1 作用面成任意角 α 的 mn 面上的法向应力和剪应力分别为 σ、τ。为了建立 σ、τ 和 σ_1、σ_3 之间的关系，截取楔形脱离体 abc，如图 4-1(b) 所示，将各力分别在水平和竖直方向进行分解，根据静力平衡条件可得

$$\sum F_x = 0 \quad \sigma_3 d_s \sin\alpha - \sigma d_s \sin\alpha + \tau d_s \cos\alpha = 0$$

$$\sum F_y = 0 \quad \sigma_1 d_s \cos\alpha - \sigma d_s \cos\alpha - \tau d_s \sin\alpha = 0$$

联立求解以上方程可得斜截面 mn 上法向应力 σ 和剪应力 τ 为

$$\sigma = \frac{\sigma_1 + \sigma_3}{2} + \frac{\sigma_1 - \sigma_3}{2}\cos 2\alpha \tag{4.1}$$

$$\tau = \frac{\sigma_1 - \sigma_3}{2}\sin 2\alpha \tag{4.2}$$

由式(4.1)和式(4.2)可知，在 σ_1、σ_3 已知的情况下，斜截面 mn 上法向应力 σ 和剪应力 τ 仅与斜截面倾角 α 有关。由式(4.1)和式(4.2)得

$$\left(\sigma - \frac{\sigma_1 + \sigma_3}{2}\right)^2 + \tau^2 = \left(\frac{\sigma_1 - \sigma_3}{2}\right)^2 \tag{4.3}$$

式(4.3)表示圆心为 $\left(\dfrac{\sigma_1 + \sigma_3}{2}, 0\right)$、半径为 $\dfrac{\sigma_1 - \sigma_3}{2}$ 的莫尔圆。莫尔圆上任一点代表与大主应力 σ_1 作用面成 α 角的斜面，其纵坐标代表该面上的法向应力，横坐标代表该面上的剪应力。

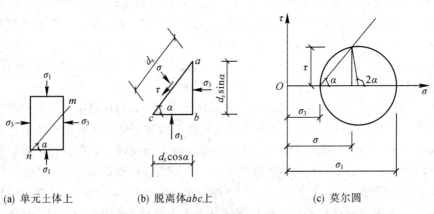

(a) 单元土体上　　　　(b) 脱离体 abc 上　　　　(c) 莫尔圆

图 4-1　土体中任意点的应力

4.2.2　莫尔-库仑破坏理论

适用于土的强度理论有多种，不同的理论各有其优缺点。在土力学中广泛被采用的理论是莫尔-库仑（Morh-Coulomb）强度理论，其是最适合土体情况且最简单的强度理论之一。

1773 年，库仑根据砂土（即无黏性土）试验（如图 4-2(a)所示），提出土的抗剪强度 τ_f 在应力变化不大的范围内，可表示为剪切滑动面上法向应力 σ 的线性函数，即

$$\tau_f = \sigma \tan\varphi \tag{4.4}$$

后来其又根据黏性土试验（如图 4-2(b)所示），提出更为普遍的抗剪强度表达式，即

$$\tau_f = c + \sigma \tan\varphi \tag{4.5}$$

式中：τ_f——抗剪强度（kPa）；

　　　σ——作用在剪切面上的总应力（kPa）；

　　　c——土的黏聚力或称为内聚力（kPa）；

　　　φ——土的内摩擦角（°）。

c、φ 称为土的总应力抗剪强度指标。

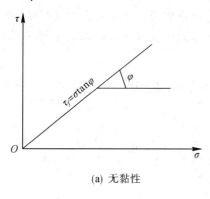

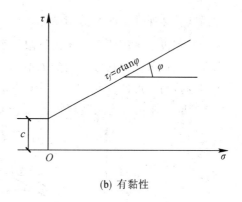

(a) 无黏性　　　　　　　　　　　　　　(b) 有黏性

图 4-2　抗剪强度与法向应力的关系

1963 年，太沙基（Terzaghi）提出了有效应力原理，根据有效应力原理，土中总应力等于有效应力与孔隙水压力之和，只有有效应力的变化才会引起强度的变化，即土体内的剪应力只能由土的骨架承担。因此，土的抗剪强度 τ_f 应表示为剪切破坏面上法向有效应力 σ' 的函数，库仑公式改写为

$$\tau_f = c' + \sigma' \tan\varphi' = c' + (\sigma - u)\tan\varphi' \tag{4.6}$$

式中：σ'——作用在剪切面上法向有效应力（kPa）；

　　　c'——土的有效内聚力（kPa）；

　　　φ'——土的有效内摩擦角（度）；

　　　u——土中的超静孔隙水压力（kPa）；

c'、φ' 称为土的有效应力抗剪强度指标。

1910 年，莫尔提出材料的破坏是剪切破坏，且破坏面上的剪应力（抗剪强度）τ_f 是该面上法向应力 σ 的函数，即

$$\tau_f = f(\sigma) \tag{4.7}$$

该函数在直角坐标系中是一条曲线，如图 4-3 所示，称为莫尔包线。莫尔包线表示材料受到不同应力作用达到极限状态时，剪切破坏面上法向应力 σ 与抗剪强度 τ_f 的关系。土的莫尔包线通常可近似地用直线表示，该线所表示的直线方程就是库仑公式表达的方程。由库仑公式表示莫尔包线的土体抗剪强度理论称为莫尔-库仑强度理论。

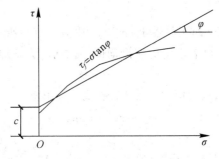

图 4-3　莫尔包线

4.2.3　土的极限平衡条件

土的强度破坏通常指的是剪切破坏。当土体中某点剪应力 τ 达到土的抗剪强度 τ_f 时，称该点土体达到极限平衡状态。土的极限平衡条件是指土体处于极限平衡状态时土体所受应力状态和土的抗剪强度指标之间的关系。

将土体的抗剪强度曲线和表示土中某点应力状态的莫尔圆绘于同一坐标上，如图 4-4 所示，可以判断土体是否达到破坏状态。

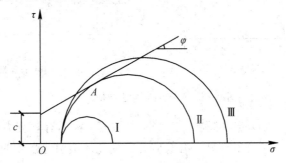

图 4-4　莫尔圆与抗剪强度的关系

若莫尔圆 I 位于抗剪强度曲线以下，表示该点任一平面上的剪应力都小于抗剪强度，即 $\tau < \tau_f$，因此，土体不会发生剪切破坏。若抗剪强度曲线与莫尔圆 II 在 A 点相切，表示该点所代表的平面上剪应力等于土的抗剪强度，即 $\tau = \tau_f$，该点处于极限平衡状态，圆 II 称为极限应力圆。若抗剪强度曲线为莫尔圆 III 的割线，割线以上莫尔圆上的点所代表的平面上的剪应力超过土的抗剪强度，即 $\tau > \tau_f$。实际上这种应力状态不可能存在，因为在此之前，该点早沿某一平面剪坏了，剪应力不可能超过土的抗剪强度。

设在土体中取一微单元体，如图 4-5(a) 所示，mn 为破坏面，它与大主应力的作用面成破裂角 α_f。该点处于极限平衡状态时的莫尔圆如图 4-5(b) 所示，将抗剪强度包线延长与 σ 轴相交于 R 点，由三角形 ARD 可知

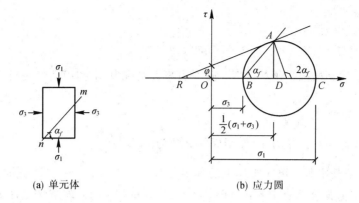

(a) 单元体　　　　　　　(b) 应力圆

图 4-5　极限平衡条件下的应力圆

$$AD = RD \sin\varphi$$

因

$$AD = \frac{\sigma_1 - \sigma_3}{2}$$

$$RD = c\cot\varphi + \frac{\sigma_1 + \sigma_3}{2}$$

故

$$\left(c\cot\varphi + \frac{\sigma_1 + \sigma_3}{2}\right)\sin\varphi = \frac{\sigma_1 - \sigma_3}{2} \tag{4.8}$$

整理得

$$\sigma_1 = \sigma_3 \frac{1+\sin\varphi}{1-\sin\varphi} + 2c\sqrt{\frac{1+\sin\varphi}{1-\sin\varphi}} \tag{4.9}$$

或

$$\sigma_3 = \sigma_1 \frac{1-\sin\varphi}{1+\sin\varphi} - 2c\sqrt{\frac{1-\sin\varphi}{1+\sin\varphi}} \tag{4.10}$$

利用三角函数可证

$$\frac{1+\sin\varphi}{1-\sin\varphi} = \tan^2\left(45° + \frac{\varphi}{2}\right)$$

或

$$\frac{1-\sin\varphi}{1+\sin\varphi} = \tan^2\left(45° - \frac{\varphi}{2}\right)$$

代入式(4.9)、式(4.10)，得到黏性土和粉土的极限平衡条件

$$\sigma_1 = \sigma_3 \tan^2\left(45° + \frac{\varphi}{2}\right) + 2c\tan\left(45° + \frac{\varphi}{2}\right) \tag{4.11}$$

或

$$\sigma_3 = \sigma_1 \tan^2\left(45° - \frac{\varphi}{2}\right) - 2c\tan\left(45° - \frac{\varphi}{2}\right) \tag{4.12}$$

对于无黏性土，因为 $c=0$，其极限平衡条件为

$$\sigma_1 = \sigma_3 \tan^2\left(45° + \frac{\varphi}{2}\right) \tag{4.13}$$

或

$$\sigma_3 = \sigma_1 \tan^2\left(45° - \frac{\varphi}{2}\right) \tag{4.14}$$

当土中一点达到极限平衡状态时,破裂面与大主应力 σ_1 作用面的夹角(破裂角)α_f 为

$$\sigma_f = 45° + \frac{\varphi}{2} \tag{4.15}$$

亦可知破坏面与小主应力 σ_3 作用面的夹角为 $\left(45° - \frac{\varphi}{2}\right)$。

例题 4.1 地基中某一单元土体上的大主应力为 430 kPa,小主应力为 200 kPa。通过试验测得土的抗剪强度指标 $c = 15$ kPa,$\varphi = 20°$。试问:(1)该单元土体处于何种状态?(2)单元土体最大剪应力出现在哪个面上,是否会沿剪应力最大的面发生剪破?

解:已知 $\sigma_1 = 430$ kPa,$\sigma_3 = 200$ kPa,$c = 15$ kPa,$\varphi = 20°$。

(1)计算法,有

$$\sigma_{1f} = \sigma_3 \tan^2\left(45° + \frac{\varphi}{2}\right) + 2c\tan\left(45° + \frac{\varphi}{2}\right) = 450.8 \text{ kPa} > 430 \text{ kPa}$$

计算结果表明:σ_{1f} 大于该单元土体实际大主应力 σ_1,实际应力圆半径小于极限应力圆半径,所以,该单元土体处于弹性平衡状态。

$$\sigma_{3f} = \sigma_1 \tan^2\left(45° - \frac{\varphi}{2}\right) - 2c\tan\left(45° - \frac{\varphi}{2}\right) = 189.8 \text{ kPa} < 200 \text{kPa}$$

计算结果表明:σ_{3f} 小于该单元土体实际小主应力 σ_3,实际应力圆半径小于极限应力圆半径,所以,该单元土体处于弹性平衡状态。

在剪切面上有

$$\alpha_f = \frac{1}{2}(90° + \varphi) = 45° + \frac{\varphi}{2} = 55°$$

$$\sigma = \frac{1}{2}(\sigma_1 + \sigma_3) + \frac{1}{2}(\sigma_1 - \sigma_3)\cos 2\alpha_f = 275.7 \text{ kPa}$$

$$\tau = \frac{1}{2}(\sigma_1 - \sigma_3)\sin 2\alpha_f = 108.1 \text{ kPa}$$

由库仑定律得

$$\tau_f = \sigma\tan\varphi + c = 115.3 \text{ kPa}$$

由于 $\tau < \tau_f$,所以,该单元土体处于弹性平衡状态。

(2)图解法(如图 4-6 所示)。

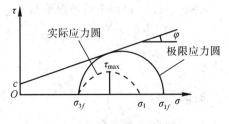

图 4-6 例 4.1 图

最大剪应力与主应力作用面成 45°,有

$$\tau_{\max} = \frac{1}{2}(\sigma_1 - \sigma_3)\sin 90° = 115 \text{ kPa}$$

最大剪应力面上的法向应力为

$$\sigma = \frac{1}{2}(\sigma_1 + \sigma_3) + \frac{1}{2}(\sigma_1 - \sigma_3)\cos 90° = 315 \text{ kPa}$$

由库仑定律得

$$\tau_f = \sigma \tan\varphi + c = 129.7 \text{ kPa}$$

最大剪应力面上 $\tau_{\max} < \tau_f$，所以，不会沿剪应力最大的面发生破坏，如例 4.1 图所示。

4.3 抗剪强度指标的测试方法

建筑物设计时计算地基承载力、评价地基稳定性以及计算挡土墙土压力时都需要土的抗剪强度指标，因此，正确测定土的抗剪强度指标对工程实践具有重要的意义。

土的抗剪强度指标的测试方法主要有：直接剪切试验、三轴压缩试验、无侧限抗压强度试验、十字板剪切试验等。其中，直接剪切试验、三轴压缩试验和无侧限抗压强试验为室内试验。室内试验的特点是边界条件比较明确且容易控制。但室内试验必须从现场采取试样，在取样的过程中不可避免地引起应力释放和土的结构扰动。另外，十字板剪切试验是现场进行的原位测试试验。原位测试试验的优点是试验直接在现场原位进行，不需取试样，因而能够更好地反映土的结构和构造特性；对无法进行或很难进行室内试验的土，如粗颗粒土、极软汤土及岩土接触面等，可以取得必要的力学指标。

4.3.1 直接剪切试验

1. 试验设备

直接剪切试验是最早测定土的抗剪强度的试验方法，也是最简单的方法，所以在世界各国得到广泛应用。直接剪切试验的主要仪器为直剪仪，按照加荷载的方式的不同分为应变控制式和应力控制式两种，前者是等速推动试样产生位移，测定相应的剪应力，后者则是对试件分级施加水平剪应力测定相应的位移，目前我国普遍采用的是应变控制式直剪仪。

应变控制式直剪仪主要部件由固定的上盒和活动的下盒组成，试样放在盒内上下两块透水石之间，如图 4-7 所示。试验时，由杠杆系统通过加压活塞和透水石对试件施加某一垂直压力 σ，然后等速转动手轮对下盒施加水平推力，使试样在上下盒的水平接触面上产生剪切变形，直至破坏，剪应力的大小可借助与上盒接触的量力环的变形值计算确定。假设这时土样所承受法相压力为 P，水平向推力为 T，土样的水平横断面面积为 A，则有，作用在土样上的法向应力则为 $\sigma = P/A$，而土的抗剪强度就可以表示为 $\tau_f = T/A$。

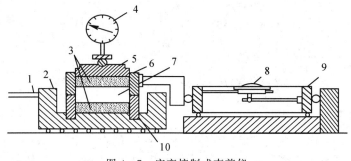

图 4-7 应变控制式直剪仪

1—轮轴；2—底座；3—透水石；4、8—测微表；5—活塞；
6—上盒；7—土样；9—弹性量力环；10—下盒

2. 试验方法

根据加载速率的不同，将直接剪试验分为快剪、固结快剪和慢剪三种，如下所示：

（1）快剪：这种试验方法要求在剪切过程中土的含水率不变，因此，无论加垂直压力或水平剪力，都必须迅速进行，不让孔隙水排出。使用不透水薄膜在试验全过程都不许有排水现象产生，试样在垂直压力施加后立即进行快速剪切，在 3~5 min 内将土样剪破，既剪切过程中含水率基本不变，超静孔隙水压力 $U \geqslant 0$，φ_u、C_u 较小。

适用范围：地基排水条件不好，加荷速度快、排水条件差的建筑地基，如斜坡的稳定性、厚度很大的饱和黏土地基等。

（2）固结快剪：试样在垂直压力下经过一定程度的排水固结稳定后，迅速施加水平剪力，以保持土样的含水率在剪切前后基本不变。

适用范围：一般建筑物地基的稳定性，施工期间具有一定的固结作用。

（3）慢剪：土样的上、下两面均为透水石，以利排水，土样在垂直压力作用下，待充分排水固结达稳定后，再缓慢施加水平剪力，使剪力作用也充分排水固结，直至土样破坏。

适用范围：加荷速率慢，排水条件好，施工期长，如透水性较好的低塑性土以及再软弱饱和土层上的高填方分层控制填筑等。

一般情况下，快剪所得的 φ 值最小，慢剪所得的 φ 值最大，固结快剪居中。

3. 试验过程与结果

对同一种土至少取 4 个试样，用环刀取，环刀面积不小于 30 cm²，环刀高度不小于 2 cm，分别在不同垂直压力 σ 下剪切破坏，一般可取垂直压力为 100 kPa、200 kPa、300 kPa、400 kPa。

将每一级压力下的试验结果绘制成剪应力 τ 和剪切变形 s 的关系曲线，一般地，将曲线的峰值作为该级法向应力下相应的抗剪强度 τ_f，如图 4-8 所示。从图中可以看出，土的剪应力-剪应变关系一般可分为两种类型：一种是曲线平缓上升，没有中间峰值，如松砂；另一种剪应力-剪应变曲线有明显的中间峰值，在超越峰值后，剪应变不断增大，但抗剪强度却下降，如密砂。在黏性土中，坚硬的、超压密的黏土的剪应力-剪应变曲线常呈现较大峰值，正常压密土或软黏土则不出现峰值，或者有很小的峰值。

在不同的法向应力 σ 作用下进行直剪试验，测出相应的不同抗剪强度 τ_f。在 σ-τ 坐标上，连接不同的 σ 与相应的 τ_f 所形成的点，形成一条直线，称为土的抗剪强度曲线，也就是莫尔-库仑破坏包线，如图 4-9 所示。

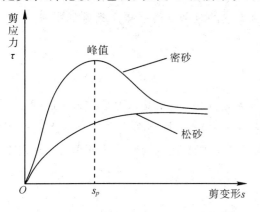

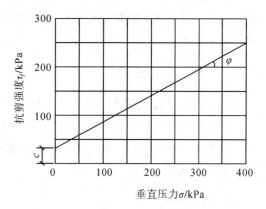

图 4-8　剪应力与剪变形关系曲线　　　　　图 4-9　峰值强度曲线

由于土样和试验条件的限制，试验结果会有一定的离散性，也就是说，各土样的结果不可能恰好位于一条直线上，而是分布在一条直线附近，可用线性回归的方法确定该直线。其中，该直线交 τ_f 轴的截距即为土的黏聚力 c，直线倾斜角即为土的内摩擦角 φ。

对于砂土而言，τ_f 与 σ 的关系曲线是通过原点的，而且，它是与横坐标轴呈 φ 角的一条直线。该直线方程为

$$\tau_f = \sigma\tan\varphi \tag{4.16}$$

式中：τ_f——砂土的抗剪强度($\mathrm{kN/m^2}$)；

　　　σ——砂土试样所受的法向应力($\mathrm{kN/m^2}$)；

　　　φ——砂土的内摩擦角(°)。

对于黏性土和粉土而言，τ_f 和 σ 之间的关系基本上仍呈一条直线，但是，该直线并不通过原点，而是与纵坐标轴形成一截距 c，其方程为

$$\tau_f = \sigma\tan\varphi + c \tag{4.17}$$

式中，c 为黏性土或粉土的黏聚力($\mathrm{kN/m^2}$)。

由上式可以看出，砂土的抗剪强度是由法向应力产生的内摩擦力 $\sigma\tan\varphi$($\tan\varphi$ 称为内摩擦系数)形成的；而黏性土和粉土的抗剪强度则是由内摩擦力和黏聚力形成的。在法向应力 σ 一定的条件下，c 和 φ 值愈大，抗剪强度 τ_f 愈大，所以，称 c 和 φ 为土的抗剪强度指标，可以通过试验测定。

4. 试验优缺点

(1) 优点：仪器设备构造简单、操作方便、试件厚度薄、固结速度快等。

(2) 缺点：

① 剪切面限定在上下盒之间的平面，而不是沿土样最薄弱的面剪切破坏，但土往往是不均匀的，限定平面可能并不是土体中最薄弱的面，这可能导致得到偏大的结果。

② 剪切面上剪应力分布不均匀，剪切破坏先从边缘开始，在试样的边缘发生应力集中现象。

③ 在剪切过程中，土样剪切面逐渐缩小，而在计算抗剪强度时仍按土样的原截面积

计算。

④ 试验时不能严格控制排水条件，并且不能量测孔隙水压力。在进行不排水剪切时，试件仍有可能排水，特别是对于饱和黏性土，由于它的抗剪强度受排水条件的影响显著，故试验结果不够理想。

4.3.2 三轴压缩试验

三轴压缩试验是测定土体抗剪强度的一种较为完善的方法，其原理是在圆柱形试样上施加最大主应力（轴向压力）σ_1 和最小主应力（周围压力）σ_3。固定其中之一，一般是 σ_3 不变，改变另一个主应力，使试样中的剪应力逐渐增大，直至达到极限平衡而剪坏，从而求得土的抗剪强度。

1. 试验设备

三轴剪切试验仪（也称为三轴压缩仪）由受压室、周围压力控制系统、轴向加压系统、孔隙水压力系统以及试样体积变化量测系统等组成，如图 4-10 所示。试验时，将圆柱体土样用乳胶膜包裹，固定在压力室内的底座上。先向压力室内注入液体（一般为水），使试样受到周围压力 σ_3，并使 σ_3 在试验过程中保持不变。然后在压力室上端的活塞杆上施加垂直压力直至土样受剪破坏。

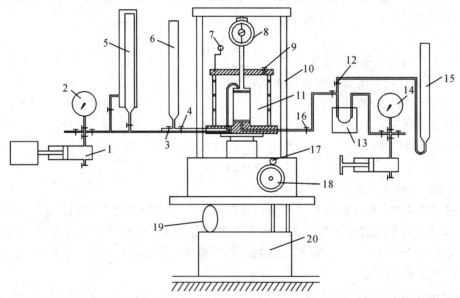

1—调压筒；2—周围压力表；3—周围压力阀；4—排水阀；5—体变管；6—排水管；
7—变形量表；8—量力环；9—排气孔；10—轴向加压设备；11—压力室；12—量管阀；13—零位指示器；
14—孔隙压力表；15—量管；16—孔隙压力阀；17—离合器；18—手轮；19—马达；20—变速箱

图 4-10　应变控制式三轴仪

2. 试验方法

根据土样剪切前的固结程度和剪切过程中的排水条件的不同，三轴压缩试验可分为以下三种类型：

（1）不固结不排水剪（UU）。先向土样施加周围压力 σ_3，随后即施加轴向应力 q 直至剪坏。在施加 q 过程中，自始至终关闭排水阀门不允许土中水排出，即在施加周围压力和剪切力时均不允许土样发生排水固结。

这样从开始加压直到试样剪坏全过程中土中含水率保持不变。这种试验方法所对应的实际工程条件相当于饱和软黏土中快速加荷时的应力状况。

（2）固结不排水剪（CU）试验。试验时先对土样施加周围压力 σ_3，并打开排水阀门 B，使土样在 σ_3 作用下充分排水固结。然后施加轴向应力 q，此时，关上排水阀门 B，使土样在不能向外排水条件下受剪直至破坏为止。

三轴"CU"试验是经常要做的工程试验，它适用的实际工程条件常常是一般正常固结土层在工程竣工时或以后受到大量、快速的活荷载或新增加的荷载的作用时所对应的受力情况。

（3）固结排水剪（CD）试验。在施加周围压力 σ_3 和轴向压力 q 的全过程中，土样始终是排水状态，土中孔隙水压力始终处于消散为零的状态，使土样剪切破坏。

以上三种不同的三轴试验方法所得强度、包线性状及其相应的强度指标不相同，其大致形态与关系如图 4-11 所示。

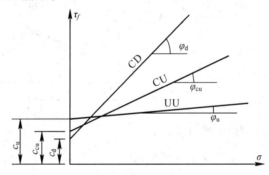

图 4-11　不同排水条件下的强度包线与强度指标

三轴试验和直剪试验的三种试验方法在工程实践中如何选用是个比较复杂的问题，应根据工程情况、加荷速度快慢、土层厚薄、排水情况、荷载大小等综合确定。一般来说，对不易透水的饱和黏性土，当土层较厚，排水条件较差，施工速度较快时，为使施工期土体稳定可采用不固结不排水剪。反之，对土层较薄，透水性较大，排水条件好，施工速度不快的短期稳定问题可采用固结不排水剪。击实填土地基或路基以及挡土墙及船闸等结构物的地基，一般认为采用固结不排水剪。此外，如确定施工速度相当慢，土层透水性及排水条件都很好，可考虑用排水剪。当然，这些只是一般性的原则，实际情况往往要复杂得多，能严格满足试验条件的很少，因此还要针对具体问题做具体分析。

3. 试验过程与结果

试样制备的数量一般不少于 4 件。试样应切成圆柱形的形状，试样直径为 $\phi 39.1$ mm、$\phi 61.8$ mm、$\phi 101$ mm，相应的试样高度分别为 80 mm、150 mm、200 mm，试样高度与直径的关系一般为 2~2.5 倍，试样的允许最大粒径与试样直径之间的关系如表 4-1 所示。

表4-1 试样的允许最大粒径与试样直径之间的关系

试样直径 /mm	截面积 /cm²	允许最大粒径 /mm	附 注
39.1	12	2	① 允许个别超径颗粒存在,不应超过试件直径的1/5;② 对于有裂隙、软弱面或结构面的土样,宜用直径61.8 mm,或101 mm的试样;③ 试件高度与直径的比值应为2.0~2.5
61.8	30	5	
101	80	10	

用同一种土样的3~4个试件分别在不同的周围压力 σ_3 下进行实验,可得一组莫尔应力圆,如图4-12中的圆Ⅰ、圆Ⅱ和圆Ⅲ,作出这些莫尔应力圆的公切线,即为该土样的抗剪强度包络线,由此便可求得土样的抗剪强度指标 c、φ。

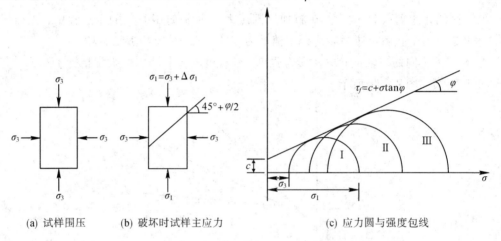

(a) 试样围压   (b) 破坏时试样主应力   (c) 应力圆与强度包线

图4-12 三轴试验基本原理

4.试验优缺点

(1)优点:

① 试验中能严格控制试样排水条件及测定孔隙水压力的变化,从而了解土中有效应力的变化情况;

② 剪切面不固定;

③ 试样中的应力状态比较明确;

④ 除抗剪强度外,尚能测定其他指标。

(2)缺点:

① 试验仪器复杂,操作技术要求高。

② 试样制备复杂,所需试样较多。

③ 主应力方向固定不变,而且是令 $\sigma_2 = \sigma_3$ 的轴对称情况下进行的,与实际情况尚不能完全符合。

4.3.3 无侧限抗压强度试验

无侧限抗压强度试验是指试样侧面不受任何限制的条件下(无侧限),进行的一种特殊三轴压缩试验，又称为单轴试验。该试验在不加任何侧向压力的情况下，对圆柱体试样施加轴向压力，直至试样剪切破坏为止。试样破坏时的轴向压力以 q_u 表示，称为无侧限抗压强度。该试验一般在无侧限压缩仪上进行，其结构示意图如图 4-13(a)所示。

根据试验破坏时的应力状态($\sigma_1 = q_u$，$\sigma_3 = 0$)，代入前述的极限平衡公式，有

$$\sigma_1 = q_u = 2c\tan\left(45° + \frac{\varphi}{2}\right) \tag{4.18}$$

可求得土的黏聚力为

$$c = \frac{q_u}{2\tan\left(45° + \dfrac{\varphi}{2}\right)} \tag{4.19}$$

根据现行国家标准《土工试验方法标准》(GB/T 50123—1999)，无侧限抗压强度试验宜在 8~10 min 内完成。由于试验时间较短，故可认为在加轴向压力使试样受剪的过程中，土中水分没有来得及排出，这就类似于三轴压缩试验当中的不固结不排水试验条件。根据三轴不固结不排水试验结果，饱和黏性土的抗剪强度包线近似于一条水平线，即 $\varphi_u = 0$，因此，对无侧限抗压强度试验得到的极限应力圆所作的水平切线就是抗剪强度包线，如图 4-13(b)所示。由于 $\varphi_u = 0$，则 $\tan\left(45° + \dfrac{\varphi}{2}\right) = 1$。因而，可得到饱和软黏土的抗剪强度为

$$c_u = \frac{1}{2}q_u \tag{4.20}$$

所以，可用无侧限抗压试验测定饱和软黏土的强度。

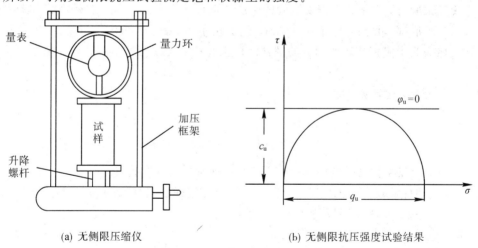

(a) 无侧限压缩仪　　　　　　　　　　(b) 无侧限抗压强度试验结果

图 4-13　无侧限抗压强度试验

4.3.4　十字板剪切试验

十字板剪切试验是一种土的抗剪强度的原位测试方法，这种试验方法适合于在现场测定饱和软黏土的原位不排水抗剪强度。十字板剪切试验采用的试验设备主要是十字板剪力仪。试验时，先将十字板压入土中至测试的深度，然后由地面上的扭力装置对钻杆施加扭

矩，使埋在土中的十字板扭转，直至土体剪切破坏，其中破坏面为十字板旋转所形成的圆柱面。十字板剪切仪如图 4-14 所示。

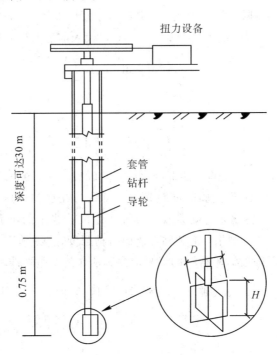

图 4-14 十字板剪切仪

在现场试验时，先钻孔至需要试验的土层深度以上 750 mm 处，然后将装有十字板的钻杆放入钻孔底部，并插入土中 750 mm，施加扭矩使钻杆旋转直至土体剪切破坏。土体的剪切破坏面为十字板旋转所形成的圆柱面。土的抗剪强度可按下式计算，即

$$\tau_f = k_c(p_c - f_c) \tag{4.21}$$

式中：k_c——十字板常数，即

$$k_c = \frac{2R}{\pi D^2 h\left(1 + \dfrac{D}{3h}\right)}$$

p_c——土发生剪切破坏时的总作用力，由弹簧秤读数求得(N)；

f——轴杆及设备的机械阻力，在空载时由弹簧秤事先测得(N)；

h、D——分别为十字板的高度和直径(mm)；

R——转盘的半径(mm)。

应该指出的是，由于土的固结程度不同和受各向异性的影响，土在水平面和竖直面上的抗剪强度并不一致，因此，推导强度公式时假定圆柱体四周和上、下两个端面上土的抗剪强度相等是不够严格的；此外，软黏土在破坏时的变形一般较大，渐近破坏的现象十分显著，因而沿滑动面上的抗剪强度并不是同时达到峰值强度的，而是在局部先破坏后随变形的发展向周围扩展。因此，通过十字板试验测得的强度值偏高。尽管如此，由于十字板剪切试验是在土的天然应力状态下进行的，无需钻取原状土样，对土的结构扰动较小，同时具有仪器构造简单、操作方便的优点，多年来在我国软土地区的工程建设中应用较广。

4.4　影响抗剪强度指标的因素

4.4.1　抗剪强度的来源

研究影响抗剪强度指标的因素，首先应分析土的抗剪强度的来源。按无黏性土与黏性土分为两大类介绍。

1. 无黏性土

无黏性土抗剪强度的来源，传统的观念为内摩擦力，内摩擦力由作用在剪切面的法向压力 σ 与土体的内摩擦系数 $\tan\varphi$ 组成，内摩擦力的数值为这两项的乘积。在密实状态的粗粒土中，除滑动摩擦外还存在咬合摩擦。

（1）滑动摩擦是指存在于土粒表面之间，即在土体剪切过程中，剪切面上的土粒发生相对移动所产生的摩擦。

（2）咬合摩擦是指相邻颗粒对于相对移动的约束作用。当土体内沿某一剪切面产生剪切破坏时相互咬合着的颗粒必须从原来的位置被移动或者在尖角处将颗粒剪断，然后才能移动，土越密，磨圆度越小，则咬合作用越强。

2. 黏性土

黏性土的抗剪强度包括内摩擦力与黏聚力两部分，分述如下：

（1）内摩擦力。黏性土的内摩擦力与无黏性土中的粉细砂相同。土体受剪切时，剪切面上下土颗粒相对移动时，土粒表面相互摩擦产生阻力。其数值一般小于无黏性土。

（2）黏聚力。黏聚力是黏性土区别于无黏性土的特征，使黏性土的颗粒联结在一起。黏聚力主要来源于土粒间的各种物理化学作用力，包括库仑力（静电力）、范德华力、胶结作用力等。

4.4.2　影响抗剪强度指标的各种因素

土的抗剪强度的影响因素很多，主要有：

（1）土粒的矿物成分。砂土中石英矿物质含量多，内摩擦角 φ 大；云母矿物质含量多，则内摩擦角 φ 小。黏性土的矿物成分不同，土粒电分子力等不同，其黏聚力 c 也不同。土中含有各种胶结物质，可使 c 增大。

（2）土的颗粒形状和级配。土的颗粒越粗，表面越粗糙，内摩擦角 φ 越大。土的级配良好，φ 大；土粒均匀，φ 小。

（3）土的原始密度。土的原始密度越大，土粒之间接触点多且紧密，则土粒之间的表面摩擦力和粗粒土之咬合力越大，即 φ 越大。同时，土的原始密度大，土的空隙小，接触紧密，黏聚力 c 也必然大。

（4）土的含水率。含水率对无黏性土的抗剪强度影响很小。对黏性土来说，土的含水率增加时，吸附于黏性土中细小土粒表面的结合水膜变厚，使土的黏聚力降低。所以，土的含水率对黏性土的抗剪强度有重要影响，一般随着含水率的增加，黏性土的抗剪强度降低。

（5）土的结构。当土的结构被破坏时，土粒间的联结强度（结构强度）将丧失或部分丧失，致使土的抗剪强度降低。土的结构对无黏性土的抗剪强度影响甚微；土的结构对黏性土的抗剪强度有很大影响。一般原状土的抗剪强度比相同密度和含水率的重塑土要高。

（6）土的应力历史。土的受压过程所造成的土体的应力历史不同，对土的抗剪强度也有影响。超固结土的颗粒密度比相同压力的正常固结土大，因而土中摩阻力和黏聚力较大。

4.5　地基的承载力

在地基上建造建筑物后，地基表面受荷，其内部应力也随之发生变化，一方面附加应力引起地基内土体变形，造成建筑物沉降；另一方面，内部应力变化引起地基内土体剪应力增加。当某一点剪应力达到土的抗剪强度时，该点即处于极限平衡状态或破坏状态。若土体中某一区域内各点都达到极限平衡状态，就形成极限平衡区（或称为塑性区）。若荷载继续增加，地基内极限平衡区的发展范围随之不断扩大，局部塑性区发展为连续贯穿到地表的整体滑动面，这时，地基会整体失稳破坏。

4.5.1　地基变形的三个阶段

地基载荷试验曲线反映了竖向荷载 p 与沉降 s 之间的关系特性（p-s 曲线）。p-s 曲线一般可分为三段，如图 4-15 所示，表明地基的变形可分为三个阶段：

（1）线性变形阶段：相应于 p-s 曲线中的 Oa 段。此时荷载 p 与沉降 s 基本上成直线关系，地基中任意点的剪应力均小于土的抗剪强度，土体处于弹性平衡状态。地基的变形主要是由于土的孔隙体积减小而产生的压密变形。

（2）塑性变形阶段：相应于 p-s 曲线中的 ab 段。此时荷载多与沉降 s 不再成直线关系，沉降的增量与荷载的增量的比值（即 $\Delta s / \Delta p$）随荷载的增大而增加，p-s 曲线呈曲线形状。在此阶段，地基土在局部范围因剪应力达到土的抗剪强度而处于极限平衡状态。产生

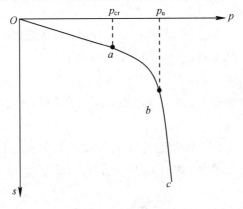

图 4-15　p-s 曲线

剪切破坏的区域称为塑性区。随着荷载的增加，塑性区逐步扩大，由基础边缘开始逐渐向纵深发展。

（3）破坏阶段：相应于 $p-s$ 曲线中的 bc 段。随着荷载的继续增加，剪切破坏区不断扩大，最终在地基中形成一个连续的滑动面。此时基础急剧下沉，四周的地面隆起，地基发生整体剪切破坏。

相应于上述地基变形的三个阶段，在 $p-s$ 曲线上有两个重要的转折点：a 点所对应的荷载称为临塑荷载，以 p_{cr} 表示，指地基中即将开始出现剪切破坏时的基底压力；b 点对应的荷载称为地基极限承载力 p_u，是地基承受基础荷载的极限压力。

4.5.2 地基破坏的三种形式

根据荷载与沉降的关系及其相应的地基滑动情况，可以将竖向荷载作用下地基的破坏模式分为整体剪切破坏、冲剪破坏和局部剪切破坏三种，如图 4-15 所示。

1. 整体剪切破坏

整体剪切破坏形式的 $p-s$ 曲线有两个明显的转折点，可区分出线性变形阶段、塑性变形阶段、破坏阶段。当作用在地基上的压力 p 达到极限压力后，地基内塑性变形区已发展成一个连续的滑动面，只要荷载稍有增加，基础就会急剧下沉，同时，在基础周围的地面严重隆起，基础倾斜，地基丧失稳定，发生整体剪切破坏，如图 4-16(a)所示。对于压缩性较小的土，如密实砂土和坚硬黏土。当压力 p 足够大时，一般都发生这种形式的破坏。这种情况也可能在承载力低、相对埋深小的基础下出现。在现场载荷试验 $p-s$ 曲线上，p 相当于第二阶段与第三阶段分界点 b 所对应的荷载 p_u，称为地基的极限荷载。设计基础时，不能使基础荷载达到极限荷载。地基的极限荷载对重大工程，尤其是对承受倾斜荷载的工程来说，与工程的安全和经济密切相关。

2. 冲剪破坏

冲剪破坏的特点是地基不出现明显的连续滑动面，基础四周的地面不隆起，基础没有很大倾斜，其 $p-s$ 曲线也无明显的转折点。地基的破坏是由于基础下面软弱土变形并沿基础周边竖向剪切，导致基础连续下沉，就像基础"切入"土中一样，故称为"冲剪破坏"，如图 4-16(b)所示。这种形式多出现于基础相对埋深较大（如桩基）和压缩性较大的松砂和软土中。

3. 局部剪切破坏

局部剪切破坏的特点是介于整体剪切破坏与冲剪破坏之间，是一种过渡性的破坏形式。破坏时地基的塑性变形区局限于基础下方，滑动面也不延伸到地面。地面可能有轻微隆起，但基础不会明显倾斜或倒塌，$p-s$ 曲线转折点也不明显，如图 4-16(c)所示。当基础埋深大，加荷速率快时，地基发生局部剪切破坏。此时地基所承受的荷载称为临塑荷载，即 $p-s$ 曲线上 a 点对应的荷载，相当于从第一阶段进入第二阶段（地基内开始出现塑性变形区）的临界荷载。

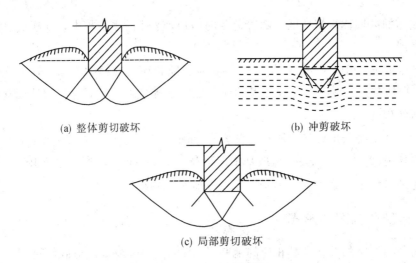

(a) 整体剪切破坏　　　　　　　　(b) 冲剪破坏

(c) 局部剪切破坏

图 4-16　地基破坏模式

地基的破坏形式主要与土的压缩性有关，一般来说，对于密实砂土和坚硬黏土将出现整体剪切破坏，而对于压缩性比较大的松砂和软黏土，将可能出现局部剪切或冲剪破坏。此外，破坏形式还与基础埋深、加荷速率等因素有关。当基础埋深较浅、荷载快速施加时，将趋向于发生整体剪切破坏；若基础埋深较大，无论是砂性土或黏性土地基，最常见的破坏形态是局部剪切破坏。

4.5.3　地基承载力概念

如前所述，整体剪切破坏的变形分三个阶段，其 p-s 曲线有两个转折点 a 和 b，相应于 a 点的荷载称为临塑荷载，指地基土开始出现剪切破坏（基础边缘处的土开始发生剪切破坏）时的基底压力，用 p_{cr} 表示；相应于 b 点的基底压力称为地基极限承载力，是地基所能承受的权限压力，用 p_u 表示。当基底压力达到 p_u 时，地基将开始发生整体剪切破坏。

在工程设计时，要求基底压力 $p \leqslant f_a$，其中 f_a 称为地基承载力的特征值。显然，若取 $f_a = p_u$，则地基没有丝毫的安全储备，随时都可能受外界因素干扰而发生整体剪切破坏，但若取 $f_a = p_{cr}$，则一般情况下又太过保守、浪费。地基承载力的特征值指的是在正常使用极限状态计算时的地基承载力。即在发挥正常使用功能时地基所允许采用抗力的设计值。它是以概率理论为基础，也是在保证地基稳定的条件下，使建筑物基础沉降计算值不超过允许值的地基承载力。因而地基承载力特征值是一种人为规定的地基既能满足承载力要求（有时候还能同时满足变形要求）又有一定的安全储备的基础底面允许作用压力。

4.6　地基的临塑荷载和临界荷载

4.6.1　地基的临塑荷载

1. 临塑荷载的定义

地基的临塑荷载是指在外荷作用下，地基中刚开始产生塑性变形（即局部剪切破坏）时基础底面单位面积上所承受的荷载。$p\text{-}s$ 曲线 a 点对应的荷载 p_{cr} 称为临塑荷载，也就是随着荷载的增大，地基土由弹性变形开始产生塑性变形的界限荷载。

2. 临塑荷载的计算公式

地基的临塑荷载 p_{cr} 是在整体剪切破坏的模式下，按条形基础受均布荷载作用推导出来的。设在地表作用一均布的条形荷载 p_0，如图 $4\text{-}17(a)$ 所示，它在地表下任意一点 M 处产生的大、小主应力分别为

$$\sigma_1 = \frac{p_0}{\pi}(\beta_0 + \sin\beta_0) \tag{4.22}$$

$$\sigma_3 = \frac{p_0}{\pi}(\beta_0 - \sin\beta_0) \tag{4.23}$$

在条形基础均布荷载作用下，地基中任一点 M 的应力来源于下列几个方面（如图 $4\text{-}17(b)$ 所示）：

（1）基底的附加应力 $p_0 = p - \gamma_0 d$。

（2）基底以下深度 z 处，土的自重压力 γz。

（3）由基础埋深 d 构成的旁载 $\gamma_0 d$。

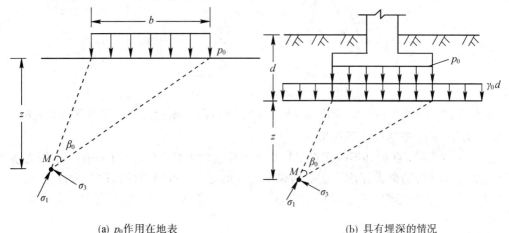

(a) p_0 作用在地表 　　　　　　(b) 具有埋深的情况

图 $4\text{-}17$　均布条形荷载下地基中的主应力

严格地说，M 点土的自重应力在各向是不等的，因此，p_0 与 γz、$\gamma_0 d$ 在 M 点产生的应力在数值上不能叠加，但为简化起见，在推导临塑荷载公式时，假定土的自重应力在各向相等，即假定土的侧压力系数 $K_0 = 1.0$，实际上 $K_0 = 0.25 \sim 0.72$。

因而地基在条形均布荷载 p 作用下，地基中任意一点 M 的最大主应力和最小主应力分别为

$$\sigma_1 = \frac{p - \gamma_0 d}{\pi}(\beta_0 + \sin\beta_0) + \gamma_0 d + \gamma z \tag{4.24}$$

$$\sigma_3 = \frac{p - \gamma_0 d}{\pi}(\beta_0 - \sin\beta_0) + \gamma_0 d + \gamma z \tag{4.25}$$

式中：p——基底压力（kPa）；

B——M 点至基础边缘两连线的夹角（rad）。

当 M 点的应力达到极限平衡状态时，应满足极限平衡方程，有

$$\frac{1}{2}(\sigma_1 - \sigma_3) = \left[C \cdot \cot\varphi + \frac{1}{2}(\sigma_1 + \sigma_3) \right] \sin\varphi \tag{4.26}$$

将式(4.24)与式(4.25)代入式(4.26)，整理后得

$$z = \frac{p - \gamma_0 d}{\pi\gamma} \left(\frac{\sin\beta_0}{\sin\varphi} - \beta_0 \right) - \frac{c}{\gamma\tan\varphi} - \frac{\gamma_0}{\gamma}d \tag{4.27}$$

式(4.27)即为基础边缘下塑性变形区的边界方程，表示塑性区边界上任意一点的深度 z 与夹角 β_0 的关系。若已知基础的埋置深度 d、基地压力 p 及土的 γ、c、φ，则可假定不同的 β 值，代入式(4.27)可求出相应的 z，将一系列的 z 点连接起来就得到塑性变形区的边界，也即绘出土中塑性区的发展范围，如图 4-18 所示。

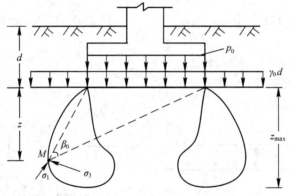

图 4-18 土中塑性区的发展范围

在塑性区边界线上(以内)剪应力 $\tau = \tau_f$，已达极限平衡状态；在塑性区外(边界线以外)剪应力 $\tau < \tau_f$，未达极限平衡状态。

在实际应用时，我们并不一定需要知整个塑性区的边界，而只需了解在一定压力 p 作用下，塑性区开展的最大深度 z_{max} 根据临塑荷载的定义，可用塑性区的最大深度 $z_{max} = 0$ 来表达。为了求得塑性区开展的最大深度 z_{max}，将式(4.27)对 β_0 求导数，并令其等于零，有

$$\frac{\mathrm{d}z}{\mathrm{d}\beta_0} = \frac{p - \gamma_0 d}{\pi\gamma} \times \left(\frac{\cos\beta_0}{\sin\varphi} - 1 \right)$$

令

$$\frac{\mathrm{d}z}{\mathrm{d}\beta_0} = 0$$

则

$$\frac{\cos\beta_0}{\sin\varphi} = 1 \tau_f = k_c (p_c - f_c)$$

即

$$\beta_0 = \frac{\pi}{2} - \varphi \tag{4.28}$$

将式(4.28)代入式(4.27)可得

$$z_{max} = \frac{p - \gamma_0 d}{\pi\gamma} \left(\cot\varphi - \frac{\pi}{2} + \varphi \right) - \frac{c}{\gamma\tan\varphi} - \frac{\gamma_0}{\gamma}d \tag{4.29}$$

由上式可见，z_{max} 随着荷载 p 的增大而增大。

按照定义，在临塑荷载作用下，可认为 $z_{max}=0$，从而得到临塑荷载 p_{cr} 为

$$p_{cr}=\frac{\pi(\gamma_0 d+c\cdot\cot\varphi)}{\cot\varphi+\varphi-\dfrac{\pi}{2}}+\gamma_0 d \tag{4.30}$$

4.6.2 地基的临界荷载

1. 临界荷载的定义

大量建筑工程实践表明：采用上述临塑荷载 p_{cr} 作为地基承载力，十分安全而偏于保守。这是因为在临塑荷载作用下，地基处于压密状态。实际上，若建筑地基中发生少量局部剪切破坏，只要塑性变形区的范围控制在一定限度，并不影响此建筑物的安全和正常使用。因此，可以适当提高地基承载力的数值，降低工程量，节省造价。工程中允许塑性区发展范围的大小，与建筑物的规模、重要性、荷载大小、荷载性质以及地基土的物理力学性质等因素有关。工程经验表明，对于轴心荷载作用下的地基，可取塑性区深度 z_{max} 为基础宽度 b 的四分之一，即 $z_{max}=b/4$。对于偏心荷载作用下的地基，取 $z_{max}=b/3$。相应的地基承载力用 $p_{1/4}$ 和 $p_{1/3}$ 表示，称为临界荷载。

2. 临界荷载的计算公式

1）中心荷载

将 $z_{max}=b/4$ 代入式(4.29)，整理可得中心荷载作用下地基的临界荷载计算公式，即

$$p_{1/4}=\frac{\pi\left(\gamma_0 d+c\cdot\cot\varphi+\dfrac{1}{4}\gamma b\right)}{\cot\varphi+\varphi-\dfrac{\pi}{2}}+\gamma_0 d \tag{4.31}$$

式中，b 为基础宽度(m)；矩形基础取短边，圆形基础采用 $b=\sqrt{A}$，其中，A 为圆形基础的面积。

2）偏心荷载

将 $z_{max}=b/3$ 代入式(4.29)，整理可得偏心荷载作用下地基的临界荷载为

$$p_{1/3}=\frac{\pi\left(\gamma_0 d+c\cdot\cot\varphi+\dfrac{1}{3}\gamma b\right)}{\cot\varphi+\varphi-\dfrac{\pi}{2}}+\gamma_0 d \tag{4.32}$$

4.6.3 临塑荷载及临界荷载公式说明

(1) p_{cr}、$p_{1/4}$ 和 $p_{1/3}$ 的计算公式(式(4.30)、式(4.31)、式(4.32))都是按条形基础受均布荷载的情况推导而得的，如用于矩形及圆形基础时有一定的误差，但结果偏于安全。

(2) 计算土中的自重应力时，假定 $K_0=1.0$，这与土的一般情况不符，但这样可使计算公式简化。

(3) 在计算临界荷载 $p_{1/4}$、$p_{1/3}$ 时，土中已出现塑性区，但仍按弹性力学计算土中应力，这在理论上是相互矛盾的，其所引起的误差随着塑性区范围的扩大而扩大，但塑性区

不大时，由此引起的误差在工程上是允许的。

（4）p_{cr} 与基础宽度 b 无关，而 $p_{1/4}$、$p_{1/3}$ 与 b 有关，p_{cr}、$p_{1/4}$、$p_{1/3}$ 都随埋深 d 的增大而增大。所以根据试验资料，确定地基承载力设计值时，需要进行基础埋置深度 d 和基础宽度 b 的修正。

（5）工程实践表明，临塑荷载 p_{cr} 作为地基承载力偏于保守，临界荷载 $p_{1/4}$、$p_{1/3}$ 可作为地基承载力，既有足够的安全度，保证稳定性，又能比较充分地发挥地基的承载能力，从而达到优化设计，减少基础工程量，节约投资的目的，符合经济合理的原则。

例题 4.2　某条形基础，宽度 $b = 1.5$ m，埋置深度 $d = 2$ m，地基土的重度 $\gamma = 19$ kN/m³，饱和土的重度 $\gamma_{sat} = 21$ kN/m³，内摩擦角 $\varphi = 15°$，黏聚力 $c = 15$ kPa，试求：

（1）临界荷载 $p_{1/4}$；

（2）若地下水位上升至地表下 1.5 m，$p_{1/4}$ 又是多少？

解：（1）由题意得

$$p_{1/4} = \frac{\pi(c \cdot \cot\varphi + \gamma d + \gamma b/4)}{\cot\varphi + \varphi - \pi/2} + \gamma d = 244.1 \text{ kPa}$$

（2）当地下水位上升时，地下水位以下土的重度采用有效重度，即

$$\gamma' = \gamma_{sat} - \gamma_w = 11.0 \text{ kN/m}^3$$

$$\gamma_0 = \frac{1.5 \times 19 + 0.5 \times 11}{2} = 17.0 \text{ kN/m}^3$$

$$p_{1/4} = \frac{\pi(c \cdot \cot\varphi + \gamma_0 d + \gamma' b/4)}{\cot\varphi + \varphi - \pi/2} + \gamma_0 d = 225.7 \text{ kPa}$$

所以，当地下水位上升时，地基的承载力将降低。

4.7　地基的极限承载力

地基的极限承载力指的是地基土体在稳定状态下单位面积上所能承受的最大荷载，也称为地基极限荷载。

目前求解地基极限承载力的理论计算方法有很多。但归纳起来，求解途径主要有两种：一种是根据土体的极限平衡理论，计算土中各点达到极限平衡时的应力和滑动面方向，并建立微分方程，根据边界条件求出地基达到极限平衡时各点的精确解。采用这种方法求解时在数学上遇到的困难太大目前尚无严格的一般解析解，仅能对某些边界条件比较简单的情况求解。另一种是先假定地基土在极限状态下滑动面的形状，然后根据滑动土体的静力平衡条件求解，按这种方法得到的极限承载力计算公式比较简便，在工程实践中得到广泛应用。

本书介绍以下三种具有代表性的极限承载力理论：

（1）普朗德尔极限承载力理论。

（2）太沙基极限承载力理论。

（3）汉森极限承载力理论。

4.7.1　普朗德尔极限承载力理论

普朗德尔公式基本假定：

（1）刚性基础、基础底面光滑，无摩擦力。

（2）地基土为无质量介质，即基础底面以下土体重度 $\gamma = 0$。

（3）匀质地基、条形基础、中心荷载、地基破坏为整体剪切破坏。

（4）基底平面作为地基表面，地基滑裂面只延伸到这一假定的地基表面，基底平面以上的两侧土体当成作用在基础两侧的均布荷载 $q = \gamma_0 d$。

根据上述假定，再结合塑性力学理论，普朗德尔（Ludwig Prandtl）于 1920 年求得了条形基础下形成连续塑性区而处于极限平衡状态时的地基滑动面形态，如图 4-19（a）所示。地基的极限平衡区可分为五部分，即一个Ⅰ区以及左右对称的两个Ⅱ区与两个Ⅲ区。

Ⅰ区：基底下的朗肯主动状态区，因基底光滑（无摩擦力存在），该区的大主应力 σ_1 是垂直向的，其破裂面与水平面间的夹角为 $45° + \dfrac{\varphi}{2}$。

Ⅲ区：基础外侧的朗肯被动状态区，该区的大主应力 σ_1 是水平向的，其破裂面与水平面间的夹角为 $45° - \dfrac{\varphi}{2}$。

Ⅱ区：Ⅰ区与Ⅲ区之间的过渡区，在该区的滑动线，一组是对数螺线，如图 4-19（b）所示，另一组则是以 A、A_1 为起点的辐射线，其方程为

$$r = r_0 e^{\theta \tan\varphi} \tau_f = k_c(p_c - f_c) \tag{4.33}$$

式中，r_0 为起始矢径（$r_0 = AD = A_1 D$）；r 是从极点 O 到任意点用的距离，m 点的法线与该点到极点连线之间的夹角为 φ。

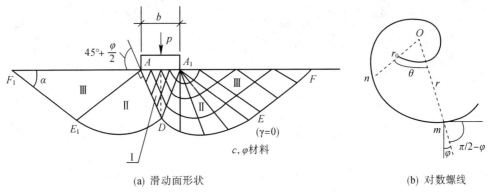

(a) 滑动面形状　　　　　　　　　　　　(b) 对数螺线

图 4-19　普朗德尔承载力理论

根据上述条件，得到极限承载力的普朗德尔理论解，即

$$p_u = cN_c \tag{4.34}$$

其中

$$N_c = \cot\varphi \left[\tan^2 \left(45° + \frac{\varphi}{2} \right) \cdot e^{(\pi \cdot \tan\varphi)} - 1 \right] \tag{4.35}$$

由于实际的基础总是有一定埋深，赖斯纳（Reissner，1924 年）假定不考虑基础底面以上两侧土的抗剪强度，将其重力以均布超载 $q = \gamma_0 d$（γ_0 为基础埋深范围内土的加权平均重

度)代替,得到了由超载引起的极限承载力为

$$p_u = qN_q \tag{4.36}$$

将式(4.34)与式(4.36)合并,得普朗德尔-赖斯纳公式,简称普朗德尔公式,即

$$p_u = cN_c + qN_q \tag{4.37}$$

其中

$$N_q = e^{(\pi \cdot \tan\varphi)} \cdot \tan^2\left(45° + \frac{\varphi}{2}\right) \tag{4.38}$$

即

$$N_c = (N_q - 1) \cdot \cot\varphi \tag{4.39}$$

式中,N_c、N_q 称为承载力系数,是仅与 φ 有关的无量纲系数。其也可查表 4-2 求得,其中,c、φ 为土的黏聚力与内摩擦角。

表 4-2　承载力系数 N_c、N_q、N_γ 值

φ	N_c	N_q	N_γ	N_q/N_c	$\tan\varphi$
0	5.14	1.00	0.00	0.20	0.00
1	5.38	1.09	0.07	0.20	0.20
2	5.63	1.20	0.15	0.21	0.03
3	5.90	1.31	0.24	0.22	0.05
4	6.19	1.43	0.34	0.23	0.07
5	6.49	1.57	0.45	0.24	0.09
6	6.81	1.72	0.57	0.25	0.11
7	7.16	1.88	0.71	0.26	0.12
8	7.53	2.06	0.86	0.27	0.14
9	7.92	2.25	1.03	0.28	0.16
10	8.35	2.47	1.22	0.30	0.18
11	8.80	2.71	1.44	0.31	0.19
12	9.28	2.97	1.69	0.32	0.21
13	9.81	3.26	1.97	0.33	0.23
14	10.37	3.59	2.29	0.35	0.25
15	10.98	3.94	2.65	0.36	0.27
16	11.63	4.34	3.06	0.37	0.29
17	12.34	4.77	3.53	0.39	0.31
18	13.10	5.26	4.07	0.40	0.32
19	13.93	5.80	4.68	0.42	0.34
20	14.83	6.40	5.39	0.43	0.36

φ	N_c	N_q	N_γ	N_q/N_c	$\tan\varphi$
21	15.82	7.07	6.20	0.45	0.38
22	16.88	7.82	7.13	0.46	0.40
23	18.05	8.66	8.20	0.48	0.42
24	19.32	9.60	9.44	0.50	0.45
25	20.72	10.66	10.88	0.52	0.47
26	22.25	11.85	12.54	0.53	0.49
27	23.94	13.20	14.47	0.55	0.51
28	25.80	14.72	16.72	0.57	0.53
29	27.86	16.44	19.34	0.59	0.55
30	30.14	18.40	22.40	0.61	0.58
31	32.67	20.63	25.99	0.63	0.60
32	35.49	23.18	30.22	0.65	0.62
33	38.64	26.09	35.19	0.68	0.65
34	42.16	29.44	41.06	0.70	0.67
35	46.12	33.30	48.03	0.72	0.70
36	50.59	37.75	56.31	0.75	0.73
37	55.63	42.92	66.19	0.77	0.75
38	61.35	48.93	78.03	0.80	0.78
39	67.87	55.96	92.25	0.82	0.81
40	75.31	64.20	109.41	0.85	0.84
41	83.86	73.90	130.22	0.88	0.87
42	93.71	85.38	155.55	0.91	0.90
43	105.11	99.02	186.54	0.94	0.93
44	108.37	115.31	224.64	0.97	0.97
45	133.88	134.88	271.76	1.01	1.00
46	152.10	158.51	330.35	1.04	1.04
47	173.64	187.21	403.67	1.08	1.07
48	199.26	222.31	496.01	1.12	1.11
49	229.93	265.51	613.16	1.15	1.15
50	266.89	319.07	762.86	1.20	1.19

　　从式(4.34)可看出，当基础放置在无黏性土($c=0$)的表面上($d=0$)时，地基的承载力将等于零，这显然是不合理的。这种不符合实际的现象出现，主要是假设土无重度($\gamma=0$)

所造成的。为了弥补这一缺陷，许多学者在普朗德尔理论的基础上做了修正和发展，使极限承载力公式逐步得到完善。

4.7.2 太沙基极限承载力理论

太沙基公式基本假定：

（1）条形基础，均布荷载作用。

（2）地基发生滑动时，滑动面的形状两端为直线，中间为曲线，左右对称。

（3）滑动面分为三个区：Ⅰ区内土体不是处于朗肯主动状态，而是处于弹性压密状态，它与基础底面一起移动，并假定滑动面与水平面成 φ 角。Ⅱ区、Ⅲ区与普朗德尔解相似，分别是辐射线和对数螺旋曲线组成过渡区与朗肯被动状态区。

根据上述假定，太沙基（Terzaghi，1943）提出了确定条形浅基础的极限荷载公式。太沙基认为从实用考虑，当基础的长宽比 $L/b \geqslant 5$ 及基础的埋置深度 $d \leqslant b$ 时，就可视为是条形浅基础。基底以上的土体看成是作用在基础两侧的均布荷载 $q = \gamma_0 d$。地基的极限平衡区同样可分为五部分，即一个Ⅰ区以及左右对称的两个Ⅱ区与两个Ⅲ区，如图 4-20 所示。

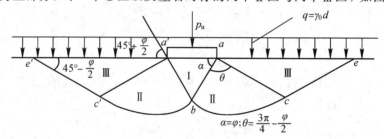

图 4-20　太沙基假设的滑动面

Ⅰ区：弹性压密区。基础底面下的土楔，由于假定基底是粗糙的，具有很大的摩擦力，因此不会发生剪切位移，Ⅰ区内土体不是处于朗肯主动状态，而是处于弹性压密状态，破坏时，它像"弹性核"一样随着基础底面一起移动。太沙基假定滑动面 $a'b$（或 ab）与水平面成 φ 角。

Ⅱ区：普朗德尔区。滑动面一组是通过 a'、a 点的辐射线，另一组是对数螺旋曲线 $c'b$、cb，其中，b 点处螺线的切线竖直，c 点处螺线的切线与水平面夹角为 $45° - \dfrac{\varphi}{2}$。如果考虑土的重度，滑动面就不会是对数螺旋曲线，目前尚不能求得两组滑动面的解析解。因此，太沙基忽略了土的重度对滑动面形状的影响，是一种近似解。

Ⅲ区：被动朗肯区。滑动面 ac 及 ce 与水平面夹角都为 $45° - \dfrac{\varphi}{2}$。

根据弹性土楔 $a'ab$ 的静力平衡条件，可求得地基的极限荷载为

$$p_u = cN_c + \gamma_0 d N_q + \frac{1}{2}\gamma b N_\gamma \tag{4.40}$$

式中，c——土的黏聚力（kPa）；

　　　γ_0——基础底面以上土的加权平均重度，地下水位以下取有效重度（kN/m³）；

　　　γ——地基土的重度，地下水位以下取有效重度（kN/m³）；

d——基础埋深（m）；

b——基底宽度（m）；

N_c、N_q、N_γ——无量纲的承载力系数，仅与土的内摩擦角 φ 有关，可查表 4-3 求得。

表 4-3　太沙基承载力系数

φ	0°	5°	10°	15°	20°	25°	30°	35°	40°	45°
N_γ	0	0.51	1.20	1.80	4.0	11.0	21.8	45.4	125	326
N_q	1.0	1.64	2.69	4.45	7.44	12.7	22.5	41.4	81.3	173.3
N_c	5.71	7.34	9.61	12.9	17.7	25.1	37.2	57.8	95.7	172.2

上述公式只适用于地基土是整体剪切破坏的情况，即地基土较密实，其 $p\text{-}s$ 曲线有明显的转折点，破坏前沉降不大等情况。对于松软土质，地基破坏是局部剪切破坏，沉降较大，其极限荷载较小。对这种情况，太沙基建议采用降低土的抗剪强度指标 φ、c 值的方法对承载力公式加以修正。此时有

$$\bar{\varphi} = \arctan\left(\frac{2}{3}\tan\varphi\right)$$

$$\bar{c} = \frac{2}{3}c$$

相应的极限承载力公式变为

$$p_u = \bar{c}N'_c + \gamma_0 dN'_q + \frac{1}{2}\gamma b N'_\gamma \tag{4.41}$$

式中，N'_c、N'_q 及 N'_γ 是相应于局部剪切破坏情况的承载力系数，根据降低后的内摩擦角 $\bar{\varphi}$ 查表 4-2 得到。

另外，式(4.40)只适用于条形基础，对于圆形或方形基础，太沙基提出了半经验的极限荷载公式。

1. 圆形基础

整体剪切破坏，有

$$p_u = 1.2cN_c + \gamma_0 dN_q + 0.6\gamma r N_r \tau_f = k_c(p_c - f_c) \tag{4.42}$$

局部剪切破坏，有

$$p_u = 0.8cN'_c + \gamma_0 dN'_q + 0.6\gamma r N'_r \tag{4.43}$$

其中，r 为圆形基础的半径，其余符号同前。

2. 方形基础

整体剪切破坏，有

$$p_u = 1.2cN_c + \gamma_0 dN_q + 0.4\gamma b N_r \tag{4.44}$$

局部剪切破坏，有

$$p_u = 0.8cN'_c + \gamma_0 dN'_q + 0.4\gamma b N'_r \tag{4.45}$$

其中，b 为方形基础的边长，其余符号同前。

对于宽为 b、长为 l 的矩形基础，其承载力可近似按 b/l 值在条形基础($b/l=0$)与方形基础($b/l=1$)的承载力之间用插入法求得。

4.7.3 汉森极限承载力理论

普朗德尔、太沙基等极限荷载力公式，只适用于中心竖向荷载作用时的条形基础，同时不考虑基底以上土的抗剪强度的作用。若基础上作用的荷载是倾斜的或有偏心，基底的形状是矩形或圆形，基础的埋置深度较深，计算时需要考虑基底以上土的抗剪强度影响。

汉森(Hanson, 1970)提出的在中心倾斜荷载作用下，不同基础形状及不同埋置深度时的极限荷载计算公式为

$$p_u = cN_c s_c d_c i_c + qN_q s_q d_q i_q + \frac{1}{2}\gamma b N_\gamma s_\gamma d_\gamma i_\gamma \tag{4.46}$$

式中：s_c、s_q、s_γ——基础的形状系数；

$\quad\quad i_c$、i_q、i_γ——荷载倾斜系数；

$\quad\quad d_c$、d_q、d_γ——深度修正系数；

$\quad\quad N_c$、N_q、N_γ——承载力系数。

例题 4.3 某方形基础边长为 2.25 m，埋深为 1.5 m。地基土为砂土，$\varphi = 38°$，$c = 0$。试按太沙基公式求下列两种情况下的地基极限承载力。假定砂土的重度为 18 kN/m³(地下水位以上)、饱和重度为 20 kN/m³(地下水位以下)。

(1) 地下水位与基底平齐；

(2) 地下水位与地面平齐。

解：(1) 由 $\varphi = 38°$查表 4-3，得 $N_q = 65.3$，$N_\gamma = 93.2$，由式(4.44)，有

$$p_u = 1.2cN_c + \gamma_0 dN_q + 0.4\gamma b N_r$$
$$= 18 \times 1.5 \times 65.3 + 0.4 \times (20-10) \times 2.25 \times 93.2$$
$$= 2602 \text{ kPa}$$

(2) 同理，只是此时的 γ_0 也取浮容重，有

$$p_u = 1.2cN_c + \gamma_0 dN_q + 0.4\gamma b N_r$$
$$= (20-10) \times 1.5 \times 65.3 + 0.4 \times (20-10) \times 2.25 \times 93.2$$
$$= 1818 \text{ kPa}$$

思考题及习题

思考题

1. 什么是土的极限平衡状态？什么是极限平衡条件？其实际意义是什么？

2. 什么是莫尔强度破坏包线？什么是莫尔-库仑强度理论？

3. 比较直剪试验与三轴压缩试验的优缺点。

4. 土体发生剪切破坏的平面是否为最大剪应力作用面？在什么情况下，破坏面与剪应力面一致？

5. 什么是土的无侧限抗压强度？它与土的不排水强度有何关系？如何用无侧限抗压强度试验来测定黏性土的灵敏度？

6. 为什么饱和黏性土不排水试验得到的强度包线为一水平线？

7. 土的抗剪强度为什么和试验方法有关，饱和软黏土不排水剪应力为什么得出 $\varphi = 0$

的结果？

8. 试分析影响土的抗剪强度指标的因素有哪些？

9. 地基变形分哪三个阶段？各阶段有何特点？

10. 地基破坏有哪三种模式？各有什么特点？

11. 什么是地基的临塑荷载与临界荷载？

12. 普朗德尔极限承载力公式与太沙基极限承载力公式有何异同？简要说明。

13. 地基承载力的确定方法有哪几种？

14. 地基承载力的影响因素有哪些？

15. 什么是地基承力的特征值？

16. 原位试验确定地基承载力主要有哪几种？

习　题

1. 已知作用在两个相互垂直的平面上的正应力分别为 1800 kPa 和 600 kPa，剪应力为 400 kPa。求：(1) 大主应力和小主应力；(2) 这两个平面和最大主应力面的夹角？（答案：(1) 大主应力为 1921 kPa、小主应力为 479 kPa；(2) 73.2°、16.8°）

2. 某条形基础下地基土体中的一点应力为：$\sigma_z = 300$ kPa，$\sigma_x = 150$ kPa，$\tau = 50$ kPa。已知土的 $\varphi = 30°$，$c = 20$ kPa，问该点是否会剪切破坏？如 σ_x 和 σ_z 不变，τ 的值增加 70 kPa，则该点又如何？（答案：未发生剪切破坏，发生剪切破坏）

3. 砂土地基中某点，其最大剪应力及相应的法向应力为 150 kPa 和 300 kPa，若该点发生剪切破坏。试求：

(1) 该点的大、小主应力；

(2) 砂土的内摩擦角；

(3) 破坏面上的法向应力和剪应力。

（答案：(1) 该点的大、小主应力分别为 450 kPa、150 kPa；(2) 砂土的内摩擦角为 30°；(3) 法向应力为 225 kPa、剪应力为 129.9 kPa）

4. 某饱和黏性土，有无侧限抗压强度试验测得不排水抗剪强度 $c_u = 70$ kPa，如果对同一土样进行三轴不固结不排水试验，施加周围压力 $\sigma_3 = 150$ kPa。求当轴向压力为 300 kPa 时，试件能否发生破坏？（答案：发生破坏）

5. 对某饱和试样进行无侧限抗压强度试验，得无侧限抗压强度为 160 kPa，如果对同种土进行不固结不排水三轴压缩试验，周围压力为 180 kPa，问总竖向压应力为多少，试验将发生破坏？（答案：340 kPa）

6. 一条形基础，宽度 $b = 12$ m，埋置深度 $d = 2.5$ m，建于均质黏土地基上，黏土的 $\gamma = 17.5$ kN/m³，$\varphi = 15°$，$c = 15$ kPa，试求：

(1) 临塑荷载 p_{cr} 和临界荷载 $p_{1/4}$；

(2) 按太沙基公式计算 p_u；

(3) 若地下水位在基础底面处（$\gamma' = 9.0$ kN/m³），p_{cr} 和 $p_{1/4}$ 又各是多少？

（答案：(1) p_{cr} 为 173.0 kPa、$p_{1/4}$ 为 241.0 kPa；(2) p_u 为 615.3 kPa；(3) p_{cr} 为 173.0 kPa，$p_{1/4}$ 为 206.8 kPa）

7. 某条形基础，宽为 1.5 m，埋深 1.2 m，地基为黏性土，密度为 18.4 g/cm³，饱和密度为 1.88 g/cm³，土的黏聚力为 8 kPa，内摩擦角为 15°。试按太沙基理论计算：整体剪切破坏时地基极限承载力为多少？取安全系数为 2.5，地基容许承载力为多少？（答案：地基极限承载力为 226.3 kPa、地基容许承载力为 90.5 kPa）

8. 一条形基础，宽为 1.5 m，埋深为 1.0 m。地基土层分布为：第一层素填土，厚度为 0.8 m，密度为 1.80 g/cm³，含水率为 35%；第二层黏性土，厚度为 6 m，密度为 1.82 g/cm³，含水率为 38%，土粒相对密度为 2.72，土的黏聚力为 10 kPa，内摩擦角 13°。求该基础的临塑荷载 p_{cr}、临界荷载 $p_{1/4}$ 和 $p_{1/3}$。若地下水上升到基础底面，假定土的抗剪强度指标不变，其 p_{cr}、$p_{1/4}$ 及 $p_{1/3}$ 相应为多少？（答案：p_{cr} 为 82.6 kPa、$p_{1/4}$ 为 89.7 kPa、$p_{1/3}$ 为 92.1 kPa；若地下水上升到基础底面，p_{cr} 为 82.6 kPa、$p_{1/4}$ 为 85.8 kPa、$p_{1/3}$ 为 86.9 kPa）

第五章

土压力与土坡稳定

【本章要点】 本章为土力学中涉及应用较多的章节,通过本章学习,要求掌握如下关键要点:

(1) 掌握各种土压力的形成条件。

(2) 掌握朗肯和库仑土压力理论,掌握常见情况下土压力的计算方法。

(3) 了解挡土墙各种设计类型,掌握挡土墙的稳定性验算方法。

(4) 了解土坡稳定的一般知识。

5.1 概 述

5.1.1 挡土墙的应用与分类

1. 挡土墙的应用

在土木工程中,为了防止土坡发生滑坡或坍塌,需用各种类型的挡土结构加以支挡。也就是说挡土结构是用来支撑天然或人工斜坡不致坍塌,以保持土中稳定性的支档结构物,俗称挡土墙。挡土墙广泛用于建筑、路桥、水利等各种工程中,例如,平整场地时填方区使用的挡土墙,房屋地下室的外墙,桥台,隧道及基坑围护的挡墙等,如图 5-1 所示。

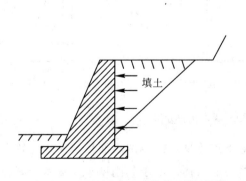

(a) 平整场地时填方区使用的挡土墙

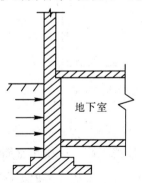

(b) 房屋地下室的外墙

图 5-1 挡土墙应用举例(1)

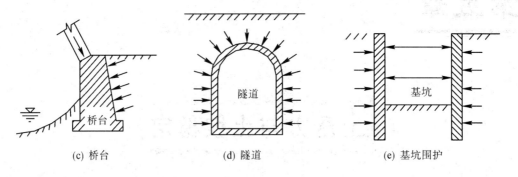

(c) 桥台　　　　　　　　(d) 隧道　　　　　　　　(e) 基坑围护

图 5-1　挡土墙应用举例(2)

2. 挡土墙的分类

(1)挡土墙按结构形式不同可分为：重力式挡土墙、悬臂式挡土墙、扶壁式挡土墙等形式。

(2)按建筑材料可分为砖砌、块石、素混凝土及钢筋混凝土等，中小型工程可以就地取材，用块石、砖建成，重要工程用素混凝土或钢筋混凝土材料建成。

(3)挡土墙按其刚度及位移方式可分为刚性挡土墙和柔性挡土墙两类。

刚性挡土墙一般指用砖、石或混凝土所筑成的断面较大的挡土墙。由于其刚度大，墙体在侧向土压力的作用下，仅能发生整体平移或转动，墙身的挠曲变形则可忽略。对于这种类型的挡土墙墙背受到的土压力一般呈三角形分布，最大压力强度发生在底部，类似于静水压力的分布，如图 5-2所示。本章将主要介绍计算刚性挡土墙土压力的古典土压力理论。

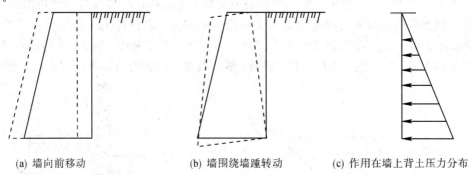

(a) 墙向前移动　　　　(b) 墙围绕墙踵转动　　　　(c) 作用在墙上背土压力分布

图 5-2　刚性挡土墙土压力分布

柔性挡土墙一般指用钢筋混凝土桩或地下连续墙所筑成的断面较小而长度较大的挡土结构，例如深基坑支护结构就常采用这类挡土结构。由于其刚度小，墙体在侧向土压力的作用下会发生明显挠曲变形，因而会影响土压力的大小和分布。对于这种类型的挡土墙，墙背受到的土压力成曲线分布，在一定条件下计算时可简化为直线分布，如图 5-3所示。

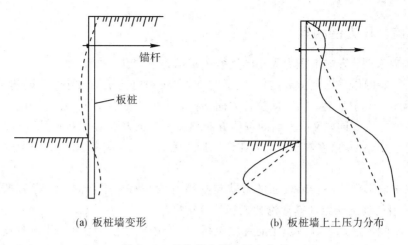

(a) 板桩墙变形　　　　　　　　(b) 板桩墙上土压力分布

图 5 - 3　柔性挡土墙土压力分布

5.1.2　土压力的分类

　　土体作用在挡土墙上的侧压力称为土压力，土压力是作用在挡土墙上的主要荷载，因此设计挡土墙时首先要确定土压力的类型、大小、方向和作用点。其中影响挡土墙压力大小及分布规律的因素虽然很多，归纳起来主要有：挡土墙的位移（或转动）方向和位移量的大小；挡土墙的形状、结构形式、墙背的光滑程度；填土的性质，包括填土的重度、含水率、内摩擦角和黏聚力的大小及填土表面的形状（水平、向上倾斜、向下倾斜）；挡土墙的建筑材料等，其中最主要的因素是挡土墙的位移方向和位移量的大小。根据挡土结构上土压力的位移方向、大小及土体所处的极限平衡状态，将土压力分为三种：静止土压力、主动土压力以及被动土压力。其分述如下：

　　（1）静止土压力（Earth Pressure at Rest）。如果挡土结构在土压力的作用下，其本身不发生变形和任何位移（移动或转动），土体处于弹性平衡状态，则这时作用在挡土结构上的土压力称为静止土压力，以 E_0 表示，如图 5 - 4(a) 所示。

　　（2）主动土压力（Active Earth Pressure）。挡土结构在土压力作用下向离开土体的方向位移，随着这种位移的增大，作用在挡土结构上的土压力将从静止土压力逐渐减小。当土体达到主动极限平衡状态时，作用在挡土结构上的土压力称为主动土压力，以 E_a 表示，此时，挡土墙上的土压力达到最小，如图 5 - 4(b) 所示。

　　（3）被动土压力（Passive Earth Pressure）。挡土结构在荷载作用下向土体方向位移，使土体达到被动极限平衡状态时的土压力称为被动土压力，如图 5 - 4(c) 所示。

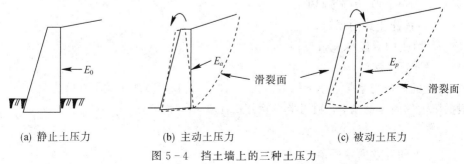

(a) 静止土压力　　　　　　(b) 主动土压力　　　　　　(c) 被动土压力

图 5 - 4　挡土墙上的三种土压力

5.1.3 影响土压力的因素

试验研究表明，影响土压力大小的因素可归纳为下列几个方面：

（1）挡土墙的位移。挡土墙的位移（或转动）方向和位移量的大小，是影响土压力大小的最主要因素。如前所述，挡土墙位移方向不同，土压力的种类就不同。由实验与计算可知，其他条件完全相同，仅挡土墙的位移方向相反，土压力数值相差不是百分之几或百分之几十，而是相差 20 倍左右。因此，在设计挡土墙时，首先应考虑墙可能产生的位移和位移量的大小。

（2）挡土墙形状。挡土墙坡面的形状包括墙背为竖直或是倾斜、墙背为光滑或粗糙，都关系着采用何种土压力计算理论公式和计算结果。

（3）填土性质。挡土墙后填土的性质包括：填土松密程度即重度、干湿程度即含水率、土的强度指标内摩擦角和黏聚力的大小，以及填土表面的形状（水平、上斜或下斜）等，也都影响土压力的大小。

（4）挡土墙的建筑材料。若挡土墙的建筑材料采用素混凝土和钢筋混凝土，可认为墙的表面光滑，不计入摩擦力；若为砌石挡土墙，就必须计入摩擦力，因而土压力的大小和方向都不相同。

5.2 静止土压力的计算

5.2.1 产生条件

静止土压力产生的条件：挡土墙静止不动；位移 $\Delta = 0$；转角为零。断面很大的挡土墙，如修筑在坚硬土质地基上，由于墙的自重很大，不会发生位移，又因地基坚硬不会产生不均匀沉降，墙体不会产生转动。此时，挡土墙背面的土体处于静止的弹性平衡状态，作用在此挡土墙墙背上的土压力即为静止土压力强度 σ_0。

5.2.2 计算公式

静止土压力计算图如图 5-5 所示。在填土表面以下任意深度 z 处取一微小单元体，作用在此微元体上的竖向力为土的自重压力 γz，该处的水平作用力即为静止土压力，有

$$\sigma_0 = K_0 \gamma z \tag{5.1}$$

式中：σ_0——静止土压力强度（kPa）；

K_0——静止土压力系数；

γ——填土的重度（kN/m³）；

z——计算点深度（m）。

K_0 为土的侧压力系数，砂土的 K_0 值为 $0.34 \sim 0.45$，黏性土的 K_0 值为 $0.5 \sim 0.7$，也可以根据填土的内摩擦角 φ，利用半经验公式计算，即

$$K_0 = 1 - \sin\bar{\varphi} \tag{5.2}$$

式中，$\bar{\varphi}$——土的有效内摩擦角（°）。

由式(5.1)$\sigma_0 = K_0 \gamma z$ 知，K_0 与 γ 均为常数，σ_0 与 z 成正比。墙顶部 $z=0$，$\sigma_0=0$；墙底部 $z=H$，$\sigma_0 = K_0 \gamma H$。

静止土压力沿墙高呈三角形分布，如取挡土墙长度方向 1 m 计算，只需计算土压力分布图的三角形面积，如图 5-5 所示，则作用在墙体上的总静止土压力为

$$E_0 = \frac{1}{2} r H^2 K_0 \tag{5.3}$$

式中：K_0——单位墙长的静止土压力（kN/m）；

　　　H——挡土墙的高度（m）。

其余符号同前。

合力 E_0 的作用点在距离墙底 $H/3$ 处。

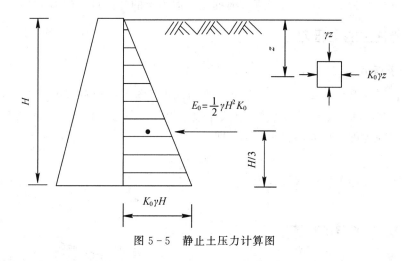

图 5-5　静止土压力计算图

5.2.3　静止土压力的应用

静止土压力的应用如下：

（1）地下室外墙。通常地下室外墙，都有内隔墙支挡，墙位移与转角为零，按静止土压力计算。

（2）岩基上的挡土墙。挡土墙与岩石地基牢固联结，墙不可能位移与转动，按静止土压力计算。

（3）拱座。拱座不允许产生位移，故按静止土压力计算。

此外，水闸、船闸的边墙，因与闸底板连成整体，边墙位移可忽略不计，也都按静止土压力计算。

例题 5.1　设计一堵岩基上的挡土墙，墙高 $H=6$ m，墙后填土为中砂，重度 $\gamma = 18.5$ kN/m³，有效内摩擦角 $\bar{\varphi}=30°$，计算作用在挡土墙上的土压力。

解：因挡土墙位于岩基上，按静止土压力计算公式(5.3)计算，即

$$E_0 = \frac{1}{2} r H^2 K_0 = \frac{1}{2} \times 18.5 \times 6^2 \times (1-\sin 30°)$$

$$= 330 \times 0.5 = 16.5 \text{ kN/m}$$

若静止土压力系数 K_0 取经验值的平均值，$K_0 = 0.4$，则静止土压力为

$$E_0 = \frac{1}{2}rH^2K_0 = \frac{1}{2} \times 18.5 \times 6^2 \times 0.4 = 133.2 \ \text{kN/m}$$

总静止土压力作用点,位于距挡土墙底面往上 $H/3 = 2 \ \text{m}$ 处。

5.3 朗肯土压力理论

1857 年英国学者朗肯(W.J.M.Rankine)研究了半无限土体在自重作用下,处于极限平衡状态的应力条件,推导出土压力计算公式,即著名的朗肯土压力理论。

基本假设:① 墙后填土水平;② 墙背垂直于填土面;③ 墙背光滑。

基于上述假设,墙背处没有摩擦力,土体的竖直面和水平面没有剪应力,故竖直方向和水平方向的应力为主应力。而竖直方向的应力即为土的竖向自重应力。

5.3.1 无黏性土的土压力

1. 主动土压力

半空间内单元微体如图 5-6(a)所示,表面水平,向下和向左右无限延伸的半无限空间弹性体中,在深度 z 处取一微小单元体,设土体单一、均质,其重度为 r,则作用在单元体顶面的法向应力即为该处的自重应力,即

$$\sigma_z = rz \tag{5.4}$$

而单元体垂直面上的法向应力为

$$\sigma_x = K_0\gamma z \tag{5.5}$$

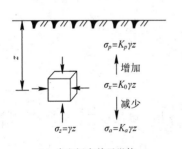

(a) 半空间内单元微体

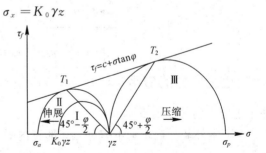

(b) 用莫尔圆表示主动和被动朗肯状态

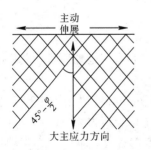

(c) 半空间的主动朗肯状态

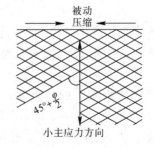

(d) 半空间的被动朗肯状态

图 5-6 半无限空间土体的平衡状态

由于土体内每个竖直截面均为对称平面,因此,竖直截面上的法向应力均为主应力,此时应力状态可用莫尔圆表示,如图 5-6(b)中的应力圆 I,因改点处于弹性平衡状态,故

莫尔圆不与抗剪强度包线相切。

假设由于外力作用使半无限空间土体在水平方向均匀地伸展，则单元体上的水平截面的法向应力 σ_z 不变，单元体竖直截面上的法向应力 σ_x 逐渐减小，直至土体达到极限平衡状态，此时土体所处的状态称为主动朗肯状态，水平面为大主应力面，故剪切破坏面与垂直面成 $45° - \dfrac{\varphi}{2}$ 的夹角，如图 5-6(c)所示，应力状态如图 5-6(b)中莫尔应力圆Ⅱ，此时莫尔应力圆与抗剪强度包线相切于 T_1 点，σ_z 为大主应力，σ_x 为小主应力，此小主应力即为朗肯主动土压力 σ_a。

由极限平衡条件公式得

$$\sigma_{\min} = \sigma_{\max}\tan^2\left(45° - \frac{\varphi}{2}\right) \tag{5.6}$$

则无黏性土的主动土压力强度计算公式为

$$\sigma_a = K_a\gamma z \tag{5.7}$$

其中

$$\sigma_a = \sigma_{\min}$$

$$K_a = \tan^2\left(45° - \frac{\varphi}{2}\right)$$

式中：σ_a——主动土压力(kPa)；

K_a——主动土压力系数；

γ——墙后填土的重度(kN/m^3)；

z——计算点距离填土表面的深度(m)。

由式(5.7)可知，无黏性土的主动土压力强度与深度 z 成正比，沿墙高成三角形分布，墙高为 H 的挡土墙底部土压力强度为 $\sigma_a = K_a\gamma H$，如果取挡土墙长度方向 1 m 计算，则作用在墙体上的总主动土压力为

$$E_a = \frac{1}{2}\gamma H^2 K_a \tag{5.8}$$

土压力合力作用点在距离墙底 1/3 处，如图 5-7 所示。

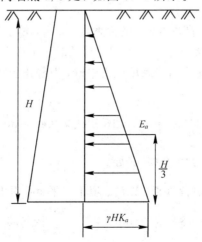

图 5-7　无黏性土主动土压力分布图

2. 被动土压力

假设由于某种作用力使半无限土体在水平方向被压缩，则作用在微小单元体水平面上的法向应力 σ_z 大小保持不变，而竖直面上的法向应力 σ_x 不断增大，并超过 σ_z 而后再达到极限平衡状态，此时土体处于朗肯被动土压力状态，垂直面是大主应力作用面，故剪切破坏面与水平面成 $\left(45° - \dfrac{\varphi}{2}\right)$ 的夹角，如图 5-6(d)所示，应力状态如图 5-6(b)中的莫尔应力圆Ⅲ所示，该应力圆与抗剪强度包线相切于 T_2 点。此时 σ_z 成为小主应力，σ_x 达到极限应力为大主应力，此时大主应力即为被动土压力强度 σ_p。

由极限平衡条件公式

$$\sigma_{max} = \sigma_{min} \tan^2 \left(45° + \frac{\varphi}{2}\right)$$

得被动土压力强度的计算公式

$$\sigma_p = K_p \gamma z \tag{5.9}$$

其中

$$\sigma_p = \sigma_{max}$$

$$K_p = \tan^2 \left(45° + \frac{\varphi}{2}\right)$$

式中：σ_p——被动土压力(kPa)；

K_p——被动土压力系数。

无黏性土的被动土压力强度沿着墙高分布呈三角形，挡土墙墙底部土压力强度为 $\sigma_p = K_p \gamma H$。如果取挡土墙长度方向 1 m 计算，则作用在墙体上的总被动土压力为

$$E_p = \frac{1}{2} \gamma H^2 K_p \tag{5.10}$$

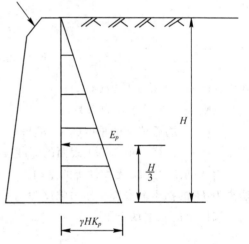

土压力合力作用点在距离墙底 $\dfrac{1}{3} H$ 处，如图 5-8所示。

图 5-8　无黏性土被动土压力分布图

例题 5.2　已知某挡土墙高度 8 m，墙背垂直、光滑，填土表面水平，墙后填土为中砂，重度 $\gamma = 18.0$ kN/m³，内摩擦角 $\varphi = 30°$，试计算总静止土压力 E_0 和总主动土压力 E_a。

解：(1)静止土压力情况。因墙后填土为中砂，取静止土压力系数 $K_0 = 0.4$，则总静止土压力为

$$E_0 = \frac{1}{2} \gamma H^2 K_0 = \frac{1}{2} \times 18 \times 8^2 \times 0.4 = 230.4 \text{ kN/m}$$

合力 E_0 作用点在距离墙底 $\dfrac{1}{3} H = 2.67$ m 处。

(2)总主动土压力。因墙背垂直、光滑、填土水平，适用于朗肯土压力理论，由公式得

$$E_0 = \frac{1}{2} \gamma H^2 K_a = \frac{1}{2} \times 18 \times 8^2 \times \tan^2 \left(45° - \frac{30°}{2}\right) = 576 \times 0.577^2 \approx 192 \text{ kN/m}$$

合力 E_0 作用点在距离墙底 $\frac{1}{3}H = 2.67$ m 处。

5.3.2 黏性土的土压力

1. 主动土压力

当墙后填土达到主动极限平衡状态时，由极限平衡条件公式

$$\sigma_{min} = \sigma_{max} \tan^2\left(45° - \frac{\varphi}{2}\right) - 2c\tan\left(45° - \frac{\varphi}{2}\right)$$

可得

$$\sigma_a = \gamma z K_a - 2c\sqrt{K_a} \tag{5.11}$$

式中，c 为黏性土的黏聚力(kPa)，其余符号同前。

由式(5.10)可知，黏性土的主动土压力强度由两部分组成，一部分 $\gamma z K_a$，与无黏性土相同，是由土的自重产生，与深度成正比；另一部分 $-2c\sqrt{K_a}$，由黏性土的黏聚力产生的，沿深度是一常数，两部分叠加的结果如图 5-9 所示。顶部力三角形对墙顶作用力为拉力，实际上土与墙不是一个整体，在很小的力作用下就已分离开，即挡土墙不承受拉力，可以认其作用力为零，黏性土的主动土压力分布只有下部三角形部分。令 σ_a 等于零即可求得土压力为零的深度 z_0，即

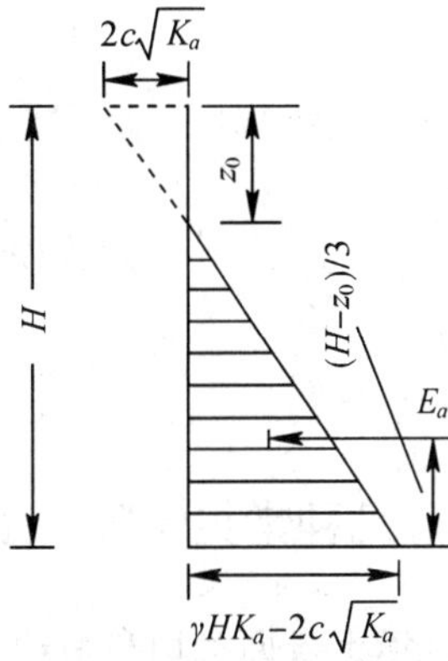

图 5-9 黏性土主动土压力分布图

$$\sigma_a = \gamma z K_a - 2c\sqrt{K_a} = 0$$

得

$$z_0 = \frac{2c}{\gamma\sqrt{K_a}} \tag{5.12}$$

式中，z_0 为临界深度。

若深度取 $z = H$ 时，$\sigma_a = \gamma H K_a - 2c\sqrt{K_a}$，如果取挡土墙长度方向 1 m 计算，则作用在墙体上的总主动土压力为

$$E_a = \frac{1}{2}(H - z_0)\ \ (\gamma H K_a - 2c\sqrt{K_a})$$

将式(5.12)代入后得

$$E_a = \frac{1}{2}\gamma H^2 K_a - 2cH\sqrt{K_a} + \frac{2c^2}{\gamma} \tag{5.13}$$

土压力合力作用点在距墙底 $\frac{1}{3}(H - z_0)$ 处。

2. 被动土压力

同样，当土体达到被动极限平衡状态时，由极限平衡条件公式

$$\sigma_{max} = \sigma_{min} \tan^2\left(45° + \frac{\varphi}{2}\right) + 2c\tan\left(45° + \frac{\varphi}{2}\right)$$

得

$$\sigma_p = \gamma z K_p + 2c\sqrt{K_p} \tag{5.14}$$

黏性土的被动土压力也由两部分组成,一部分
$\gamma z K_p$ 与无黏性土主动土压力相同呈三角形分布;另一
部分 $2c\sqrt{K_p}$ 为矩形分布,两部分叠加结果即为总被动
土压力,呈梯形分布,如图 5 - 10 所示,如果取挡土墙
长度方向 1 m 计算,则作用在墙体上的总被动土压力为

$$E_p = \frac{1}{2}\gamma H^2 K_p + 2cH\sqrt{K_p} \tag{5.15}$$

土压力的合力作用点通过梯形 $ABCD$ 的形心。合
力作用点与墙底的距离 h_p 为

$$h_p = \frac{H(2\sigma_{p0} + \sigma_{ph})}{3(\sigma_{p0} + \sigma_{ph})} \tag{5.16}$$

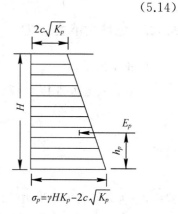

图 5 - 10 黏性土被动土压力分布图

式中:h_p——黏性土产生的被动土压力的合力点至墙底的距离(m);

σ_{p0}、σ_{ph}——分别为作用于墙背顶、底处的被动土压力的强度(kPa),如图 5 - 10 所
示,有

$$\sigma_{p0} = 2c\sqrt{K_p}, \ \sigma_{ph} = \gamma H K_p + 2c\sqrt{K_p}$$

5.3.3 几种常见情况下土压力的计算

1. 填土表面有均布荷载

当墙后土体表面有连续均布荷载 q 作用时,均布荷载 q 在土中产生的上覆压力沿墙体
方向呈矩形分布,分布强度 q,如图 5 - 11 所示,土压力的计算方法是将垂直压力项 γz 换
以 $\gamma z + q$ 计算即可。

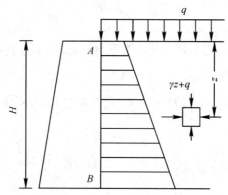

图 5 - 11 填土表面有均布荷载时主动土压力分布图

1) 无黏性土

主动土压力为

$$p_a = (\gamma z + q)K_a \tag{5.17}$$

被动土压力为

$$p_p = (\gamma z + q)K_p \tag{5.18}$$

2）黏性土

主动土压力为

$$p_a = (\gamma z + q)K_a - 2c\sqrt{K_a} \tag{5.19}$$

被动土压力

$$p_p = (\gamma z + q)K_p + 2c\sqrt{K_p} \tag{5.20}$$

例题 5.3　用朗肯理论计算如图 5-12 所示的挡土墙的主动土压力和被动土压力，并绘出压力分布图。

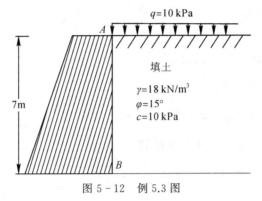

图 5-12　例 5.3 图

解：（1）主动土压力。

主动土压力系数为

$$K_a = \tan^2\left(45° - \frac{\varphi}{2}\right) = \tan^2\left(45° - \frac{15°}{2}\right) = 0.589$$

A 点的主动土压力为

$$e_{aA} = qK_a - 2c\sqrt{K_a}$$
$$= 10 \times 0.589 - 2 \times 10 \times \sqrt{0.589} = -9.46 \text{ kPa} < 0 \text{ kPa}$$

所以，主动土压力零点深度为

$$z_0 = \frac{2c}{\gamma\sqrt{K_a}} = \frac{2 \times 10}{18 \times \sqrt{0.589}} = 1.45 \text{ m}$$

B 点的主动土压力为

$$e_{aB} = \gamma H K_a + qK_a - 2c\sqrt{K_a}$$
$$= 18 \times 7 \times 0.589 + 10 \times 0.589 - 2 \times 10 \times \sqrt{0.589} = 64.73 \text{ kPa}$$

主动土压力分布如图 5-13 所示。

主动土压力的合力大小为

$$E_a = \frac{1}{2}e_{dB}(H - z_0) = \frac{1}{2} \times 64.73 \times (7 - 1.45) = 179.63 \text{ kN/m}$$

主动土压力的合力作用点距离墙底距离 y_{0a} 为

$$y_{0a} = \frac{1}{3}(H - z_0) = \frac{1}{3} \times (7 - 1.45) = 1.85 \text{ m}$$

（2）被动土压力。

被动土压力系数为

$$K_p = \tan^2\left(45° + \frac{\varphi}{2}\right) = \tan^2\left(45° + \frac{15°}{2}\right) = 1.70$$

A 点的被动土压力为

$$e_{pA} = qK_p + 2c\sqrt{K_p}$$
$$= 10 \times 1.70 + 2 \times 10 \times \sqrt{1.70} = 43.0 \text{ kPa}$$

B 点的被动土压力为

$$e_{pB} = \gamma H K_p + qK_p + 2c\sqrt{K_p}$$
$$= 18 \times 7 \times 1.70 + 10 \times 1.70 + 2 \times 10 \times \sqrt{1.70} = 257.0 \text{ kPa}$$

被动土压力分布如图 5-14 所示。

被动土压力的合力大小为

$$E_p = \frac{1}{2}(e_{pA} + e_{pB})H = \frac{1}{2}(43 + 257) \times 7 = 1050 \text{ kN/m}$$

被动土压力的合力作用点距离墙底距离 y_{0p} 为

$$y_{0p} = \frac{1}{E_p}\left[e_{pA}H\frac{H}{2} + \frac{1}{2}(e_{pB} - e_{pA})H\frac{H}{3}\right]$$
$$= \frac{1}{1050}\left[43 \times 7 \times \frac{7}{2} + \frac{1}{2} \times (257 - 43) \times 7 \times \frac{7}{3}\right] = 2.67 \text{ m}$$

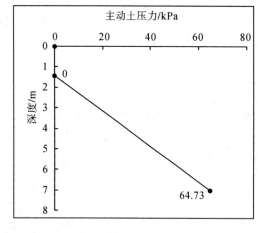

图 5-13　例 5.3 的主动土压力分布图

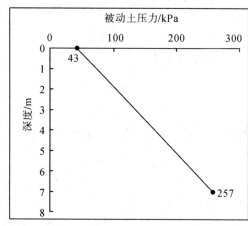

图 5-14　例 5.3 的被动土压力分布图

2. 成层填土情况

挡土墙后填土由几种性质不同的土层组成。成层填土时主动土压力分布图如图 5-15 所示。计算挡土墙上的土压力，需分层计算。若计算第 i 层土对挡土墙产生的土压力，其上覆土层的自重应力可视为均布荷载作用在第 i 层土上。以黏性土为例，其计算公式为：

主动土压力为

$$p_{ai} = (\gamma_1 h_1 + \gamma_2 h_2 + \cdots + \gamma_i h_i)K_{ai} - 2C_i\sqrt{K_{ai}} \tag{5.21}$$

被动土压力为

$$p_{pi} = (\gamma_1 h_1 + \gamma_2 h_2 + \cdots + \gamma_i h_i) K_{pi} - 2C_i \sqrt{K_{pi}} \qquad (5.22)$$

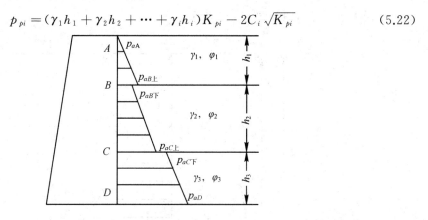

图 5 - 15　成层填土时主动土压力分布图

例题 5.4　挡土墙高 5 m，墙背直立、光滑，墙后填土面水平，共分两层。各层的物理力学性质指标如图 5 - 16 所示，试求主动土压力 E_a，并绘出土压力分布图。

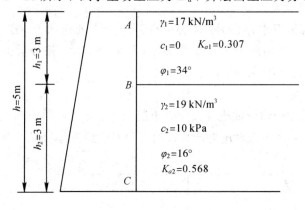

图 5 - 16　例 5.4 图

解：A 点，有

$$p_{aA} = \gamma_1 z K_{a1} = 0$$

B 点上界面，有

$$p_{aB上} = \gamma_1 h_1 K_{a1} = 17 \times 2 \times 0.307 = 10.4 \text{ kPa}$$

B 点下界面，有

$$p_{aB下} = \gamma_1 h_1 K_{a2} - 2c_2 \sqrt{K_{a2}} = 17 \times 2 \times 0.568 - 2 \times 10 \times \sqrt{0.568} = 4.2 \text{ kPa}$$

C 点，有

$$p_{aC} = (\gamma_1 h_1 + \gamma_2 h_2) K_{a2} - 2c_2 \sqrt{K_{a2}}$$
$$= (17 \times 2 + 19 \times 3) \times 0.568 - 2 \times 10 \times \sqrt{0.568}$$
$$= 36.6 \text{ kPa}$$

主动土压力合力为

$$E_a = 10.4 \times 2/2 + (4.2 + 36.6) \times 3/2 = 71.6 \text{ kN/m}$$

主动土压力分布图如图 5-17 所示。

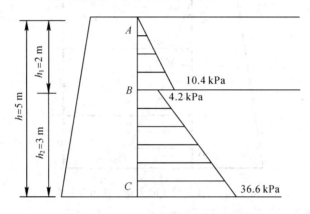

图 5-17　例 5.4 的主动土压力分布图

3. 墙后填土存在地下水

当墙后土体中有地下水存在时，墙体除受到土压力的作用外，还将受到水压力的作用。在计算土压力时，可将地下潜水面看成是土层的分界面，按分层土计算。潜水面以下的土层分别采用"水土分算"或"水土合算"的方法计算。

1）水土分算

水土分算的方法比较适合渗透性大的砂土层。计算作用在挡土墙上的土压力时，采用有效重度；计算水压力时按静水压力计算。然后两者叠加为总的侧压力，如图 5-18 所示。

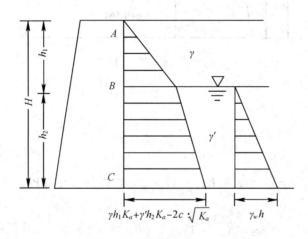

图 5-18　采用水土分算法时主动土压力分布图

2）水土合算

水土合算的方法比较适合渗透性小的黏性土层。计算作用在挡土墙上的土压力时，采用饱和重度，水压力不再单独计算叠加，如图 5-19 所示。

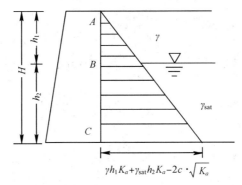

图 5-19　采用水土合算法时主动土压力分布图

例题 5.5　挡土墙如图 5-20 所示，其高 5 m，墙背竖直，墙后地下水位距地表 2 m。已知砂土的湿重度 $\gamma = 16$ kN/m³，饱和重度 $\gamma_{sat} = 18$ kN/m³，内摩擦角 $\varphi = 30°$，试求作用在墙上的静止土压力和水压力的大小和分布及其合力。

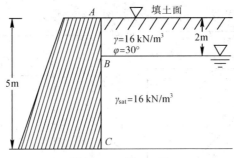

图 5-20　例 5.5 图

解： 静止侧压力系数为

$$K_0 = 1 - \sin\varphi = 1 - \sin30° = 0.5$$

A 点的静止土压力为

$$e_{0A} = K_0 \gamma z_A = 0 \text{ kPa}$$

B 点的静止土压力和水压力为

$$e_{0B} = K_0 \gamma z_B = 0.5 \times 16 \times 2 = 16.0 \text{ kPa}$$

$$p_{wB} = \gamma_w h = 0 \text{ kPa}$$

C 点的静止土压力和水压力为

$$e_{0C} = K_0 [\gamma z_B + \gamma'(z_C - z_B)] = 0.5 [16 \times 2 + 8 \times (5-2)] = 28.0 \text{ kPa}$$

$$p_{wC} = \gamma_w h = 10 \times 3 = 30 \text{ kPa}$$

土压力合力大小及作用点为

$$E_0 = \frac{1}{2} e_{0B} z_B + \frac{1}{2}(e_{0B} + e_{0C})(z_C - z_B)$$

$$= \frac{1}{2} \times 16.0 \times 2.0 + \frac{1}{2} \times (16.0 + 28.0) \times 3.0$$

$$= 82 \text{ kN/m}$$

静止土压力 E_0 的作用点离墙底的距离 y_0 为

$$y_0 = \frac{1}{E_0} \left\{ \frac{1}{2} e_{0B} z_B \left[\frac{1}{3} z_B + (z_C - z_B) \right] + e_{0B}(z_C - z_B) \left[\frac{1}{2}(z_C - z_B) \right] \right.$$

$$+\frac{1}{2}(e_{0C}-e_{0B})(z_C-z_B)\left[\frac{1}{3}(z_C-z_B)\right]\right\}$$

$$=\frac{1}{82.0}\left\{\frac{1}{2}\times16\times2\times\left[\frac{1}{3}\times2+(5-2)\right]+16(5-2)\times\left[\frac{1}{2}\times(5-2)\right]\right.$$

$$+\frac{1}{2}\times(28-16)\times(5-2)\times\left[\frac{1}{3}(5-2)\right]\right\}$$

$$=1.23\text{ m}$$

水压力合力大小及作用点为

$$P_w=\frac{1}{2}p_{uC}(z_C-z_B)=\frac{1}{2}\times30\times(5-2)=45\text{ kN/m}$$

水压力合力作用点距离墙底的距离为

$$y_0'=\frac{1}{3}(z_C-z_B)=\frac{1}{3}\times(5-3)=1.0\text{ m}$$

静止土压力、水压力分布图分别如图 5-21 和图 5-22 所示。

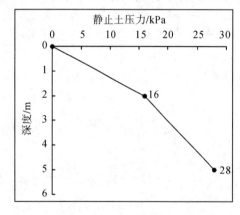

图 5-21 例 5.5 的静止土压力分布图

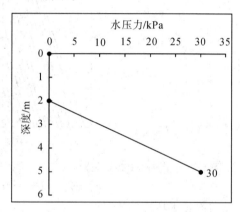

图 5-22 例 5.5 的水压力分布图

5.4 库仑土压力理论

库仑(Coulomb,1776)土压力理论是另一种古典土压力理论,与朗肯土压力理论不同,它是基于整个滑动土体上力系的平衡条件求解作用于墙背的土压力,即当墙后土体处于极限平衡状态并形成一滑动楔体时,以楔体的静力平衡条件得出土压力。

库仑理论的基本假设:① 墙后的填土是理想的散粒体($c=0$);② 滑动破坏面为通过墙踵的平面;③ 滑动土楔体被视为刚体。

5.4.1 无黏性土主动土压力

1. 计算原理

(1) 取滑动楔体△ABC 为脱离体,如图 5-23(a)所示,使其自重 $W=\triangle ABC\cdot\gamma$,$\gamma$ 为填土的重度,滑裂面 BC 的位置确定后,自重 W 的大小为已知,方向向下。

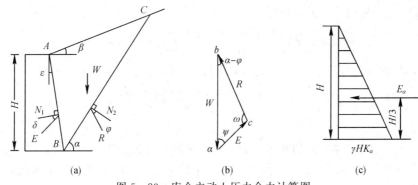

图 5-23　库仑主动土压力合力计算图

(a) 楔体△ABC 上的作用力；(b) 力矢三角形；(c) 主动土压力分布

（2）墙背 AB 给滑动楔体的支撑力为 E，与其大小相等、方向相反的力即为要计算的土压力。E 的方向与墙背法线成 δ 角。因为土体下滑时，墙给予土体的阻力的方向向上，因此，E 在法线 N_2 的下侧。

（3）在滑动面 BC 上作用的反力 R，大小未知，其方向与 BC 面的法线 N_1 之间的夹角等于土的内摩擦角 φ，并位于法线 N_1 的下方。

（4）滑动楔体在自重 W、挡土墙支撑力 E 及填土滑动面上的反力 R 三个力作用下处于平衡状态，因此，可得一封闭的力矢三角形 abc，如图 5-23(b)所示。

2. 计算公式

（1）在力矢三角形 abc 中，由正弦定理得

$$\frac{a}{\sin A}=\frac{b}{\sin B}=\frac{c}{\sin C}$$

将力矢三角形 abc 中各边及角的数值代入上式得

$$\frac{E}{\sin(a-\varphi)}=\frac{W}{\sin(\Psi+a-\varphi)}$$

$$E=\frac{W\sin(a-\varphi)}{\sin(\Psi+a-\varphi)}$$

$$\Psi=90-\varepsilon-\delta$$

（2）三角形楔体△ABC 的自重为

$$W=\triangle ABC\cdot\gamma=\frac{1}{2}BC\cdot AD\cdot\gamma$$

在三角形楔体△ABC 中，由正弦定理可得

$$BC=AB\frac{\sin(90-\varepsilon+\beta)}{\sin(a-\beta)}$$

$$AB=\frac{H}{\cos\varepsilon}$$

得

$$BC=H\frac{\cos(\varepsilon-\beta)}{\cos\varepsilon\sin(a-\beta)}$$

通过 A 点作 BC 的垂线 AD，由△ADB 得

$$AD=AB\cos(a-\varepsilon)=\frac{\cos(a-\varepsilon)}{\cos\varepsilon}H$$

将 BC、AD 代入 W 的表达式,可得

$$W = \frac{\gamma H^2 \cos(\varepsilon - \beta)\cos(a - \varepsilon)}{2\cos^2\varepsilon \sin(a - \beta)}$$

(3) 将 W 的表达式代入 E 的表达式,即可得土压力的表达式为

$$E = \frac{1}{2}\gamma H^2 \frac{\cos(\varepsilon - \beta)\cos(a - \varepsilon)\sin(a - \varphi)}{\cos^2\varepsilon \sin(a - \beta)\sin(\Psi + a - \varphi)} \qquad (5.23)$$

在式(5.23)中,r、H、ε、β、φ 和 δ 都是已知的,而确定滑裂面 BC 与水平角的倾角 a 是任意的,因此,当假定不同的滑裂面时,可以求得不同的土压力值,E 值是 a 的函数,E 的最大值才是真正的主动土压力。为了求得真正的土压力,可用微分学中求极值的方法求 E 得极大值,可令

$$\frac{\mathrm{d}E}{\mathrm{d}a} = 0$$

从而求得使 E 为极大值时填土的破坏角 a,这就是真正滑动面的倾角,将 a 代入式(5.23),整理后得

$$E_a = \frac{1}{2}\gamma H^2 \frac{\cos^2(\varphi - \varepsilon)}{\cos^2\varepsilon \cos(\delta + \varepsilon)\left[1 + \sqrt{\dfrac{\sin(\delta + \varphi)\sin(\varphi - \beta)}{\cos(\delta + \varepsilon)\cos(\varepsilon - \beta)}}\right]^2} \qquad (5.24)$$

令

$$K_a = \frac{\cos^2(\varphi - \varepsilon)}{\cos^2\varepsilon \cos(\delta + \varepsilon)\left[1 + \sqrt{\dfrac{\sin(\delta + \varphi)\sin(\varphi - \beta)}{\cos(\delta + \varepsilon)\cos(\varepsilon - \beta)}}\right]^2} \qquad (5.25)$$

则

$$E_a = \frac{1}{2}\gamma H^2 K_a \qquad (5.26)$$

式中:K_a——主动土压力系数,按式(5.25)计算或查表 5-1 确定;

$\quad$ H——挡土墙的高度(m);

$\quad$ γ——墙后填土的重度($\mathrm{kN/m^3}$);

$\quad$ φ——墙后填土的内摩擦角(°);

$\quad$ ε——墙背的倾斜角(°),俯斜时取正号,仰斜时取负号;

$\quad$ β——墙后填土面的倾角(°);

$\quad$ δ——土对挡土墙背的摩擦角(°),查表 5-2 确定。

此式与朗肯土压力公式形式相同,只是土压力系数 K_a 的表达式不同,当式(5.24)中 $\varepsilon = 0$、$\beta = 0$、$\delta = 0$ 时,即当符合朗肯假设条件时,式(5.24)可简化为

$$E_a = \frac{1}{2}\gamma H^2 \tan^2\left(45° - \frac{\varphi}{2}\right) \qquad (5.27)$$

可见,在上述条件下,库仑公式和朗肯公式相同,土压力 E_a 与 H^2 成正比,为求得任意深度 z 处土压力强度 σ_a,将 E_a 对 z 求导数,有

$$\sigma_a = \frac{\mathrm{d}E_a}{\mathrm{d}z} = \frac{\mathrm{d}}{\mathrm{d}z}\left(\frac{1}{2}\gamma z^2 K_a\right) = \gamma z K_a \qquad (5.28)$$

由此可知库仑主动土压力沿深度亦呈三角形分布,如图 5-23(c)所示。需要注意,该图所表示的只是土压力强度的大小,不表明土压力方向,其方向与墙背法线成 δ 角。

表 5－1　主动土压力系数 K_a 表

δ	ε	β＼φ	15°	20°	25°	30°	35°	40°	45°	50°
0°	0°	0°	0.589	0.490	0.406	0.333	0.271	0.217	0.172	0.132
		10°	0.704	0.569	0.462	0.374	0.300	0.238	0.186	0.142
		20°		0.883	0.573	0.441	0.344	0.267	0.204	0.154
		30°				0.750	0.436	0.318	0.235	0.172
	10°	0°	0.652	0.560	0.478	0.407	0.343	0.288	0.238	0.194
		10°	0.784	0.655	0.550	0.461	0.384	0.318	0.261	0.211
		20°		1.015	0.685	0.548	0.444	0.360	0.291	0.231
		30°				0.925	0.566	0.433	0.337	0.262
	20°	0°	0.736	0.648	0.569	0.498	0.434	0.375	0.322	0.274
		10°	0.896	0.768	0.663	0.572	0.492	0.421	0.358	0.302
		20°		1.205	2.834	0.688	0.576	0.484	0.405	0.337
		30°				1.169	0.740	0.586	0.474	0.385
	－10°	0°	0.540	0.433	0.344	0.270	0.209	0.158	0.117	0.083
		10°	0.644	0.500	0.389	0.301	0.229	0.171	0.125	0.088
		20°		0.785	0.482	0.353	0.261	0.190	0.136	0.094
		30°				0.614	0.331	0.226	0.155	0.104
	－20°	0°	0.497	0.380	0.287	0.212	0.153	0.106	0.070	0.043
		10°	0.595	0.439	0.323	0.234	0.166	0.114	0.074	0.045
		20°		0.707	0.401	0.274	0.188	0.125	0.080	0.047
		30°				0.498	0.239	0.147	0.090	0.051
10°	0°	0°	0.533	0.447	0.373	0.309	0.253	0.204	0.063	0.127
		10°	0.664	0.531	0.431	0.350	0.282	0.225	0.177	0.136
		20°		0.897	0.549	0.420	0.326	0.254	0.195	0.148
		30°				0.762	0.423	0.306	0.226	0.166
	10°	0°	0.603	0.520	0.448	0.384	0.326	0.275	0.230	0.189
		10°	0.759	0.626	0.524	0.440	0.369	0.307	0.253	0.206
		20°		1.064	0.674	0.534	0.432	0.351	0.284	0.227
		30°				0.969	0.564	0.427	0.332	0.258
	20°	0°	0.695	0.615	0.543	0.478	0.419	0.365	0.316	0.271
		10°	0.890	0.752	0.646	0.558	0.482	0.414	0.354	0.300
		20°		1.308	0.844	0.687	0.573	0.481	0.403	0.337
		30°				1.268	0.758	0.594	0.478	0.388
	－10°	0°	0.477	0.385	0.309	0.245	0.191	0.146	0.109	0.078
		10°	0.590	0.455	0.354	0.275	0.211	0.159	0.116	0.082
		20°		0.773	0.450	0.328	0.242	0.177	0.127	0.088
		30°				0.605	0.313	0.212	0.146	0.098
	－20°	0°	0.427	0.330	0.252	0.188	0.137	0.096	0.064	0.039
		10°	0.529	0.388	0.286	0.209	0.149	0.103	0.068	0.041
		20°		0.675	0.364	0.248	0.170	0.114	0.073	0.044
		30°				0.475	0.220	0.135	0.082	0.047

δ	ε	β \ φ	15°	20°	25°	30°	35°	40°	45°	50°
15°	0°	0°	0.518	0.434	0.363	0.301	0.248	0.201	0.160	0.125
		10°	0.656	0.522	0.423	0.343	0.277	0.222	0.174	0.135
		20°		0.914	0.546	0.415	0.323	0.251	0.194	0.147
		30°				0.777	0.422	0.305	0.225	0.165
	10°	0°	0.592	0.511	0.441	0.378	0.323	0.273	0.228	0.189
		10°	0.760	0.623	0.520	0.437	0.366	0.305	0.252	0.206
		20°		1.103	0.679	0.535	0.432	0.351	0.284	0.228
		30°				1.005	0.571	0.430	0.334	0.260
	20°	0°	0.690	0.611	0.540	0.476	0.419	0.366	0.317	0.273
		10°	0.904	0.757	0.649	0.560	0.484	0.416	0.357	0.303
		20°		1.383	0.862	0.697	0.579	0.486	0.408	0.341
		30°				1.341	0.778	0.606	0.487	0.395
	−10°	0°	0.458	0.371	0.298	0.237	0.186	0.142	0.106	0.076
		10°	0.576	0.442	0.344	0.267	0.205	0.155	0.114	0.081
		20°		0.776	0.441	0.320	0.237	0.174	0.125	0.087
		30°				0.607	0.308	0.209	0.143	0.097
	−20°	0°	0.405	0.314	0.240	0.180	0.132	0.093	0.062	0.038
		10°	0.509	0.372	0.275	0.201	0.144	0.100	0.066	0.040
		20°		0.667	0.352	0.239	0.164	0.110	0.071	0.042
		30°				0.470	0.214	0.131	0.080	0.046
20°	0°	0°			0.357	0.297	0.245	0.199	0.160	0.125
		10°			0.419	0.340	0.275	0.220	0.174	0.135
		20°			0.547	0.414	0.322	0.251	0.193	0.147
		30°				0.798	0.425	0.306	0.225	0.166
	10°	0°			0.438	0.377	0.322	0.273	0.229	0.190
		10°			0.521	0.438	0.367	0.306	0.254	0.208
		20°			0.690	0.540	0.436	0.354	0.286	0.230
		30°				1.051	0.582	0.437	0.338	0.264
	20°	0°			0.543	0.479	0.422	0.370	0.321	0.277
		10°			0.659	0.568	0.490	0.423	0.363	0.309
		20°			0.891	0.715	0.592	0.496	0.417	0.349
		30°				1.434	0.807	0.624	0.501	0.406
	−10°	0°			0.291	0.232	0.182	0.140	0.105	0.076
		10°			0.337	0.262	0.202	0.153	0.113	0.080
		20°			0.437	0.316	0.233	0.171	0.124	0.086
		30°				0.614	0.306	0.207	0.142	0.096
	−20°	0°			0.231	0.174	0.128	0.090	0.061	0.038
		10°			0.266	0.195	0.140	0.097	0.064	0.039
		20°			0.344	0.233	0.160	0.108	0.069	0.042
		30°				0.468	0.210	0.129	0.079	0.045

表 5 - 2　土对挡土墙墙背的摩擦角

挡土墙情况	摩擦角 δ	挡土墙情况	摩擦角 δ
墙背平滑、排水不良	$(0\sim0.33)\varphi$	墙背很粗糙、排水良好	$(0.5\sim0.67)\varphi$
墙背粗糙、排水良好	$(0.33\sim0.5)\varphi$	墙背与填土间不可能滑动	$(0.67\sim1.0)\varphi$

5.4.2　无黏性土被动土压力

库仑被动土压力计算图如图 5 - 24 所示。在挡土墙由外力作用下发生向填土方向的移动或转动时，使得墙后填土产生沿着某一个破裂面 BC 破坏，形成 $\triangle ABC$ 滑动楔体，该土体沿着 AB、BC 两个面向上有被挤出的趋势，并处于极限平衡状态。此时土在其自重 W 和反力 R 和 E 的作用下平衡，R 和 E 的方向都分别在 BC 和 AB 面法线的上方。按求主动土压力同样的计算原理，可求得被动土压力的库仑公式为

$$E_p = \frac{1}{2}\gamma H^2 \frac{\cos^2(\varphi+\varepsilon)}{\cos^2\varepsilon\cos(\varepsilon-\delta)\left[1-\sqrt{\dfrac{\sin(\delta+\varphi)\sin(\varphi+\beta)}{\cos(\varepsilon-\delta)\cos(\varepsilon-\beta)}}\right]^2} \tag{5.29}$$

令

$$K_p = \frac{\cos^2(\varphi+\varepsilon)}{\cos^2\varepsilon\cos(\varepsilon-\delta)\left[1-\sqrt{\dfrac{\sin(\delta+\varphi)\sin(\varphi+\beta)}{\cos(\varepsilon-\delta)\cos(\varepsilon-\beta)}}\right]^2}$$

则

$$E_p = \frac{1}{2}\gamma H^2 K_p \tag{5.30}$$

式中，K_p 为被动土压力系数，其余符号同前。

式(5.30)与朗肯被动土压力公式相同，只是土压力系数表达式不同，同样公式表面被动土压力的大小与 H^2 成正比。

当墙背垂直（$\varepsilon=0$）、光滑（$\delta=0$）、墙后填土水平（$\beta=0$）即符合朗肯理论的假设时，式(5.29)简化为

$$E_p = \frac{1}{2}\gamma H^2 \tan^2\left(45°+\frac{\varphi}{2}\right) \tag{5.31}$$

可见，在上述条件下，库仑的被动土压力公式也与朗肯公式相同。

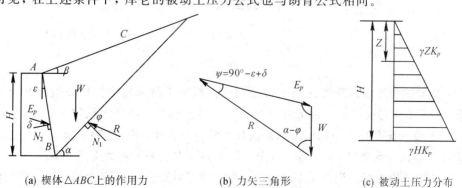

(a) 楔体 $\triangle ABC$ 上的作用力　　　(b) 力矢三角形　　　(c) 被动土压力分布

图 5 - 24　库仑被动土压力计算图

例题 5.6 已知挡土墙高 $H=4$ m，墙背垂直，填土水平，墙与填土摩擦角 $\delta=20°$，墙后填土为中砂，其物理性质指标为填土重度 $\gamma=18$ kN/m³，内摩擦角 $\varphi=30°$。求作用在挡土墙上的主动土压力。

解：因墙背不光滑，墙与土之间有摩擦力，不能采用朗肯土压力理论计算，由库仑土压力公式

$$E_a = \frac{1}{2}\gamma H^2 K_a$$

因为 $\delta=20°$，$\varphi=30°$，$\varepsilon=0°$，由公式或查表得 $K_a=0.297$。

故

$$E_a = \frac{1}{2}\gamma H^2 K_a = \frac{1}{2} \times 18 \times 4^2 \times 0.297 = 42.77 \text{ kN/m}$$

合力作用点在距离墙底 $\frac{1}{3} \times 4 = 1.33$ m 处。

5.5 挡土墙设计

5.5.1 挡土墙类型的选择

挡土墙的形式（如图 5-25 所示）如下：

（1）重力式挡土墙。重力式挡土墙依靠其自身的重量保持墙体的稳定，墙体必须做成厚而重的实体，墙身断面较大，一般多用毛石、砖、素混凝土等材料构筑而成。挡土墙的前缘称为墙趾，后缘称为墙踵，重力式挡土墙墙背可以呈直立、俯斜和仰斜的形式。此种挡土墙具有结构简单，施工方便，能够就地取材等优点，是工程中利用较广的一种挡土墙形式。

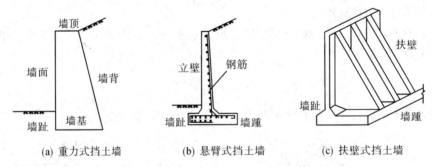

| (a) 重力式挡土墙 | (b) 悬臂式挡土墙 | (c) 扶壁式挡土墙 |

图 5-25 挡土墙的形式

（2）悬臂式挡土墙。悬臂式挡土墙采用钢筋混凝土材料建成。挡土墙的截面尺寸较小，重量较轻，墙身的稳定是靠墙踵底板以上土重来保持，墙身内配钢筋来承担拉应力。悬臂式挡土墙的优点是充分利用了钢筋混凝土的受力特性，可适用于墙比较高，地基土质较差以及工程比较重要时，如在市政工程、厂矿储库中多采用悬臂式挡土墙。

（3）扶壁式挡土墙。当挡土墙较高时，为了增强悬臂式挡土墙中立壁的抗弯性能，以保持挡土墙的整体性，沿墙的长度方向每隔一定距离设置一道扶壁，称为扶壁式挡土墙。

5.5.2　挡土墙初定尺寸

以常用的重力式、悬臂式和扶壁式挡土墙为例，研究挡土墙的类型在被选定后，初定其尺寸：

（1）挡土墙的高度 H。通常挡土墙的高度是由任务要求确定的，即使墙后被支挡的填土呈水平时为墙顶的高层。有时，对长度很大的挡土墙，也可使墙顶低于填土顶面，而用斜坡连接，以节省工程量。

（2）挡土墙的顶宽。挡土墙的顶宽以构造要求来确定，以保证挡土墙呈整体性，具有足够的强度。对于砌石重力式挡土墙，顶宽应大于 0.5 m，即 2 块块石加砂浆。对素混凝土重力式挡墙顶宽也不应小于 0.5 m。至于钢筋混凝土悬臂式或扶壁式挡土墙顶宽不小于 300 mm。

（3）挡土墙的底宽。挡土墙的底宽由整体稳定性确定。初定挡土墙底宽 $B \approx$ $(0.5 \sim 0.7)H$，挡土墙底面为卵石、碎石时取小值；墙底为黏性土时取高值。

挡土墙尺寸初定后，经挡土墙抗滑稳定与抗倾覆稳定验算。若安全系数过大，则适当减小墙的底宽；反之，安全系数太小，则适当加大墙的底宽或采取其他措施。保证挡土墙既安全又经济。

5.5.3　挡土墙的稳定性验算

对挡土墙的类型与尺寸确定以后，需要验算抗滑稳定和抗倾覆稳定等。为此，首先要确定作用在挡土墙上有哪些力，作用在挡土墙上的力主要有土压力、墙体自重、基底反力，这是作用在挡土墙上的基本荷载，如果墙背后的排水条件不好，有积水时，还要考虑静水压力作用在墙背上；如果挡土墙的填土表面上有堆放物或建筑物等，还应考虑附加的荷载；在地震区还需计算地震力的附加作用力。

1. 抗滑稳定验算

抗滑稳定验算如图 5-26(a)所示。作用在挡土墙上的土压力 E_a 可分解成平行于基底平面方向的分力 E_{at} 和垂直于基底平面方向的分力 E_{an}，挡土墙自重 W 也相应分解成这两个方向的分力 W_t 和 W_n，使挡土墙产生滑动的力为 E_{at} 和 W_t，抵抗滑动的力为 E_{an} 和 W_n 在基底产生的摩擦力。抗滑力和滑动力的比值称为抗滑安全系数 K_s，应符合下列条件，即

$$K_s = \frac{抗滑力}{滑动力} = \frac{(W_n + E_{an})\mu}{E_{at} - W_t} \geqslant 1.3 \tag{5.32}$$

其中

$$W_n = W \cos a_0$$
$$W_t = W \sin a_0$$
$$E_{an} = E_a \sin(\varepsilon + a_0 + \delta)$$
$$E_{at} = E_a \cos(\varepsilon + a_0 + \delta)$$

式中：K_s ——抗滑稳定安全系数；

W_n ——自重在垂直于基底平面方向的分力（kN）；

W_t ——自重在平行于基底平面方向的分力(kN)；

E_{an} ——土压力在垂直于基底平面方向的分力(kN)；

E_{at} ——土压力在平行于基底平面方向的分力(kN)；

W ——挡土墙每米自重(kN/m)；

a_0 ——挡土墙的基底倾角(°)；

μ ——基底摩擦系数，由实验测定或查表5-3选用。

若验算结果不满足要求时，可按以下措施处理：

(1) 增大挡土墙断面尺寸，使自重增大。

(2) 墙基底面做成砂、石垫层，以提高摩擦系数 μ 值。

(3) 墙底做成逆坡，利用滑动面上部分反力来抗滑。

(4) 在软土地基上，可在墙踵后加拖板，利用拖板上的土重来抗滑。

表5-3　挡土墙基底对地基的摩擦系数

土的类别		摩擦系数	土的类别	摩擦系数
黏性土	可塑	0.25～0.3	中砂、粗砂、砾砂	0.4～0.5
	硬塑	0.3～0.35	碎石土	0.4～0.6
	坚硬	0.35～0.45	软质岩土	0.4～0.6
粉土	$S_r \leqslant 0.5$	0.3～0.4	表面粗糙的硬质岩土	0.65～0.75

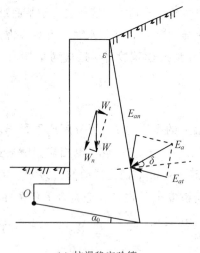

(a) 抗滑稳定验算

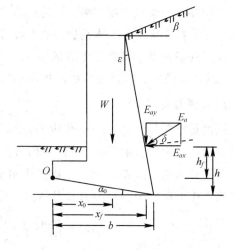

(b) 抗倾覆稳定验算

图5-26　稳定性验算图

2. 抗倾覆稳定验算

抗倾覆稳定验算如图5-26(b)所示。挡土墙在土压力作用下可能绕墙趾 O 点向外倾覆，分解的土压力对脚趾 O 点的倾覆力矩为 $E_{ax}h_f$，抗倾覆力矩为 $(Wx_0 + E_{ay}h_f)$，当抗倾覆力矩大于倾覆力矩时，挡土墙才是稳定的。抗倾覆力矩与倾覆力矩之比称为抗倾覆安全

系数 K_t，应符合下列条件，即

$$K_t = \frac{抗倾覆力矩}{倾覆力矩} = \frac{Wx_0 + E_{ay}x_f}{E_{ax}h_f} \geqslant 1.6 \qquad (5.33)$$

其中

$$E_{ax} = E_a\cos(\delta + \varepsilon)$$
$$E_{ay} = E_a\sin(\delta + \varepsilon)$$
$$x_f = b - h\tan\varepsilon$$
$$h_f = h - b\tan a_0$$

式中：K_t——抗倾覆安全系数；

$\quad\quad E_{ax}$——主动土压力的水平分力（kN/m）；

$\quad\quad E_{ay}$——主动土压力的垂直分力；

$\quad\quad x_f$——土压力作用点距离 O 点的水平距离（m）；

$\quad\quad x_0$——挡土墙重心距离墙趾的水平距离（m）；

$\quad\quad h_f$——土压力作用点距离 O 点的高度（m）；

$\quad\quad h$——土压力作用点距离墙踵的高度（m）；

$\quad\quad b$——基底的水平投影宽度（m）；

其余符号同前。

若验算结果不满足要求时，可按以下措施处理：

（1）增大挡土墙断面尺寸，使墙体自重增大。

（2）伸长墙趾，增加力臂长度。

（3）墙背做成仰斜，可减小土压力。

（4）在挡土墙垂直墙背上做卸荷台，使总土压力减小，抗倾覆稳定性增大。

5.5.4　墙后回填土的选择

根据挡土墙稳定验算及提高稳定性措施的分析，希望作用在墙上的土压力为主动土压力且数值越小越好，因为土压力小有利于挡土墙的稳定性，可以减小挡土墙的断面尺寸，节约工程量和降低造价。主动土压力的大小主要与墙后回填土的性质 γ、φ、c 有关，因此应合理地选择墙后回填土，需注意以下几个方面：

（1）回填土应尽量选择透水性较大的土，如砂土、砾石、碎石等，这类土的抗剪强度稳定，易于排水。

（2）可用的回填土为黏土、粉质黏土、含水率应接近最优含水率，易压实。

（3）不能利用的回填土为软黏土、成块的硬黏土、膨胀土、耕植土和淤泥土。因为这类土性质不稳定，交错的膨胀与收缩可在挡土墙上产生较大的侧压力，对挡土墙的稳定产生不利的影响。

填土时的压实质量是挡土墙施工中的关键点，填土时应注意分层夯实。

5.5.5　墙后排水措施

挡土墙建成使用期间，往往由于挡土墙后的排水条件不好，大量的雨水渗入墙后填土中。造成填土的抗剪强度降低，导致填土的土压力增大，有时还会受到水的渗流或静水压力的影响，对挡土墙的稳定产生不利的作用。因此设计挡土墙时必须考虑排水问题。

为了防止大量的水渗入墙后，在山坡处的挡土墙应在坡下设置截水沟，拦截地表水；同时在墙后填土表面亦铺筑夯实的黏土层，防止地表水渗入墙后，对渗入墙后填土的水则应使其顺利的排出去，通常在墙体上适当的部位设置泄水孔。孔眼尺寸一般是直径为50～100 mm 的圆孔或50 mm×100 mm、100 mm×100 mm、150 mm×200 mm 的方孔，孔眼间距为2～3 m，当墙的高度较低，在12 m 以内时，可在墙底部设置泄水孔，如图5-27(a)所示，当墙高超过12 m 时，应在墙体不同的高度处设置两排泄水孔，如图5-27(b)所示。一般泄水孔应高于墙前水位，以免倒灌。在泄水孔的入口处应用易渗入的粗粒材料(如卵石、碎石等)做滤水层，在最底泄水孔下部应铺设黏土夯实层，防止墙后积水渗入地基，同时应将墙前回填土夯实或做散水及排水沟，避免墙前水渗入地基。

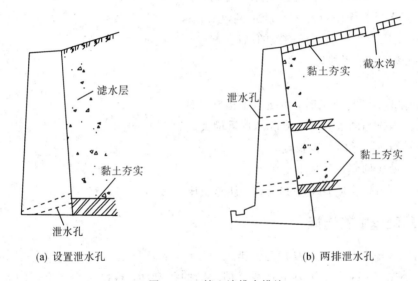

(a) 设置泄水孔　　　　　　　　　　　　(b) 两排泄水孔

图5-27　挡土墙排水措施

5.6　土坡稳定性分析

5.6.1　土坡稳定的作用

在土建工程施工中由于开挖土方形成不稳的边坡，使得边坡中一部分土体相对于另一部分土体产生滑动的现象，称为滑坡。滑坡产生的原因主要是由于土中剪应力增加或土的抗剪强度降低所导致。土坡失稳产生滑坡不仅影响工程的正常施工，严重的会造成人身伤亡、建筑物破坏。常见的滑坡的主要形式有崩塌、平动、转动以及流滑等，如图5-28所示。

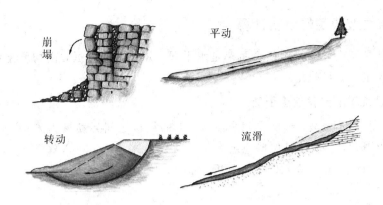

图 5 - 28 滑坡的主要形式

在实际工程中遇到下列情况应特别注意土坡稳定问题：

（1）基坑开挖。当基础较深或土质条件较差，开挖基槽时应对如何放坡进行分析。有时施工场地有限，如在城市的原有建筑旁施工，放坡受限制时，更应注意合理坡度的选择。

（2）当在天然土坡坡顶修建建筑物或堆放物品时，由于增加外部荷载，可能会使本来处于稳定状态的边坡产生滑动，如建筑物离边坡较远，则对土坡的稳定不会产生影响，如果离边坡很近，就会影响边坡的稳定，所以，应注意确定边坡稳定的安全距离。

（3）在道路工程中修筑路堤、路基或水利工程中修筑土坝时，由于这类工程的长度很长，工程量很大，在考虑经济的同时，一定注意边坡稳定，做到既安全又经济。

5.6.2 影响土坡稳定的因素

土坡的稳定取决于土坡的自身情况和土坡的土质条件，往往是在外界的不利因素影响下诱发和加剧，诱发的原因主要有：土坡作用力发生改变，如坡顶堆放建筑材料；土的抗剪强度降低，如土体中含水率的增加；静水力的作用，如雨水流入土坡中的竖向裂缝，对土坡产生侧向压力，导致土坡的滑动；地下水的渗流引起的渗流力等。土坡各部位名称如图 5 - 29 所示。影响土坡稳定的因素很多，具体有以下几个方面：

（1）土坡的边坡坡度 β。以坡度表示，坡度 β 越小愈稳定，但不太经济。

（2）土坡的坡高 H。在其他条件相同时，坡高 H 越小越安全。

（3）土的性质。土的重度 γ，抗剪强度指标 φ、c 值大的土坡，比 γ、φ、c 小的土坡安全。由于地震和地下水位上升及暴雨等原因，使 φ 值降低或产生孔隙水压力时，可能使原来处于稳定状态的边坡丧失稳定而滑动。

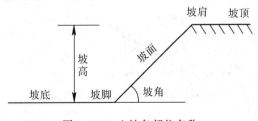

图 5 - 29 土坡各部位名称

5.6.3 简单土坡稳定性分析计算

简单土坡是指土坡的坡顶和底面都是水平面，并伸至无穷远，由均质土组成的土坡。这种土坡的稳定计算可简化。

1. 一般情况下的无黏性土土坡

均质的无黏性土土坡，干燥或完全浸水，土的颗粒之间无黏聚力 c，只有摩擦力。只要坡面不发生滑动，土坡就可保持稳定。

在土坡坡面取一微小单元体进行分析，如图 5-30 所示。

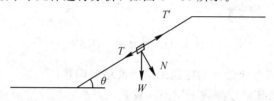

图 5-30　一般情况下的无黏性土土坡

土体自重 W 铅垂向下，W 的两个分力为：

法向分力为

$$N = W \cdot \cos\theta$$

切向分力为

$$T = W \cdot \sin\theta$$

稳定安全系数为

$$K = \frac{抗滑力}{滑动力} = \frac{T'}{T} = \frac{N \cdot \tan\varphi}{W \cdot \sin\theta} = \frac{W \cdot \cos\theta \cdot \tan\varphi}{W \cdot \sin\theta} = \frac{\tan\varphi}{\tan\theta} \tag{5.34}$$

由此可得的结论是：当 $\theta = \varphi$ 时，$K = 1$，土坡处于极限稳定状态，此时的坡角 θ 为自然休止角；干的无黏性土坡的稳定性与坡高无关，仅取决于 θ 角，当 $\theta < \varphi$，$K > 1$，土坡保持稳定。

安全系数 K 的取值，对基坑开挖边坡一般可采用 1.1～1.2。

2. 有渗流作用时的无黏性土土坡

若渗流为顺坡出流，则渗流方向与坡面平行，如图 5-31 所示，此时使土体下滑的剪切力为

$$T + J = W\sin\theta + J \tag{5.35}$$

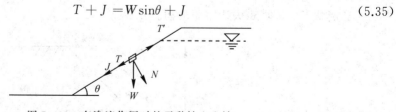

图 5-31　有渗流作用时的无黏性土土坡

稳定安全系数为

$$K = \frac{T'}{T + J} = \frac{W\cos\theta\tan\varphi}{W\sin\theta + J} \tag{5.36}$$

对单位土体，土体自重 $W=\gamma'$，渗透力 $J=\gamma_w i$，水力坡降 $i=\sin\theta$，于是

$$K=\frac{\gamma'\cos\theta\tan\varphi}{\gamma'\sin\theta+\gamma_w\sin\theta}=\frac{\gamma'\tan\varphi}{\gamma_{\text{sat}}\tan\theta} \tag{5.37}$$

式中，$\dfrac{\gamma'}{\gamma_{\text{sat}}}\approx 1/2$，说明渗流方向为顺坡时，无黏性土坡的稳定系数与干坡相比，将降低 1/2 左右。

3. 黏性土土坡

对于黏性土土坡的稳定性分析方法主要有瑞典圆弧法、瑞典条分法、毕肖普法、泰勒图表法以及有限元法等。本文主要针对瑞典圆弧法、瑞典条分法做简单介绍。

1）瑞典圆弧法

(1) 基本原理：根据土坡极限平衡稳定进行计算。自然界均质土坡失去稳定，滑动面呈曲面，如图 5-32 所示，通常滑动曲面接近圆弧，可采用圆弧计算。该方法最初是由瑞典科学家研究出来的，因而称为瑞典圆弧法。在瑞典存在大面积冰川时期和冰川后期沉积的厚层高灵敏度黏土。在修建房屋、铁路时扰动土的结构降低了土的强度，导致多次大规模滑坡，造成大量生命财产损失。瑞典政府组织国家铁路岩土工程委员会研究防治滑坡，该委员会在大量实地滑坡调查的基础上，研究了滑坡稳定分析圆弧法，于 1916 年由贺尔汀（H.Hultin）和彼得森（K. E. Petterson）首先提出，后由费伦纽斯（W. Fellenius）修改并在世界各国普遍推广应用，被太沙基认为是现今岩土工程中的一个里程碑。

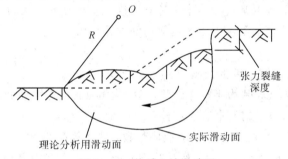

图 5-32　均质土坡滑动面

(2) 计算步骤：圆弧法计算简图如图 5-33 所示。当土坡沿 AC 圆弧滑动时，可视为土体 $\triangle ABC$ 绕圆心 O 转动。取土坡 1 m 长度进行分析：

① 滑动力矩 M，由滑动土体 $\triangle ABC$ 的自重在滑动方向的分力产生。

② 抗滑力矩 M_f，由滑动面 AC 上的摩擦力和黏聚力产生。

③ 土坡稳定安全系数 K 为

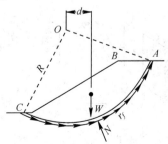

图 5-33　圆弧法计算简图

$$K = \frac{M_f}{M} = \frac{\tau_f \widehat{L} R}{\tau \widehat{L} R} = \frac{\tau_f \widehat{L} R}{Wd} \tag{5.38}$$

式中：M_f——滑动面上的最大抗滑力矩（kN·m）；

$\quad\quad M$——滑动力矩（kN·m）；

$\quad\quad \widehat{L}$——滑弧长度（m）；

$\quad\quad R$——滑弧半径（m）；

$\quad\quad d$——土体重心离滑弧圆心的水平距离（m）。

④ 试算法确定 K_{min}。由于上述滑动面 AB 是任意选定的，不一定是最危险的真正滑动面。所以通过试算法，找出安全系数最小值 K_{min} 的滑动面，才是真正的滑动面。为此，取一系列圆心 $O_1,O_2,O_3,\cdots$ 和相应的半径 $R_1,R_2,R_3,\cdots$，可计算出各自的安全系数 $K_1,K_2,K_3,\cdots$，取其中最小值 K_{min} 的圆弧来进行设计。

2）瑞典条分法

（1）基本原理：当按滑动土体这一整体力矩平衡条件计算分析时，由于滑面上各点的斜率都不相同，自重等外荷载对弧面上的法向和切向作用分力不便按整体计算，因而整个滑动弧面上反力分布不清楚；另外，对于 $\varphi > 0$ 的黏性土坡，特别是土坡为多层土层构成时，求 W 的大小和重心位置就比较麻烦。故在土坡稳定分析中，为便于计算土体的重量，并使计算的抗剪强度更加精确，常将滑动土体分成若干竖直土条，求各土条对滑动圆心的抗滑力矩和滑动力矩，各取其总和，计算安全系数，这即为条分法的基本原理。该法也假定各土条为刚性不变形体，不考虑土条两侧面间的作用力。

（2）计算步骤：

① 按适当的比例绘制土坡剖面图，如图 5-34（a）所示。

② 任选一圆心 O，以 $\overline{OA}$ 为半径作圆弧，AC 为滑动面，将滑动面以上土体分成几个等宽（不等宽亦可）土条。在选择圆心 O 和圆弧 AC 时，应尽量使 AC 的坡度陡，则滑动力大，即安全系数 K 值小。此外，半径 R 应取整数，使计算简便。

③ 将滑动土体竖向分条与编号，使计算方便而准确。分条时各条的宽度 b 相同，编号由坡脚向坡顶依次进行。

④ 计算每个土条的力（以第 i 土条为例进行分析）。第 i 条上作用力有（纵向取 1 m）：自重 W_i；法向反力 N_i 和剪切力 T_i；土条侧面 ac 和 bd 上的法向力 P_i、P_{i+1} 和剪力 X_i、X_{i+1}，如图 5-34（b）所示。

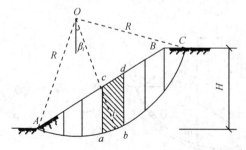
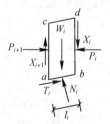

(a) 土坡剖面   (b) 作用在 i 土条上的力

图 5-34 条分法计算简图

每一土条的自重 W_i 为

$$W_i = \gamma b h_i \tag{5.39}$$

式中：γ——土的重度，地下水位以下用有效重度（N/m^3）；

$\quad b$——土条的宽度（m）；

$\quad h_i$——土条的平均高度（m）。

为简化计算，设 P_i、X_i 的合力与 P_{i+1}、X_{i+1} 的合力相平衡。

根据土条静力平衡条件列出

$$N_i = W_i \cos\beta_i \tag{5.40}$$
$$T_i = W_i \sin\beta_i \tag{5.41}$$

式中，β_i 为法向分力 N_i 与垂线之间的夹角。

滑动面 $\overline{ab}$ 上应力分别为

$$\sigma_i = \frac{N_i}{l_i} = \frac{1}{l_i} W_i \cos\beta_i \tag{5.42}$$

$$\tau_i = \frac{T_i}{l_i} = \frac{1}{l_i} W_i \sin\beta_i \tag{5.43}$$

式中，l_i 为第 i 个土条的滑弧长度（m）。

⑤ 滑动面 AB 上的总滑动力矩（对滑动圆心）

$$TR = R\sum T_i = R\sum W_i \sin\beta_i \tag{5.44}$$

⑥ 滑动面 AB 上的总抗滑力矩（对滑动圆心）

$$T'R = R\sum \tau_i l_i = R\sum (\sigma_i \tan\phi_i + c_i) l_i = R\sum (W_i \cos\beta_i \tan\phi_i + c_i l_i) \tag{5.45}$$

⑦ 确定安全系数 K。总抗滑力矩与总滑动力矩的比值称为稳定安全系数 K

$$K = \frac{T'R}{TR} = \frac{\sum (W_i \cos\beta_i \tan\varphi_i + c_i l_i)}{\sum W_i \sin\beta_i} \tag{5.46}$$

⑧ 求最小安全系数 K_{min}，即找最危险的圆弧。重复步骤（2）～（7），选择不同的圆弧，得到相应的安全系数 $K_1, K_2, K_3, \cdots$，取其中最小值即为所求的 K_{min}。

思考题及习题

思考题

1. 土压力有哪几种？影响土压力大小的因素是什么？其中最主要的影响因素是什么？

2. 朗肯土压力理论有什么适用条件？

3. 对库仑土压力理论和朗肯土压力理论进行比较和评价。

4. 挡土墙设计中需要验算什么内容？各有什么要求？

5. 挡土墙稳定性不满足要求可采取哪些措施？

6. 影响土坡稳定的因素有哪些？

习题

1. 某挡土墙高 5 m，墙背竖直光滑，填土面水平，$\gamma = 18$ kN/m³，$c = 15$ kPa，$\varphi = 22°$。试计算：（1）该挡土墙主动土压力分布、合力大小及其作用点位置；（2）若该挡土墙在外力作用下，朝填土方向产生较大的位移时，作用在墙背的土压力分布、合力大小及其作用点位置又为多少？（答案：（1）墙底土压 $\sigma_a = 20.71$ kPa、临界深度 $z_0 = 2.47$ m、主动土压力 $E_a = 26.20$ kN/m、作用点距墙底 $x = 0.84$ m；（2）墙底土压 $\sigma_p = 242.50$ kPa、被动土压力 $E_p = 717$ kN/m、作用点距墙底 $x = 1.92$ m）

2. 某挡土墙高度 4 m，墙背倾斜角 $\varepsilon = 20°$，填土面倾角 $\beta = 10°$，填土的重度 $\gamma = 20$ kN/m³，$c = 0$ kPa，$\varphi = 30°$，填土与墙背的摩擦角 $\delta = 15°$，试用库仑土压力理论计算主动土压力的大小、作用点的位置和方向。（答案：墙底土压 $\sigma_a = 44.8$ kPa、主动土压力 $E_a = 89.6$ kN/m、作用点距墙底 $x = 1.33$ m）

3. 某挡土墙高 6 m，墙背直立、光滑、墙后填土面水平，填土的重度 $\gamma = 18$ kN/m³，$c = 0$ kPa，$\varphi = 30°$，试确定：（1）墙后无地下水时的主动土压力；（2）当地下水位离墙底 2 m时，作用在挡土墙上的总压力（包括水压力和土压力），地下水位以下填土的饱和重度为 19 kN/m³。（答案：（1）$E_a = 10.8$ kN/m；（2）$E_a = 122$ kN/m）

4. 一均质砂性土土坡，其饱和重度 $\gamma = 18.9$ kN/m³，内摩擦角 $\varphi = 30°$，坡高 $H = 6$ m，试求当此土坡的稳定安全系数为 1.25 时其坡角为多少。（答案：24.79°）

第六章

【本章要点】 浅基础方案具有技术简单、施工方便、材料节省和价格较低的优点，故一般应优先选用。本章重点讲述了浅基础设计的原则和方法、浅基础的类型、基础的埋置深度、地基承载力和变形验算、基础底面尺寸确定、扩展基础设计、柱下条形基础设计、筏型基础和箱形基础设计等。需要重点掌握如下内容：

(1) 理解浅基础的基本概念和设计原则。

(2) 掌握地基承载力和变形量的计算。

(3) 掌握典型浅基础的设计步骤及要求。

6.1　概　述

地基基础设计是建筑物设计的一个重要组成部分。地基基础设计必须根据建筑物的用途和安全等级、上部结构的类型和平面布置，充分考虑建筑场地和地基岩土条件，并结合施工条件以及工期、造价等各方面要求，合理选择地基基础方案，因地制宜、精心设计，以保证建筑物的安全和正常使用。地基基础方案通常有：天然地基上浅基础、人工地基上浅基础和深基础三大类。

如果基础下是较为良好的土层时，可将基础直接做在天然土层上，这种地基称为"天然地基"。当基础下土层承载力较低或有软弱土层时，可采用人工加固地基的方法以提高土层的承载力，这种地基称为"人工地基"。在天然地基或人工地基上，埋置深度小于 5 m 的基础以及埋置深度大于 5 m，但小于基础宽度的大尺寸基础，基础的侧面摩擦力在计算时不必考虑，统称为浅基础。

天然地基上浅基础方案具有技术简单、施工方便、材料节省和价格较低的优点，故一般应优先选用。如果建筑场地浅层土质不能满足建筑物对地基承载力和变形的要求，则应当选用经济、可行的地基处理方案，即采用人工地基方案，若是地基处理不经济或无条件时，可采用深基础方案。

本章主要讨论天然地基上浅基础的设计原理和计算方法，这些原理和方法也基本适用于人工地基上的浅基础。

1. 地基基础设计等级

《建筑地基基础设计规范》(GB 50007 — 2011)根据地基复杂程度、建筑物规模和功能特征以及由于地基问题可能造成建筑物破坏或影响正常使用的程度，将地基基础设计分为三个设计等级，如表 6-1 所示，设计时应根据具体情况选用。

表 6-1　地基基础设计等级

设计等级	建筑和地基类型
甲级	重要的工业与民用建筑； 30 层以上的高层建筑； 体型复杂，层数相差超过 10 层的高低层连成一体的建筑物； 大面积的多层地下建筑物（如地下车库、商场、运动场等）； 对地基变形有特殊要求的建筑物； 复杂地质条件下的坡上建筑物（包括高边坡）； 对原有工程影响较大的新建建筑物； 场地和地基条件复杂的一般建筑物； 位于复杂地质条件及软土地区的二层及二层以上地下室的基坑工程； 开挖深度大于 15 m 的基坑工程； 周边环境条件复杂、环境保护要求高的基坑工程
乙级	除甲级、丙级以外的工业与民用建筑； 除甲级、丙级以外的基坑工程
丙级	场地和地基条件简单、荷载分布均匀的七层及七层以下民用建筑及一般工业建筑； 次要的轻型建筑物； 非软土地区且场地地质条件简单、基坑周边环境条件简单、环境保护要求不高且开挖深度小于 5.0 m 的基坑工程

2. 地基基础设计基本规定

为了保证建筑物的安全与正常使用，根据建筑物地基基础设计等级及长期荷载作用下地基变形对上部结构的影响程度，地基基础设计应符合下列规定：

（1）所有建筑物的地基计算均应满足承载力计算的有关规定。

（2）设计等级为甲级、乙级的建筑物，均应按地基变形设计。

（3）设计等级为丙级的建筑物有下列情况之一时应做变形验算：

① 地基承载力特征值小于 130 kPa 且体型复杂的建筑。

② 在基础上及其附近有地面堆载或相邻基础荷载差异较大，可能引起地基产生过大的不均匀沉降时。

③ 软弱地基上的建筑物存在偏心荷载时。

④ 相邻建筑距离近，可能发生倾斜时。

⑤ 地基内有厚度较大或厚薄不均的填土，其自重固结未完成时。

（4）对经常受水平荷载作用的高层建筑、高耸结构和挡土墙，以及建造在斜坡或边坡附近的建筑物和构筑物，尚应验算其稳定性。

（5）基坑工程应进行稳定性验算。

（6）建筑地下室或地下构筑物存在上浮问题时，尚应进行抗浮验算。

（7）表 6-2 所列范围内设计等级为丙级的建筑物可不做变形验算。

表 6-2 可不做地基变形计算设计等级为丙级的建筑物范围

地基主要受力层情况	地基承载力特征值 f_{ak}/kPa		$80 \leqslant f_{ak}$ <100	$100 \leqslant f_{ak}$ <130	$130 \leqslant f_{ak}$ <160	$160 \leqslant f_{ak}$ <200	$200 \leqslant f_{ak}$ <300
	各土层坡度/%		≤5	≤10	≤10	≤10	≤10
建筑类型	砌体承重结构、框架结构（层数）		≤5	≤5	≤6	≤6	≤7
	单层排架结构（6m柱距）	单跨 吊车额定起重量/t	10～15	15～20	20～30	30～50	50～100
		单跨 厂房跨度/m	≤18	≤24	≤30	≤30	≤30
		多跨 吊车额定起重量/t	5～10	10～15	15～20	20～30	30～75
		多跨 厂房跨度/m	≤18	≤24	≤30	≤30	≤30
	烟囱	高度/m	≤40	≤50	≤75		≤100
	水塔	高度/m	≤20	≤30	≤30		≤30
		容积/m³	50～100	100～200	200～300	300～500	500～1000

注：① 地基主要受力层系指条形基础底面下深度为 $3b$（b 为基础底面宽度），独立基础下为 $1.5b$ 且厚度均不小于 5 m 的范围。② 地基主要受力层中如有承载力特征值小于 130 kPa 的土层时，表中砌体承重结构的设计，应符合《建筑地基基础设计规范》(GB 50007—2011)第七章的有关要求。③ 表中砌体承重结构和框架结构均指民用建筑，对于工业建筑可按厂房高度、荷载情况折合成与其相当的民用建筑层数。④ 表中吊车额定起重量、烟囱高度和水塔容积的数值系指最大值。

3. 地基基础设计的作用效应

地基基础设计时，所采用的作用效应组合与相应的抗力限值应符合下列规定：

（1）当按地基承载力确定基础底面积及埋深或按单桩承载力确定桩数时，传至基础或承台底面上的荷载效应应按正常使用极限状态下荷载效应的标准组合。相应的抗力应采用地基承载力特征值或单桩承载力特征值。

（2）当计算地基变形时，传至基础底面上的作用效应应按正常使用极限状态下荷载效应的准永久组合，不计入风荷载和地震作用。相应的限值应为地基变形允许值。

（3）当计算挡土墙、地基或滑坡稳定以及基础抗浮稳定时，作用效应应按承载能力极限状态下作用的基本组合，但其分项系数均为 1.0。

（4）在确定基础或桩基承台高度、支挡结构截面、计算基础或支挡结构内力、确定配筋和验算材料强度时，上部结构传来的作用效应和相应的基底反力、挡土墙土压力以及滑坡推力，应按承载能力极限状态下作用的基本组合，采用相应的分项系数。当需要验算基础裂缝宽度时，应按正常使用极限状态作用的标准组合。

（5）基础设计安全等级、结构设计使用年限、结构重要性系数应按有关规范的规定采用，但结构重要性系数（γ_0）不应小于1.0。

4. 浅基础的设计步骤

设计浅基础时要充分掌握拟建场地的工程地质条件和地基勘察资料，了解当地的建筑经验、施工条件和就地取材的可能性，并结合实际考虑采用先进的施工技术和经济、可行的地基处理方法。浅基础的设计通常按以下步骤进行：

（1）阅读和分析建筑场地的地质勘查资料和建筑物的设计资料，进行相应的现场勘察和调查。

（2）选择基础的结构类型和建筑材料。

（3）选择持力层，决定合适的基础埋置深度。

（4）确定地基的承载力和作用在基础上的荷载组合，计算基础的初步尺寸。

（5）根据地基等级进行必要的地基计算，包括地基持力层和软弱下卧层（如果存在）的承载力验算（对全部建筑物地基）、地基变形验算（对按规定的重要建筑物地基）以及地基稳定验算（对水平荷载为主要荷载的建筑物地基）等。

（6）进行基础的结构和构造设计。

（7）当有深基坑开挖时，应考虑基坑开挖的支护和排水、降水问题。

（8）编制基础的设计图和施工图。

（9）编制工程预算书和工程设计说明书。

6.2 浅基础的类型

浅基础根据结构形式可分为扩展基础、柱下条形基础、筏形基础和箱形基础等。根据基础所用材料的性能可分为无筋基础（刚性基础）和钢筋混凝土基础。

6.2.1 扩展基础

墙下条形基础和柱下独立基础（单独基础）统称为扩展基础。扩展基础的作用是把墙或柱的荷载侧向扩展到土中，使之满足地基承载力和变形的要求。扩展基础包括无筋扩展基础和钢筋混凝土扩展基础。

1. 无筋扩展基础

无筋扩展基础是指由砖、毛石、混凝土或毛石混凝土、灰土和三合土等材料组成的无需配置钢筋的墙下条形基础或柱下独立基础（如图6-1所示）。无筋基础的材料都具有较好的抗压性能，但抗弯、抗剪强度都不高，为了使基础内产生的拉应力和剪应力不超过相应的材料强度设计值，设计时需要加大基础的高度。因此，这种基础几乎不发生挠曲变形，故习惯上把无筋基础称为刚性基础。无筋扩展基础用于多层民用建筑和轻型厂房。

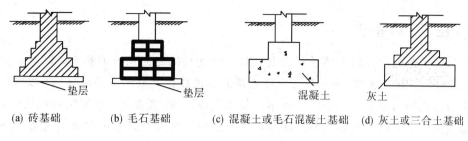

(a) 砖基础　　(b) 毛石基础　　(c) 混凝土或毛石混凝土基础　　(d) 灰土或三合土基础

图 6-1　无筋扩展基础

2. 钢筋混凝土扩展基础

钢筋混凝土扩展基础系指墙下钢筋混凝土条形基础和柱下钢筋混凝土独立基础。这类基础的抗弯和抗剪性能良好，可在竖向荷载较大、地基承载力不高以及承受水平和力矩荷载等情况下使用。与无筋基础相比，其基础高度较小，因此更适宜在基础埋置深度较小时使用。

1) 柱下钢筋混凝土独立基础

柱下独立基础截面形状一般多做成锥形（如图 6-2(b) 所示）；有时为便于施工也可做成阶梯形（如图 6-2(a) 所示）；对于预制钢筋混凝土柱，便可做成环形（如图 6-2(c) 所示）。它们的基础形状一般均为矩形，其长宽比为 1:3。

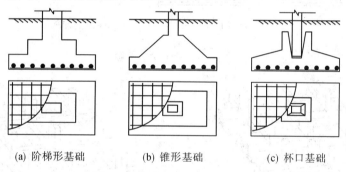

(a) 阶梯形基础　　(b) 锥形基础　　(c) 杯口基础

图 6-2　柱下钢筋混凝土独立基础

2) 墙下钢筋混凝土条形基础

墙下钢筋混凝土条形基础的构造如图 6-3 所示。一般情况下可采用无肋的墙基础，如地基不均匀，为了增强基础的整体性和抗弯性能力，可以采用有肋的墙基础（如图 6-3(b) 所示），肋部配置足够的纵向钢筋和箍筋，以承受由不均匀沉降引起的弯曲应力。

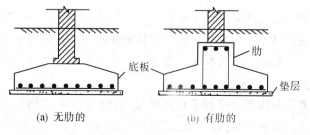

(a) 无肋的　　　　　(b) 有肋的

图 6-3　墙下钢筋混凝土条形基础

6.2.2　柱下条形基础

如果柱子荷载较大而土层承载力又较低,独立基础底面积可能很大,以至彼此相接近,甚至碰到一起。这时,可将柱子基础连接起来做成钢筋混凝土条形基础,以减轻不均匀沉降对建筑物的影响,如图 6-4 所示。如果地基较弱,需要进一步扩大基础底面积,或为了增强基础刚度以调整不均匀沉降时,可在柱网下纵横方向上设置钢筋混凝土条形基础,形成柱下十字交叉基础,如图 6-5 所示。如果单向条形基础的底面积已能满足地基承载力的要求,则为了减小基础之间的沉降差,可在另一方向加设连梁,组成如图 6-6 所示的连梁式交叉条形基础。为了使基础受力明确,连梁不宜着地。这样,交叉条形基础的设计就可按单向条形基础来考虑。连梁的配置通常是带经验性的,但需要有一定的承载力和刚度,否则作用不大。

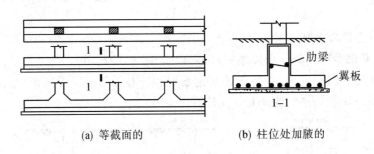

(a) 等截面的　　　　　　　　　(b) 柱位处加腋的

图 6-4　柱下条形基础

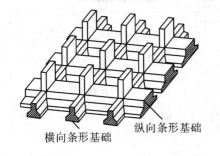

图 6-5　柱下交叉条形基础

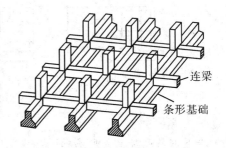

图 6-6　连梁式交叉条形基础

6.2.3　筏板基础

当地基承载力低,而上部结构的荷重又较大,采用十字交叉条形基础仍不能提供足够的底面来满足地基承载力的要求时;或相邻基槽距离很小,施工不便时;或地下水常年在地下室的地坪以上,为防止地下水渗入室内时,通常需要将整个房屋底面(或地下室部分)做成整块钢筋混凝土筏板基础。

筏板基础按构造可分为等厚度的平板式筏板基础(如图 6-7(a)、(b)所示)以及沿纵、横方向的筏板顶面或底面加肋形成的肋梁式筏板基础(如图 6-7(c)、(d)所示)。前者一般在荷载不太大、柱网较均匀且柱距较小的情况下采用。

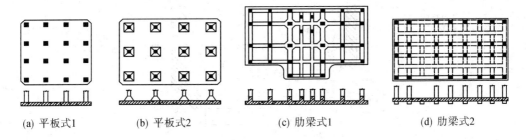

(a) 平板式1　　(b) 平板式2　　(c) 肋梁式1　　(d) 肋梁式2

图 6-7　筏板基础

6.2.4　箱形基础

箱形基础是由钢筋混凝土的底板、顶板、外墙和内隔墙组成的有一定高度的整体空间结构(如图 6-8 所示),适用于软弱地基上的高层、重型或对不均匀沉降有严格要求的建筑物。与筏形基础相比,箱形基础具有更大的抗弯刚度,只能产生大致均匀的沉降或整体倾斜,从而基本上消除了因地基变形而使建筑物开裂的可能性。箱形基础埋深较大,基础中空,从而使开挖卸去的土重部分抵偿了上部结构传来的荷载(补偿效应),因此,与一般实体基础相比,它能显著减小基底压力,降低基础沉降量。

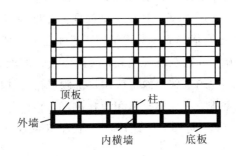

顶板　柱
外墙
内横墙　底板

图 6-8　箱形基础

6.3　基础的埋置深度

基础的埋置深度是指室外设计地面至基础底面之间的垂直距离。影响基础埋深选择的因素很多,应综合考虑以下因素后加以确定。

6.3.1　与建筑物有关的条件

1. 建筑物的用途

基础的埋置深度首先取决于建筑物的用途,如有无地下室、设备基础和地下设施等。如果由于建筑物使用上的要求,基础需有不同的埋深时(如地下室和非地下室连接段纵墙的基础),应将基础做成台阶形,逐步由浅过渡到深,台阶高度 ΔH 和宽度 L 之比为 1∶2(如图 6-9 所示)。有地下管道时,一般要求基础深度低于地下管道的深度,避免管道在基础下穿过，影响管道的使用和维修，此外还需考虑基础的形式和构造。

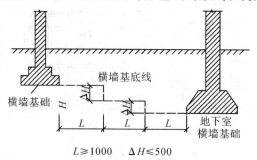

图 6-9　连接不同埋深的纵墙基底布置(单位：mm)

2. 作用在地基上的荷载大小与性质

地基承受基础的荷载后将发生沉降，荷载越大，下沉越多。建筑物的结构类型不同，地基沉降可能造成的危害程度不一样。在对荷载大的高层建筑和对不均匀沉降要求严格的建筑物设计中，往往为减小沉降、取得较大的承载力，而把基础埋置在较深的良好土层上，这样，基础的埋置深度也就比较大。

高层建筑由于受风力和地震力等水平荷载作用，基础埋深应满足地基承载力、变形和稳定性要求：在抗震设防区，除岩石地基外，天然地基上的箱形基础和筏形基础的埋置深度不宜小于建筑物高度的 1/15；桩基和桩筏基础的埋置深度(不计桩长)不宜小于建筑物高度的 1/18~1/20。位于岩石地基上的高层建筑，其基础埋深应满足抗滑要求。

某些承受上拔力的基础，如输电塔等基础，往往要较大的埋置深度以提供其所需的抗拔力。烟囱、水塔和筒体结构的基础埋深也应满足抗倾覆稳定性的要求。

对于承受动力荷载的基础，不宜选择饱和疏松的细、粉砂作为持力层，以防这些土层由于振动液化而丧失稳定性。同样，在地震区，不宜将可液化土层直接作为基础的持力层。

6.3.2　工程地质和水文地质条件

为了保证建筑物的安全，必须根据荷载大小和性质给基础选择可靠的持力层。当上层地基的承载力大于下层土时，宜利用上层土做持力层；当下层地基的承载力大于上层土时，应经过方案比较后，选择合适的持力层。当基础存在软弱下卧层时，基础宜浅埋，以加大基底至软弱层的距离。当土层分布明显不均匀或各部分荷载轻重差别很大时，同一建筑物的基础可以采用不同的埋深来调整不均匀沉降量。

场地的水文地质条件也是选择基础埋深的重要依据，而地下水则是考虑水文地质条件的主要因素。因此，选择基础埋深时，应注意地下水的埋藏条件和动态。对于随季节气候而变化的地下水(上层滞水和潜水)，若升降变化较小，对基础的埋深影响不大，为了便于施工，避免基坑排水的麻烦，基础应尽量浅埋而置于地下水位之上；若地下水位升降变化较大，基础不宜放在地下水变化幅度的范围内，应当放在最低地下水位之上，以避免地下水位变化对地基的不利影响；如果基础必须在地下水位之下，除应考虑基坑排水，坑壁围护以及保护地基土不受扰动等措施外，还应考虑可能出现的其他设计与施工的问题，如地下水浮托力引起基础底板的内力变化和浮托力使轻型结构物上浮的可能性，以及地下水对地下室的渗透和对基础材料的化学腐蚀作用和地下水可能产生的涌土、流砂等问题。

6.3.3　相邻建筑物的基础埋深

如果与邻近建筑物的距离很近，为保证相邻原有建筑物的安全和正常使用，基础埋置深度宜浅于或等于相邻建筑物的埋置深度。如果基础深于原有建筑物基础，要使两个基础之间保持一定距离，其净距 L 一般为相邻两基础底面高差 ΔH 的 $1\sim2$ 倍，如图 $6-10$ 所示，以免开挖基坑时坑壁塌落，影响原有建筑物地基的稳定性。如不能满足这一要求，则应采取措施，如分段施工，设临时加固支撑或板桩支撑等。

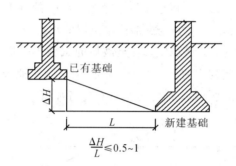

图 $6-10$　不同埋深相邻基础布置

6.3.4　地基土冻胀和融陷的影响

当地基土的温度低于 $0^\circ C$ 时，土中部分孔隙水将冻结而形成冻土。冻土可分为季节性冻土和多年冻土两类。季节性冻土在冬季结冰而夏季融化，每年冻融交替一次。我国东北、华北和西北地区的季节性冻土厚度在 0.5 m 以上，最大的可接近 3 m 左右。

如果季节性冻土由细颗粒（粉砂、粉土、黏性土）组成，冻结前的含水量较高且冻结期间的地下水位低于冻结深度不足 $1.5\sim2.0$ m，那么不仅处于冻结深度范围内的土中水将被冻结形成冰晶体，而且未冻结区的自由水和部分结合水会不断地向冻结区迁移、聚集，使冰晶体逐渐扩大，引起土体发生膨胀和隆起，形成冻胀现象。位于冻胀区的基础所受到的冻胀力如大于基底压力，基础就有被抬起的可能。到了夏季，土体因温度升高而解冻，造成含水量增加，使土体处于饱和及软化状态，承载力降低，建筑物下陷，这种现象称为融陷。地基土的冻胀与融陷一般是不均匀的，容易导致建筑物开裂损坏。

《建筑地基基础设计规范》(GB 50007 — 2011)根据冻胀对建筑物的危害程度，把地基土的冻胀分为不冻胀、弱冻胀、冻胀、强冻胀和特强冻胀五类。

不冻胀土的基础埋深可不考虑冻结深度。对于埋置于可冻胀土中的基础，其最小埋深 $d_{\min}$ 为

$$d_{\min} = z_d - h_{\max} \tag{6.1}$$

式中，z_d（设计冻深）和 $h_{\max}$（基底下允许残留冻土层的最大厚度）可按《建筑地基基础设计

规范》(GB 50007 — 2011)的有关规定确定。对于冻胀、强冻胀和特强冻胀地基上的建筑物,尚应采取相应的防冻害措施。

6.4 地基承载力验算

6.4.1 地基承载力设计值的确定

1. 按地基荷载试验确定

荷载试验有浅层和深层平板荷载试验。浅层平板荷载试验的承压板按现行《建筑地基基础设计规范》(GB 50007 — 2011)规定承压板的面积宜为 0.25~0.5 m²,对软土不应小于 0.5 m²。深层平板荷载试验的承压板通常用直径为 0.8 m 的圆形刚性板,要求承压板周围的土层高度不应小于 80 cm,由此测定深部地基土层的承载力。

荷载试验采用分级加荷,逐级稳定,直至破坏的试验步骤进行。试验完毕后,根据各级荷载与其相应的沉降稳定的观测值,采用适当比例尺绘制荷载 p 与沉降 s 的关系曲线,根据 p-s 曲线(如图 6-11 所示),确定地基承载力特征值 f_{ak}。其取值规定如下:

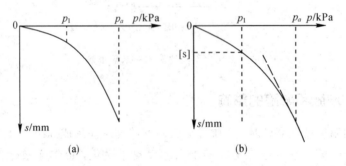

图 6-11 荷载试验方法确定地基承载力特征值

(1)当 p-s 曲线上有比例界限时,取该比例界限所对应的荷载值。

(2)当极限荷载小于比例界限荷载值的 2 倍时,取其极限荷载值的一半。

(3)当不能按以上方法确定,承压板的面积为 0.25~0.5 m² 时,可取 $s/b = 0.01$~0.015 所对应的荷载值,但其值不应大于最大加载量的一半。

(4)同一土层参加统计的试验点不应少于三点,当试验实测值的极差不超过其平均值的 30% 时,取其平均值作为该土层的地基承载力特征值 f_{ak}。

2. 根据土的抗剪强度指标由理论公式计算的确定方法

《建筑地基基础设计规范》(GB 50007 — 2011)规定,当基底偏心距 e 小于或等于 0.033 倍基础底面宽度时,根据土的抗剪强度指标确定地基承载力特征值,可按式(6.2)计算,即

$$f_a = M_b \gamma b + M_d \gamma_m d + M_c c_k \tag{6.2}$$

式中:f_a——由土的抗剪强度指标确定的地基承载力特征值;

M_b、M_d、M_c——承载力系数,按表 6-3 查取;

γ——基底以下土的重度，地下水位取有效重度(kN/m^3)；

γ_m——基础底面以上土的加权平均重度，地下水位取有效重度(kN/m^3)；

b——基础底面宽度(m)，大于 6 m 时按 6 m 取值；对于砂土，小于 3 m 时按 3 m 取值；

c_k——基底下一倍基础短边宽度内土的黏聚力标准值(kPa)。

表 6 - 3　承载力系数 M_b、M_d、M_c 之值

土的内摩擦角标准值 φ_k/(°)	M_b	M_d	M_c
0	0	1.00	3.14
2	0.03	1.12	3.32
4	0.06	1.25	3.51
6	0.10	1.39	3.71
8	0.14	1.55	3.93
10	0.18	1.73	4.17
12	0.23	1.94	4.42
14	0.29	2.17	4.69
16	0.36	2.43	5.00
18	0.43	2.72	5.31
20	0.51	3.06	5.66
22	0.61	3.44	6.04
24	0.80	3.87	6.45
26	1.10	4.37	6.90
28	1.40	4.93	7.40
30	1.90	5.59	7.95
32	2.60	6.35	8.55
34	3.40	7.21	9.22
36	4.20	8.25	9.97
38	5.00	9.44	10.80
40	5.80	10.84	11.73

注：φ_k 为基底下一倍短边宽度范围内土的内摩擦角标准值。

3. 其他原位测试

标准贯入、动力触探、静力触探等原位测试用来确定地基承载力，在我国已有丰富的

经验，当地基基础设计等级为丙级时，可利用已有的一些原位测试成果确定地基承载力并注意结合当地经验。当地基基础设计等级为甲级和乙级时，这些原位测试成果应结合室内试验成果综合分析，不宜单独采用。

6.4.2 地基承载力特征值的修正

当基础宽度大于 3 m 或埋置深度大于 0.5 m 时，从荷载试验或其他原位测试、经验值等方法确定的地基承载力特征值，应按式(6.3)修正，即

$$f_a = f_{ak} + \eta_b \gamma (b-3) + \eta_d \gamma_m (d-0.5) \tag{6.3}$$

式中：f_a——修正后的地基承载力特征值(kPa)；

f_{ak}——地基承载力特征值(kPa)；

η_b、η_d——基础宽度和深度的地基承载力修正系数，按基底下土的类别查表 6-4 取值；

γ——基础底面以下土的重度，地下水位以下取浮重度；

b——基础底面宽度(m)，当基宽小于 3 m 时按 3 m 取值，大于 6 m 时按 6 m 取值；

γ_m——基础底面以上土的加权平均重度，地下水位以下取浮重度；

d——基础埋置深度(m)，一般自室外地面标高算起。在填方平整地区，可从填土地面标高算起，当填土在上部结构施工后完成时，应从天然地面标高算起。对于地下室，如采用箱形基础或筏基时，基础埋置深度自室外地面标高算起；当采用独立基础或条形基础时，应从室内地面标高算起。

表 6-4 承载力修正系数

土 的 类 别		η_b	η_d
淤泥和淤泥质土		0	1.0
人工填土 e 或 I_L 大于等于 0.85 的黏性土		0	1.0
红黏土	含水量 $\alpha_w > 0.8$	0	1.2
	含水量 $\alpha_w \leqslant 0.8$	0.15	1.4
大面积压实填土	压实系数大于 0.95、黏粒含量 $\rho_c \geqslant 10\%$ 的粉土	0	1.5
	最大干密度大于 2.1 t/m³ 的级配砂土	0	2.0
粉土	黏粒含量 $\rho_c \geqslant 10\%$ 的粉土	0.3	1.5
	黏粒含量 $\rho_c < 10\%$ 的粉土	0.5	2.0
e 及 I_L 均小于 0.85 的黏性土		0.3	1.6
粉土、细砂(不包括很湿与饱和时的稍密状态)		2.0	3.0
中砂、粗砂、砾砂和碎石土		3.0	4.4

注：① 强风化和全风化的岩石，可参照所风化成的相应土类取值，其他状态下的岩石不修正；② 地基承载力特征值按深层平板载荷试验确定时，η_d 取 0；③ 含水比是指土的天然含水量与液限的比值；④ 大面积压实填土是指填土范围大于两倍基础宽度的填土。

例题 6.1 条形基础宽度为 2.5 m，埋置深度为 1.8 m。地基为黏性土，比重 $G=2.64$，塑限 $\omega_p=17.8\%$，液限 $\omega_L=29.4\%$，天然密度 $\rho=1.83$ g/cm³，天然含水量 $\omega=220.3\%$，内摩擦角标准值 $\varphi_k=26°$，黏聚力标准值 $c_k=15$ kPa。三组现场荷载试验测得的临塑荷载和极限荷载如下表，分别用现场载荷实验结果和计算公式求地基的承载力。

承载力	第 1 组	第 2 组	第 3 组
临塑荷载 p_{cr}/kPa	221	248	234
极限荷载 p_u/kPa	509	699	643

解：（1）根据现场荷载试验结果求地基承载力。

① 分析三组实验结果，临塑荷载平均值 $p_{cr}=234.3$ kPa，极限荷载平均值 $p_u=617.0$ kPa，且实验值的极差不超过平均值的 $1/3$。$p_u>2p_{cr}$，故取 $p_{cr}=234.3$ kPa 为地基承载力特征值 f_{ak}。

② 求宽度、深度修正后的地基承载力。

按式（6.3）求得经宽度和深度修正后的地基承载力为

$$f_a = f_{ak} + \eta_b\gamma(b-3) + \eta_d\gamma_m(d-0.5)$$

基础宽度 $b=2.5$ m<3 m，故不做第 2 项宽度修正。基底以上土的天然容重 $\gamma_m=9.8\times1.83=17.93$ kN/m³。经三相比例换算求得黏性土的孔隙比 $e=0.769$，查表 6.4 得 $\eta_b=1.6$，则

$$f_a = 234.3 + 1.8\times9.8\times1.83\times(1.8-0.5)$$
$$= 234.3 + 42.0 = 276.3 \text{ kPa}$$

（2）根据式（6.2）求地基承载力。由土的内摩擦角标准 $\varphi_k=26°$ 查表 6.3 可得 $M_b=1.1$，$M_d=4.37$，$M_c=6.90$。又因为 $\gamma=\gamma_m=1.83\times9.8=17.93$ kN/m³。代入上式 $f_a=M_b\gamma b+M_d\gamma_m d+M_c c_k$，得

$$f_a = 1.1\times17.93\times2.5 + 4.37\times17.93\times1.8 + 6.9\times15$$
$$= 49.31 + 141.04 + 103.50 = 293.85 \text{ kPa}$$

分析本例计算结果知，由规范公式算得的地基承载力略大于地基现场载荷实验得到的承载力。

6.5 地基变形验算

6.5.1 地基变形验算的范围

在地基极限状态设计中，变形验算是最主要的验算。原则上除规范规定可不进行验算的范围外所有类型的建筑物都必须进行这项验算。地基变形验算所用的荷载组合为准永久组合且不计风荷载和地震作用。地基变形引起基础沉降可以分为沉降量、沉降差、倾斜和局部倾斜四类，如图 6-12 所示。建筑物的结构类型不同，起控制作用的沉降类型也不一样。通常砌体承重结构受局部倾斜值控制，框架结构和单层排架结构受相邻柱基础的沉降差控制；多层、高层建筑以及高耸建筑由倾斜值控制，必要时还需要用平均沉降量。

地基变形指标	图　例	计算方法
沉降量	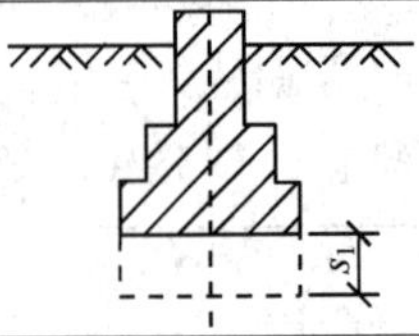	s_1 基础中点沉降值
沉降差	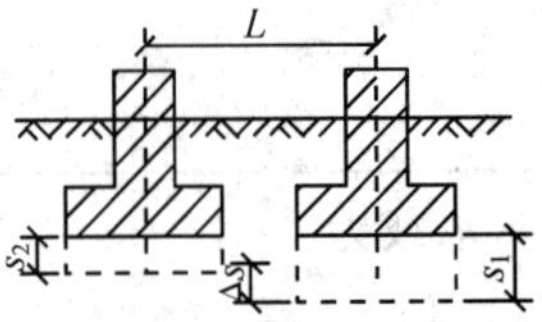	两相邻独立基础沉降之差 $\Delta s = s_1 - s_2$
倾斜	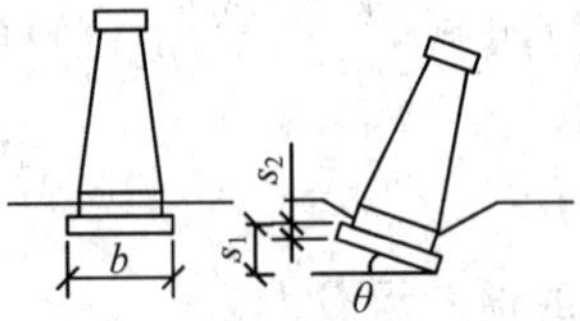	$\tan\theta = \dfrac{s_1 - s_2}{b}$
局部倾斜	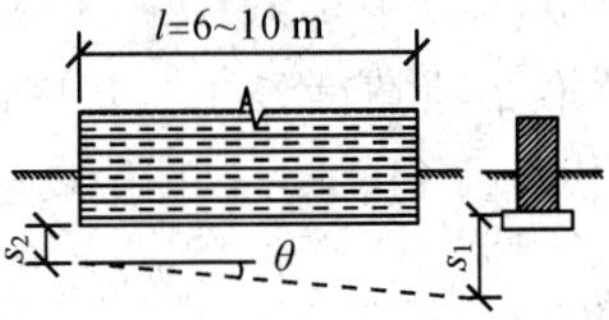	$\tan\theta' = \dfrac{s_1 - s_2}{l}$

图 6-12　基础沉降分类

地基变形允许值的确定涉及许多因素，如建筑物的结构特点和具体使用要求、对地基不均匀沉降的敏感程度以及结构强度储备等。《建筑地基基础设计规范》(GB50007—2011)综合分析了国内外各类建筑物的相关资料，提出了表 6-5 所列的建筑物地基变形允许值。

表 6-5　建筑物的地基变形允许值

变　形　特　征		地基土类别	
		中、低压缩性土	高压缩性土
砌体承重结构基础的局部倾斜		0.002	0.003
工业与民用建筑相邻柱基的沉降差	框架结构	$0.002l$	$0.003l$
	砌体墙填充的边排柱	$0.0007l$	$0.001l$
	当基础不均匀沉降时不产生附加应力的结构	$0.005l$	$0.005l$
单层排架结构(柱距为 6 m)柱基的沉降量/mm		(120)	200
桥式吊车轨面的倾斜(按不调整轨道考虑)	纵　向	0.004	
	横　向	0.003	

变　形　特　征		地 基 土 类 别	
		中、低压缩性土	高压缩性土
多层和高层建筑的整体倾斜	$H_g \leqslant 24$	0.004	
	$24 < H_g \leqslant 60$	0.003	
	$60 < H_g \leqslant 100$	0.0025	
	$H_g > 100$	0.002	
体型简单的高层建筑基础的平均沉降量/mm		200	
高耸结构基础的倾斜	$H_g \leqslant 20$	0.008	
	$20 < H_g \leqslant 50$	0.006	
	$50 < H_g \leqslant 100$	0.005	
	$100 < H_g \leqslant 150$	0.004	
	$150 < H_g \leqslant 200$	0.003	
	$200 < H_g \leqslant 250$	0.002	
高耸结构基础的沉降量/mm	$H_g \leqslant 100$	400	
	$100 < H_g \leqslant 200$	300	
	$200 < H_g \leqslant 250$	200	

注：① 本表数值为建筑物地基实际最终变形允许值。② 有括号者仅适用于中压缩性土。③ l 为相邻柱基的中心距离（单位为 mm）；H_g 为自室外地面起算的建筑物高度（单位为 m）。④ 倾斜是指基础倾斜方向两端点的沉降差与其距离的比值。⑤ 局部倾斜是指砌体承重结构沿纵向 6~10 m 内基础两点的沉降差与其距离的比值。

从表可见，地基的变形允许值对于不同类型的建（构）筑物、不同的建（构）筑物结构特点和使用要求、不同的上部结构对不均匀沉降的敏感程度以及不同的结构安全储备要求，而有不同的要求。

6.5.2　地基变形量计算

1. 计算公式

计算地基变形时，地基内的应力分布，可采用各向同性均质线性变形体理论，其最终沉降量为

$$s = \Psi_s s' = \Psi_s \sum_{i=1}^{n} \frac{p_0}{E_{si}} (z_i \overline{a_i} - z_{i-1} \overline{a_{i-1}}) \tag{6.4}$$

式中：s——地基最终变形量（mm）；

$\qquad s'$——按分层综合法计算出的地基变形量（mm）；

$\qquad \Psi_s$——沉降计算经验系数，根据地区沉降观测资料及经验确定，无地区经验时可采用表 6-6 的数值；

n——地基变形计算深度范围内所划分的土层数，如图 6-13 所示；

p_0——对应于荷载效应准永久组合时的基础地面处的附加压力(kPa)；

E_{si}——基础底面下第 i 层土的压缩模量(MPa)，应取土的自重压力至土的自重压力与附加压力之和的压力段计算；

z_i、z_{i-1}——基础底面至第 i 层土、第 $i-1$ 层土底面的距离(m)；

$\overline{a_i}$、$\overline{a_{i-1}}$——基础底面计算点第 i 层土、第 $i-1$ 层土底面范围内平均附加应力系数，可按《建筑地基基础设计规范》(GB 50007—2011)附录 K 采用。

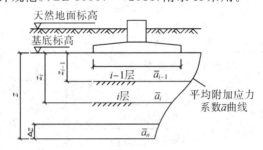

图 6-13　基础沉降计算的分层示意图

表 6-6　沉降计算经验系数 Ψ_s

E_s/MPa 基底附加压力	2.5	4.0	7.0	15.0	20.0
$p_0 \geqslant f_{ak}$	1.4	1.3	1.0	0.4	0.2
$p_0 \leqslant 0.75 f_{ak}$	1.1	1.0	0.7	0.4	0.2

注：E_s 为变形计算深度范围内压缩模量的当量值，其计算公式为：$E_s = \sum A_i / \sum (A_i/E_{si})$，其中，$A_i$ 为第 i 层土附加应力系数沿土层厚度的积分值。

2. 地基变形计算深度

地基变形计算深度 z_n 应符合下式要求，即

$$\Delta s_n' \leqslant 0.025 \sum_{i=1}^{n} \Delta s_i' \tag{6.5}$$

式中：$\Delta s_i'$——在计算深度范围内，第 i 层土的计算变形值；

$\Delta s_n'$——在由计算深度向上取厚度为 Δz 的土层计算变形值，Δz 按表 6-7 确定。

表 6-7　Δz 取值表

b/m	$b \leqslant 2$	$2 < b \leqslant 4$	$4 < b \leqslant 8$	$b < 8$
Δz/m	0.3	0.6	0.8	1.0

当无相邻荷载影响，基础宽度 b 在 1~30 m 范围内时，基础中点的地基变形计算深度也可按下面的简化公式计算，即

$$z_n = b(2.5 - 0.4\ln b) \tag{6.6}$$

在计算深度范围内存在基岩时，z_n 可取至基岩表面；当存在较厚的坚硬黏性土层，其孔隙比小于 0.5、压缩模量大于 50 MPa 或存在较厚的密实砂卵石层，其压缩模量大于 80 MPa 时，z_n 可取至该层土表面。

计算地基变形时，应考虑相邻荷载影响，其值可按应力叠加原理，采用角点法计算。当建筑物地下室基础埋置深度较深时，需要考虑开挖基坑地基土的回弹，该部分回弹变形量为

$$s = \Psi_s s' = \Psi_s \sum_{i=1}^{n} \frac{P_0}{E_{si}} (z_i \bar{a}_i - z_{i-1} \bar{a}_{i-1}) \tag{6.7}$$

式中：s——地基的回弹变形量；

$\quad s'$——按分层总和法计算出的地基变形量；

$\quad \Psi_s$——沉降计算经验系数；

$\quad P_0$——相应于作用永久组合时基础底面处的附加压力(kPa)；

$\quad E_{si}$——基础底面下第 i 层土的压缩模量(MPa)，应取土的自重压力与附加压力之和的压力计算；

$\quad n$——地基变形计算深度范围内所划分的土层；

$\quad z_i、z_{i-1}$——基础底面至第 i 层土、第 $i-1$ 层土底面的距离(m)；

$\quad \bar{a}_i、\bar{a}_{i-1}$——基础底面计算点第 i 层土、第 $i-1$ 层土底面范围内平均附加应力系数。

在同一整体大面积基础上建有多栋高层和地层建筑，应按照上部结构、基础与地基的共同作用进行变形计算。

6.6　基础底面尺寸的确定

浅基础设计时，通常根据地基持力层的承载力计算初步确定基础底面的尺寸并对软弱下卧层进行承载力验算。

6.6.1　按地基持力层的承载力计算基底尺寸

1. 轴心荷载作用

在轴心荷载作用下，按地基持力层承载力计算基底尺寸时，要求基础底面压力满足下列条件，即

$$p_k \leqslant f_a \tag{6.8}$$

$$p_k = \frac{F_k + G_k}{A} \tag{6.9}$$

式中：f_a——修正后的地基持力层承载力特征值；

$\quad p_k$——相应于荷载效应标准组合时，基础底面处的平均压力值；按式(6.9)计算；

$\quad A$——基础底面面积；

$\quad F_k$——相应于荷载效应标准组合时，上部结构传至基础顶面的竖向力值；

$\quad G_k$——基础自重和基础上的土重，对一般实体基础，可近似地取 $G_k = \gamma_G A d$(γ_G 为基础及回填土的平均重度，可取 $\gamma_G = 20 \ kN/m^3$，d 为基础平均埋深)，但在地下水位以下部分应扣去浮托力，即 $G_k = \gamma_G A d - \gamma_w A h_w$($h_w$ 为地下水位至基础底面的距离)。

将式(6.9)代入式(6.8)，得基础底面积为

$$A \geqslant \frac{F_k}{f_a - \gamma_G d + \gamma_w h_w} \tag{6.10}$$

在轴心荷载作用下，柱下独立基础一般采用方形，其边长为

$$b \geqslant \sqrt{\frac{F_k}{f_a - \gamma_G d + \gamma_w h_w}} \tag{6.11}$$

对于墙下条形基础，可沿基础长方向取单位长度 1 m 进行计算，荷载也为相应的线荷载（kN/m），则条形基础宽度为

$$b \geqslant \frac{F_k}{f_a - \gamma_G d + \gamma_w h_w} \tag{6.12}$$

在上面的计算中，一般还需要对地基承载力特征值 f_{ak} 进行修正，直到求出比较精确的基底面积。

2. 偏心荷载作用

对偏心荷载作用下的基础，如果采用魏锡克或汉森一类公式计算承载力特征值 f_a，则在 f_a 中已经考虑了荷载偏心和倾斜引起地基承载力的折减，此时基底压力只需满足条件公式(6.8)的要求即可。但是如果 f_a 是按荷载试验或规范表格确定的，则除应满足式(6.8)的要求外，尚应满足以下附加条件，即

$$p_{k\max} \leqslant 1.2 f_a \tag{6.13}$$

式中：$p_{k\max}$——相应于荷载效应标准组合时，按直线分布假设计算的基底边缘处的最大压力值；

f_a——修正后的地基承载力特征值。

对于常见的单向偏心矩形基础，当偏心距 $e \leqslant l/6$ 时，基底最大压力为

$$p_{k\max} = \frac{F_k}{bl} + \gamma_G d - \gamma_w h_w + \frac{6M_k}{bl^2} \tag{6.14}$$

或

$$p_{k\max} = p_k \left(1 + \frac{6e}{l}\right) \tag{6.15}$$

式中：l——偏心方向的基础边长，一般为基础长边边长；

b——垂直于偏心方向的基础边长，一般为基础短边边长；

M_k——相应于荷载效应标准组合时，基础所有荷载对基底形心的合力矩；

e——偏心距，$e = M_k/(F_k + G_k)$；

其余符号意义同前。

为了保证基础不致过分倾斜，通常还要求偏心距 e 应满足下列条件，即

$$e \leqslant \frac{l}{6} \tag{6.16}$$

一般认为，在中、高压缩性地基上的基础，或有吊车的厂房柱基础，e 不宜大于 $l/6$；对于低压缩性地基上的基础，当考虑短暂作用的偏心荷载，e 可放宽至 $l/4$。

确定矩形基础底面尺寸时，为了同时满足式(6.8)、式(6.13)和式(6.16)的条件，一般可按下述步骤进行：

(1) 进行深度修正，初步确定修正后的地基承载力特征值。

(2) 根据荷载偏心情况，将按轴心荷载作用计算得到的基底面积增大 10%～40%，即取

$$A \geqslant (1.1 \sim 1.4) \frac{F_k}{f_a - \gamma_G d + \gamma_w h_w} \tag{6.17}$$

（3）选取基底长边 l 与短边 b 的比值 n（一般取 $n \leqslant 2$），于是有

$$b = \sqrt{\frac{A}{n}} \qquad (6.18)$$

$$l = nb \qquad (6.19)$$

（4）考虑是否应对地基承载力进行宽度修正，如需要，在承载力修正后，重复（2）、（3）两个步骤，使所取宽度前后一致。

（5）计算偏心距 e 和基底最大压力 $p_{k\max}$，并验算是否满足式（6-13）和式（6-16）的要求。

（6）若 b、l 取值不适当（太大或太小），可调整尺寸再进行验算，如此反复一、两次，便可定出合适的尺寸。

例题 6.2 已知厂房作用在基础上的柱荷载，如图 6-14 所示，地基土为粉质黏土，地基承载力 $f_{ak} = 210$ kPa，试设计矩形基础底面尺寸。

解：（1）初步确定基础底面积。

预估地基承载力特征值，先不考虑宽度修正，查表 6-4，对 $e = 0.73$、$I_L = 0.75$ 的粉质黏土，取 $\eta_b = 0.3$，$\eta_d = 1.6$，有

$$\begin{aligned}
f_a &= f_{ak} + \eta_d \gamma_m (d - 0.5) \\
&= 210 + 1.6 \times 17 \times (1.8 - 0.5) \\
&= 245.4 \text{ kPa}
\end{aligned}$$

根据式（6.8），得

$$A_0 \geqslant \frac{F_k + N_k}{f_a - \gamma_G d} = \frac{1800 + 220}{245.4 - 20 \times 1.8} = 9.64 \text{ m}^2$$

考虑偏心荷载的影响，将 A_0 增大 40%，即

$$A = 14. A_0 = 1.4 \times 10.1 = 14.14 \text{ m}^2$$

设长宽比 $n = \dfrac{l}{b} = 2$，则 $A = lb = nb^2 = 2b^2$，于是有

$$b = \sqrt{\frac{A}{n}} = \sqrt{\frac{14.14}{2}} \approx 2.7 \text{ m}, \ l = 2b = 2 \times 2.7 = 5.4 \text{ m}$$

（2）计算基底压力。

基础及回填土重为

$$G_k = \gamma_G A d = 20 \times 2.7 \times 5.4 \times 1.8 = 524.9 \text{ kN}$$

基底处竖向合力为

$$\sum F_k = 1800 + 524.9 + 220 = 2544.9 \text{ kN}$$

基底平均压力为

$$p_k = \frac{\sum F_k}{A} = \frac{2544.9}{2.7 \times 5.4} = 174.5 \text{ kPa}$$

基底处总力矩为

$$\sum M_k = 950 + 220 \times 0.62 + 180 \times 1.2 = 1302.4 \text{ kN}$$

偏心距为

$$e = \frac{\sum M_k}{\sum F_k} = \frac{1302.4}{2544.9} = 0.51 \text{ m} < \frac{l}{6} = \frac{5.4}{6} = 0.6 \text{ m}$$

故基底最大压力为

$$p_{k\max} = p_k \left(1 + \frac{6e}{l}\right) = 174.5 \times \left(1 + \frac{6 \times 0.51}{5.4}\right) = 273.4 \ kPa$$

（3）地基承载力验算。

因为 $b = 2.7 \ m < 3 \ m$，故地基承载力不必作宽度修正，由 $f_a = 245.4 \ kPa$，得

$$p_k = 174.5 \ kPa < f_a = 245.4 \ kPa$$

$$p_{k\max} = 273.4 \ kPa < 1.2 f_a = 1.2 \times 245.4 = 294.5 \ kPa$$

所以，基础采用 5.4 m×2.7 m 底面尺寸是合适的。

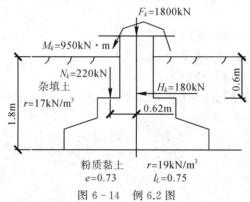

图 6-14　例 6.2 图

6.6.2　软弱下卧层承载力验算

持力层以下，若存在承载力明显低于持力层的土层，称为软弱下卧层。如果地基受力层范围内存在软弱下卧层，按持力层土的承载力计算得出基础底面所需的尺寸后，还必须对软弱下卧层进行验算，要求作用在软弱下卧层顶面处的附加应力与自重应力之和不超过它的地基承载力特征值，即

$$p_z + p_{cz} \leqslant f_{az} \tag{6.20}$$

式中：p_z——相应于荷载效应标准组合时，软弱下卧层顶面处的附加压力（kPa）；

p_{cz}——软弱下卧层顶面处的自重土压力（kPa）；

f_{az}——软弱下卧层顶面处经深度修正后地基承载力特征值（kPa）。

计算附加压力 p_z 时，一般采用简化方法，即参照双层地基中附加应力分布的理论解答按压力扩散角的概念计算（图 6-15）。假设基底处附加压力（$p_0 = p_k - p_c$）往下传递时按某一角度 θ 向外扩散分布于较大的面积上，可得 p_z 的简化计算公式。

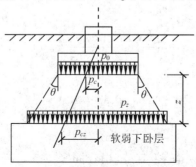

图 6-15　软弱下卧层承载力验算

矩形基础，有

$$p_z = \frac{lb(p_k - p_c)}{(b + 2z\tan\theta)(l + 2z\tan\theta)} \tag{6.21}$$

条形基础。仅考虑宽度方向的扩散，并沿基础纵向取单位长度为计算单元，有

$$p_z = \frac{b(p_k - p_c)}{(b + 2z\tan\theta)} \tag{6.22}$$

式中：b——矩形基础或条形基础底边的宽度(m)；

　　　l——矩形基础底边的长度(m)；

　　　p_c——基础底面处土的自重压力值(kPa)；

　　　z——基础底面至软弱下卧层顶面的距离(m)；

　　　θ——地基压力扩散线与垂直线的夹角(°)，见表 6 - 8。

表 6 - 8　地基压力扩散角 θ

E_{s1}/E_{s2}	z/b	
	0.25	0.50
3	6°	23°
5	10°	25°
10	20°	30°

注：① E_{s1} 为上层土压缩模量；E_{s2} 为下层土压缩模量；

　② 当 $z/b < 0.25$ 时，取 $\theta = 0$，必要时，宜由实验确定；当 $z/b > 0.5$ 时，取 θ 值不变。

例题 6.3　图 6 - 16 中的柱下矩形基础底面尺寸为 5.2 m×2.6 m，试根据图中各项资料验算持力层和软弱下卧层的承载力是否满足要求。

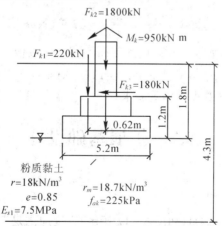

图 6 - 16　例 6.3 图

解：(1) 持力层承载力验算。先对持力层承载力特征值 f_{ak} 进行修正。查表 6.4，可得 $\eta_b = 0$，$\eta_d = 1.0$。由式(6 - 3)，可得

$$f_a = 225 + 1.0 \times 18.7 \times (1.8 - 0.5) = 249.3 \text{ kPa}$$

基底处的总竖向力为

$$F_k + G_k = 1800 + 220 + 20 \times 2.6 \times 5.2 \times 1.8 = 2506.7 \text{ kN}$$

基底处的总力矩为

$$M_k = 950 + 180 \times 1.2 + 220 \times 0.62 = 1302 \text{ kN} \cdot \text{m}$$

基底平均压力为

$$p_k = \frac{F_k + G_k}{A} = \frac{2506.7}{2.6 \times 5.2} = 185.4 \text{ kPa} < f_a = 249.3 \text{ kPa （可以）}$$

偏心距为

$$e = \frac{M_k}{F_k + G_k} = \frac{1302}{2506.7} = 0.519 \text{m} < \frac{l}{6} = 0.9 \text{ m （可以）}$$

基底最大压力为

$$p_{k\max} = p_k \left(1 + \frac{6e}{l}\right) = 185.4 \times \left(1 + \frac{6 \times 0.519}{5.2}\right)$$

$$= 296.4 \text{ kPa} < 1.2 f_a = 299.2 \text{ kPa （可以）}$$

（2）软弱下卧层承载力验算。由 $E_{s1}/E_{s2} = 7.5/2.5 = 3$，$z/b = 2.5/2.6 > 0.50$，查表 6 - 8 得 $\theta = 23°$，$\tan\theta = 0.424$。下卧层顶面处的附加压力为

$$p_z = \frac{lb(p_k - p_c)}{(l + 2z\tan\theta)(b + 2z\tan\theta)}$$

$$= \frac{5.2 \times 2.6 \times (185.4 - 18.0 \times 1.8)}{(5.2 + 2 \times 2.5 \times 0.424)(2.6 + 2 \times 2.5 \times 0.424)}$$

$$= 59.9 \text{ kPa}$$

下卧层顶面处的自重应力为

$$p_{cz} = 18.0 \times 1.8 + (18.7 - 10) \times 2.5 = 54.2 \text{ kPa}$$

下卧层承载力特征值为

$$\gamma_m = \frac{\sigma_{cz}}{d + z} = \frac{59.9}{4.3} = 13.9 \text{ kN/m}^3$$

$$f_{az} = 75 + 1.0 \times 13.9 \times (4.3 - 0.5) = 127.8 \text{ kPa}$$

$$p_{cz} + p_z = 54.2 + 59.9 = 114.1 \text{ kPa} < f_{az} \text{（可以）}$$

经验算，基础底面尺寸及埋深满足要求。

6.7 扩展基础设计

6.7.1 无筋扩展基础设计

无筋扩展基础(墙下、柱下)(如图 6 - 17 所示)高度应满足下式的要求，即

$$H_0 \geqslant \frac{b - b_0}{2\tan\alpha} \tag{6.23}$$

式中：b——基础底面宽度(m)；

b_0——基础顶面的墙体宽度或柱脚宽度(m)；

H_0——基础高度(m)；

$\tan\alpha$——基础台阶宽高比($b_2 : H_0$)，其允许值可按表 6 - 9 选用；

b_2——基础台阶宽度(m)。

表 6‑9　无筋扩展基础台阶宽高比的允许值

基础材料	质量要求	台阶宽度比的允许值		
		$p_k \leqslant 100$	$100 < p_k \leqslant 200$	$200 < p_k \leqslant 300$
混凝土基础	C15 混凝土	1：1.00	1：1.00	1：1.25
毛石混凝土基础	C15 混凝土	1：1.00	1：1.25	1：1.50
砖基础	砖不低于 MU10、砂浆不低于 M5	1：1.50	1：1.50	1：1.50
毛石基础	砂浆不低于 M5	1：1.25	1：1.50	—
灰土基础	体积比为 3：7 或 2：8 的灰土,其最小干密度:粉土 1550 kg/m³,粉质黏土 1500 kg/m³,黏土 1450 kg/m³	1：1.25	1：1.50	
三合土基础	体积比 1：2：4～1：3：6(石灰：砂：骨料),每层约虚铺 220 mm,夯至 150 mm	1：1.50	1：2.00	—

注:① p_k 为作用标准组合时的基础底面处的平均压力值(单位为 kPa);② 阶梯形毛石基础的每阶伸出宽度,不宜大于 200 mm;③ 当基础由不同材料叠合组成时,应对接触部分作抗压验算;④ 混凝土基础单侧扩展范围内基础底面处的平均压力值超过 300 kPa 时,尚应进行抗剪验算;⑤ 对基底反力集中于立柱附近的岩石地基,应进行局部受压承载力验算。

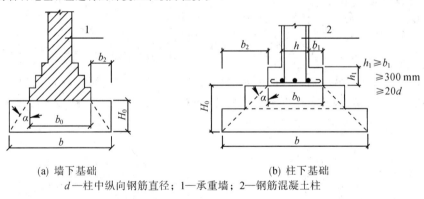

(a) 墙下基础　　　　　　　　　(b) 柱下基础

d—柱中纵向钢筋直径;1—承重墙;2—钢筋混凝土柱

图 6‑17　无筋扩展基础构造示意图

6.7.2　钢筋混凝土扩展基础设计

1. 扩展基础的构造要求

(1)锥形基础的边缘高度不宜小于 200 mm,且两个方向的坡度不宜大于 1：3;阶梯形基础的每阶高度,宜为 300～500 mm。

(2)垫层的厚度不宜小于 70 mm,垫层混凝土强度等级不宜低于 C10。

(3)扩展基础受力钢筋最小配筋率不应小于 0.15%,底板受力钢筋的最小直径不宜小于

10 mm，间距不宜大于 200 mm，也不宜小于 100 mm。墙下钢筋混凝土条形基础纵向分布钢筋的直径不宜小于 8 mm；间距不宜大于 300 mm；每延米分布钢筋的面积应不小于受力钢筋面积的 15%。当有垫层时钢筋保护层的厚度不应小于 40 mm；无垫层时不应小于 70 mm。

（4）混凝土强度等级不应低于 C20。

（5）当柱下钢筋混凝土独立基础的边长和墙下钢筋混凝土条形基础的宽度大于或等于 2.5 m 时，底板受力钢筋的长度可取边长或宽度的 0.9 倍，并宜交错布置（如图 6-18 所示）。

（6）钢筋混凝土条形基础底板在 T 形及十字形交接处，底板横向受力钢筋仅沿一个主要受力方向通长布置，另一方向的横向受力钢筋可布置到主要受力方向底板宽度 1/4 处（如图 6-19 所示）。在拐角处底板横向受力钢筋应沿两个方向布置（如图 6-19 所示）。

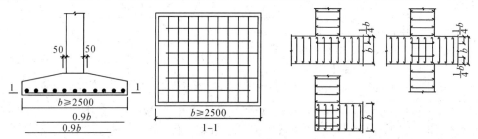

图 6-18　柱下独立基础底板受力钢筋布置　　图 6-19　墙下条形基础纵横交叉处底板受力钢筋布置

扩展基础的基础底面积，应按本章第 6.6 节的有关规定确定，在条形基础相交处，不应重复计入基础面积。

2. 墙下钢筋混凝土条形基础设计

1）剪力设计值

剪力设计值为

$$V_I = \frac{b_1}{2b}\left[(2b - b_1)p_{j\max} + b_1 p_{j\min}\right] \tag{6.24}$$

式中，b_1 是验算截面 I 距基础边缘的距离，如图 6-20 所示。当墙体材料为混凝土时，验算截面 I 在墙角处，b_1 等于基础边缘至墙脚的距离 a；当墙体材料为砖墙且放脚不大于 1/4 砖长时，取 $b_1 = a + 1/4$ 砖长。

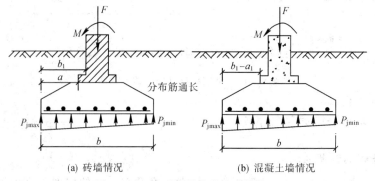

(a) 砖墙情况　　　　　　　　　　(b) 混凝土墙情况

图 6-20　墙下条形基础的验算截面

当荷载无偏心时，基础验算截面的剪力设计值 V_I 可简化为

$$V_I = \frac{b_1}{b}F \tag{6.25}$$

2）弯矩设计值

弯矩设计值为

$$M_{\mathrm{I}} = \frac{1}{2} V_{\mathrm{I}} b_{\mathrm{I}} \tag{6.26}$$

式中，其他符号同前。

3）基础底板厚度

基础内不配箍筋和弯起筋，故基础底板厚度应满足混凝土的抗剪切条件为

$$V_{\mathrm{I}} \leqslant 0.7 l f_{t} h_{0} \tag{6.27}$$

或

$$h_{0} \geqslant \frac{V_{\mathrm{I}}}{0.7 l f_{t}} \tag{6.28}$$

式中：f_t——混凝土轴心抗拉强度设计值（MPa）；

$\quad\ l$——计算长度通常取 1 m；

$\quad\ h_0$——基础底板的有效高度（m）。

4）基础底板配筋

底板配筋计算为

$$A_s = \frac{M_{\mathrm{I}}}{0.9 h_0 f_y} \tag{6.29}$$

式中：A_s——每米长基础底板受力钢筋截面积（m²）；

$\quad\ f_y$——钢筋抗拉强度设计值（MPa）。

例题 6.4　已知某教学楼外墙厚 370 mm，采用墙下钢筋混凝土条形基础，基础宽 2.5 m，基础埋深 1.6 m，相应于荷载效应基本组合时作用在基础顶面的轴心荷载为 $F = 300$ kN/m，试确定该墙下钢筋混凝土条形基础的高度及配筋。

解：（1）混凝土强度等级采用 C20，$f_t = 1.10$ N/mm²，采用 HPB300 级钢筋，$f_y = 270$ N/mm²，基础高度一般按 $h = b/8$ 的经验值选取：$h = b/8 = 2500/8 = 312.5$ mm，则取 $h = 320$ mm，$h_0 = 320 - 40 = 280$ mm。其剖面图如 6-21 所示。

（2）基础内力计算。

地基净反力值为

$$p_j = \frac{F}{b} = \frac{300}{2.5} = 120 \text{ kPa}$$

基础边缘至砖墙计算截面的距离为

$$b_{\mathrm{I}} = \frac{1}{2}(2.5 - 0.37) = 1.065 \text{ m}$$

I-I 截面的剪力设计值为

$$V = p_j b_{\mathrm{I}} = 120 \times 1.065 = 127.8 \text{ kN/m}$$

I-I 截面的弯矩设计值为

$$M = \frac{1}{2} p_j b_{\mathrm{I}}^2 = \frac{1}{2} \times 120 \times 1.065^2 = 68.1 \text{ kN/m}$$

（3）基础剪切验算，有

$$0.7 l h_0 f_t = 0.7 \times 1 \times 280 \times 1.10 = 215.6 \text{ kN/m} > 157 \text{ kN/m}$$

故基础底板高度满足要求。

（4）底板配筋计算。

受力钢筋面积为

$$A_s = \frac{M_I}{0.9h_0f_y} = \frac{68.1 \times 10^6}{0.9 \times 280 \times 310} = 871.7 \text{ mm}^2$$

选用 φ12@130，分布筋选 φ8@250。

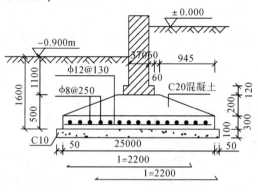

图 6-21　例 6.4 图

3. 柱下钢筋混凝土独立基础设计

1）基础高度的确定

基础高度及变阶处的高度，应根据抗剪及抗冲切的公式计算确定。对钢筋混凝土独立基础而言，其抗剪强度一般均能满足要求，故基础高度主要根据抗冲切要求确定，必要时才进行抗剪强度验算。

当基础承受柱子传来的荷载时，若在柱子周边处基础的高度不够，就会发生如图6-22 所示的冲切破坏，即从柱子周边起，沿着 45°斜面拉裂，而形成如图 6-23 中虚线所示的冲切角锥体。

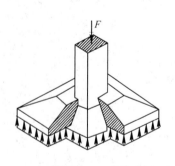

图 6-22　冲切破坏

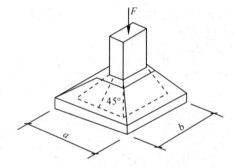

图 6-23　冲切角锥体

为了保证基础不发生冲切破坏，在基础冲切角锥体以外，由地基反力产生的冲切荷载 F 应小于基础冲切面上的冲切强度。根据《混凝土结构设计规范》（GB50010—2010）对矩形截面柱的矩形基础，在柱与基础交接处以及基础变阶处的冲切强度可按下列公式计算（参考图 6-24），即

$$F_1 \leqslant 0.7\beta_{hp}f_tA_2 \tag{6.30}$$

$$F_1 = p_j A_1 \tag{6.31}$$

式中：β_{hp}——受冲切承载力截面高度影响系数，当 h 不大于 800 mm 时，β_{hp} 取 1.0，当 h 大于等于 2000 mm 时，β_{hp} 取 0.9，其间按线性内插法取用；

f_t——混凝土轴心抗拉强度设计值（MPa）；

p_j——扣除基础自重及其上土重后相应于荷载效应基本组合时的地基土单元面积净反力，对于偏心受压基础，可取基础边缘处最大地基土单位面积净反力（kPa）；

A_1——冲切验算时取用的部分基底面积（m²），如图 6 - 24 所示；

A_2——冲切截面的水平投影面积（m²），如图 6 - 24 所示；

F_1——相应于荷载效应基本组合时作用在 A_1 上的地基净反力设计值（kN）。

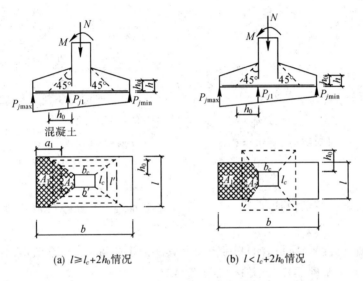

图 6 - 24　基础冲切计算截面位置

设基础底面短边长度为 l，柱截面的宽度和高度分别为 l_c、b_c，则沿柱边产生冲切时，有：

（1）当 $l \geqslant l_c + 2h_0$ 时，如图 6 - 24(a)所示，有

$$A_1 = \left(\frac{b}{2} + \frac{b_c}{2} - h_0 \right) l - \left(\frac{l}{2} - \frac{l_c}{2} - h_0 \right)^2 \tag{6.32}$$

$$A_2 = h_0 (l_c + h_0) \tag{6.33}$$

（2）当 $l < l_c + 2h_0$ 时，如图 6 - 21(b)所示，有

$$A_1 = \left(\frac{b}{2} - \frac{b_c}{2} - h_0 \right) l \tag{6.34}$$

$$A_2 = h_0 (l_c + h_0) - \left(\frac{l}{2} - \frac{l_c}{2} - h_0 \right)^2 \tag{6.35}$$

设计时，一般先按经验假定基础高度 h，得出 h_0，当不满足式(6.30)的抗冲切能力验算要求时，可适当增加基础高度 h 后重新验算，直至符合要求为止。

对于阶梯形基础，除了对柱边进行冲切验算外，还应计算变阶处的受冲切承载力。验

算方法与柱边冲切验算相同，只是在使用以上各式时，将柱截面尺寸 l_c、b_c 换为相应台阶的宽度和长度，并采用该处基础的有效高度。

2）基础底板的配筋计算

基础底板在地基净反力作用下沿柱周边向上弯曲，一般单独基础的长宽尺寸较为接近，故基础底板为双向弯曲板。当弯曲应力超过基础抗弯强度时，基础底板将发生弯曲破坏。其内力计算常采用简化计算方法。底板可看成是固定在柱边的四面挑出的悬臂板，近似地将地基反力按对角线划分，沿基础长宽两个方向的弯矩，等于梯形基底面积上地基净反力所产生的力矩。

对于矩形基础，当台阶的宽高比小于或等于 2.5、各偏心距小于或等于 1/6 基础宽度时，任意截面的弯矩为

$$M_{\mathrm{I}} = \frac{1}{12} a_1^2 \left[(2l + l') \left(p_{\max} + p - \frac{2G}{A} \right) + (p_{\max} - p) l \right] \tag{6.36}$$

$$M_{\mathrm{II}} = \frac{1}{48} (l - l')^2 (2b + b') \left(p_{\max} + p_{\min} - \frac{2G}{A} \right) \tag{6.37}$$

式中：M_{I}、M_{II}——任意截面Ⅰ-Ⅰ、Ⅱ-Ⅱ处相应于荷载效应基本组合时的弯矩设计值；

a_1——任意截面Ⅰ-Ⅰ至基底边缘最大反力处的距离（m）；

l、b——基础底面边长（m）；

$p_{\max}$、$p_{\min}$——相应于荷载效应基本组合时的基底边缘最大和最小地基反力设计值（kPa）；

p——相应于荷载效应基本组合时在任意截面Ⅰ-Ⅰ处基础底面地基反力设计值（kPa）；

G——考虑荷载分项系数的基础自重及其上的土自重，当组合值由永久荷载控制时，$G = 1.35 G_k$，G_k 为基础及其上土的标准自重（kN）。

柱下独立基础的底板应在两个方向配置受力钢筋，设计控制截面柱边或阶梯形基础的变阶处，将此时对应的 a_1、l'、b' 和 p 代入式（6.36）和式（6.37），即可求出相应的控制截面弯矩值。底板长边方向和短边方向的受力钢筋面积 $A_{s\mathrm{I}}$ 和 $A_{s\mathrm{II}}$ 分别为

$$A_{s\mathrm{I}} = \frac{M_{\mathrm{I}}}{0.9 f_y h_0} \tag{6.38}$$

$$A_{s\mathrm{II}} = \frac{M_{\mathrm{II}}}{0.9 f_y (h_0 - d)} \tag{6.39}$$

式中，d 为钢筋直径，其余符号同前。

例题 6.5 某框架结构柱截面 $b_c \times l_c = 0.6 \text{ m} \times 0.6 \text{ m}$，竖向荷载标准值为 $F_k = 900 \text{ kN}$，力矩标准值 $M_k = 250 \text{ kNm}$，基础埋深 1.3 m，基础尺寸 $b \times l = 3 \text{ m} \times 3 \text{ m}$（地基承载力满足要求）。永久荷载效应控制。试设计该柱下钢筋混凝土独立基础，参见图 6-25。

解：（1）材料选用 C20 混凝土，HPB300 级钢筋，$f_t = 1.10 \text{ N/mm}^2$，$f_y = 210 \text{ N/mm}^2$。

（2）计算基底边缘压力标准值。

基础及回填土重为

$$G_k = \gamma_G A d = 20 \times 3 \times 3 \times 1.3 = 234 \text{ kN}$$

基底边缘压力为

$$\genfrac{}{}{0pt}{}{p_{k\max}}{p_{k\min}} = \frac{F_k + G_k}{A} \pm \frac{6M_k}{lb^2} = \frac{900 + 234}{3.0 \times 3.0} \pm \frac{6 \times 250}{3 \times 3^2} = \genfrac{}{}{0pt}{}{181.56}{70.45} \text{ kPa}$$

（3）基础冲切破坏验算。初步确定采用台阶基础，共两阶，每阶高度 450 mm。取保护层厚度为 50 mm，则对柱边截面，$h_0 = h - 50 = 900 - 50 = 850$ mm。本基础设计冲切发生在最大反力一侧，因 $l = 3000 \geqslant l_c + 2h_0 = 600 + 2 \times 850 = 2300$ mm，故冲切破坏锥体的底面落在基础底面以内，有

$$A_1 = h_0(l_c + h_0) = 850 \times (600 + 850) = 1\ 232\ 500 \text{ mm}^2$$

$$\begin{aligned}
A_2 &= \left(\frac{b}{2} - \frac{b_c}{2} - h_0\right)l - \left(\frac{l}{2} - \frac{l_c}{2} - h_0\right)^2 \\
&= \left(\frac{3000}{2} - \frac{300}{2} - 850\right) \times 3000 - \left(\frac{3000}{2} - \frac{300}{2} - 850\right)^2 = 927\ 500 \text{ mm}^2
\end{aligned}$$

基础截面高 900 mm，取 $\beta_{hp} = 0.99$，则

$$0.7\beta_{hp}f_t A_1 = 0.7 \times 0.99 \times 1.1 \times 1\ 232\ 500 = 939\ 534.75 \text{ N}$$

当偏心荷载下由永久荷载控制荷载效应的基本组合时，有

$$p_j = 1.35 \times \left(p_{k\max} - \frac{G}{A}\right) = 1.35 \times \left(181.56 - \frac{234}{3 \times 3}\right) = 210.0 \text{ kPa}$$

$$F_1 = p_j A_1 = 0.2100 \times 1232500 = 258\ 825 \text{ N} < 0.7\beta_{hp}f_t A_1 = 939\ 534.75 \text{ N}$$

故基础高度足够，满足抗冲切要求。

变截面冲切验算略。

（4）基础底板配筋计算。

基础两方向宽高比均为 $\dfrac{3000 - 600}{2 \times 800} = 1.5 < 2.5$；

偏心荷载偏心距 $e = \dfrac{M_k}{F_k} = \dfrac{250}{900} = 0.278 < \dfrac{b}{6} = \dfrac{3}{6} = 0.5$。

上述条件满足，可按式（6.36）和式（6.37）计算弯矩。

荷载效应基本组合时基础底面边缘最大、最小反力设计值分别为

$$\genfrac{}{}{0pt}{}{p_{\max}}{p_{\min}} = 1.35 \times \genfrac{}{}{0pt}{}{p_{k\max}}{p_{k\min}} = 1.35 \times \genfrac{}{}{0pt}{}{181.56}{70.45} = \genfrac{}{}{0pt}{}{245.11}{95.11} \text{ kPa}$$

① Ⅰ-Ⅰ截面：Ⅰ-Ⅰ截面至基底边缘最大反力处的距离为 $a_1 = (3000 - 600)/2 = 1200$ mm。Ⅰ-Ⅰ处的基底反力设计值为

$$\begin{aligned}
p &= p_{\min} + (p_{\max} - p_{\min}) \times \frac{b - a_1}{b} \\
&= 95.11 + (245.11 - 95.11) \times \frac{3 - 1.2}{3} = 185.11 \text{ kPa}
\end{aligned}$$

$$\begin{aligned}
M_{\mathrm{I}} &= \frac{1}{12}a_1^2\left[(2l + l')\left(p_{\max} + p - \frac{2G}{A}\right) + (p_{\max} - p)l\right] \\
&= \frac{1}{12} \times 1.2^2\left[(2 \times 3 + 0.6)\left(245.11 + 185.11 - \frac{2 \times 1.35 \times 234}{3 \times 3}\right) + (245.11 - 185.11) \times 3\right]
\end{aligned}$$

$$= 306.74 \text{ kN} \cdot \text{m} = 306\ 740\ 000 \text{ N} \cdot \text{mm}$$

$$A_{s\text{I}} = \frac{M_\text{I}}{0.9 f_y h_0} = \frac{306\ 740\ 000}{0.9 \times 210 \times 850} = 1909 \text{ mm}^2$$

故实际配筋为 $10\phi16(A_s = 2010 \text{ mm}^2)$。

② Ⅱ-Ⅱ截面,有

$$M_\text{Ⅱ} = \frac{1}{48}(l - l')^2 (2b + b')\left(P_{\max} + P_{\min} - \frac{2G}{A}\right)$$

$$= \frac{1}{48}(3 - 0.6)^2 (2 \times 3 + 0.6)\left(245.11 + 95.11 - \frac{2 \times 1.35 \times 234}{3 \times 3}\right)$$

$$= 270.02 \text{ kN} \cdot \text{m}$$

$$= 270\ 020\ 000 \text{ N} \cdot \text{mm}$$

$$A_{s\text{Ⅱ}} = \frac{M_\text{Ⅱ}}{0.9 f_y (h_0 - d)} = \frac{142\ 560\ 000}{0.9 \times 210 \times (850 - 15)} = 903 \text{ mm}^2$$

故实际配筋为 $12\phi10(A_s = 942 \text{ mm}^2)$。

(5) 基础断面构造尺寸及配筋如图 6-25 所示。

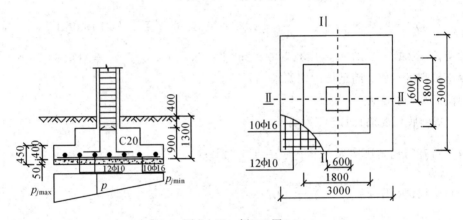

图 6-25 例 6.5 图

6.8 柱下条形基础设计

6.8.1 柱下条形基础的构造要求

柱下条形基础的构造,除应满足钢筋混凝土扩展基础的构造要求外,尚应符合下列规定:

(1) 柱下条形基础梁的高度宜为柱距的 $1/4 \sim 1/8$。翼板厚度不应小于 200 mm。当翼板厚度大于 250 mm 时,宜采用变厚度翼板,其顶面坡度宜小于或等于 1∶3。

(2) 条形基础的端部宜向外伸出,其长度宜为第一跨距的 0.25 倍。

(3) 现浇柱与条形基础梁的交接处,基础梁的平面尺寸应大于柱的平面尺寸且柱的边缘至基础梁边缘的距离不得小于 50 mm(如图 6-26 所示)。

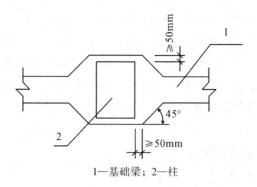

1—基础梁；2—柱

图 6-26 现浇柱与条形基础梁交接处平面尺寸

（4）条形基础梁顶部和底部的纵向受力钢筋除应满足计算要求外，顶部钢筋应按计算配筋全部贯通，底部通长钢筋不应少于底部受力钢筋截面总面积的 1/3。

（5）柱下条形基础的混凝土强度等级不应低于 C20。

6.8.2 柱下条形基础的内力计算

柱下条形基础内力计算方法主要有简化计算法和弹性地基梁法两种。

1. 简化计算法

根据上部结构刚度的大小，简化计算法可分为静定分析法（静定梁法）和倒梁法两种。这两种方法均假设基底反力为直线（平面）分布。为满足这一假定，要求条形基础具有足够的相对刚度。当柱距相差不大时，通常要求基础上的平均柱距 l_m 应满足下列条件，即

$$l_m \leqslant 1.75 \left(\frac{1}{\lambda} \right) \tag{6.40}$$

式中，$1/\lambda$ 为文克勒地基上梁的特征长度，$\lambda = \sqrt[4]{kb/4EI}$。对一般柱距及中等压缩性的地基，按上述条件进行分析，条形基础的高度应不小于平均柱距的 1/6。

若上部结构的刚度很小（如单层排架结构）时，宜采用静定分析法。计算时先按直线分布假定求出基底净反力，然后将柱荷载直接作用在基础梁上。这样基础梁上所有的作用力都已确定，故可按静力平衡条件计算出任一截面 i 上弯矩 M_i 和剪力 V_i（图 6-27），由静定分析法假定上部结构为柔性结构，即不考虑上部结构刚度的有利影响，所以在荷载作用下基础梁将产生整体弯曲。与其他方法比较，这样计算所得的基础不利截面上的弯矩绝对值可能偏大很多。

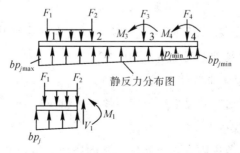

图 6-27 按静力平衡条件计算条形基础的内力

倒梁法假定上部结构是绝对刚性的，各柱之间没有沉降差异，因而可以把柱脚视为条

形基础的铰支座，将基础梁按倒置的普通连续梁（采用弯矩分配法或弯矩系数法）计算，而荷载则为直线分布的基底净反力 bp_j（单位为 kN/m）以及除去柱的竖向集中力所余下的各种作用（包括柱传来的力矩）（如图 6-28 所示）。这种计算方法只考虑出现于柱间的局部弯曲，而略去沿基础全长发生的整体弯曲，因而所得弯矩图正负弯矩最大值较为均衡，基础不利截面的弯矩最小。倒梁法适用于上部结构刚度很大的情况。

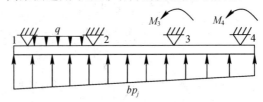

图 6-28 倒梁法计算简图

综上所述，在比较均匀的地基上，上部结构刚度较好，荷载分布和柱距较均匀（如相差不超过 20%），且条形基础梁的高度不小于 1/6 柱距时，基底反力可按直线分布，基础梁的内力可按倒梁法计算。

当条形基础的相对刚度较大时，由于基础的架越作用，其两端边跨的基底反力会有所增大，故两边跨的跨中弯矩值及第一内支座的弯矩值宜乘以 1.2 的增大系数。需要指出，当荷载较大、土的压缩性较高或基础埋深较浅时，随着端部基底下塑性区的开展，架越作用将减弱或消失，甚至出现基底反力从端部向内转移的现象。下面介绍柱下条形基础的计算步骤。

1）确定截面尺寸

将条形基础视为一狭长的矩形基础，其长度 l 主要按结构构造要求决定（只要决定于伸出边柱的长度），并尽量使荷载的合力作用点与基础底面形心相重合。

当轴心荷载作用时，基底宽度 b 为

$$b \geqslant \frac{\sum F_k + G_{wk}}{(f_a - 20d + h_w)l} \tag{6.41}$$

当偏心荷载作用时，先按上式初定基础宽度并适当增大，然后按下式验算基础边缘压力，有

$$p_{max} = \frac{\sum F_k + G_k + G_{wk}}{lb} + \frac{6\sum M_k}{bl^2} \leqslant 1.2f_a \tag{6.42}$$

式中：$\sum F_k$ ——相应于荷载效应标准组合时，各柱传来的竖向力之和（kN）；

G_k ——基础自重和基础上的土重之和（kN）；

G_{wk} ——作用在基础梁上墙的自重（kN）；

$\sum M_k$ ——各荷载对基础梁中点的弯矩的代数和（kN·m）；

d ——基础平均埋深（m）；

h_w ——当基础埋深范围内有地下水时，基础底面至地下水位的距离，无地下水时，$h_w = 0$；

f_a ——修正后的地基承载力特征值（kPa）。

2）基础底板计算

柱下条形基础底板的计算方法与墙下钢筋混凝土条形基础相同。在计算基底净反力设计值时，荷载沿纵向和横向的偏心都要予以考虑。当各跨的净反力相差较大时，可依次对各跨底板进行计算，净反力可取本跨内的最大值。

3）基础梁内力计算

（1）计算基底净反力设计值。沿基础纵向分布的基底边缘最大和最小线性净反力设计值可按下式计算，即

$$bp_{j\min}^{j\max} = \frac{\sum F}{l} \pm \frac{6\sum M}{l^2} \tag{6.43}$$

式中，$\sum F$ 和 $\sum M$ 分别为各柱传来的竖向力设计值之和及各荷载对基础梁中点的力矩设计值代数和。

（2）内力计算。当上部结构刚度很小时，可按静定分析法计算，若上部结构刚度较大，则按倒梁法计算。

采用倒梁法计算时，计算所得的支座反力一般不等于原有的柱子传来的轴力。这是因为反力呈直线分布及视柱脚为不动铰支座都可能与事实不符，另外上部结构的整体刚度对基础整体弯矩有抑制作用，使柱荷载的分布均匀化。若支座反力与相应的柱轴力相差较大（如相差 20% 以上），可采用实践中提出的"基础反力局部调整法"加以调整。此法是将支座反力与柱子的轴力之差（正或负的）均匀分布在相应支座两侧各三分之一跨度范围内（对边支座的悬臂跨则取全部），作为基底反力的调整值，然后再按反力调整作用下的连续梁计算内力，最后与原算得的内力叠加。经调整后不平衡力将明显减小，一般调整 1~2 次即可。

肋梁的配筋计算与一般的钢筋混凝土 T 形截面梁相仿，即对跨中按 T 形、对支座按矩形截面计算。当柱荷载对单向条形基础有扭力作用时，应做抗扭计算。

需要特别指出的是，静定分析法和倒梁法实际上代表了两种极端情况，且有诸多前提条件。因此，在对条形基础进行截面设计时，切不可拘泥于计算结果，而应结合实际情况和设计经验，在配筋时做某些必要的调整。这一原则对下面将要讨论的其他梁板式基础也是适用的。

例题 6.6 例图 6-29 中的柱为条形基础，修正后的地基承载力特征值为 130 kPa，图中的柱荷载均为设计值，标准值可近似取设计值的 0.74 倍。试确定基础底面尺寸，并用倒梁法计算基础梁的内力。

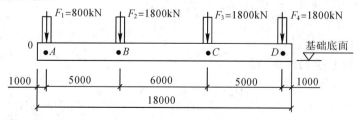

图 6-29 例 6.6 图 1

解 （1）确定基础底面尺寸。设基础端部外伸长度为边跨跨距的 0.2 倍，即 1.0 m，则

基础总长度 $l=2\times(1+5)+6=18$ m，于是基底宽度为

$$b=\frac{\sum F_k}{l(f-20d)}=\frac{2\times(800+1800)\times0.74}{18\times(130-20\times1.5)}=2.14 \text{ m}$$

（2）用弯矩分配法计算肋梁弯矩。

沿基础纵向的地基净反力为

$$bp_i=\frac{\sum F_k}{l}=\frac{5200}{18}=289 \text{ kN/m}$$

边跨固端弯矩为

$$M_{BA}=\frac{1}{12}bp_jl_1^2=\frac{1}{12}\times288.89\times5^2=602 \text{ kN}\cdot\text{m}$$

中跨固端弯矩为

$$M_{BC}=\frac{1}{12}bp_jl_2^2=\frac{1}{12}\times288.89\times6^2=867 \text{ kN}\cdot\text{m}$$

A 截面（左边）伸出端弯矩为

$$M_A^l=\frac{1}{12}bp_jl_0^2=\frac{1}{2}\times288.89\times1^2=144 \text{ kN}\cdot\text{m}$$

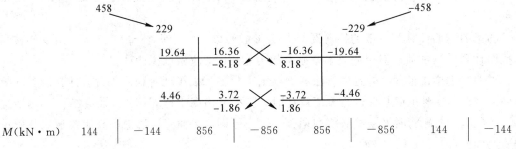

（3）肋梁剪力计算。

A 截面左边的剪力为

$$V_A^l=bp_jl_0=289\times1.0=289 \text{ kN}$$

取 OB 段作为脱离体，计算 A 截面的支座反力为

$$R_A=\frac{1}{l_1}\left(\frac{1}{2}bp_j(l_0+l_1)^2-M_B\right)=\frac{1}{5}\left(\frac{1}{2}\times289\times6^2-856\right)=869.2 \text{ kN}$$

A 截面右边（上标 r）的剪力为

$$V_A^r=bp_jl_0-R_A=389\times1-869.2=-480.2 \text{ kN}$$

$$R_B'=bp_j(l_0+l_1)-R_A=289\times6-869.2=864.8 \text{ kN}$$

取 BC 段作为脱离体，有

$$R_B''=\frac{1}{l_2}\left(\frac{1}{2}bp_jl_2^2+M_B-M_C\right)=\frac{1}{6}\left(\frac{1}{2}\times289\times6^2+856-856\right)=867 \text{ kN}$$

$$R_B = R'_B + R''_B = 864.8 + 867 = 1731.8 \text{ kN}$$
$$V^l_B = R'_B = 864.8 \text{ kN}$$
$$V^r_B = -R''_B = -867 \text{ kN}$$

按跨中剪力为零的条件来求跨中最大负弯矩：

OB 段，有

$$bp_j x - R_A = 289x - 869.2 = 0$$
$$x = 3.0 \text{ m}$$

所以，$M_1 = \dfrac{1}{2}bp_j x^2 - R_A \times 2 = \dfrac{1}{2} \times 289 \times 3^2 - 869.2 \times 2 = -437.9 \text{ kN} \cdot \text{m}$。

BC 段为对称，最大负弯矩在中间截面为

$$M_2 = -\frac{1}{8}bp_j l_2^2 + M_B = -\frac{1}{8} \times 289 \times 6^2 + 856 = -444.5 \text{ kN} \cdot \text{m}$$

由以上的计算结果可作出条形基础的弯矩图和剪力图，如图 6-30 所示。

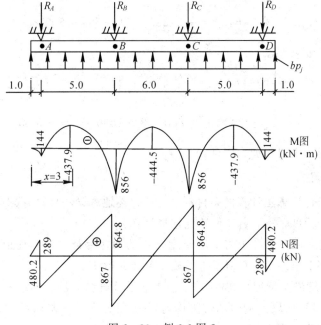

图 6-30　例 6.6 图 2

例题 6.7　按静定分析法计算如图 6-31 所示的柱下条形基础的内力。

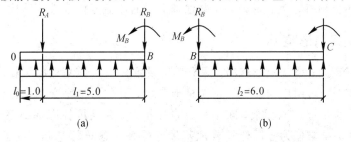

(a)　　　　　　　　　　　　(b)

图 6-31　例 6.7 图

解：先计算支座处剪力，即

$$V_A^l = bp_j l_0 = 289 \times 1 = 289 \text{ kN}$$

$$V_A^r = V_A^l - F_1 = 289 - 800 = -511 \text{ kN}$$

$$V_B^l = bp_j(l_0 + l_1) - F_1 = 289 \times 6 - 800 = 934 \text{ kN}$$

其次计算截面弯矩,即

$$M_A = \frac{1}{12} bp_j l_0^2 = \frac{1}{2} \times 289 \times 1^2 = 144.5 \text{ kN} \cdot \text{m}$$

按剪力 $V = 0$ 的条件,确定边跨跨中最大负弯矩的截面位置(至条形基础左端点的距离为 x),即

$$x = \frac{F_1}{bp_j} = \frac{800}{289} = 2.77 \text{ m}$$

于是

$$M_1 = \frac{1}{2} bp_j x^2 - F_1(x - l_0) = \frac{1}{2} \times 289 \times 2.77^2 - 800 \times (2.77 - 1) = -307.27 \text{ kN} \cdot \text{m}$$

$$M_B = \frac{1}{2} bp_j(l_0 + l_1)^2 - F_1 l_1 = \frac{1}{2} \times 289 \times (1 + 5)^2 - 800 \times 5 = 1202 \text{ kN} \cdot \text{m}$$

中跨最大弯矩在跨中央,有

$$M_2 = \frac{1}{2} bp_j \left(l_0 + l_1 + \frac{l_2}{2} \right)^2 - F_1 \left(l_1 + \frac{l_2}{2} \right) - F_2 \left(\frac{l_2}{2} \right)$$

$$= \frac{1}{2} \times 289 \times 9^2 - 800 \times 8 - 1800 \times 3 = -95.5 \text{ kN} \cdot \text{m}$$

由计算结果可绘制弯矩图和剪力图(略)。

2. 弹性地基梁法

当不满足按简化计算法计算的条件时,宜按弹性地基梁法计算基础内力。一般可以根据地基条件的复杂程度,分下列三种情况选择计算方法:

(1)对基础宽度不小于可压缩土层厚度二倍的薄压缩层地基,如地基的压缩性均匀,则可按文克勒地基上梁的解析解计算,并确定基床系数 K。

(2)当基础宽度满足情况(1)的要求,但地基沿基础纵向的压缩性不均匀时,可沿纵向将地基划分成若干段(每段内的地基较为均匀),每段分别计算基床系数,然后按文克勒地基上梁的数值分析法计算。

(3)当基础宽度不满足情况(1)的要求,或应考虑邻近基础或地面堆载对所计算基础的沉降和内力的影响时,宜采用非文克勒地基上梁的数值分析法进行迭代计算。

6.8.3 柱下交叉条形基础

当上部荷载较大、地基土较软弱,只靠单向设置柱下条形基础已不能满足地基承载力和地基变形要求时,可用双向设置的正交格形基础,又称为十字交叉基础。十字交叉基础将荷载扩散到更大的基底面积上,减小基底附加压力,并且可提高基础整体刚度、减少沉降差,因此这种基础常作为多层建筑或地基较好的高层建筑的基础,对于较软弱的地基,还可与桩基连用。

为调整结构荷载重心与基底平面形心相重合并改善角柱与边柱下地基受力条件,常在

转角和边柱处将基础梁做构造性延伸。梁的截面大多取 T 形，梁的结构构造的设计要求与条形基础类同。存在交叉处翼板双向主筋需重叠布置，如果基础梁有扭矩作用时，纵向筋按承受弯矩和扭矩进行配置。

柱下十字交叉基础上的荷载是由柱网通过柱端作用在交叉节点上，如图 6 – 32 所示。基础计算的原理是把节点荷载分配给两个方向的基础梁，然后分别按单向的基础梁由前述的方法进行计算。

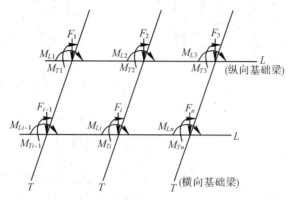

图 6 – 32　十字交叉基础节点受力图

节点荷载在正交的两个条形基础上的分配必须满足两个条件：

（1）静力平衡条件，即在节点处分配给两个方向条形基础的荷载之和等于柱荷载，有

$$F_{ix} + F_{iy} = F_i \tag{6.44}$$

式中：F_i——i 节点上的竖向柱荷载(kN)；

$\quad\quad F_{ix}$——x 方向基础梁在节点 i 的竖向荷载(kN)；

$\quad\quad F_{iy}$——y 方向基础梁在节点 i 的竖向荷载(kN)。

节点上的弯矩 M_x、M_y 直接加于相应方向的基础梁上，不必再做分配，即不考虑基础梁承受的扭矩。

（2）变形协调条件，即分配后两个方向的条形基础在交叉节点处的竖向位移相等，有

$$w_{ix} = w_{iy} \tag{6.45}$$

式中：w_{ix}——x 方向梁在节点 i 的竖向位移；

$\quad\quad w_{iy}$——y 方向梁在节点 i 的竖向位移。

由式(6.44)与式(6.45)可知，每个节点均可建立两个方程，其中只有两个未知量 F_{ix} 和 F_{iy}。方程与未知量相同。若有 n 个节点，即有 $2n$ 个方程，恰可解 $2n$ 个未知量。

但是实际计算显然很复杂，因为必须用上述方法求弹性地基上梁的内力和挠度才能解节点的位移，而这两组基础梁上的荷载又是待定的。就是说必须把柱荷载的分配与两组弹性地基梁的内力与挠度联合求解。为减少计算的复杂程度，一般采用文克尔地基模型，略去本结点的荷载对其节结点挠度的影响，即便如此，计算也还是相当复杂。

十字交叉基础有三节节点，即Ⓐ Γ 形节点，Ⓑ T 形节点，Ⓒ 十字形节点，如图 6 – 33 所示。十字形节点可按两条正交的无限长梁交叉点计算梁的挠度，Γ 形节点按两条正交的半无限长梁的交叉计算梁的挠度，T 形节点则按正交的一条无限长梁和一条半无限长梁计算梁的挠度。

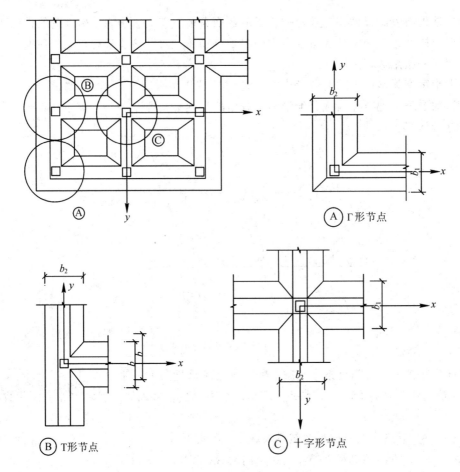

图 6-33 十字形基础节点类型

采用文克尔地基模型，计算无限长梁和半无限长梁受集中力 F 作用下的挠度公式计算交点的挠度。在交叉节点处（荷载作用点），$x=0$，式中的参数 $A_x=1$，$D_x=1$。无限长梁交叉节点处的挠度为

$$w = \frac{F\lambda}{2k_s} = \frac{F\lambda}{2kb} \tag{6.46}$$

对半无限长梁，交叉节点处的挠度为

$$w = \frac{2F\lambda}{k_s} = \frac{2F\lambda}{kb} \tag{6.47}$$

现以图 6-33 中 T 形节点Ⓑ为例分配柱荷载 F_i。设分配与纵、横方向基础梁上的节点力分别为 F_{ix} 和 F_{iy}，节点的竖向位移为 w_{ix} 与 w_{iy}，对于纵向 x 基础梁，按半无限长梁计算交叉节点挠度，用式(6.47)计算，有

$$w_{ix} = \frac{2F_u\lambda_1}{b_1 k}, \quad \lambda_1 = 4\sqrt{\frac{b_1 k}{E_c I_1}} \tag{6.48}$$

对于横向 y 基础梁，按无限长梁计算交叉节点挠度，用式(6.46)计算，有

$$w_{iy} = \frac{F_{iy}\lambda_2}{2b_2 k}, \quad \lambda_2 = 4\sqrt{\frac{b_2 k}{E_c I_2}} \tag{6.49}$$

纵、横方向基础梁在节点 i 处的挠度必须符合变形协调条件，则

$$w_{ix} = w_{iy}, \quad 4F_{ix}\lambda_1 = F_{iy}\lambda_2 \frac{b_1}{b_2} \tag{6.50}$$

同时必须符合静力平衡条件，则

$$F_{ix} + F_{iy} = F_i \tag{6.51}$$

式中：b_1、b_2——纵向基础梁和横向基础梁的宽度（m）；

I_1、I_2——纵向基础梁和横向基础梁的截面惯性矩（m⁴）；

E_c——基础梁材料的弹性模量（kN/m²）；

k——地基的抗力系数（kN/m³）。

式（6.50）和式（6.51）联合求解，得

$$F_{ix} = \frac{b_1\lambda_2}{b_1\lambda_2 + 4b_2\lambda_1} F_i \tag{6.52}$$

$$F_{iy} = \frac{4b_2\lambda_1}{b_1\lambda_2 + 4b_2\lambda_1} F_i \tag{6.53}$$

同理，对于十字形和 Γ 形节点，得到纵横基础梁所分配的节点荷载均为

$$F_{ix} = \frac{b_1\lambda_2}{b_1\lambda_2 + b_2\lambda_1} F_i \tag{6.54}$$

$$F_{iy} = \frac{b_2\lambda_1}{b_1\lambda_2 + b_2\lambda_1} F_i \tag{6.55}$$

在将节点上的柱荷载分配给纵、横方向基础梁的计算中，在交叉节点处，基底面积重复计算一次，即图 6-34 中的阴影面积多算了一次。结果使基底单位面积上的反力较实际的反力减少了，计算结果偏于不安全方面，必须进行调整修正。

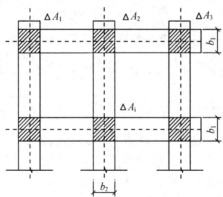

图 6-34　交叉面积计算简图

调整的办法是，先计算因有重叠基底面积引起基底压力的变化量 Δp，然后增加一荷载增量 ΔF，使其恰能抵消基底压力的变化量，使得基底压力能维持不变。调整前的基底压力平均计算值为

$$p = \frac{\sum\limits_{i=1}^{n} F_i}{A + \sum\limits_{i=1}^{n} \Delta A_i} \tag{6.56}$$

式中：$\sum\limits_{i=1}^{n} F_i$ ——作用在诸节点上集中力的总和(kN)；

A ——基础的实际底面积(m^2)；

$\sum\limits_{i=1}^{n} \Delta A_i$ ——交叉基础各节点重叠的基底面积之和(m^2)。

调整后即消除了重叠基底面积影响的实际基底压力为

$$p' = \frac{\sum\limits_{i=1}^{n} F_i}{A} \qquad (6.57)$$

调整前后基底压力值的变化值 Δp 就是由于有重叠基底面积 $\sum \Delta A_i$ 所引起的，其值为

$$\Delta p = p' - p = \frac{\sum\limits_{i=1}^{n} \Delta A_i}{A} \cdot p \qquad (6.58)$$

显然，基础梁由于多算了基底面积 $\sum\limits_{i=1}^{n} \Delta A_i$ ，因而使得基底压力的减小量为 Δp，故应加一荷载增量 ΔF_i，使其引起基底压力的增量恰好等于 Δp，才能消除基底面积的重叠计算，使基底压力维持不变。

$$\frac{\Delta F_i}{A} = \Delta p = \frac{\sum\limits_{i=1}^{n} \Delta A_i}{A} \cdot p \qquad (6.59)$$

$$\Delta F_i = \sum\limits_{i=1}^{n} \Delta A_i \cdot p \qquad (6.60)$$

将节点 i 的荷载增量 ΔF_i 按比例分配给纵向和横向基础梁，即

$$\Delta F_{ix} = \frac{F_{ix}}{F_i} \cdot \Delta F_i = \frac{F_{ix}}{F_i} \cdot \sum\limits_{i=1}^{n} \Delta A_i \cdot p \qquad (6.61)$$

$$\Delta F_{iy} = \frac{F_{iy}}{F_i} \cdot \Delta F_i = \frac{F_{iy}}{F_i} \cdot \sum\limits_{i=1}^{n} \Delta A_i \cdot p \qquad (6.62)$$

经过调整后，节点 i 纵向和横向基础梁上的荷载应该为

$$F'_{ix} = F_{ix} + \Delta F_{ix} \qquad (6.63)$$

$$F'_{iy} = F_{iy} + \Delta F_{iy} \qquad (6.64)$$

节点荷载分配后，就可按柱下条形基础内力计算方法计算节点的位移与基底反力。

6.9 筏形基础与箱形基础

6.9.1 筏形基础的特点和构造要求

筏形基础的板厚应按受冲切和受剪承载力计算确定。平板式筏形基础的最小板厚不宜小于 400 mm，当柱荷载较大时，可将柱位下筏板局部加厚或增设柱墩，也可采用设置抗冲切箍筋来提高受冲切承载能力。12 层以上建筑的梁板式筏基的板厚不应小于 400 mm，且

板厚与最大双向板格的短边净跨之比不应小于 1/14。

梁板式筏基的肋梁除应满足正截面受弯及斜截面受剪承载力外，还需验算柱下肋梁顶面的局部受压承载力。肋梁与柱或剪力墙的连接构造见图 6-35 所示。

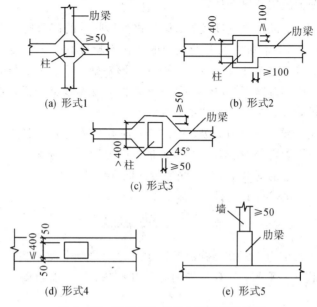

图 6-35　肋梁与柱或剪力墙连接的构造

在一般情况下，筏形基础底板边缘应伸出边柱和角柱外侧包线或侧墙以外，伸出长度宜不大于伸出方向边跨柱距的 1/4，无外伸肋梁的底板，其伸出长度一般不宜大于 1.5 m。双向外伸部分的底板直角应削成钝角。

考虑到整体受力的影响，筏形基础的配筋除满足计算要求外，对梁板式筏形基础，纵横方向的支座钢筋应有 1/3～1/2 贯通全跨且配筋率不应小于 0.15％；跨中钢筋应按计算配筋全部连通。对平板式筏形基础，柱下板带和跨中板带的底部钢筋应有 1/3～1/2 贯通全跨，并且配筋率不应小于 0.15％；顶部钢筋按计算配筋全部连通。

筏板边缘的外伸部分应上下配置钢筋。对无外伸肋梁的双向外伸部分，应在板底配置内锚长度为 l_r（大于板的外伸长度 l_1 及 l_2）的辐射状附加钢筋，其直径与边跨板的受力钢筋相同，外端间距不大于 200 mm。

当筏板的厚度大于 2000 mm 时，宜在板厚中间部位设置直径不小于 12 mm、间距不大于 300 mm 的双向钢筋网。

高层建筑筏形基础的混凝土强度等级不应低于 C30。对于设置架空层或地下室的筏形基础底板、肋梁及侧壁，其所用混凝土的抗渗等级不应小于 0.6 MPa。

6.9.2　筏形基础的内力计算

1. 简化计算法

筏形基础的简化计算法分楼盖法和静定分析法两种。与柱下条形基础类似，计算筏板基础内力时假设基底净反力为直线分布，因此要求基础具有足够的相对刚度，并满足式(6.65)的条件，即要求基础上的平均柱距 l_m 应满足下列条件，即

$$l_m \leqslant 1.75\left(\frac{1}{\lambda}\right) \tag{6.65}$$

式中，$\frac{1}{\lambda}$ 是文克勒地基上梁的特征长度，$\lambda = \sqrt[4]{\dfrac{kb}{4EI}}$。

当地基比较均匀、上部结构刚度较好、梁板式筏形基础的高跨比或平板式筏形基础板的厚跨比不小于 1/6，并且相邻柱荷载及柱距的变化不超过 20% 时，筏形基础可仅考虑局部弯曲作用，按倒楼盖法进行计算。对于平板式筏形基础，可按无梁楼盖考虑。对于梁板式筏形基础，底板按连续双向板(或单向板)计算，肋梁按连续梁分析，并宜将边跨跨中弯矩以及第一内支座的弯矩值乘以 1.2 的系数。

如上部结构刚度较差，可分别沿纵、横柱列方向截取宽度为相邻柱列间中线到中线的条形计算板带，并采用静定分析法对每个板带进行内力计算。为考虑相邻板带之间剪力的影响，当所计算的板带上的荷载 F_i 与两侧邻带的同列柱荷载 F'_i 及 F''_i 有明显差别时，宜取三者的加权平均值 F_{im} 来代替 F_i，即

$$F_{im} = \frac{F'_i + 2F_i + F''_i}{4} \tag{6.66}$$

式中，F_i 的权为 2，其余为 1。由于板带下的净反力是按整个筏形基础计算得到的，因此其余板带上的柱荷载并不平衡，计算板带内力前需要将二者加以调整。

2. 弹性地基板法

当地基比较复杂，上部结构刚度较差，或柱荷载及柱距变化较大时，筏形基础内力宜按弹性地基板法进行分析。对于平板式筏形基础，可用有限差分法或有限单元法进行分析；对于梁板式筏形基础，则宜划分肋梁单元和薄板单元，并用有限单元法进行分析。

6.9.3 箱形基础的特点和构造要求

箱形基础是由底板、顶板、外侧墙及一定数量的纵横均匀布置的内隔墙组成的空间整体结构。近十多年来，我国不少民用建筑采用了箱形基础，成功地解决了在一般黏性土和软弱地基上建造多层及高层房屋的设计施工问题。

箱形基础有很大的刚度和整体性，因而能有效地调整基础的不均匀沉降。箱形基础还有较好的抗震效果，因为箱形基础将上部结构较好地嵌固于基础，基础又埋置得较深，因此可降低建筑物的重心，从而增加建筑物的整体性。在地震区，对抗震、人防和地下室有要求的高层建筑，宜采用箱形基础。

箱形基础的内、外墙应沿上部结构柱网和剪力墙纵横均匀布置，墙体水平面总面积不宜小于箱形基础外墙外包尺寸的水平投影面积的 1/10。对于基础平面长宽比大于 4 的箱形基础，其纵墙水平截面积不得小于箱形基础外墙外包尺寸水平投影面积的 1/18。

箱形基础的高度应满足结构承载力、整体刚度和使用功能的要求，其值不得小于箱形基础长度(不包括地板悬挑部分)的 1/20，并不宜小于 3 m。

箱形基础的埋置深度应根据建筑物的地基承载力、基础倾覆及滑移稳定性，建筑物整体倾斜以及抗震设防烈度等的要求确定，一般可取等于箱形基础的高度，在抗震设防区不宜小于建筑物高度的 1/15。高层建筑同一结构单元内的箱形基础埋深宜一致且不得局部采用箱形基础。

箱形基础顶、底板及墙身的厚度应根据受力情况、整体刚度及防水要求确定。一般底板厚度不应小于 300 mm，外墙厚度不应小于 250 mm，内墙厚度不应小于 200 mm。顶、底板厚度应满足受剪承载力验算的要求，底板尚应满足受冲切承载力的要求。

墙体内应设双面钢筋，竖向和水平钢筋的直径不应小于 10 mm，间距不应大于 200 mm。除上部为剪力墙外，内外墙的墙顶处宜配置两根直径不小于 20 mm 的通长构造钢筋。

门洞宜设在居中部位，洞边至上层柱中心的水平距离不宜小于 1.2 mm，洞口上过梁的高度不宜小于层高的 1/5，洞口面积不宜大于柱距与箱形基础全高乘积的 1/6。墙体洞口四周应设置加强钢筋。

箱形基础的混凝土强度等级不应低于 C20，抗渗等级不应小于 0.6 MPa。

思考题及习题

思考题

1. 浅基础有哪些结构类型？各适用于什么条件？

2. 简述天然地基浅基础设计的内容和一般步骤。

3. 什么是无筋扩展基础？无筋扩展基础的特点和常见的形式有哪些？

4. 天然地基上刚性扩大基础的设计内容包括哪些？

5. 确定基础埋深应考虑哪些因素？基础埋置深度对地基承载力、沉降有什么影响？

6. 如何根据地基承载力确定基础底面尺寸？

7. 进行基础的强度验算和钢筋配置计算时，应该采用什么荷载组合？基础底面作用压力应该如何计算？

8. 如何从建筑的布置上减轻不均匀沉降？有哪些结构措施可以减轻建筑的不均匀沉降？

9. 墙下条形基础和柱下条形基础设计时的根本差别是什么？

10. 筏形基础和箱型基础的特点是什么？

习　题

1. 某柱下矩形独立基础，已知按荷载效应标准组合传至基础顶面的内力值 $F_k = 920$ kN，$V_k = 15$ kN，$M_k = 235$ kN·m；地基为粉质黏土，其重度为 $\gamma = 18.5$ kN/m^3，地基承载力特征值 $f_{ak} = 180$ kPa（$\eta_b = 0.3$，$\eta_d = 1.6$），基础埋深 $d = 1.2$ m，试确定基础底面尺寸。（答案：3.6 m×1.8 m）

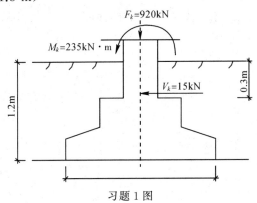

习题 1 图

2. 习题 2 图中的柱下矩形基础底面尺寸为 $4.0\ \text{m} \times 4.0\ \text{m}$，基础埋深 $d = 1.8\ \text{m}$，已知按荷载效应标准组合传至基础顶面的内力值 $F_k = 1400\ \text{kN}$，$V_k = 150\ \text{kN}$，$M_k = 200\ \text{kN} \cdot \text{m}$；地基为粉质黏土，其重度 $\gamma = 18\ \text{kN/m}^3$，孔隙比 e 为 0.85，土层压缩模量 E_{s1} 为 7.5 MPa，基础底面以上土的加权平均重度 $\gamma_m = 18.5\ \text{kN/m}^3$，地基承载力特征值 $f_{ak} = 200\ \text{kPa}$，地坪下 4.3 m 有淤泥质黏土层，承载力特征值 $f_{ak} = 100\ \text{kPa}$，土层压缩模量 E_{s2} 为 2.5 MPa，试验算持力层和软弱下卧层的承载力是否满足要求。（答案：均满足要求）

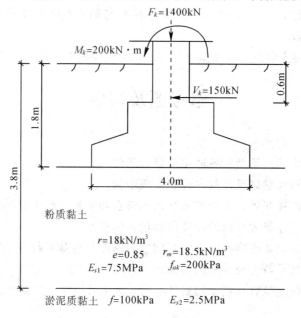

习题 2 图

3. 某砌体结构承重砖墙厚度为 240 mm，采用墙下钢筋混凝土条形基础，基础宽为 2.0 m，基础埋深 1.0 m，相应于荷载效应基本组合时作用在基础顶面的轴心荷载 $F = 236\ \text{kN/m}$，基础材料采用 C15 混凝土，$f_t = 0.91\ \text{N/mm}^2$。试确定墙下钢筋混凝土条形基础的高度及配筋。（答案：高度为 250 mm，$A_s = 806.0\ \text{mm}^2$）

4. 一钢筋混凝土柱截面尺寸为 300 mm×300 mm，作用在基础顶面的轴心荷载 $F_k = 400\ \text{kN}$。自地表起的土层情况为素填土，松散，其厚度为 1.0 m，$\gamma = 16.4\ \text{kN/m}^3$；细砂，其厚度为 2.6 m，$\gamma = 18\ \text{kN/m}^3$，$\gamma_{sat} = 20\ \text{kN/m}^3$，$f_{ak} = 140\ \text{kPa}$；黏土，硬塑，厚度较大。地下水位在地表下 1.6 m 处。试确定扩展基础的底面尺寸并设计基础截面及配筋。（答案：$b = l = 1.7\ \text{m}$，基础高度 $h = 400\ \text{mm}$，$A_{sI} = A_{sII} = 646\ \text{mm}^2$）

第七章

深 基 础

【本章要点】　深基础的概念是相对于浅基础提出的。深基础是埋深较大、以下部坚实土层或岩层作为持力层的基础，其作用是把所承受的上部结构荷载相对集中地传递到地基的深层；而浅基础则是通过基础底面把所承受的荷载扩散分布于地基的浅层。通常把位于地基深处承载力较高的土层上，埋置深度大于 5 m 或大于基础宽度的基础称为深基础，如桩（墩）基础、沉井沉箱、锚拉基础、板桩墙及地下连续墙等。本章针对工程建设中常出现的深基础进行了介绍，分别对沉井基础与地下连续墙的结构类型、构造细节、适用条件、施工过程以及施工中可能出现的问题进行了详细的阐述。通过本章内容的学习，要求掌握以下要点：

（1）掌握深基础的类型及不同深基础的优缺点，并能够结合不同深基础的特点合理选择深基础类型。

（2）了解沉井基础的构造特点，掌握工程设计对沉井不同构件的各项构造要求。

（3）熟悉沉井基础的具体施工流程，并能对施工中需要注意的问题进行处理。

（4）了解地下连续墙的类型及适用范围，熟悉地下连续墙的施工流程以及施工过程中对构造细节的要求。

7.1　沉井基础

7.1.1　概述

沉井基础是工程建设中较常采用的一种深基础型式，它是用事先筑好的井筒状结构物在井内挖土，与此同时依靠其自身自重克服井壁摩阻力后下沉到设计标高，再经过混凝土封底并填塞井孔，使其成为墩台或其他结构物的基础结构，如图 7 - 1 所示。

沉井基础具有埋深较大、整体性好、稳定性好、有较大承载面积、能承受较大垂直和水平荷载的特点；既可以作为基础，也可作为施工时的挡土围堰结构物，施工工艺并不复杂，因此在工程中得到了较广泛的应用。该类基础施工时对邻近结构物影响较小，常用于浅层地基承载力条件较差而深部地质条件较好的地层。在工程结构中，沉井基础不仅大量用于铁路及公路桥梁中的基础工程，市政工程中给、排水泵房，地下电厂，矿用竖井，地下储水、储油设施，而且也常在建筑工程中的基础或开挖防护工程中使用，尤其适用于软土中地下结构物的基础。

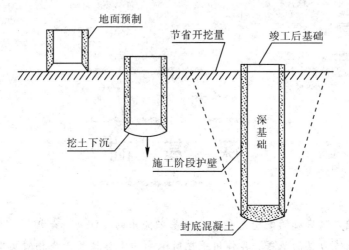

图 7 - 1　沉井基础的工作原理

　　但沉井基础亦有一定的缺点：其施工周期较长；若地基土属于粉细砂类土，则有可能因井内抽水而发生流砂现象，造成沉井倾斜或不均匀沉降；若在沉井的下沉过程中遇到大孤石、溶洞、坚硬的障碍物或井底岩层表面斜度过大，均会给沉井施工带来困难。

7.1.2　沉井的类型及一般构造

1. 沉井的分类

1）按施工方法分类

（1）一般沉井。就地制造的沉井，通常在河床或滩地筑岛建造沉井的底节，在其强度达到设计要求后，抽除刃脚垫木，对称、均匀地挖去井内土使沉井依靠自重下沉。

（2）浮运沉井。当深水地区筑岛有困难、不经济或有碍通航、不方便修建沉井基础时，可以采用浮运沉井下沉就位的方法施工。通常先用钢料在岸边做成可以漂浮在水上的沉井底节，将其拖运到桥位后，将沉井的上部逐节接高并灌水下沉，直到沉井稳定地落在河床上为止。在井内用各种机械排除底部的土壤，同时在钢壁的隔舱中填充混凝土，使沉井刃脚沉至设计标高。最后灌筑水下封底混凝土、抽水、用混凝土填充井腔，并在沉井顶面灌筑承台及墩身。

（3）气压沉井。气压沉井是将沉井的底节做成有顶板的工作室，在顶板上装有气筒及气闸。施工中先将气压沉井的气闸打开，在气压沉箱沉入水中达到覆盖层后，将闸门关闭，并输送压缩空气到工作室中，排出工作室中的水。施工人员可以通过气闸及气筒到达工作室内进行挖土工作，再将挖出的土通过气筒及气闸向上运出沉井。沉井可以利用其自重下沉到设计标高，然后用混凝土填实工作室做成基础的底节。

2）按沉井的平面形状分类

按沉井的平面形状可将其分为圆形、圆端形和矩形，不同形状的沉井各有各的特点，如图 7 - 2 所示。

（1）圆形沉井。圆形沉井在沉井下沉过程中垂直度和中线较易控制，与其他形状相比，圆形沉井更能保证刃脚均匀地作用在土层上。此类沉井的井壁只受轴向压力，并且机械的取土作业较为方便，但其上部的墩台仅适合圆形或接近正方形截面。

（2）矩形沉井。矩形沉井的制造工艺简单，基础受力较为有利，能节省圬工数量，其形状符合大多数墩（台）的平面形状，能更好地利用地基承载力。矩形的四角处通常具有较集中的应力，且角隅处的土体不易被挖除，因此四角一般应做成圆角或钝角。在土侧压力作用下，矩形沉井井壁会承受较大的挠曲力矩，长宽比越大其挠曲应力越大，通常要在沉井内设隔墙支撑以增加沉井的整体刚度，以便改善受力条件。而且，矩形截面沉井在流水中的阻水系数较大，会导致过大的冲刷。

（3）圆端形沉井。为了优化矩形沉井的受力条件，控制下沉速度，并减小其阻水冲刷效应，可将矩形沉井的两端设置为圆端形式，但该类沉井制造时相对较为复杂。

对平面尺寸较大的沉井，为了增加沉井的稳定性，可在沉井中设隔墙，使沉井由单孔变成双孔，如图 7-2(d)所示。双孔或多孔沉井受力较为有利，也可以采用在井孔内均衡挖土的办法使沉井均匀下沉以及在下沉过程中纠偏。

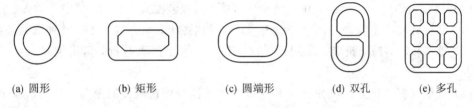

(a) 圆形　　　　(b) 矩形　　　　(c) 圆端形　　　　(d) 双孔　　　(e) 多孔

图 7-2　沉井的平面形状

其他异型沉井，如椭圆形、菱形等，应根据生产工艺和施工条件而定。

3）按沉井的立面形状分类

按沉井的立面形状可将沉井分为柱形、锥形和阶梯形，如图 7-3 所示。其选用的形式亦应视沉井需要通过的土层性质和下沉深度而定。

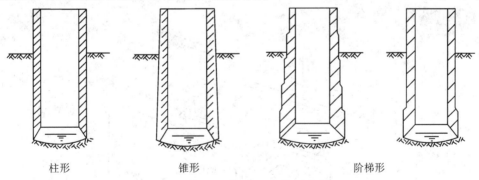

柱形　　　　　　锥形　　　　　　　阶梯形

图 7-3　沉井的剖面形状

（1）柱形沉井。外壁为柱形的沉井在下沉过程中不易发生倾斜，并且井壁接长的工作较为简单，模板可以在不同的工程中重复使用。因此，当土质较为松软，沉井下沉深度不大时，可以采用柱形沉井的形式。

（2）锥形沉井。锥形沉井外壁的井壁坡度一般为 1/20～1/50，其倾斜形式可以减少土与井壁的摩阻力，其缺点是施工较为复杂，消耗模板比柱形沉井多，下沉过程中容易发生倾斜。该类沉井适用于土质较为密实，沉井下沉深度较大，对沉井本身重量要求不多的情况。

（3）阶梯形沉井。阶梯形沉井井壁的台阶宽度约为 100～200 mm，外壁的台阶型式同样可以减少下沉时井壁外侧土的阻力，但这类沉井具有下沉不稳定、制造困难等缺点，故较少使用。

4）按建筑材料分类

修建沉井的建筑材料通常有竹、砖、石、混凝土、钢筋混凝土和钢等，最常用的类型为混凝土、钢筋混凝土和钢沉井。

（1）混凝土沉井。混凝土沉井的特点是抗压强度高、抗拉能力低，因此这种沉井宜做成圆形，并适用于下沉深度不大（4～7 m）的软土层中。

（2）钢筋混凝土沉井。钢筋混凝土沉井不仅抗压强度高，而且抗拉能力也较好，下沉深度可以达数十米以上。当沉井的下沉深度要求不高时，可以在井壁上部采用混凝土，下部刃脚的部分采用钢筋混凝土。当沉井平面尺寸较大时，可做成薄壁结构，且钢筋混凝土沉井的井壁隔离墙可分段预制，在工地现场拼接，做成装配式。

（3）钢沉井。用钢材制造沉井井壁外壳，井壁内挖土，填充混凝土。此种沉井强度高，刚度大，重量较轻，易于拼装，常用于做浮运沉井，修建深水基础，但用钢量较大，成本较高。

（4）竹筋混凝土沉井。沉井在下沉过程中井壁将会受到较大的侧向土压力，因而需要配置钢筋，但当基础施工完成后，它就不再承受多大的拉力了。因此，在我国南方产竹地区，可以采用耐久性差但抗拉能力较好的竹筋代替部分钢筋，在沉井分节接头及刃脚处仍采用钢筋。

2. 沉井的一般构造

沉井基础的形式多样，但其构造主要有井壁、刃脚、隔墙、井孔、凹槽、射水管、封底及盖板等，如图 7-4 所示。

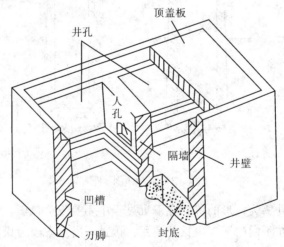

图 7-4　沉井的构造

1）井壁

井壁是沉井的主体部分，在沉井下沉过程中起挡土、挡水及利用本身重量克服土与井壁之间摩阻力的作用。当沉井施工完毕后，它就成为基础或基础的一部分，并将上部结构的荷载传到地基。因此，井壁必须具有足够的强度，如果沉井尺寸较大，则需要根据井壁在施工中的受力情况，在井壁内配置竖向及水平向钢筋，以增加井壁的抗拉及屈曲强度。为了能够使沉井在自重作用下顺利下沉，井壁还需要足够的厚度，以便沉井具有足够的重量，通常沉井井壁的厚度可以根据其深度估算。井壁厚度预估参考值如表 7-1 所示。

表 7-1　井壁厚度预估参考值

沉井深度/m	井壁厚度/mm
4~6	300~400
6~8	350~450
8~10	400~550
10m 以上	500~1500

钢筋混凝土薄壁沉井可不受井壁厚度的限制，但为了便于绑扎钢筋及浇筑混凝土，其厚度不宜小于 400 mm。为了减少沉井下井时的摩阻力，沉井壁外侧也可做成 1‰~2‰ 的向内斜坡。为了方便沉井接高，多数沉井亦做成阶梯形，台阶设在每节沉井的接缝处，错台的宽度约为 50~200 mm，井壁厚度多为 700~1500 mm。井壁的混凝土强度等级通常不低于 C15。

2）刃脚

井壁下端形如刀刃状的部分称为刃脚，其作用是在沉井自重的作用下便于切土下沉。刃脚底面的踏面宽度一般为 100~200mm，对软土可适当放宽。若沉井的下沉深度较大且土质较硬，刃脚的底面应以型钢（角钢或槽钢）加强，以防刃脚损坏，如图 7-5 所示。

刃脚内侧斜面与水平面的夹角一般为 45°~60°。刃脚高度视井壁厚度、便于抽除垫木而定，一般当沉井采用湿封底时，取 1.5 m 左右；采用干封底时，取 0.6 m 左右。由于刃脚在沉井下沉过程中受力较集中，故刃脚宜采用 C20以上的钢筋混凝土制成。

3）隔墙

当沉井平面尺寸较大，也即井壁跨径较大时，应在沉井内设置隔墙，以加强沉井的刚度，使井壁的挠曲应力减小，其厚度一般小于井壁，多为 0.8~1.2 mm。

隔墙底面应高出刃脚底面 0.5 m 以上，避免沉井在下沉过程中被隔墙下的土顶住而妨碍下沉。在刃脚与隔墙连接处也可以设置梗肋加强刃脚与隔墙的连接。若沉井内采用人工挖土，在隔墙下端则应设置过人孔，便于工作人员在井孔间往来。

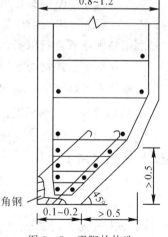

图 7-5　刃脚的构造

4）井孔

井孔是挖土、排土的工作场所和通道，其平面布置应与中轴线对称，以利于对称挖土，使沉井均匀下沉；其大小应视取土方法而定，宽度（直径）最小不小于 3 m。井孔中充填的混凝土，其强度等级不应低于 C10。

5）凹槽

为了增加封底混凝土和沉井壁的连接效果，需要在井孔下端近刃脚处设置凹槽，以便封底混凝土底面的反力可以更好地传给井壁，若井孔为全部填实的实心沉井，也可不设凹槽。凹槽深度通常约为 0.15～0.25 m，高约为 1.0 m，其距刃脚底面一般在 1.5 m 以上。

6）射水管

射水管同空气幕一样是用来助沉的，多设在井壁内或外侧，通常应均匀布置。在下沉深度较大、沉井自重力小于土的摩阻力或所穿过的土层较坚硬时建议采用。射水压力视土质而定，一般射水压力不小于 600 kPa。射水管口径为 10～12 mm，每管的排水量不小于 0.2 m³/min。

7）顶盖板

顶盖板是在井顶浇筑的钢筋混凝土顶盖，是传递沉井以上所有荷载的构件，不填芯沉井的沉井盖厚度约为 1.5～2.0 m。其钢筋布设应按力学计算要求的条件进行且其上结构的施工应待顶盖达到设计强度后方可进行。

8）封底混凝土

沉井的封底混凝土底面承受了地基土和水的反力，以防止地下水渗入井内，因此封底混凝土需要有一定的厚度（可由应力验算决定），其厚度根据经验也可取不小于井孔最小边长的 1.5 倍。封底混凝土顶面应高出刃脚根部不小于 0.5 m，并浇灌到凹槽上端，使封底混凝土与基底、井壁都有紧密的结合。在岩石地基中封底混凝土采用 C15，一般地基采用 C20。

7.1.3 沉井的施工

沉井的施工与基础所在场地的地质、水文特征及施工机具、设备有关，在修筑沉井之前，还应对河流汛期、通航需求、河床冲刷等情况进行详细的调查研究，并制定施工计划。尽量利用枯水季节进行施工，若施工期需经过汛期，则应有相应的措施。

现以就地灌注式钢筋混凝土沉井和预制构件浮运安装沉井的施工为例，介绍沉井的施工工艺以及下沉过程中常遇到的问题和处理措施。

1. 就地灌注式钢筋混凝土沉井

就地灌注式沉井需要就地制造沉井、挖土下沉、浇筑封底混凝土、充填井孔并浇筑顶板，如图 7-6 所示。

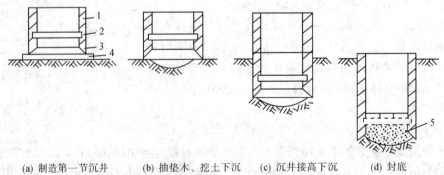

(a) 制造第一节沉井　(b) 抽垫木、挖土下沉　(c) 沉井接高下沉　(d) 封底

1—井壁；　2—凹槽；　3—刃脚；　4—承垫木；　5—素混凝土封底

图 7-6　沉井施工顺序图

1）场地整平

对于土质较好的天然地基，只需清除地表杂物，对场地进行整平，再铺上 0.3～0.5 m 厚的砂垫层即可。若旱地上天然地面土质松软，则应平整夯实或换土夯实，然后再铺 0.3～0.5 m的砂垫层。

若场地位于浅水区或中等水深，常需修筑人工岛。在筑岛之前，应挖除表层松土，以免在施工中产生较大的下沉或地基失稳，然后根据水深和流速的大小来选择采用土岛或围堰筑岛。

2）制造第一节沉井

由于沉井自重较大，刃脚底面的踏面尺寸较小，因此会出现应力集中的现象，施工场地的土体往往承受不了刃脚传递的压力。通常，在经过整平后的场地上应在刃脚踏面处对称地铺设一层垫木(可用 200 mm×200 mm 的方木)以加大支承面积，使沉井重量在垫木下产生的压应力不大于 100 kPa。为了便于抽除，垫木应按"内外对称，间隔伸出"的原则进行布置，如图 7-7 所示，垫木之间的空隙也应采用砂土填满捣实。

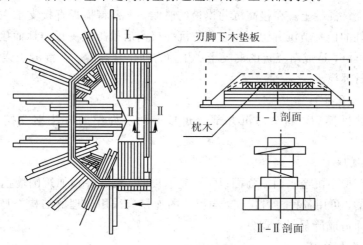

图 7-7　垫木的布置

在刃脚位置处放上刃脚角钢，随后竖立内模、绑扎钢筋、立外模，最后浇灌第一节沉井混凝土。所采用的模板和支撑应有较大的刚度，以免在施工过程中发生挠曲变形，外模板则应平滑以利下沉。若木材缺乏，也可用无垫木法制作第一节沉井。

3）拆模及抽垫

当沉井的混凝土强度达到其设计强度的70%时可拆除模板，强度达设计强度后才能抽撤垫木(简称抽垫)。

抽垫是一项非常重要的工作，事先必须制定出详细的操作工艺流程和严密的组织措施。因为伴随垫木的不断抽取，沉井受到自重产生的弯矩也将逐渐加大，若最后撤除的几个垫木位置定得不好或操作不当，则有可能引起沉井开裂、移动或倾斜。因此，垫木应分区、依次、对称、同步地向沉井外抽出。拆模和抽垫的顺序通常是：拆内模→拆外模→拆隔墙下支撑和底模→拆隔墙下的垫木→拆井壁下的垫木→拆除定位垫木。在抽垫木时，应边抽边在刃脚和隔墙下回填砂并捣实，使沉井压力从支承垫木上逐步转移到砂土上，这样既可使下一步抽垫工作变得相对容易，还可以减少沉井的挠曲应力。

4）第一节沉井下沉

当第一节沉井制作好之后，便可以对沉井安排下沉工作。按照沉井下沉的施工方法可分为排水下沉和不排水下沉。当沉井穿过的土层性质较稳定，且不会因排水而产生大量流砂时，可采用排水下沉。沉井中土的挖除可采用人工挖土或机械除土。沉井下沉为排水下沉时常用人工挖土，它适用于土层渗水量不大且排水时不会产生涌水或流砂的情况。人工挖土可以使沉井均匀下沉和清除井下障碍物，但与此同时应采取措施，保证施工安全。不排水下沉一般都采用机械除土，挖土工具通常有抓土斗或水力吸泥机。

当沉井下沉时，土体应从中间向刃脚处均匀对称去除。由数个井室组成的沉井，应控制各井室之间除土面的高差，并避免内隔墙底部在下沉时受到下面土层的顶托，以减少倾斜。

5）接高第二节沉井

当第一节沉井下沉至距地面还有 $1\sim2$ m 时，应停止挖土，与此同时应保持第一节沉井的位置竖直。在第二节沉井进行接高的时候，其竖向中轴线应与第一节的重合，然后立模均匀对称地浇筑混凝土。在接高沉井模板的时候，不得将模板直接支承在地面上，而应固定在已浇筑好的前一节沉井上，并应预防沉井接高后模板及支撑与地面接触，以免沉井因自重增加而下沉，造成新浇筑的混凝土产生拉力而出现裂缝。待混凝土强度达到设计要求后便可以进行拆模。

6）逐节下沉及接高

第二节沉井拆模后，剩余的沉井部分也按前两步介绍的方法继续挖土下沉，接高沉井。

7）筑井顶围堰

当沉井顶需要下沉至水面或岛面以下一定深度时，需在井顶加筑围堰挡水挡土。井顶围堰是临时性的，可用各种材料建成，与沉井的连接应采用合理的结构类型，以避免围堰因变形或突变而造成严重漏水现象。

8）地基检验和处理

当沉井的底部标高与规定标高尚相差 2 m 左右时，须在沉井下沉过程中采用调平与下沉同时进行的方法定位，然后进行基底检验。对地基土的强度和平整度进行检验，并对地基进行必要的处理。排水下沉的沉井可以直接进行基底检查，不排水下沉的沉井由潜水工进行检查或钻取土样鉴定。地基条件若为砂土或黏性土，可在其上铺一层砾石或碎石至刃脚底面以上 200 mm。地基条件若为强度相对较差的风化岩石，应将风化岩层凿掉，若岩层表面是倾斜的，则应凿成阶梯形。若岩层与刃脚间局部有不大的孔洞，应由潜水工清除软弱层并用水泥砂浆封堵，待砂浆有一定强度后再抽水清基。不排水情况下，可由潜水工清基或用水枪及吸泥机清基。总之，要保证井底地基尽量平整，浮土及软土需要清除干净，以保证封底混凝土、沉井及地基底紧密连接。

9）封底

当地基经过检验及处理符合要求后，应立即进行封底。对于排水下沉的沉井，当沉井穿越的土层透水性低、井底涌水量小且无流砂现象时，沉井应尽量采用干封底，即按普通混凝土浇筑方法进行封底。当沉井采用不排水下沉，或虽采用排水下沉，但采用干封底方法有困难时，则可用导管法灌注水下混凝土。若灌注面积大，可用多根导管，以先周围后中间、先低后高的顺序进行灌注，使混凝土保持大致相同的标高。

10）充填井孔及浇筑顶盖

沉井封底后，井孔内可以填充，也可以不填充。填充可以减小混凝土的合力偏心距，不填充可以节省材料和减小基底的压力。因此井孔是否需要填充，须根据具体情况，由设计确定。若设计要求井孔用砂等填充料填满，则应抽水填好填充料后浇筑顶板；若设计不要求井孔填充，则不需要将水抽空，直接浇筑顶盖，以免封底混凝土承受不平衡的水压力。

2. 水中沉井施工

1）筑岛法

当沉井下沉位置水的流速不大且水深在 3 m 或 4 m 以内时，可用水中筑岛的方法。筑岛的工程材料可以采用砂或砾石，周围用草袋围护，如水深较大可作围堰防护，如图 7-8 所示。

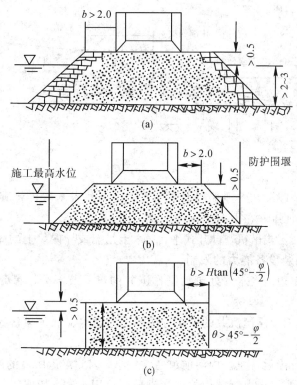

图 7-8　筑岛法沉井施工

筑岛的岛面应比沉井周围宽出 2 m 以上，并且应高出施工最高水位 0.5 m 以上。若采用的是砂岛地基，其强度应符合要求，然后在岛上浇筑沉井。为了避免沉井对围堰的影响，需要对围堰至井壁外缘的距离进行控制，通常按下式计算，有

$$b \geqslant H \tan\left(45° - \frac{\varphi}{2}\right) \tag{7.1}$$

式中：H——筑岛高度；

φ——砂在水中的内摩擦角。

距离 b 可以作为护道宽度，一般不小于 2.0 m。

2）预制构件浮运安装沉井

当沉井施工位置处水深超过 10 m，采用筑岛法很不经济且施工较为困难时，可改用浮运法施工。浮运沉井的类型较多，如钢筋混凝土薄壁沉井、双壁钢壳沉井（可做双壁钢围堰）、装配式钢筋混凝土薄壁沉井等，其下水浮运的方法因施工条件各不相同，但下沉的工艺流程基本相同。

（1）第一节沉井制作与下水。第一节沉井的制作工艺与造船相似，然后根据现场情况采用合适的下水方法。常用的第一节沉井下水方法有以下几种：

① 滑道法。沉井在岸边做成之后，利用在岸边铺成的滑道滑入水中，然后用绳索引到设计墩位，如图 7-9 所示。滑道纵坡坡度通常应使沉井因自重产生的下滑力与地表产生的摩阻力大致相等，一般滑道的纵坡可采用 15%。用钢丝绳牵引沉井下滑时，应在沉井上设置后梢绑扎钢丝绳，防止沉井倾倒或偏斜。同时，应尽量减轻沉井的重量，以免滑道受损，控制沉井的入水长度。

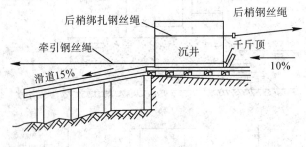

图 7-9　滑道法

② 沉船法。将装载沉井的浮船坞暂时沉没，待沉井入水后再将其打捞。采用沉船法应事先采取措施，保证沉井在下沉中保持平衡。

③ 吊装法。用固定式吊机、自升式平台、水上吊船或导向船上的固定起重架将沉井吊入水中。该法受到吊装设备能力的限制。

④ 除土法。在岸边适当水深处筑岛制作沉井的第一节部分，然后挖除土岛使沉井在水中自浮。

（2）浮运沉井施工。浮运沉井的施工方法需要考虑水文和气象等条件，按内河与海洋两种情况介绍。

① 在内河中进行浮运就位。内河航道通常较窄，因此浮运所占的航道不能太宽，浮运距离也不宜太长。所以，拖曳沉井用的主拖船最好只用一艘，帮拖船不超出两艘，而航运距离以半日航程为限，并应选择风平浪静、流速较为正常时进行。

沉井在漂浮状态下进行接高下沉的位置一般应设在基础设计位置的上游 10～30 m 处。在选择具体位置时，需要考虑锚绳逐渐拉直所导致的沉井移位以及不断增加的河床冲刷等因素，河床冲刷的影响尤为重要。

② 在海洋中进行浮运就位。在海洋中建立基础时，沉井制造的地点一般离基础位置相对较远，浮运所需时间较长，因而要求用较快的航速拖曳。而且浮运的沉井高度就是沉井的全高，拖曳功率非常大。当沉井就位时，不允许在基础设计位置长期设置定位船或采用为数很多的锚。就位后，应该一次性灌水压重使沉井迅速下沉、就位、落底。

（3）沉井接高下沉。在内河沉井下沉过程中，须保证沉井在落底的同时不会被河水没顶，所以须使沉井在自浮状态下边接高边下沉。然而，随着井壁的接高，沉井重心上移而稳定性会有所降低，因此必须在接高前后验算沉井的稳定性和各部件的强度，以便选择适当的时机在沉井内部由底层起逐层填充混凝土。大型沉井进行接高时，为了降低劳动强度，并考虑到起吊设备的能力，可以将单节沉井设计成多块，采用竖向焊接加工成型、起吊拼装。

（4）精确定位与落底。若沉井落底之后不需再在土中下沉，则落底的位置可选择在结构物基础的设计位置；若上游的流速较大、主锚拉力小、沉井后部的土面不高，则可选择在结构物基础的上游落底；若主锚拉力大、沉井后部的土面较高，则可选择在结构物基础的下游落底；上、下游可偏移的距离通常为沉井在土中下沉深度的1%。

沉井落底前，一般要求对河床进行平整并铺设抗冲刷层。当沉井接高到足够高度时，即可进行沉井落底工作。为了使沉井迅速地落在河床上，便需要采用压重措施，通常可以根据沉井的不同类型采用内部灌水和气筒放气等办法。

沉井落底以后，再根据设计要求进行接高、下沉、筑井顶围堰、地基检验和处理、封底、填充及浇筑顶盖等一系列工作，沉井施工完毕。

3. 沉井下沉过程中遇到的问题及其处理方法

沉井在利用自身重力下沉过程中，常会遇到一些问题，也需要有相应的解决方法。

1）沉井发生偏斜

（1）沉井发生偏斜的主要原因。沉井的制作场地高低不平，土质软硬不匀，使沉井下沉不均；刃脚制作质量差、不够平整或遇到障碍物不能均匀下沉，井壁与刃脚中线不在同一直线上；沉井下沉时垫木的抽垫方法不妥，沉井下部的土体回填不及时；沉井侧面的土体开挖不对称或沉井一侧受水流冲刷，使沉井正面及侧面的受力不对称，导致其下沉时有突沉或停沉现象。

（2）沉井发生偏斜的纠正方法。在沉井高程较高的一侧集中挖土，在低的一侧回填砂石；在沉井高程较高的一侧加重物或用高压水冲松土层；必要时可在沉井侧面施加水平力扶正沉井。若沉井中心位置发生偏移，则应使沉井先发生倾斜，待到沉井底中心线下沉至设计中心线后再进行纠偏。当刃脚遇到障碍物无法按竖直角度下沉时，必须对障碍物予以清除后再下沉。清除方法可以是人工排除，如遇树根或钢材可锯断或烧断，遇大弧石宜用少许炸药炸碎，以免损坏刃脚。

2）沉井下沉过慢或停沉

（1）导致沉井下沉过慢或停沉的原因。沉井开挖面的深度不够，使其正面阻力较大；遇到障碍物或坚硬岩层和土层；井壁无减阻措施或泥浆套遭到破坏等。

（2）沉井下沉过慢或停沉的解决措施。沉井下沉过慢或停沉可以采用增加沉井自重和减小井壁阻力的方法解决。增加沉井自重的方法有：提前接筑下节沉井，增加沉井自重；在井顶加压钢轨、铁块或砂袋等重物；不排水下沉时，可采用井内抽水，减少沉井的浮力，迫使其下沉，但需保证沉井基础不产生流砂现象。减小井壁阻力的方法有：将沉井设计成阶梯形或使其外壁光滑；井壁内埋设高压射水管；利用泥浆套或空气幕辅助沉井下沉；增大沉井的开挖范围和深度，必要时还可采用少量炸药起爆助沉。

3）沉井突沉

（1）沉井发生突沉的主要原因。引起突沉的主要原因是井壁摩阻力较小，当刃脚下基础土体被挖除时，沉井支承被削弱，或排水过多、除土太深、出现塑流等。

（2）沉井发生突沉的控制措施。当漏砂或严重塑流险情出现时，可改为不排水开挖，并保持井内外的水位相平或井内水位略高于井外。在其他情况下，主要是控制挖土深度、采用增大刃脚踏面宽度或增设底梁的措施提高刃脚阻力及底面支承力。

4）流砂

在粉、细砂层中下沉沉井，经常会出现流砂现象，若不采取适当措施将造成沉井严重倾斜。

防止流砂的措施是：排水下沉时发生流砂可向沉井井内灌水，采取不排水除土，减小水头梯度；采用井点、深井或深井泵降水，降低井外水位，改变水头梯度方向使土层稳定。

7.2　地下连续墙

7.2.1　概述

1. 地下连续墙的概念

地下连续墙是借助泥浆护壁作用，使用专门的成槽机械，在地面开挖一条狭长的深槽，然后在槽内设置钢筋笼、浇注混凝土，逐步形成一道具有防渗、挡土和承重功能的地下钢筋混凝土连续墙。

2. 地下连续墙的发展

地下连续墙的技术起源于欧洲，是根据钻井中膨润土泥浆护壁以及水下浇灌混凝土的施工技术而建立和发展起来的，这种方法最初应用于意大利和法国，在 1950 年前后，意大利首先应用了排式地下连续墙。经过几十年的发展，地下连续墙技术已经相当成熟，以日本对该技术的应用最为发达，目前地下连续墙的最大开挖深度为 140 m，最薄的地下连续墙厚度为 20 cm。1958 年，我国水电部门首次在青岛丹子口水库用此技术修建了水坝防渗墙，到目前为止，全国绝大多数省份都先后应用了此项技术，已建成约 120 万平方米至 140 万平方米的地下连续墙。

随着地下连续墙施工方法的不断进步，该法逐步代替了很多传统的施工方法，被用于基础工程的很多方面。在地下连续墙投入应用的初期阶段，基本上都是作为防渗墙或临时挡土墙。配合近代开发使用的许多新技术、新设备和新材料，地下连续墙已经越来越多地被用于结构物的一部分或主体结构，最近十年更被用于大型的深基坑工程中。

3. 地下连续墙的特点

地下连续墙具有以下优点：

（1）地下连续墙在进行施工时振动小，噪音低，非常适于在城市施工。

（2）地下连续墙的墙体刚度大，在基坑开挖过程中，可承受很大的土侧压力，极少发生地基沉降或塌方事故，已成为深基坑支护工程中必不可少的挡土结构。

（3）地下连续墙的防渗性能好，墙体接头形式和施工方法的逐步改进，使地下连续墙几乎不会发生透水现象，因此在土坝、尾矿坝和水闸等水工结构物中采用地下连续墙作为垂直防渗结构是非常安全和经济的。

（4）地下连续墙占地少，可以充分利用建筑红线以内有限的地面和空间，充分发挥投资效益，贴近原有结构物进行地下连续墙施工。

（5）地下连续墙适用于不同类型的地基条件，在软弱的冲积地层、中硬地层、密实砂砾层、各种软岩和硬岩等地层中都可以建造地下连续墙。

（6）由于地下连续墙的刚度较大，越来越多的工程中采用地下连续墙代替桩基础、沉井或沉箱基础，承受更大荷载。

（7）地下连续墙的施工工效高，工期短，质量可靠，经济效益高。

地下连续墙具有以下缺点：

（1）在一些特殊地质条件（如很软的淤泥质土、含漂石的冲积层和超硬岩石等）下，地下连续墙的施工难度很大。

（2）如果施工方法不当或施工地质条件特殊，可能出现相邻墙段不能对齐和漏水的问题，会影响其防渗效果。

（3）地下连续墙如果作为临时的挡土结构，比其他方法所用的费用要高。

（4）在城市中进行地下连续墙施工时，废泥浆的处理比较麻烦。

7.2.2 地下连续墙的类型及适用范围

1. 地下连续墙的类型

地下连续墙按成墙方式分有桩柱式、壁板式、桩壁组合式；按墙的用途分有防渗墙、临时挡土墙、永久挡土墙以及作为基础用的地下连续墙；按墙体材料分有钢筋混凝土墙、塑性混凝土墙、固化灰浆墙、自硬泥浆墙、预制墙、泥浆槽墙、后张法预应力地下连续墙、钢制地下连续墙；按开挖情况分有地下连续墙（开挖）和地下防渗墙（不开挖）；现浇钢筋混凝土壁板式地下连续墙按支护结构方式可分为自立式地下墙挡土结构、锚定式地下墙挡土结构、支撑式地下墙挡土结构以及逆筑法地下墙挡土结构。

2. 地下连续墙的适用范围

作为地下工程基坑的挡土防渗墙，是施工用的临时结构，如盾构等工程中采用的竖井；在开挖期作为基坑施工的挡土防渗结构，施工结束后与主体结构侧墙以某种形式结合以作为主体结构侧墙的一部分，如市政管沟和涵洞、水利水电、露天矿山、尾矿坝以及环保的防渗墙；在开挖期作为挡土防渗结构，施工结束后单独作为主体结构侧墙使用，如结构物地下基坑、码头、护岸和船坞；也可作为结构物的承重基础、地下防渗墙、隔振墙等。

7.2.3 地下连续墙的接头构造

地下连续墙一般均需要分段浇筑，在不同的墙段间需设接头，称为墙段接头；而地下连续墙与上部结构之间也需要接头，后者又称为墙面接头。

1. 墙段接头

作为地下连续墙的一部分，墙段接头应满足防渗要求，尽量做到接头密合，同时还应该有一定的抗剪能力。常用的墙段接头有接头管接头、接头箱接头、隔板式接头等。

1）接头管接头

目前应用最普遍的墙段接头形式便是接头管形式，其施工过程如图 7-10 所示。

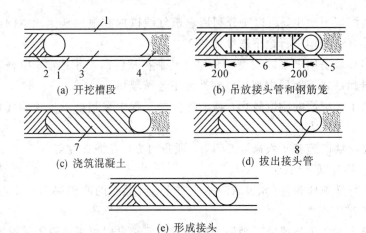

(a) 开挖槽段 (b) 吊放接头管和钢筋笼

(c) 浇筑混凝土 (d) 拔出接头管

(e) 形成接头

1—导墙；2—已浇筑混凝土的单元槽段；3—开挖的槽段；4—未开挖的槽段；
5—接头管；6—钢筋笼；7—浇筑混凝土的单元槽段；8—接头管拔出后的孔洞
图 7-10 接头管接头的施工过程

2) 接头箱接头

接头箱接头可以使地下墙形成整体接头，接头的刚度较好，具有一定的抗剪能力，其施工过程如图 7-11 所示。

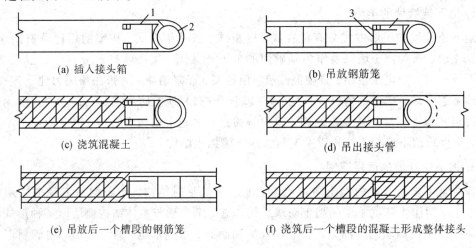

(a) 插入接头箱 (b) 吊放钢筋笼

(c) 浇筑混凝土 (d) 吊出接头管

(e) 吊放后一个槽段的钢筋笼 (f) 浇筑后一个槽段的混凝土形成整体接头

1—接头箱；2—接头管；3—焊在钢筋笼上的钢板
图 7-11 接头箱接头的施工过程

2. 墙面接头

墙面接头是地下连续墙与上部结构中的楼板、柱、梁、底板等连续的墙身接头，既要承受剪力或弯矩，又要考虑上部结构施工的局限性。目前常用的有预埋连接钢筋、预埋连接钢板、预埋剪力连接构件等方法。

7.2.4 地下连续墙的施工

地下连续墙在施工过程中的步骤较多，如图 7-12 所示，修筑导墙、泥浆制备与处理、深槽挖掘、钢筋笼制备与吊装以及混凝土浇筑，是地下连续墙的主要施工工序。

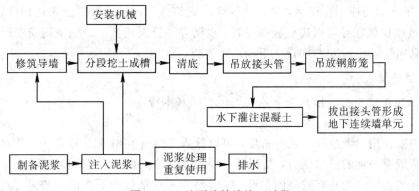

图 7-12　地下连续墙施工过程

下面以现浇钢筋混凝土壁板式地下连续墙为例，对其主要施工过程进行介绍。

1. 修筑导墙

地下连续墙在施工之前，需要在地下墙的墙面线处开挖导沟，并沿着该墙面修筑导墙。导墙作为临时结构，具有一定的功能：其主要作用是挡土作用，可通过在导墙内适当距离设置横撑实现，同时可以作为连续墙施工的基准，能够支撑重物；防止泥浆漏失，保持泥浆稳定，防止雨水等地面水流入槽内，并对相邻结构物有一定的补强作用。

导墙的施工顺序为：平整场地，对导墙的位置进行测量定位，挖槽，绑扎钢筋，按设计图架设模板（外侧可利用土模，内侧用模板），浇筑混凝土，养护导墙，混凝土达到设计强度后拆模并设置横撑，回填外侧空隙并碾压。

导墙一般采用钢筋混凝土结构，也有钢制的或预制钢筋混凝土的装配式结构。常用的钢筋混凝土地下连续墙断面如图 7-13 所示。

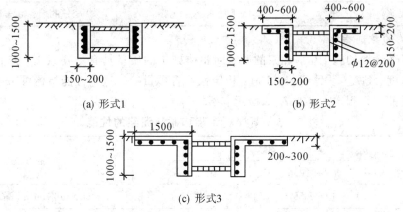

图 7-13　钢筋混凝土地下连续墙断面形式

其中，图 7-13(a) 的形式最简单，适用于表面土壤良好和导墙上荷载较小的情况；图 7-13(b) 的形式适用于表层土为杂填土、软黏土等承载力较小的土层；图 7-13(c) 的形式适用于导墙上荷载作用很大的情况，伸出部分的长度需要根据计算确定。

导墙的厚度一般为 150～200 mm，深度为 1～2 m，墙顶应高于地面约 100 mm，导墙的内墙面应垂直并与地下连续墙的轴线平行，内外导墙间的净距应比连续墙厚度大 3～5 m，墙底应与密实的土面紧贴，以防止泥浆渗漏。且根据工程试验，采用现场浇注的钢筋混凝土导墙容易做到底部与土层结合，防止泥浆流失。导墙的配筋形式多为 φ12@

200，且水平向钢筋应相互连接，尽量使导墙形成整体。在导墙混凝土未达到设计强度前，禁止任何重型机械在导墙周边行驶或停置，以防导墙开裂或变形。现浇钢筋混凝土导墙拆模后，沿纵向每隔 1 m 左右加设上下两道木支撑。

2. 泥浆护壁

利用泥浆护壁进行成槽是地下连续墙施工的基本特点。

1）泥浆的作用

（1）护壁作用。泥浆有一定的密度，可以深入土壁并在槽壁上形成一层透水性很低的泥皮，对槽壁有一定的静水压力，相当于一种液体支撑，维护土壁的稳定性。

（2）携渣作用。泥浆有较高的黏性，能将钻头式挖槽机挖下来的土渣悬浮起来，便于土渣随同泥浆一同排出槽外。

（3）冷却钻具和滑润作用。以泥浆做冲洗时，可降低钻具的温度，又可起润滑作用而减轻钻具的磨损。

2）泥浆的成分

常用护壁泥浆的类型及主要成分如表 7-2 所示。

表 7-2　护壁泥浆的类型及主要成分

泥浆种类	主要成分	常用外加剂
膨润土泥浆	膨润土(SiO_2、Al_2O_3、Fe_2O_3)和水	分散剂、增粘剂、加重剂、防漏剂
聚合物泥浆	聚合物、水	
羧甲基纤维素钠（CMC）泥浆	羧甲基纤维素钠（CMC）、水	膨润土
盐水泥浆	膨胀土盐水	分散剂、特殊黏土

3）泥浆的控制指标

在地下连续墙的施工中，泥浆的质量对整体施工的质量具有重要意义，控制泥浆性能的指标有密度、黏度、失水量、pH 值、稳定性和含砂量等。这些性能指标可采用专业设备在泥浆使用前进行测定，如表 7-3 所示。

表 7-3　新拌制泥浆和循环泥浆的性能

项目	指标		测定方法
	新拌制泥浆	循环泥浆	
黏度	19～21 s	19～25 s	500 ml/700 ml 漏斗法
相对密度	<1.05	<1.20	泥浆比重计
失水量	<10 mL/30 min	<20 mL/30 min	失水量计
pH 值	8～9	<11	pH 试纸
泥皮	<1 mm		失水量计
静切力	1～2 Pa		静切力计
稳定性	100%		50 mL 量筒

在泥浆护壁的施工过程中，泥浆会与地下水、砂、土、混凝土进行接触，膨润土等掺和

成分也会有所损耗，还会混入地下墙周围的土渣降低泥浆的施工质量，因此需要随时根据泥浆的质量变化对泥浆进行处理或废弃。处理后的泥浆经检验合格后方可投入使用。

3. 槽段开挖

槽段开挖是地下连续墙施工中的重要工序，约占地下连续墙整个施工工期的一半。土槽的挖掘精度决定了地下连续墙的制作精度，是决定施工进度和质量的关键因素。地下连续墙通常采用分段施工，每一段称为地下连续墙的一个槽段（一个单元），也是一次混凝土的浇筑单位。槽段长度的选择需要考虑的因素有地下连续墙所处地质环境、地面荷载情况、工地所备的起重机能力、单位时间内混凝土的供应能力、工地上所具备的稳定液槽容积。

槽段的施工需要专用的挖槽机具，机具应根据不同的地质条件及现场情况来选用，目前国内外常用的挖槽机具按其工作原理分为冲击式、抓斗式和回转式三大类。对于无黏性土、硬土和夹有孤石的较复杂地层可用冲击式钻机；对黏性土和标准贯入击数 $N<30$ 的砂性土，通常采用抓斗式，但深度不宜大于 15 m；回转式钻机（尤其是多头钻）地质条件适应性好，且功效高，成槽后壁面平整，一般当槽段深度大于 20 m 时宜优先考虑。

槽段的连接接头应满足受力和防渗要求。国内的地下连续墙槽段常用接头管连接，在挖除单元槽段土体后，在一端先吊放接头管，再吊入钢筋笼，浇筑混凝土后逐渐拔出接头管，形成半圆形接头。

施工时应防止发生槽壁坍塌的严重事故，当挖槽过程中出现泥浆大量漏失、泥浆内有大量泡沫上冒或出现异常扰动、排土量超过设计断面的土方量、导墙及附近地面出现裂缝沉陷等坍塌迹象时，应首先将成槽机具提至地面，迅速查清槽壁坍塌的原因，采取补救措施以控制事故的发展。

4. 钢筋笼加工与吊放

当槽段挖至设计标高进行清底后，应尽快进行墙段钢筋混凝土施工，首先应将加工好的钢筋笼吊放到位。钢筋笼的加工需要满足以下要求：

（1）受力钢筋采用Ⅱ级钢，直径不宜小于 16 mm；构造筋采用Ⅰ级钢，直径不宜小于 12 mm；钢筋笼最好按槽段做成一个整体，若需要分段制作及吊放再连接时，钢筋笼的拼接宜采用焊接法，推荐采用梆条焊。

（2）钢筋笼端部与接头管或混凝土的接头面应留有 15~20 cm 的间隙。主筋保护层厚度一般为 7~8 cm，保护层垫块厚 5 cm，垫块和墙面之间留有 2~3 cm 间隙。

（3）通常钢筋笼中纵筋在内侧，横筋在外侧，纵筋稍向内弯折。

（4）加工钢筋笼时，根据钢筋笼重量、尺寸及起吊方式和吊点布置，在钢筋笼内布置一定数量的纵向桁架。

（5）起吊时，宜在钢筋笼的顶部用一根横梁，保障起吊过程中钢筋笼不产生弯曲变形。为防止钢筋笼晃动，可采用绳索进行人工控制。插入钢筋笼时，使钢筋笼对准单元槽段中心，垂直准确插入槽内。

（6）钢筋笼插入土槽内后，检查标高是否满足设计要求，然后搁置在导墙上。分段制作钢筋笼时，吊放时需接长，下段钢筋笼要垂直悬挂在导墙上，随后将上段钢筋笼垂直起吊，并将上、下两段钢筋笼成直线连接。

5. 水下混凝土浇筑

地下连续墙的最后一道施工工序便是浇筑混凝土,由于很多地下连续墙均采用深槽,并采用泥浆护壁,因此混凝土需要制备成为水下混凝土。通常混凝土的强度等级不低于C20,混凝土的级配满足结构要求和水下混凝土施工要求,比如流态混凝土的坍落度在15～20 cm左右,有良好的和易性和流动性。

混凝土采用导管在泥浆中浇注。导管的数量与槽段长度有关,槽段长小于 4 m,需导管 1 根;槽段长大于 4 m,需 2 根或 2 根以上导管。导管内径为粗骨料的 8 倍左右,不得小于粒径的 4 倍。采用 150 mm 导管时,导管间距为 2 m;采用 200 mm 导管时,间距为3 m。

导管下口插入混凝土深度应控制在 2～4 m,不宜过深过浅,插入深度大,混凝土挤土的影响范围大,深部的混凝土密实、强度高,容易使下部沉积过多粗骨料,面层砂浆较多;插入深度浅,混凝土在灌注时呈推铺式推移,泥浆容易混入,将会影响混凝土强度。因此,导管插入深度不宜小于 1.5 m,不宜大于 6 m。当浇注顶面混凝土时,可减少插入深度,降低灌注速度。浇灌过程中,导管不能做横向运动,不能长时间中断,一般是5～10 min,保证均匀性。通常要求混凝土顶面比设计标高超浇 0.5 m 以上,以保证顶面的混凝土质量。

思 考 题

1. 沉井基础有哪些特点?
2. 沉井基础的分类有哪些?分别具有什么特点?
3. 沉井由哪些构造部分组成?分别有什么作用?
4. 沉井的施工有哪些步骤?
5. 在沉井下沉过程中会出现哪些施工问题?该如何解决?
6. 地下连续墙有哪些优缺点?
7. 阐述地下连续墙的施工过程。
8. 地下连续墙施工时对泥浆有哪些要求?

第八章

【本章要点】　本章主要介绍在工程建设中应用极为广泛的桩基础。首先对桩基础的结构形式、特点、施工过程等进行了阐述，并结合不同的分类方法详述了桩的类型及多种施工工艺。其次重点介绍了单桩竖向及水平极限承载力的计算方法，并分析了荷载作用下桩体的工作性能及承载力影响因素，对桩体负摩阻力的计算方法进行了阐述。随后分别对桩基础的设计原则、设计步骤、桩体选择、规格拟定及桩体布设等细节进行了介绍，并结合实例给出了单桩基础的承载力计算方法。通过本章内容的学习，要求掌握以下要点：

(1)掌握桩基础的类型以及优缺点，并能够结合不同桩基础特点合理选择桩基础类型。

(2)了解桩基础承载力的影响因素，掌握单桩承载力的计算方法及验算内容。

(3)熟悉桩基础的具体设计流程、能够根据工程地质条件及上部荷载要求对桩基础进行设计及布置。

8.1　概　　述

当浅层地基的土体性质不良，采用浅基础无法满足结构物对地基强度、变形和稳定性方面的要求时，往往需要采用深基础。

桩基础是一种应用广泛的深基础形式。近年来，工程建设和现代科学技术的发展使桩与桩基础的应用更为广泛，更具生命力。它不仅可作为结构物的基础，还可以广泛应用于软弱地基的加固和地下支挡结构中。

8.1.1　桩基础的形式及特点

1. 桩基础的形式及组成

桩基础在地表之下的布设形式可以是单根桩(如一柱一桩的情况)，也可以是单排桩或多排桩。对于双(多)柱式桥墩，若采用单排桩基础且当桩体有较多部分外露在地面上时，桩间需尽量采用横系梁加以连接以加强各桩之间的横向联系。在实际工程中，桩基础形式多数情况下是由多根桩组成的群桩基础，而基桩桩身则全部或部分埋入地基土中。针对此类基础，通常由承台将群桩基础中所有桩的顶部连成一个整体，在承台上再修筑墩身或台身以及上部结构，如图 8-1 所示。

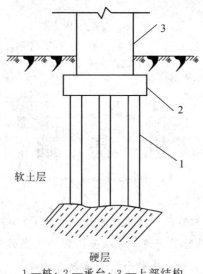

软土层

硬层

1—桩；2—承台；3—上部结构

图 8-1　桩基础

桩基础一般由基桩和承台两部分组成。承台的作用是把若干根桩的顶部连接成一个整体，把上部结构传来的荷载转换、调整分配于各桩，由穿过软弱土层或水的桩传递到深部较坚硬、压缩性较小的土层或岩层上，从而保证结构物满足地基稳定和变形允许值的要求。

基桩是设置于土中、具有一定刚度和抗弯能力的竖直或倾斜的柱型基础构件，其横截面尺寸比长度小得多，它与连接桩顶和承接上部结构的承台组成深基础。基桩的作用在于穿过软弱的压缩性土层或水体，使桩底最终坐落于具有一定承载能力的密实地基持力层上。自承台分散至各桩的荷载则由桩通过桩侧土的摩阻力及桩端土的抵抗力将荷载传递到桩周土及持力层中。

2. 桩基础的特点

桩基础的特点是承载力高、稳定性好、沉降量小而均匀。桩基础通常会选择地基中较为坚实的土层作为结构物的持力层，地基的承载力相对较高；由于基础的埋置深度大，承载力经过深度修正，也会有大幅度的提高；不仅桩基础的基底土层有较高的承载能力，而且其四周侧壁与土体之间的摩阻力也可以提供一定的承载能力。其次，桩基础相较其他深基础具有耗用材料少、施工简便等特点。在深水河道中设置桩基础，可在施工过程中避免（或减少）水下工程，简化施工设备和技术要求，加快施工速度并改善工作条件。近年来，桩基础的结构形式、施工机具、施工工艺以及桩基础理论等方面都有了较大发展，不仅便于机械化施工和工厂化生产，而且能以不同类型的桩基础适应不同的水文地质条件、荷载性质和上部结构特征，因此，桩基础具有较好的适应性。

相较浅基础，桩基础在施工过程中需要专门的设备，如预制的桩基础类型需准备打桩设备、灌注桩施工需成孔设备等。

8.1.2　桩基础的适用范围

桩基础的应用范围较为广泛，通常在下列情况中可采用桩基础：

（1）地基所承受的荷载较大，地基的上部土层较为软弱，具有足够承载力的地基持力层位置较深，采用浅基础或人工地基的承载力和变形不能满足要求且在技术上和经济上不合理的高重结构物。

（2）当结构所处场地河床冲刷较大且河道不稳定或冲刷深度不易准确判断，位于基础或结构物下面的土层有可能被侵蚀或冲刷，而采用浅基础不能保证基础安全时。

（3）当地基在上部结构荷载作用下的计算沉降量过大或上部结构对不均匀沉降较为敏感时，采用桩基础穿过相对软弱（高压缩）的土层，将荷载传到较坚实（低压缩性）的土层，以减少结构物的沉降量并使沉降在整个结构范围内相对较均匀，如软土地基上的多层住宅建筑或在使用上、生产上对沉降限制严格的结构物，如图 8-2 所示。

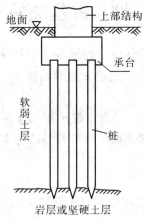

图 8-2　软弱土层中的桩基础

（4）当结构物需要承受较大的水平荷载和力矩（如烟囱、水塔、输电塔等高耸结构物），为了减少结构物的水平位移和基础倾斜、需以桩承受水平力或上拔力的其他情况时，如图 8-3 所示。

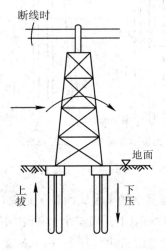

图 8-3　需要承受力矩的桩基础

（5）当结构物所处场地的施工水位或地下水位较高，采用沉井等其他深基础施工不便或经济上不合理时。

（6）若结构物需要考虑地震动的影响，在可液化地基中采用桩基础则可增加结构物抗震能力，桩基础穿越可液化土层并伸入到下部密实稳定土层，可消除或减轻地震以及地基液化对结构物的危害。

（7）重型工业厂房和荷载很大的结构物，如仓库、料仓等。

（8）需穿越水体和软弱土层的港湾与海洋构筑物基础，如栈桥、码头、海上采油平台及输油、输气管道支架等。

以上情况也可以采用其他形式的深基础，但桩基础由于耗材少、施工快速简便，往往是优先考虑的深基础方案。

8.2 桩及桩基础的分类

为了满足结构物的荷载需求，适应各种地基类型的特点，随着科学技术的发展，在工程实践中形成了不同类型的桩基础，它们在自身构造上和桩、土相互作用性能上具有各自的特点。

根据承台位置、沉入土中的施工方法、桩土相互作用特点、桩的设置效应及桩身材料等对桩基础进行分类介绍，以此来了解桩和桩基础的基本特征。

8.2.1 按桩的承台位置分类

桩基础按承台位置可分为高桩承台基础和低桩承台基础（简称高桩、低桩承台），如图8－4所示。

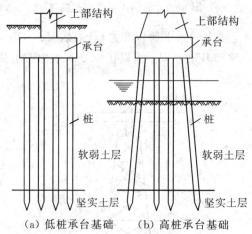

（a）低桩承台基础 （b）高桩承台基础

图 8－4 高桩承台及低桩承台基础

在结构形式上，高桩承台桩基础的承台底面位于地面（或冲刷线）以上，低桩承台桩基础的承台底面位于地面（或冲刷线）以下。高桩承台的结构特点是基桩部分桩身沉入土中，部分桩身外露在地面以上（称为桩的自由长度），而低桩承台则是整个基桩全部沉入土中（桩的自由长度为零）。

由于高桩承台的承台位置较高，在许多结构中设在施工水位线以上，可减少墩台的圬工数量，避免或减少水下作业，施工较为方便。然而，由于承台及基桩露出地面的一段自由长度周围没有土体与桩体共同参与承受水平外力，导致基桩的受力状况较为不利，桩身内力及位移均较同等外力作用下的低桩承台大，稳定性相对于低桩承台也较差。

8.2.2 按桩身材料分类

根据桩体桩身材料的不同，可以将桩分为木桩、钢筋混凝土桩、钢桩、素混凝土桩、砂石桩及组合材料桩等。

1. 木桩

木桩常用松木、杉木制作。其直径在 $160\sim260$ mm 之间，桩长一般为 $4\sim6$ m。木材自重小，具有一定的弹性和韧性，在地下水位以下时有较好的耐久性，便于加工、运输和设置，但其承载力较小，在干湿交替的环境下则极易腐蚀。目前已很少使用木桩，只在某些加固工程或能够就地取材的临时工程中使用。

2. 钢筋混凝土桩

钢筋混凝土桩既可预制又可现浇（灌注桩），还可采用预制与现浇组合的施工方式。混凝土取材方便、价格便宜、耐久性好，桩的长度和截面尺寸亦可根据受力状态及土质条件任意选择，桩体强度高、刚度大，其质量较易控制与检验，适用于各种地层，应用极为广泛。因此，桩基工程的绝大部分是钢筋混凝土桩，同时该类桩亦是桩基工程的主要研究对象和主要发展方向。

根据混凝土等级，还可以将钢筋混凝土桩分为普通钢筋混凝土桩（简称 RC 桩，混凝土强度等级通常为 C15～C40）、预应力钢筋混凝土桩（简称 PC 桩，混凝土强度等级通常为 C40～C80）以及预应力高强度混凝土桩（简称 PHC 桩，混凝土强度等级不低于 C80）。钢筋混凝土桩的配筋率较低，一般为 $0.3\%\sim1.0\%$。预应力混凝土桩是将钢筋混凝土桩的部分或全部主筋作为预应力张拉钢筋，采用先张法或后张法对桩身混凝土施加预压应力，以减小桩身混凝土的锤击拉应力和弯拉应力，提高桩的抗冲（锤）击能力与抗弯能力。预应力钢筋混凝土桩的桩身混凝土密度大、材料强度高、耐腐蚀性强，桩的单位面积承力高，桩身质量易于保证，节省钢材。但制作工艺复杂，需专门的设备和高强度预应力钢筋。

3. 钢桩

钢桩可分为钢管桩、钢板桩和 H 型钢桩，可以根据桩体的实际荷载特征制作成各种有利于提高承载力的断面。常用的钢桩形式是直径为 $250\sim1200$ mm 的钢管桩和宽翼工字形钢桩。

钢桩的优点是穿透能力强，自重轻，锤击沉桩的效果好，承载力较大，起吊、运输、沉桩、接桩都较方便，且其抗冲击性能好、接头易于处理、施工质量稳定，还可根据弯矩沿桩身的变化情况局部加强其断面刚度和强度。但钢桩的耗钢量大、成本高、抗腐蚀性能较差，须做表面防腐蚀处理，目前我国只在少数重要工程中使用。例如，在上海宝山钢铁总厂工程中，重要的设备基础和桩基础使用了大量直径为 900 mm 及 600 mm、长 60 m 左右的钢管桩。

4. 素混凝土桩

素混凝土桩在基桩现场开孔至所需深度之后便在孔内浇筑混凝土，捣实后成桩，桩内通常不配置受力筋，必要时可配构造钢筋。素混凝土桩的常用桩径为 $300\sim500$ mm，长度不超过 25 m。素混凝土桩的施工设备简单、操作方便、节约钢材、较为经济，但单桩承载力不高，不能做抗拔桩或承受较大的弯矩，桩身质量也不易保证，可能出现缩颈、断桩、局部夹土等质量事故。因此，素混凝土桩仅适合在桩基础承载力要求较低的中小型工程中做承压桩。

5. 砂石桩

砂桩和砂石桩统称砂石桩，是指用振动、冲击或水冲等方式在软弱地基中成孔后，再将砂或砂卵石(砾石、碎石)挤压入土孔中，形成大直径的密实桩体。砂石桩主要用于地基加固，挤密土壤，也可用于增大软弱黏性土的整体稳定性，其处理深度达 10 m 左右。

6. 组合材料桩

组合材料桩是指用两种或以上材料组合的桩，如钢管桩内填充混凝土等形式的组合桩。其适用范围较广，可根据结构的实际需求进行组合。

8.2.3 按桩的受力特性分类

桩按其受力状况分为端承桩和摩擦桩两种，如图 8-5 所示。

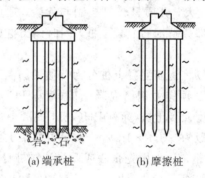

(a) 端承桩　　　　(b) 摩擦桩

图 8-5 按受力特性分类

1. 端承桩

端承桩是指穿过较软弱土层而达到坚硬土层或岩层等非压缩性土层上，上部结构传至桩顶的竖向荷载由桩侧阻力和岩层的桩端阻力共同承受，但基本依靠桩底土层抵抗力分担荷载、侧阻力很小可以忽视不计的桩。下列情况可按端承桩进行考虑：

（1）桩的长径比相对较小($l/d \leqslant 10$)，桩身穿过软土层，桩端位于硬土层。

（2）当桩身嵌入完整或较完整岩层时。

此类桩体施工时以控制贯入度为主，桩尖进入持力层深度或桩尖标高可作为参考。

2. 摩擦桩

摩擦桩的桩身穿过并支承在各种压缩性土层中，将软弱土体挤密实，依靠桩侧摩阻力和桩底土层抵抗力共同支承竖向荷载，但绝大部分桩顶竖向荷载由桩侧阻力承担，桩端阻力分担的荷载所占比例很小。下列情况可按摩擦桩进行考虑：

（1）桩的长径比很大，即使桩端置于坚实持力层上，由于桩身的压缩量过大，桩端分担的荷载很小时。

（2）桩端以下无较坚实的土层且在桩端不扩底时。

（3）桩底有较厚虚土和残渣的灌注桩。

（4）预制桩沉桩过程由于桩距小、桩数多、沉桩速度快，使已沉入地基的桩上涌，桩端脱空或抗力明显降低时。

此类桩体施工时以控制桩尖设计标高为主，贯入度可作为参考。

相对来讲，端承桩的承载力较大，较安全可靠，基础沉降也小，但如岩层埋置很深，就需采用摩擦桩。端承桩和摩擦桩在土中的工作条件不同，其与土的共同作用特点也就不同，因此在设计计算时需分别对待。

8.2.4 按桩的施工方法分类

桩基础施工过程中所采用的机具设备以及施工工艺各有不同，使得桩体与桩周土接触边界处的状态也有所区别，从而影响到了各类桩基础的受力性能。以桩基础的施工方法对其进行分类，通常可分为预制桩（工厂预制桩体运到施工现场）和灌注桩（在预定的桩位上成孔，在孔内灌注混凝土成桩）。

1. 预制桩

预制桩可按设计要求在地面良好条件下制作完成，桩体的桩身质量能够得到保证，并能够在工厂进行批量化生产，可以加快施工进度。在预制桩基础中，较为常见的桩基础类型包括木桩、钢筋混凝土桩以及钢桩。按其施工方式可将预制桩分为以下几类：

（1）打入桩。打入桩是对各种预先制好的桩（主要是钢筋混凝土实心桩或管桩，也有木桩或钢桩）采用专用机具进行锤击，将桩体打入到地基中达到所需深度。

这种施工方法适应于桩柱相对较小（直径在 0.6 m 以下），地基土质为砂性土、塑性土、粉土、细砂以及松散的不含大卵石或漂石的碎卵石类土的情况。若在砂土地基上打桩，则桩周砂土将会被挤密，挤密区内砂土的内摩擦角也会随之增大。对于中密或较密实的砂，在打桩时则会引起地表隆起。而对于较为松散的砂，桩体打入的初期地表将会下沉。

（2）振动下沉桩。振动下沉桩是将大功率的振动打桩机安装在预制桩顶（钢筋混凝土桩或钢管桩），利用振动力使桩体产生桩土之间的阻力，使桩沉入土中。

振动下沉桩适用于较大桩径，当地基土的抗剪强度受振动影响而有较大降低时，此类桩的应用效果更为明显。

《公路桥涵地基与基础设计规范》（JTG D63 — 2007）中将打入桩及振动下沉桩均称为沉桩。

（3）静力压桩。在部分较为软弱的土体中，振动及锤击的作用会影响到土体的稳定性，在这种情况下，可以采用静力压桩，即在软塑黏性土中利用重力将桩压入地基土中。这种压桩施工方法免除了锤击对土体的振动影响，是软土地区、可液化地区特别是在不允许有强烈振动条件下桩基础的一种有效施工方法。

预制桩具有以下特点：

（1）当土体为较厚的坚硬土（如砂土、砾石、硬黏土、强风化岩层等）时，桩体只能进入持力层较小的深度。

（2）打入桩及振动下沉桩均会在沉桩过程中产生一定的振动，对周围土体的受力性能有影响，而在其施工过程中引起的噪声污染必须加以考虑。

（3）打入桩的过程中一定会产生挤土效应，特别是在地基土体较为软弱且为饱和土的情况下，沉桩施工可能会导致基桩周围结构物、道路、管线等附近的土体发生变形，从而造成一定的损失。

（4）鉴于预制桩能够在桩体施工之前于工厂进行批量化生产，一般说来预制桩的施工质量较为稳定。

（5）将预制桩打入松散的粉土、砂砾层中时，由于桩周和桩端土均会受到挤密，便会使桩侧的表面法向应力、桩侧摩阻力及桩端阻力相应提高。

（6）由于地质情况的不确定性，使得许多桩的贯入能力受到一定的制约，从而常出现桩打不到设计标高而截桩的情况，造成浪费。

（7）在预制桩的施工过程中，由于需要承担因运输、起吊、打击所引起的结构应力，因此相对于灌注桩需要配置更多的钢筋，混凝土强度等级也要相应提高，其造价往往高于灌注桩。

2. 灌注桩

灌注桩又称为现浇桩，是指直接在结构物设计桩位的地基中钻挖桩孔，在孔内放入钢筋骨架或不放钢筋，再灌注桩身混凝土而形成。与预制桩相比，灌注桩在成孔过程中需要采取相应的措施和方法来保证孔壁稳定和提高桩体质量，但灌注桩相对更加节省钢材，在持力层起伏不平时，桩长可根据实际情况设计。

根据施工中所采用的施工方法，还可以将灌注桩分为沉管灌注桩、钻孔灌注桩。

（1）沉管灌注桩。沉管灌注桩是采用锤击或振动的方式将钢套管(此类钢套管通常有钢筋混凝土或活瓣式桩尖)沉入到土层中成孔，在套管内放置桩体所需钢筋笼，然后边向套管内灌入混凝土边拔取套管从而成桩。沉管灌注桩由于采用了套管，能够避免在灌注桩的施工过程中可能产生的流砂、塌孔危害以及由泥浆护壁所带来的排渣等弊病，因此该类桩亦适用于黏性土、砂性土及砂土地基，通常桩的直径较小，在 0.6 m 以下，桩长往往在 20 m 以内。在软黏土采用沉管桩基础时，由于沉管对邻桩有挤压影响，会在桩间土中产生孔隙水压力，易在拔管时出现混凝土桩缩颈现象。

弗朗克桩是沉管灌注桩的一种，近年来，该类桩在欧洲等国应用广泛，适用于松散砂、砾及超固结黏土。弗朗克桩采用旋转钢管下沉成孔，在钢管底部装有经过淬火的钢齿，可沉入至页岩或砂岩层，直径可达 1.5 m。在施工过程中，首先将钢制的传力杆打入土中 $0.5 \sim 1.0$ m，然后拔出钢传力杆，再向孔中灌注混凝土或砂浆，随后将一根预制的钢筋混凝土桩置于孔中，采用机具将桩体打到预定深度。该类桩可一直钻到坚硬密实土层或基岩，但在有砂或粉砂的地下水位以下进行钻孔时，需要对地下水进行隔离，将套管留在土中或用膨润土泥浆护壁。该类桩的单桩容许承载力可达 1500 kN，通常高于普通灌注桩。

（2）钻孔灌注桩。钻孔灌注桩是指采用钻（冲）孔机具在设计桩位钻入土体，在破坏土体的同时排出土渣成孔，在孔内放入钢筋骨架，然后灌注混凝土而形成的桩。由于该类桩在施工过程中会破坏桩周土的平衡，为了能够顺利成孔、成桩，需要制备有一定浓度的泥浆进行护壁、提高孔内泥浆水位、灌注水下混凝土等一系列施工工艺和方法。

钻孔灌注桩的特点是施工设备简单、操作方便，不但适应于各种砂性土、黏性土，也适应于碎、卵石类土层和岩层。但对于淤泥、可能发生流砂或土层中有承压水的地基，施工较为困难，因此该类场地施工前应做试桩以取得经验。我国已施工的钻孔灌注桩的最大入土深度已达百余米。

随着施工工艺的不断发展，近年来钻孔扩底灌注桩在国内外基础工程中得到了广泛的应用。该类桩与普通灌注桩的区别在于，为增加桩端承载力，常在超固结黏土中设置扩大的桩体端头，扩大端头直径约为桩身直径的 2～3 倍，如图 8-6 所示。

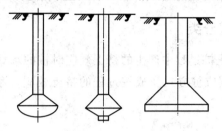

图 8-6　扩底灌注桩

在部分施工场地，也有依靠人工(部分机械配合)挖出桩孔的情况，桩孔成型之后再灌注混凝土从而成桩，该类桩基础被称为挖孔灌注桩。挖孔灌注桩与钻孔灌注桩相比，施工较为简单且不受施工设备的限制；由于人工挖孔，通常桩径较大，一般大于 1.4 m。该类桩适合于无水或渗水量较小的土体，而对于可能发生流砂或含有较厚软黏土层的地基则施工较为困难。在施工机具较难进入的狭窄地形、陡峻山坡处，该施工方法可以代替钻孔桩或较深的刚性扩大基础。在施工过程中，由于能够直接检验桩侧和桩底土质，所以桩体的施工质量易于保证。

各类灌注桩有以下优点：

(1) 与打入桩及振动下沉桩相比，灌注桩的施工过程可以避免过大的噪声和振动(沉管灌注桩除外)。

(2) 可根据土层分布情况任意变化桩长，在同一结构物中可因荷载分布与土层状况的不同采用不同桩径。

(3) 能够穿过各种软、硬土体夹层，将桩端置于具有足够承载能力的坚实土层和基岩中，还可将桩底适当扩大以充分发挥持力层的承载力。

(4) 对于需要承受侧向荷载的桩体，可将其设计成有利于提高横向承载力的异形桩或者变截面桩，如图 8-7 所示，亦可以根据结构的弯矩特性将桩体的上部设置成较大的断面。

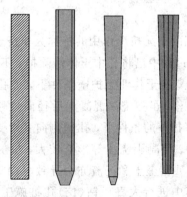

图 8-7　变截面桩

（5）桩身的配筋可以根据结构的受力性质、荷载沿深度的变化特征以及土层的应力变化进行配置，无需考虑预制桩制造过程中的起吊、运输、抗锤击应力钢筋，因此其配筋率远低于预制桩，造价约为预制桩的 44%～70%。

8.2.5　按桩的设置效应分类

大量工程实践表明，成桩过程中产生的挤土效应对桩的承载力、成桩质量及环境等均会有很大影响，因此，根据成桩方式及成桩过程的挤土效应，将桩分为挤土桩、部分挤土桩和非挤土桩。

1. 挤土桩

桩孔中的土在成桩过程中未取出，随桩体的成型地基土体被全部挤压到桩的四周，从而导致土的结构被严重扰动破坏，这类桩称为挤土桩。

挤土桩的地基若为黏性土，桩侧土会受到挤压、扰动从而产生超孔隙水压力，尤其在饱和黏性土中，可能会因邻近土体产生横向位移和竖向隆起，先打入的桩则会被推移或被抬起，使土体的抗剪强度降低，周围的结构物均可能受到较大的影响。经过一段时间后，当施工过程产生的超孔隙水压力逐渐消散、产生再固结和触变恢复后，土体的部分抗剪强度可以恢复。若土体是原来处于疏松和稍密状态的无黏性土，则在成桩过程中桩周土会因侧向挤压而趋于密实，挤密范围在桩侧可达 3～5.5 倍桩径，会导致桩间土的相对密实度、抗剪强度以及承载力被显著提高。

木桩、钢筋混凝土桩、闭口的钢管桩、实心的钢筋混凝土预制桩、沉管灌注桩在锤击或打入过程中均会对桩位处的土体有一定的挤压，均属于此类桩体。

2. 部分挤土桩

当桩体在成桩过程中，桩周土受到部分挤压作用，但对土的强度及变形性质影响不大，采用原状土测得的土的物理、力学性质等指标仍可用于估算桩基承载力和沉降时，可将桩体称为部分挤土桩。

冲孔灌注桩、挤扩孔灌注桩、预钻孔沉桩、敞口预应力混凝土管桩、H 型钢桩、钢板桩、开口钢管桩等均属于部分挤土桩。

3. 非挤土桩

桩体的成桩过程对桩周围的土无挤压作用的桩称为非挤土桩。此类桩通常先钻孔后打入桩体，在钻（冲、挖）孔桩的过程中已将孔中土体清除掉，不会产生成桩时的挤土作用。

若桩体所在地基为黏性土，在干作业无护壁条件下，成孔过程中由于孔壁土处于自由状态，会产生向孔内的径向位移，虽然浇注混凝土后径向位移会有所恢复，但桩周土仍处于一定的松弛状态。在有泥浆护壁的条件下，孔壁侧向变形受到一定的约束，松弛效应不明显，但桩侧阻力受泥浆稠度、混凝土浇注等影响较大，桩侧阻力多少有所下降；桩端下土会受扰动与发生软化，孔底残留虚土和沉渣亦会导致桩端阻力降低、沉降量增大。若土体为较为松散的砂土，则在其中进行大直径钻（挖）孔桩施工时通常需用钢套管或泥浆护壁，当套管护壁时，套管抽拔、摇动均会使孔壁砂土松动，减小桩侧阻力。

干作业法钻（挖）孔灌注桩、泥浆护壁法灌注桩、套管护壁法灌注桩均属于此类桩。

8.3　桩的承载力计算

8.3.1　单桩竖向极限承载力

单桩竖向极限承载力是指单桩在竖向荷载作用下，到达破坏状态前或出现不适于继续承载的变形时所对应的最大荷载。

桩的承载能力应同时考虑桩、土的共同作用对其影响，因此在研究单桩竖向承载力特征时需要考虑桩在竖向荷载作用下桩土间的传力途径、单桩承载力的构成以及单桩在荷载作用下的破坏形态等。

1. 荷载传递过程及地基土的支承力

当竖向荷载逐级施加在单桩顶部，桩身便会受到压缩从而产生向下的位移，由于桩土相对位移的产生，与桩身接触的土体便会产生向上的摩阻力。桩顶竖向荷载通过桩侧土的摩阻力传递到土层中，致使桩身竖向内力及变形均随土层深度递减。

在桩土相对位移为零处，桩侧摩阻力亦为零。随着荷载等级的增加，桩身压缩量及位移量逐渐增大，桩侧的摩阻力也随之增加，当桩底土体受到荷载作用发生压缩变形时，桩端亦会产生竖向阻力。桩底土体的压缩加剧了桩侧土体与桩体间的相对位移，从而使桩侧摩阻力进一步增加，直到其达到极限值，通常桩侧摩阻力的极限值相比桩底阻力的极限值出现较早。当桩侧摩阻力完全发挥达到极限值后，若竖向荷载继续增加，则其荷载增量将全部由桩底阻力承担。当桩底土体压缩量继续增大、发生塑性变形之后，桩端的位移量将会急剧增加，直至桩底阻力达到极限。此时，桩体所承受的竖向荷载便是其竖向极限承载力。

当地基土的性状不同时，桩侧摩阻力和桩底阻力的发展过程也会有一定差别，尤其各部分达到极限状态时的情况亦有不同。研究表明：桩底阻力的充分发挥需要桩底有较大的位移值，在黏性土中约为桩底直径的 25%，而在较为松散的砂性土中约为 8%～10%；桩侧摩阻力无需桩侧有太大位移就能得到充分的发挥，通常黏性土约为 4～6 mm，砂性土约为 6～10 mm，具体数值尚不明确。因此在确定桩的承载力时，应考虑到土体性状差异的影响。

端承桩的桩底地基土通常较为坚硬，在竖向荷载作用下位移很小，桩侧摩阻力不易得到发挥，有时甚至可以忽略不计。对于在较厚的覆盖层中设置的桩体，鉴于桩身的压缩量较大，桩侧的摩阻力会得到有力的发挥，可根据规范对桩侧摩阻力进行计算。而对于桩长较长的摩擦桩，也可能出现桩身压缩变形量较大、桩底阻力尚未达到极限，但桩顶位移已经超过其容许范围的情况，此时桩体的承载力中不宜将桩底阻力取值过大。

2. 桩底阻力的影响因素及其深度效应

桩底阻力与地基土的性质、覆盖土层厚度、桩径、桩底反力、时间等因素均有关系，桩底地基土的性质是桩底阻力的主要影响因素。桩底地基土的刚度及抗剪强度越大，则桩底的阻力也越大，其极限值取决于桩底土的抗剪强度及荷载集度。桩底地基土的变形同时也受到时间的影响，加载时间越长，桩底土的固结强度和桩底阻力也会越大。

大量试验研究表明，随着桩进入持力层的深度增加，桩底阻力亦会随之发生变化，这种特性被称为深度效应。当桩底进入持力砂土层或硬黏土层时，桩底极限阻力随持力层的深度线性增加。达到一定深度后，桩底阻力极限值保持稳定，该深度便被称为临界深度，持力层的上覆荷载及土体特性会对其有一定影响。

3. 桩侧摩阻力的影响因素及其分布

桩体的侧摩阻力与桩土间的相对位移、地基土的性质、桩的刚度、时间及桩的施工方法等因素有关。

桩侧摩阻力实质上是桩侧土的剪切力，该值与桩侧土的剪切强度有关，随着土体抗剪强度的增大而增加，而土的抗剪强度又取决于其类别、性质和剪切面上的法向应力。

相对位移对桩侧摩阻力的影响较为直观，当桩的刚度较小时，桩顶的位移较大而桩底较小，桩顶处的桩侧摩阻力通常较大；当桩的刚度较大时，沿桩体的各截面位移相对较为接近，但由于桩下部侧面土的法向应力较大，因此土的抗剪强度也较大，会使桩下部的桩侧摩阻力大于桩上部。

桩底地基土的压缩随着时间的推移逐渐完成，所承担荷载引起的桩侧摩阻力亦会从桩身上部逐渐向桩下部转移。在桩基施工及使用阶段，桩侧土的性状在一定范围内会有变化，影响桩侧摩阻力，并且往往也有时间效应。

在桩体的施工过程中，桩侧摩阻力始终是动态变化的，施工方法亦会对桩体的承载能力产生一定的影响。因此在分析桩基承载力时，需针对施工方法的不同分情况予以考虑。当地基土为塑性黏性土时，打桩的施工过程会造成桩侧土的扰动，从而导致桩周土的孔隙水压力上升，土体的抗剪强度降低、桩侧摩阻力变小。当打桩结束后，孔隙水压力在一段时间之后逐渐消散，再加上黏性土所具备的触变性质，会使桩周一定范围内的土体抗剪强度不但得到恢复，甚至还会超过施工之前的抗剪强度，从而提高桩侧摩阻力。而在砂性土中打桩时，桩侧摩阻力的变化与砂土的初始性状有关，但密实的砂性土所具备的剪胀性会使其桩侧摩阻力达到最大值后下降。

从以上分析可见，对桩侧摩阻力有影响的因素有桩土相对位移、土中的侧向应力、时间、土质分布及性状等，因此要精确地描述桩侧摩阻力沿深度的分布规律并不容易，只能用试验研究方法来确定。通常在桩承受竖向荷载的过程中，通过量测桩身内力或应变，计算各截面轴力，求得侧阻力分布或端阻力值。

4. 单桩在轴向荷载作用下的破坏状态

单桩在轴向荷载作用下最主要的两种破坏模式为地基土强度破坏或桩身材料强度破坏，通常根据其破坏形式可将其破坏归类为屈曲破坏、整体剪切破坏及刺入破坏。

1）屈曲破坏

屈曲破坏发生在桩体直径较小，桩底的支承地层较为坚硬，而桩侧土为抗剪强度较低的软土（如淤泥等）时，桩体在竖向荷载的作用下，将会呈现出纵向挠曲破坏，如图 8-8(a) 所示。在荷载—沉降（$p-s$）曲线上将会出现明显的破坏荷载，一般端承桩和嵌岩桩属于屈曲破坏，在此类破坏中，桩身承载力取决于桩身材料强度。

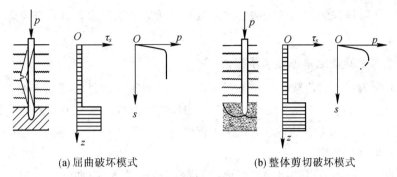

(a)屈曲破坏模式　　　　　　　　　　(b)整体剪切破坏模式

图 8-8　单桩在轴向荷载作用下的破坏状态

2）整体剪切破坏

整体剪切破坏发生在具有足够强度的桩体穿过抗剪强度较低土层，进入强度较高土层时，桩体在竖向荷载的作用下，在桩底持力层上形成滑动土楔面，从而发生整体剪切破坏，如图 8-8(b)所示。在荷载—沉降($p-s$)曲线上将会出现明显的拐点，有陡降段，也有明显的破坏荷载。在此类破坏中，桩的承载力取决于桩底土的支承力，桩侧摩阻力也会起到一部分作用。

3）刺入破坏

刺入破坏发生在具有足够强度的桩体进入土体深度较大或桩周土和桩尖土的抗剪强度比较均匀时，桩在竖向荷载作用下将出现刺入破坏，如图 8-9 所示。在荷载—沉降($p-s$)曲线为"渐进破坏"的缓变型，通常没有明显的转折点。桩所受的外荷载主要由桩侧阻力来承担，桩端阻力极微，桩的沉降量较大，一般摩擦桩属于此类破坏，桩的承载力主要取决于桩周土的抗剪强度，也同时需要考虑桩顶允许沉降量。

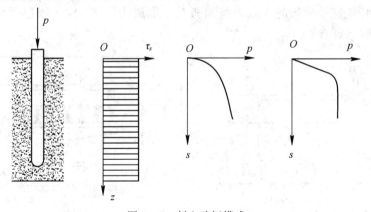

图 8-9　刺入破坏模式

由以上情况可见，桩体在竖向荷载作用下的受压承载力取决于桩周土的强度或桩本身的材料强度。一般情况下桩的竖向承载力都是由土的支承力控制的，对于端承桩和地基土层土质较差的长摩擦桩，则桩周土强度和桩体材料强度均有可能是其破坏的决定因素。

8.3.2　单桩竖向容许承载力

单桩竖向容许承载力是指单桩在竖向荷载作用下，地基土和桩本身的强度和稳定性均能得到保证，变形也在容许范围之内桩所能够承受的最大荷载，它是以单桩轴向极限承载力考虑安全度之后得到的。单桩竖向容许承载力的确定方法较多，通常需要选择多种方法综合考虑和分析。

1. 按静载荷试验确定单桩竖向承载力

静载荷试验采用竖向荷载在桩顶逐级加压，与此同时测量每级荷载作用下，不同时间的桩顶位移，根据沉降与荷载及时间的关系确定单桩竖向容许承载力。静载荷试验是评价单桩承载力最为直观和可靠的方法，该法不但考虑了地基土的支承能力，也计入了桩身材料强度对于承载力的影响。

该方法的基本原理是以一组单桩竖向抗压静载荷试验 p-s 曲线为基础，取该曲线前几级荷载下的沉降原始数据进行分析，进而对 p-s 曲线的发展趋势进行预测。

1）试桩要求

试桩可以在已经预制好的工程桩中选定，也可以预制与工程桩相同的试验桩。考虑到试验场地的差异性及试验数据的离散性，在同一条件下，进行静载荷试验的桩数不宜少于总桩数的 1%，工程桩总桩数在 50 根以内时不应少于 2 根，其他情况不应少于 3 根。

2）试验装置

试验装置主要有加压系统和观测系统两部分，加载方法有锚桩法和堆载法。锚桩法是在试验桩周围布设 4～6 根锚桩，锚桩深度通常大于试验桩深度且与试桩有一定距离，一般大于 $3d$（d 为试桩直径或边长）且不小于 1.5 m，以便减少锚桩对试桩承载力的影响，如图 8-10(a)所示。堆载法是在荷载平台上堆载重物，重物的形式有钢锭、砂包和可充水的水箱等，如图 8-10(b)所示，该法适用于极限承载力较小的桩。观测系统主要的观测对象为桩顶位移及加载数据，位移通过位移计或百分表进行量测，加载数据通过油压表或压力传感器观测。锚固法能够量测的承载力范围相对于堆载法更广，对于极限承载力较大的桩体，其加载系统相对简单。

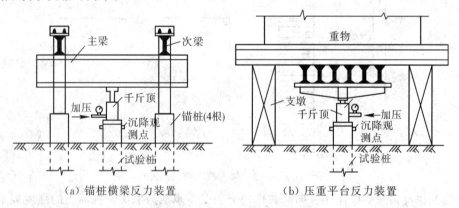

(a) 锚桩横梁反力装置　　　　　　(b) 压重平台反力装置

图 8-10　静载试验法试验装置

3）试验方法

试桩进行加载时应分级进行，每级加载为预估破坏荷载的 1/10～1/15，第一级可按两倍分级荷载加荷。部分试验也采用递变加载方式，开始阶段每级加载为预估破坏荷载的 1/2.5 ～1/5，结束阶段采用破坏荷载的 1/10～1/15。

每级加载后的第一个小时内，分别在 2 min、5 min、15 min、30 min、45 min、60 min

时各测读一次数据，累计一小时以后每隔 30 min 测读一次。每次测读值计入试验记录表。

不同的土体有不同的沉降稳定标准，砂性土的沉降稳定标准为 30 min 内沉降不超过 0.1 mm，黏性土为每一小时内的沉降不超过 0.1 mm，并连续出现两次(由 1.5 h 内连续三次观测值计算)，认为已达到相对稳定，可加一级荷载。继续循环以上加载方式，依次进行直到试桩破坏，再分级卸载到零，终止试验。

当出现以下情况时，可认为桩体已达到破坏状态，所对应的加载荷载即为破坏荷载：

(1)桩的沉降量突然增大，总沉降量大于 40 mm，某级荷载下桩顶沉降量大于前一级荷载下沉降量的 5 倍。

(2)某级荷载下，桩顶沉降量大于前一级荷载下沉降量的两倍且经 24 h 尚未达到相对稳定。

4)极限荷载和竖向容许承载力的确定

在静载荷试验中可以确定试桩破坏时所对应的荷载，通常将其前一级荷载作为极限荷载，从而确定单桩竖向容许承载力，即

$$[P] = \frac{P_j}{K} \tag{8.1}$$

式中：$[P]$——单桩竖向受压容许承载力(kN)；

P_j——试桩的极限荷载(kN)；

K——安全系数，一般取值为 2。

在实际工程中，不同土层中的桩体在破坏荷载下的沉降量和沉降速度均不同，采用统一标准衡量桩体破坏的情况并不准确。因此，通常需要结合试验曲线进行分析，对桩体的极限承载力综合评定。

一般认为，当桩顶发生急剧增大或不停滞的沉降时，桩便处于破坏状态，相应的荷载称为极限荷载，用 p_u 表示，如图 8-11 所示。

根据单桩荷载—沉降($p-s$)曲线，可以确定单桩承载力：

(1)由图中的曲线①所示，对于陡降型 $p-s$ 曲线，可取曲线发生明显陡降的起始点所对应的荷载为 p_u。

(2)由图中的曲线②所示，对于缓变型 $p-s$ 曲线，一般可取 $s=40\sim60$ mm 对应的荷载值为 p_u。对于大直径桩可取 $s=(0.03\sim0.06)d$(d 为桩端直径)所对应的荷载值(大桩径取低值，小桩径取高值)。

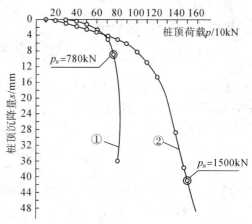

图 8-11 单桩荷载—沉降($p-s$)曲线

(3)沉降速率法($s-\lg t$ 法)。沉降速率法根据沉降随时间的变化特征来确定极限荷载，大量试桩静载荷试验表明，桩在破坏荷载之前的每级下沉量(s)与时间(t)的对数成线性关系，如图 8-12 所示，该变化规律可表示为

$$s = m\lg t \tag{8.2}$$

式中，m 为 $s-\lg t$ 曲线的斜率，该值在某种程度上反映了桩的沉降速率，m 越大则桩的沉降速率越大。m 值随着桩顶荷载的增加而增大，当桩顶荷载持续增大，而 $s-\lg t$ 的趋势不是直线而是折线时，便说明在该级荷载作用下桩的沉降骤增，即桩体发生破坏。可将相应于 $s-\lg t$ 线型由直线变为折线的那一级荷载定为该桩的破坏荷载，其前一级荷载即为桩的极限荷载。

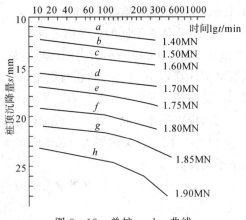

图 8-12 单桩 $s-\lg t$ 曲线

采用静载荷试验法确定单桩容许承载力直观可靠，但费时、费力，通常只在大型、重要工程或地质较复杂的桩基工程中进行。配合其他测试设备，它还能较直接了解桩的荷载传递特征，提供有关资料，因此也是桩基础研究分析常用的试验方法。

2. 按经验公式确定单桩竖向承载力

我国现行设计规范都规定了以经验公式计算单桩竖向容许承载力的简化计算方法，规范根据大量的静载荷试验资料，经过理论分析和统计整理，给出了不同类型桩体桩侧摩阻力及桩底阻力的经验系数、数据及相应公式，其中考虑了土体类别、密实度、埋置深度等条件的影响。

下面以《公路桥涵地基与基础设计规范》(JTG D63 — 2007)为例做以简介，以下各经验公式除特殊说明者外均适用于钢筋混凝土桩、混凝土桩及预应力混凝土桩。

1）摩擦桩

单桩竖向容许承载力的计算公式为

$$单桩容许承载力[P] = \frac{\left[桩侧极限摩阻力 \, P_{SU} + 桩底极限阻力 \, P_{PU}\right]}{安全系数} \tag{8.3}$$

由于施工方法不同，打入桩与钻孔灌注桩所测得的桩侧摩阻力和桩底阻力数据不同，相应的计算式和有关数据也不同。

（1）打入桩，有

$$[P] = \frac{1}{2}\left[U\sum \alpha_i l_i \tau_i + \alpha A \sigma_R\right] \tag{8.4}$$

式中：$[P]$——单桩竖向受压容许承载力(kN)；

U——桩的周长(m)；

l_i——桩在承台底面或最大冲刷线以下的第 i 层土层中的长度(m)；

τ_i——与 l_i 相对应的各土层与桩侧的极限摩阻力(kPa)，根据表 8-1 取值；

A——桩底面积(m^2)；

σ_R——桩底处土的极限承载力(kPa)，根据表 8-2 取值；

α_i、α——分别为振动下沉对各土层桩侧摩阻力和桩底抵抗力的影响系数，根据表 8-3 取值，对于打入桩其值均为 1.0。

表 8 - 1 桩的极限侧摩阻力 τ_i 值

土的名称	土的状态		混凝土预制桩	泥浆护壁钻(冲)孔桩	干作业钻孔桩
填土			22~30	20~28	20~28
淤泥			14~20	12~18	12~18
淤泥质土			22~30	20~28	20~28
黏性土	流塑	$I_L>1$	24~40	21~38	21~38
	软塑	$0.75<I_L\leqslant1$	40~55	38~53	38~53
	可塑	$0.50<I_L\leqslant0.75$	55~70	53~68	53~66
	硬可塑	$0.25<I_L\leqslant0.50$	70~86	68~84	66~82
	硬塑	$0<I_L\leqslant0.25$	86~98	84~96	82~94
	坚硬	$I_L\leqslant0$	98~105	96~102	94~104
红黏土	$0.7<\alpha_w\leqslant1$		13~32	12~30	12~30
	$0.5<\alpha_w\leqslant0.7$		32~74	30~70	30~70
粉土	稍密	$e>0.9$	26~46	24~42	24~42
	中密	$0.75\leqslant e\leqslant0.9$	46~66	42~62	42~62
	密实	$e<0.75$	66~88	62~82	62~82
粉细砂	稍密	$10<N\leqslant15$	24~48	22~46	22~46
	中密	$15<N\leqslant30$	48~66	46~64	46~64
	密实	$N>30$	66~88	64~86	64~86
中砂	中密	$15<N\leqslant30$	54~74	53~72	53~72
	密实	$N>30$	74~95	72~94	72~94
粗砂	中密	$15<N\leqslant30$	74~95	74~95	76~98
	密实	$N>30$	95~116	95~116	98~120
砾砂	稍密	$5<N_{63.5}\leqslant15$	70~110	50~90	60~100
	中密(密实)	$N_{63.5}>15$	116~138	116~130	112~130
圆砾、角砾	中密、密实	$N_{63.5}>10$	160~200	135~150	135~150
碎石、卵石	中密、密实	$N_{63.5}>10$	200~300	140~170	150~170
全风化软质岩	$30<N\leqslant50$		100~120	80~100	80~100
全风化硬质岩	$30<N\leqslant50$		140~160	120~140	120~150
强风化软质岩	$N_{63.5}>10$		160~240	140~200	140~220
强风化硬质岩	$N_{63.5}>10$		220~300	160~240	160~260

注:① 对于尚未完成自重固结的填土和以生活垃圾为主的杂填土,不计算其侧阻力。② 表中 I_L 为土的液性指数,α_w 为含水量,$\alpha_w=\omega/\omega_L$;e 为孔隙比。③ N 为标准贯入击数;$N_{63.5}$ 为重型圆锥动力触探击数。④ 全风化、强风化软质岩和全风化、强风化硬质岩系指其母岩分别为 $f_{rk}\leqslant15$ MPa 、$f_{rk}>30$ MPa 的岩石。

表 8 - 2　桩底处土的极限承载力 σ_R 值（单位：kPa）

土名称	土的状态	混凝土预制桩桩长 l/m				泥浆护壁钻(冲)孔桩桩长 l/m				干作业钻孔桩桩长 l/m		
		$l≤9$	$9<l≤16$	$16<l≤30$	$l>30$	$5≤l<10$	$10≤l<15$	$15≤l<30$	$30≤l$	$5≤l<10$	$10≤l<15$	$15≤l$
黏性土	软塑 $0.75<I_L≤1$	210~850	650~1400	1200~1800	1300~1900	150~250	250~300	300~450	300~450	200~400	400~700	700~950
	可塑 $0.50<I_L≤0.75$	850~1700	1400~2200	1900~2800	2300~3600	350~450	450~600	600~750	750~800	500~700	800~1100	1000~1600
	硬可塑 $0.25<I_L≤0.50$	1500~2300	2300~3300	2700~3600	3600~4400	800~900	900~1000	1000~1200	1200~1400	850~1100	1500~1700	1700~1900
	硬塑 $0<I_L≤0.25$	2500~3800	3800~5500	5500~6000	6000~6800	1100~1200	1200~1400	1400~1600	1600~1800	1600~1800	2200~2400	2600~2800
粉土	中密 $0.75≤e≤0.9$	950~1700	1400~2100	1900~2700	2500~3400	300~500	500~650	650~750	750~850	800~1200	1200~1400	1400~1600
	密实 $e<0.75$	1500~2600	2100~3000	2700~3600	3600~4400	650~900	750~950	900~1100	1100~1200	1200~1700	1400~1900	1600~2100
粉砂	稍密 $10<N≤15$	1000~1600	1500~2300	1900~2700	2100~3000	350~500	450~600	600~700	650~750	500~950	1300~1600	1500~1700
	中密、密实 $N>15$	1400~2200	2100~3000	3000~4500	3800~5500	600~750	750~900	900~1100	1100~1200	900~1000	1700~1900	1700~1900
细砂	$N>15$	2500~4000	3600~5000	4400~6000	5300~7000	650~850	900~1200	1200~1500	1500~1800	1200~1600	2000~2400	2400~2700
中砂	中密、密实 $N>15$	4000~6000	5500~7000	6500~8000	7500~9000	850~1050	1100~1500	1500~1900	1900~2100	1800~2400	2800~3800	3600~4400
粗砂	$N>15$	5700~7500	7500~8500	8500~10000	9500~11000	1500~1800	2100~2400	2400~2600	2600~2800	2900~3600	4000~4600	4600~5200
砾砂	$N>15$	6000~9500	9000~10500			3500~5000						
角砾、圆砾	中密、密实 $N_{63.5}>10$	7000~10000	9500~11500			4000~5500						
碎石、卵石	中密、密实 $N_{63.5}>10$	8000~11000	10500~13000			4500~6500						
全风化软质岩	$30<N≤50$	4000~6000				1000~1600				1200~2000		
全风化硬质岩	$30<N≤50$	5000~8000				1200~2000				1400~2400		
强风化软质岩	$N_{63.5}>10$	6000~9000				1400~2200				1600~2600		
强风化硬质岩	$N_{63.5}>10$	7000~11000				1800~2800				2000~3000		

注：①砂土和碎石类土中桩的极限端阻力取值，宜综合考虑土的密实度，桩端进入持力层的深度比 h_b/d，土愈密实，h_b/d 愈大，取值愈高。

②预制桩的岩石极限端阻力是指桩端支承于中、微风化基岩表面或进入强风化岩、软质岩，软质岩一定深度条件下的极限端阻力。

③全风化、强风化软质岩和全风化、强风化硬质岩是指其母岩为 $f_{rk}≤15$ MPa、$f_{rk}>30$ MPa 的岩石。

表 8-3 系数 α_i、α 值

系数 α_i、α 土 类 桩径或边长	黏土	亚黏土	亚砂土	砂土
$d \leqslant 0.8$	0.6	0.7	0.9	1.0
$0.8 < d \leqslant 2.0$	0.6	0.7	0.9	1.0
$d > 2.0$	0.5	0.6	0.7	0.9

(2) 钻(挖)孔灌注桩。钻孔灌注桩的单桩竖向容许承载力为

$$[P] = \frac{1}{2} U \sum l_i \tau_i + \lambda m_0 A \{ [\sigma_0] + K_2 \gamma_2 (h - 3) \} \tag{8.5}$$

式中：U——桩的周长(m)，按照成孔直径计算，若无实测资料，成孔直径可按下列规定采用：旋转钻按钻头直径增大 $30 \sim 50$ mm；冲击钻按钻头直径增大 $50 \sim 100$ mm；冲抓钻按钻头直径增大 $100 \sim 200$ mm；

τ_i——第 i 层土对桩侧的极限摩阻力(kPa)，根据表 8-4 取值；

λ——考虑桩身入土长度影响的修正系数，根据表 8-5 取值；

m_0——考虑孔底沉淀淤泥影响的清孔系数，根据表 8-6 取值；

A——桩底截面积(m^2)，一般用设计直径(钻头直径)计算；

h——桩的埋置深度(m)，对有冲刷的基桩，由一般冲刷线起算；对无冲刷的基桩，由天然地面(实际开挖后地面)起算；当 $h > 40$ m 时，可按 $h = 40$ m 考虑；

$[\sigma_0]$——桩底处土的容许承载力(kPa)，可根据表 8-2 取值；

γ_2——桩底以上土的重度，多层土时按换算重度计算；

K_2——地基土容许承载力随深度的修正系数，可根据表 8-7 取值。

表 8-4 钻孔桩桩侧土的极限摩阻力 τ_i

土 类	极限摩阻力 τ_i	土类	极限摩阻力 τ_i/kPa
回填土中密炉渣、粉煤灰	$40 \sim 60$	硬塑亚黏土、亚砂土	$35 \sim 85$
流塑黏土、亚黏土、亚砂土	$20 \sim 30$	粉砂、细砂	$35 \sim 55$
软塑黏土	$30 \sim 50$	中砂	$40 \sim 60$
硬塑黏土	$50 \sim 80$	粗砂、砾砂	$60 \sim 140$
硬黏土	$80 \sim 120$	砾石(圆砾、角砾)	$120 \sim 180$
软塑亚黏土、亚砂土	$35 \sim 55$	碎石、卵石	$160 \sim 400$

表 8-5 λ 值

h/d 桩底土情况	$4 \sim 20$	$20 \sim 25$	> 25
透水性土	0.70	$0.70 \sim 0.85$	0.85
不透水性土	0.65	$0.65 \sim 0.72$	0.72

注：h 为桩的埋置深度(单位为 m)；d 为设计桩径(单位为 m)。

表 8-6　m_0 值

t/d	>0.6	$0.6\sim0.3$	$0.3\sim0.1$
m_0	见注②	$0.25\sim0.70$	$0\sim1.00$

注：① t 为桩沉淀土厚度，d 为桩的设计桩径。

② 设计时不宜采用，当实际施工发生时，桩底反力按沉淀土$[\sigma_0]=50\sim100$ kPa（不考虑深度与宽度修正）计算，如沉淀土过厚，应对桩的承载力进行鉴定。

表 8-7　地基容许承载力宽度、深度修正系数

土的类别 系数	黏性土				黄土			砂土								碎石土			
	老黏性土	一般黏性土	新近沉积黏性土	残积黏性土	新近堆积黄土	一般新黄土	老黄土	粉砂		细砂		中砂		砾砂粗砂		碎石圆砾角砾		卵石	
								中密	密实	中密	密实	中密	密实	中密	密实	中密	密实	中密	密实
K_1	0	0	0	0	0	0	0	1.0	1.2	1.5	2.0	2.0	3.0	3.0	4.0	3.0	4.0	3.0	4.0
K_2	2.5	1.5	2.5	1.0	1.5	1.0	1.5	1.5	2.0	2.5	3.0	4.0	4.0	5.5	5.0	6.0	5.0	6.0	6.0	10.0

2）端承桩

与摩擦桩不同，端承桩的承载能力需要考虑桩底处岩石强度和桩体嵌入岩层深度的影响，支承在基岩上或嵌入岩层中的单桩竖向受压容许承载力可按式(8.6)计算，即

$$[P]=(C_1A+C_2Uh_r)R_a \tag{8.6}$$

式中：A——桩底截面面积(m^2)；

R_a——单轴极限抗压强度(kPa)，试件直径为 $70\sim100$ mm；试件高度与试件直径相等；

h_r——桩嵌入未风化岩层深度(m)；

U——桩嵌入基岩部分的横截面周长(m)，按设计直径进行计算；

C_1、C_2——根据岩石破碎程度、清孔情况等因素而定的系数，可根据表 8-8 取值。

表 8-8　系数 C_1、C_2 值

条件	C_1	C_2
良好	0.6	0.05
一般	0.5	0.04
较差	0.4	0.03

3. 按静力分析法确定单桩竖向承载力

静力分析法根据土的极限平衡理论和土的强度理论对桩体受力进行分析，计算桩底极限阻力和桩侧极限摩阻力，即利用土的强度指标计算桩的极限承载力，然后将其除以安全

系数从而确定单桩容许承载力。

1）桩底极限阻力

将桩作为深基础，并假定地基的破坏模式为刚塑性体破坏，采用塑性力学中的极限平衡理论导出地基极限荷载（即桩底极限阻力）的理论公式，还可将太沙基理论、梅耶霍夫理论以及别列赞采夫理论等假设的桩底地基极限荷载公式归纳为式（8.7）的一般形式，所不同的仅在于系数的取值，即

$$\sigma_R = a_c N_c c + a_q N_q \gamma h \tag{8.7}$$

式中：σ_R——桩底地基单位面积的极限荷载（kPa）；

a_c、a_q——与桩底形状有关的系数；

N_c、N_q——承载力系数，均与土的内摩擦角 φ 有关；

c——地基土的黏聚力（kPa）；

γ——桩底平面以上土的平均重度（kN/m）；

h——桩的入土深度（m）。

其中，对地基土的黏聚力及内摩擦角进行分析时，需要分别考虑总应力法及有效应力法两种情况。

若桩底的嵌入土层为饱和黏性土时，排水条件较差，通常需要采用总应力法进行分析，取值时抗剪强度采用土的不排水抗剪强度 c_u，$N_q = 1$。

若桩底的嵌入土层对应排水条件较好的砂性土，应考虑采用有效应力法进行分析。此时，$c = 0$，$q = \gamma h$，取桩底处有效竖向应力代入公式计算。

2）桩侧极限摩阻力

桩侧单位面积的极限摩阻力取决于桩侧土的剪切强度。由库仑强度理论可知，桩侧的极限摩阻力可按式（8.8）计算，即

$$\tau = \sigma_h \tan\delta + c_a = K\sigma_v \tan\delta + c_a \tag{8.8}$$

式中：τ——桩侧单位面积的极限摩阻力（桩土间剪切面上的抗剪强度）（kPa）；

σ_h、σ_v——桩侧土的水平应力及竖向应力（kPa）；

c_a、δ——桩、土间的黏结力（kPa）及摩擦角；

K——土的侧压力系数。

式（8.8）在计算时仍需要考虑总应力法和有效应力法两种情况，具体计算时表达式的系数取值不同，可将其归纳为 α 法和 β 法，具体的分析方法如下：

（1）α 法。若桩底地基土为黏性土，可根据桩的试验结果，建立桩侧极限摩阻力与土体不排水抗剪强度的相关关系，有

$$\tau = \alpha c_u \tag{8.9}$$

式中：α——黏结力系数，与土的类别、桩的类别、设置方法及时间效应等因素有关。根据资料，α 值的大小一般为 0.3～1.0，软土取值相对较低，硬土取值较高。

（2）β 法——有效应力法。若在打桩过程中桩周土发生了扰动，土的内聚力便会很小，$\overline{\sigma_h}\tan\delta$ 与 c_a 的数值也会比较相近，可将式（8.8）修改为式（8.10），即

$$\tau = \overline{\sigma_h}\tan\delta = K\overline{\sigma_v}\tan\delta \quad \text{或} \quad \tau = \beta\overline{\sigma_v} \tag{8.10}$$

式中：$\overline{\sigma_h}$、$\overline{\sigma_v}$——土的水平向有效应力及竖向有效应力（kPa）；

β——有效应力法系数。

对正常固结黏性土的钻孔桩及打入桩，由于桩侧土的径向位移较小，可认为侧压力系数 $K=K_0$ 及 $\delta \approx \varphi'$，则

$$K_0 = 1 - \sin\varphi' \tag{8.11}$$

式中：K_0——静止土压力系数；

φ'——桩侧土的有效摩擦角。

对正常固结黏性土，若取 $\varphi'=15°\sim30°$，得 $\beta=0.2\sim0.3$，其平均值为 0.25；软黏土的桩试验得到 $\beta=0.25\sim0.4$，平均取 $\beta=0.32$。

8.3.3　单桩水平承载力

桩的水平承载力是指桩体受到垂直于桩轴线的荷载时（包括弯矩）能够保持强度及稳定性的水平承载力，该指标是从保证桩身材料强度、地基土体的强度和稳定性、桩顶水平位移等方面对桩体的水平承载力进行分析和确定。

1. 桩体在水平荷载作用下的破坏机理

桩在水平荷载作用下会产生横向位移或桩身的挠曲，桩周土同时亦会发生变形，从而在桩侧产生反作用于桩体的侧向土抗力，桩土之间相互作用和影响。通常，桩在水平荷载作用下的破坏情况有以下两种。

1）刚性桩的破坏

当桩体的刚度与桩周土相比较大，即桩径较大而入土深度相对较小或桩周土较松软时，桩体在水平荷载作用下的挠曲变形不明显，而是绕桩轴的某一点发生整体转动，如图 8-13（a）所示。该类桩的破坏形式是，随着水平荷载的不断增大，可能由于桩侧土强度不足而发生失稳，从而导致桩体丧失承载能力或发生破坏。因此，基桩的水平承载力可能由桩侧土的强度及稳定性决定。

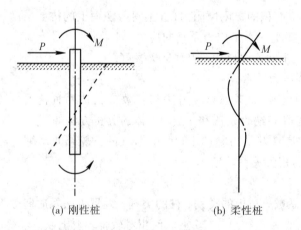

(a) 刚性桩　　　　　(b) 柔性桩

图 8-13　桩在水平荷载作用下的变形

2）柔性桩的破坏

当桩体的刚度相对较小，即桩径较小而入土深度相对较大或桩周土较坚实时，桩体在水平荷载作用下会发生桩身挠曲变形，但桩侧土具有足够的土侧抗力，使得桩体的侧向位移随着入土深度的增加而逐渐减小，当达到一定深度之后几乎不发生变形，从而形成一端

嵌固的地基梁，如图 8-13(b)所示。桩在水平荷载作用下的变形为波状曲线，随着水平荷载的不断增大，桩身会在弯矩较大的位置发生断裂或是桩身发生的侧向位移量超过桩体或上部结构的容许变形量。

2. 影响单桩水平承载力的因素

单桩水平承载力的影响因素较多，主要有以下几种。

1）桩的截面尺寸和材料强度

桩体的抗弯刚度与桩身截面尺寸、材料强度呈正比。对于抗弯刚度较大的桩，水平位移随水平荷载增大而不断增加，很可能位移量已超过了结构物的容许位移值而桩身并没有发生破坏。可见，桩体的水平承载力不仅由桩身材料的强度决定，同时亦由桩体的容许位移值控制。

2）地基土强度

桩体的水平承载力随着地基土抵抗水平位移的能力增加，其决定因素是地基土体的强度。因此，地基强度越高桩的水平承载力越大。

3）桩端嵌固形式

桩体端部的设计有嵌固于承台的形式也有自由形式，通常嵌固于承台中的桩体抗弯刚度及抵抗横向弯曲能力大于桩头自由的桩，其水平承载力也相对较大。

4）桩的入土深度

随着桩体的入土深度越深，其水平承载力就相应提高，当桩体深入到一定的土体深度之后，继续增加桩的深度对桩体的承载能力不再有影响。通常将桩体抵抗水平荷载所需要的入土深度称为有效长度。

在水平荷载作用下，超过有效长度的桩底部分通常没有显著的水平位移。当桩体的入土深度小于有效长度时，地基的水平抗力发挥不充分，当水平荷载达到一定程度后，桩体便会发生倾斜甚至拔出；当桩体的入土深度大于有效长度时，桩身嵌固于土体深处，地基的水平抗力可以得到一定的发挥，桩体不会发生倾倒或拔出，而是发生弯曲变形。

5）桩的间距

当桩的间距较小时，相邻桩体之间的土中应力将会发生重叠，地基的变形也会随之变大，使得桩的水平承载力下降；当桩的间距较大时，土中应力的叠加效应相对较小。但桩距越大，承台尺寸也会相应增大，设计时需要考虑经济效应的影响。

3. 单桩水平承载力的确定

与竖向承载力相同，单桩的水平承载力不仅取决于地基土的抗力，也需要考虑桩身材料强度的影响。在对桩进行设计时，依然是先根据地基土体的抗力确定单桩水平承载力，与此同时考虑安全度的影响。确定单桩水平承载力的方法有单桩水平静载试验及分析计算法。

1）单桩水平静载试验

确定单桩水平承载力较为可靠的方法是水平静载试验，可确定较为符合实际情况的单桩水平承载力和地基土的水平抗力，从而根据桩身应力变化求得桩身的应力及弯矩分布。

该方法也可以配合预先埋在桩身周围的量测元件进行，所测试验资料亦能反映出水平加载过程中桩身截面的内力和位移。

按试验中加荷方式的不同，试验方法有单向多循环加卸载法和慢速分级连续加载法两种，前者用于承受反复作用水平荷载的桩基，后者用于承受长期水平荷载的桩基。详见《建筑桩基技术规范》(JGJ 94 — 2008)。

2) 理论计算取值法

根据某些假定建立的理论(如弹性地基梁理论)计算桩体在水平荷载作用下的桩身内力、位移及桩土作用力，并对桩身材料、桩侧土强度及稳定性、桩顶及墩顶位移进行验算，从而评定单桩水平承载力。

3) 经验取值法

根据桩基所在地的使用经验确定单桩的水平承载力设计值，如北京地区 400 mm 直径灌注桩的水平承载力为 40~60 kPa。

8.3.4 按桩身材料强度确定单桩承载力

通常，桩的竖向承载力由桩周土的支承能力控制。但当桩身穿过极软弱土层，而桩端支承在(或嵌固)于岩层或坚硬的土层中时，桩的竖向承载力往往由桩身材料的强度控制。

在竖向荷载作用下，单桩的受力状态是一根全部或部分埋入土中的轴向受压杆件。若桩体不但受到竖向荷载作用，同时还承受一定的弯矩和水平向荷载作用，则桩体的受力状态便是偏心受压杆件。根据材料力学的理论，当竖向荷载达到一定数值时，细长的轴向或偏心受压杆件将会发生纵向屈曲而压屈失稳，因此在确定单桩承载力时，不但要考虑桩身截面的强度，还需要考虑其对桩身纵向屈曲的影响，需在截面强度验算时将截面强度乘以纵向挠曲系数 φ。

1) 竖向承载力计算

根据《公路桥涵地基与基础设计规范》(JTG D63 — 2007)，对于配有普通箍筋的钢筋混凝土桩，可按式(8.12)确定基桩的竖向承载力，即

$$P = \varphi\gamma_b\left(\frac{1}{\gamma_c}R_aA + \frac{1}{\gamma_s}R'_gA'_g\right) \tag{8.12}$$

式中：P——计算的桩体竖向承载力(kN)；

φ——钢筋混凝土桩的纵向弯曲系数，对低承台桩基可取 $\varphi=1$，高承台桩基可由表 8-9 查取；

R_a——混凝土的抗压设计强度(kPa)；

A——验算截面处桩的截面面积(m^2)；

R'_g——纵向钢筋抗压设计强度(kPa)；

A'_g——纵向钢筋截面面积(m^2)；

γ_b——桩的工作条件系数，取 $\gamma_b=0.95$；

γ_c——混凝土的安全系数，取 $\gamma_c=1.25$；

γ_s——钢筋的安全系数，取 $\gamma_s=1.25$。

当桩体纵向钢筋配筋率大于 3% 时，桩的截面面积应采用桩身截面的混凝土面积 A_h，

即扣除纵向钢筋面积 A_g'，故 $A_h = A - A_g'$。

表 8-9 钢筋混凝土桩的纵向挠曲系数 φ 值

l_p/b	$\leqslant 8$	10	12	14	16	18	20	22	24	26	28
l_p/d	$\leqslant 7$	8.5	10.5	12	14	15.5	17	19	21	22.5	24
l_p/r	$\leqslant 28$	35	42	48	55	62	69	76	83	90	97
φ	1.00	0.98	0.95	0.92	0.87	0.81	0.75	0.70	0.65	0.60	0.56
l_p/b	30	32	34	36	38	40	42	44	46	48	50
l_p/d	26	28	29.5	31	33	34.5	36.5	38	40	41.5	43
l_p/r	104	111	118	125	132	139	146	153	160	167	174
φ	0.52	0.48	0.44	0.40	0.36	0.32	0.29	0.26	0.23	0.21	0.19

注：l_p——考虑纵向挠曲时桩的稳定计算长度，结合桩在土中的支承情况以及两端支承条件确定，
　　　近似计算可参照表 8-10；

　　r——截面回转半径，$r = \sqrt{I/A}$，I 为截面的惯性矩，A 为截面积；

　　d——桩的直径；

　　b——矩形截面桩的短边长。

表 8-10 桩受弯时的计算长度 l_p

单桩或单排桩桩顶铰接				多排桩桩顶固结			
桩底支承于非岩石土中		桩底嵌固于岩石内		桩底支承于非岩石土中		桩底嵌固于岩石内	
$h < \dfrac{4.0}{\alpha}$	$h \geqslant \dfrac{4.0}{\alpha}$	$h < \dfrac{4.0}{\alpha}$	$h \geqslant \dfrac{4.0}{\alpha}$	$h < \dfrac{4.0}{\alpha}$	$h \geqslant \dfrac{4.0}{\alpha}$	$h < \dfrac{4.0}{\alpha}$	$h \geqslant \dfrac{4.0}{\alpha}$
$l_p = l_0 + h$	$l_p = 0.7 \times$ $\left(l_0 + \dfrac{4.0}{\alpha}\right)$	$l_p = 0.7 \times$ $(l_0 + h)$	$l_p = 0.7 \times$ $\left(l_0 + \dfrac{4.0}{\alpha}\right)$	$l_p = 0.7 \times$ $(l_0 + h)$	$l_p = 0.5 \times$ $\left(l_0 + \dfrac{4.0}{\alpha}\right)$	$l_p = 0.5 \times$ $(l_0 + h)$	$l_p = 0.5 \times$ $\left(l_0 + \dfrac{4.0}{\alpha}\right)$

注：α 为桩土变形系数。

2）截面强度验算

当钢筋混凝土桩采用的是螺旋式或焊接环式间接钢筋时，其截面强度按式(8.13)验算，即

$$P \leqslant \gamma_b \left(\frac{1}{\gamma_c} R_a A_{ke} + \frac{1}{\gamma_s} R'_g A'_g + \frac{2}{\gamma_s} R_g A_{jg} \right) \tag{8.13}$$

式中：A_{ke}——桩的核心截面面积（m^2）；

$\qquad R_g$——间接钢筋抗拉设计强度（kPa）；

$\qquad A_{jg}$——间接钢筋换算截面面积（m^2），即

$$A_{jg} = \pi d_{he} \frac{a_j}{s}$$

$\qquad d_{he}$——桩的核心直径（m）；

$\qquad a_j$——单根间接钢筋截面面积（m^2）；

$\qquad s$——沿桩轴线方向间接钢筋的间距（m）；

其余符号同式(8.12)。

同时，《公路桥涵地基与基础设计规范》(JTG D63 — 2007)规定按式(8.13)计算所得的桩截面强度不得比式(8.12)计算所得的强度大 50%；同时还规定凡属下列情况之一者，不再考虑间接钢筋的影响，而按普通箍筋桩进行计算：

(1) 当 $l_p/d > 7$ 时。

(2) 当间接钢筋换算截面面积 A_{jg} 小于纵向钢筋截面面积 A'_g 的 25% 时。

8.3.5　桩的负摩阻力

1. 负摩阻力的定义及其产生原因

通常，桩体在竖向荷载作用下将会产生相对于桩侧土体向下的位移，而桩周土则会对桩产生向上作用的摩阻力，称为正摩阻力。但当桩周土体因某种原因发生下沉且沉降变形大于桩身的沉降变形时，在桩侧表面将出现向下作用的摩阻力，将其称为负摩阻力，如图 8 - 14 所示。

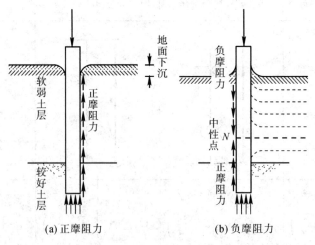

图 8 - 14　桩的正、负摩阻力

由图可见，负摩阻力的出现使得桩侧土的重力部分地传递给桩体且其方向与重力方向相同，不但不能起到承载桩体荷载的作用，反而会增加作用于桩体的外荷载。因此，对于入土深度较大的桩来讲，负摩阻力会使桩的承载能力降低，同时增加桩的沉降量，在对桩

体承载力和桩基设计的过程中应予以注意。

负摩阻力对桥梁结构的影响需要特别注意，在对桥头填土、桥台桩基础、桥台背和路堤填土间摩阻力、桩基不均匀沉降等问题进行分析时，应分析负摩阻力的不良影响。

负摩阻力的主要影响因素是桩与桩周土的相对位移是否发生，引起负摩阻力产生的原因有：

（1）在桩体布设位置附近有大面积的堆载，使桩周高压缩土层继续压密，从而引起地面沉降，对桩产生负摩阻力。

（2）在正常固结或弱固结的软黏土地区，由于抽取地下水或其他原因使得地下水位下降，致使土体的有效应力增加，因而引起大面积沉降。

（3）桩体穿过欠压密软黏土或新填土进入硬持力层，土层在上部荷载作用下产生自重固结下沉。

（4）桩距较小、桩数很多的密集群桩打桩时，会在桩间土中产生很大的超孔隙水压力，当打桩停止后桩周土的再固结便会引起下沉。

（5）在黄土、冻土中的桩，因黄土湿陷、冻土融化产生地面下沉。

桩侧负摩阻力的产生，会使桩的竖向承载力减小、桩身轴力增加，因此，负摩阻力的存在对桩基础的受力是极为不利的。

2. 中性点位置的确定

根据负摩阻力产生的原理，桩侧土在荷载作用下的下沉量在某一深度处会与桩体的位移量相等，在该处由于不存在相对位移，不产生负摩阻力。在此深度以上桩侧土的下沉量大于桩体的位移，桩侧将会受到向下作用的负摩阻力；在此深度以下，桩的位移大于桩侧土的下沉量，桩侧会受到向上作用的正摩阻力。正、负摩阻力变换处的位置，即称中性点，如图 8-14 所示。

中性点的位置与桩周土的性质、荷载的加载形式以及时间等因素有关。当桩侧土层的压缩量较大，桩底土层相对坚硬，桩身的下沉量较小时，中性点位置就会下移；反之，中性点位置就会上移。此外，由于桩侧土层及桩底下土层的性质和所作用的荷载不同，其变形速度会不一样，中性点位置随着时间的累积也会有变化。

对于摩擦型桩，当桩侧出现负摩阻力对桩体施加向下作用的荷载时，由于持力层压缩性较大，随之便会引起沉降。桩体沉降一旦出现，土对桩的相对位移便会减小，负摩阻力随之降低，直至转化为零。因此，对摩擦型桩进行桩基承载力计算时，一般情况下可近似取（理论）中性点以上侧阻力为零。

对于端承型桩，由于其桩端持力层通常较坚硬，受负摩阻力作用导致向下的荷载后地基土不致产生沉降或沉降较小，此时负摩阻力将长期作用于桩侧中性点以上的部分。因此，在对端承桩的桩基承载力进行计算时，应计算中性点以上负摩阻力形成的下拉荷载，并以下拉荷载作为外荷载的一部分。

中性点位置的计算相对复杂，目前多依据一定的试验结果得出经验值，或采用近似的估算方法。例如，现有试算法先假设中性点的位置，根据假设位置计算相应的负摩阻力，然后将该负摩阻力加到桩侧，计算桩的压缩量，并以分层总和法分别计算桩周及桩底土层的压缩变形，得到桩侧土层与桩体的位移曲线，两条曲线的交点即为中性点位置。将该交点位置与假设的中性点位置进行比较，如果两者一致则可确定中性点位置；若两者不一致，则重新进行试算。

通常按经验估计产生负摩阻力的中性点深度，根据式(8.14)计算，即

$$h_n = 0.77h_0 \sim 0.80h_0 \tag{8.14}$$

式中：h_n——产生负摩阻力的深度；

h_0——软弱压缩层或自重湿陷黄土层厚度。

在泥炭层中可取 h_n 为泥炭层厚度。有的资料认为对于端承桩应取 $h_n = h_0$；对于摩擦桩，桩底支承力占整桩承载力 5% 以下时，取 $h_n = 0.7h_0$，桩底支承力在整桩承载力 5% ~ 50% 之间时，取 $h_n = 0.8h_0$。

3. 负摩阻力的计算

负摩阻力的大小与土体的性质有关，通常认为桩土间的黏着力和桩的负摩阻力强度取决于土的抗剪强度。有关文献建议从安全角度考虑，按照负摩阻力的最大值来计算。

对于软黏土层的负摩阻强度，可按太沙基所建议的方法计算，有

$$f = \frac{q_u}{2} \tag{8.15}$$

式中：f——负摩阻力强度(kPa)；

q_u——软黏土层的无侧限抗压强度(kPa)。

对于软弱土层以上的其他土层，由于软弱黏土层下沉，也将对桩产生向下作用的负摩阻力，可采用静力分析法将负摩阻力与静止土压力产生联系，按式(8.16)计算，即

$$f = \bar{\sigma}_v K \cdot \tan\varphi' = \beta \bar{\sigma}_v \tag{8.16}$$

$$\bar{\sigma}_v = \gamma' z \tag{8.17}$$

式中：$\bar{\sigma}_v$——土的竖向有效应力(kPa)；

γ'——土的有效容重(kN/m³)；

z——计算点深度(m)；

K——土的侧压力系数；

φ'——计算负摩阻力处土的有效内摩擦角；

β——系数，$\beta = 0.20 \sim 0.50$。

《建筑桩基技术规范》(JGJ 94 — 2008)也推荐式(8.16)计算各层土的负摩阻力，并给出了系数 β 值，如表 8 - 11 所示。

表 8 - 11　负摩阻力系数 β

土　类	β	土　类	β
饱和软土	0.15~0.25	砂土	0.35~0.50
黏性土、粉土	0.25~0.40	自重湿陷性黄土	0.20~0.35

注：① 在同类土中，沉桩取表中大值，钻孔桩取表中小值。

② 填土按其组成取表中同类土的较大值。

③ 当负摩阻力计算值大于正摩阻力时，取正摩阻力值。

将负摩阻力强度 f 计算出后，乘以产生负摩阻力效应深度范围内桩体的表面积，即可得到作用于桩身总的负摩阻力 N_F 为

$$N_F = fA_{hf} \tag{8.18}$$

式中：A_{hf}——产生负摩阻力深度 h_n 范围内桩体表面积 $A_{hf} = 2\pi r \cdot h_n (\mathrm{m}^2)$；

r——桩体截面的半径(m)。

在对单桩的承载力进行验算时，负摩阻力 N_F 应作为荷载进行计算；但在计算单桩容许承载力时，只计正摩阻力，有

$$\left.\begin{array}{l} P + N_F + W \leqslant [P] \\ [P] = \dfrac{1}{2}(P_F + P_B) \end{array}\right\} \tag{8.19}$$

式中：P——桩顶轴向荷载(kN)；

W——桩的自重(kN)，若按照式(8.5)对单桩容许承载力进行验算，则最大冲刷线以下的桩体自重按一半计算；

P_F——桩侧极限正摩阻力(kN)；

P_B——桩底极限阻力(kN)。

8.4　桩基础的设计计算

8.4.1　桩基础的设计原则和步骤

1. 桩基设计基本原则

土木工程结构的设计应贯彻安全、合理、经济的设计原则，桩基础的设计亦遵从该原则。即在保证安全和正常使用的前提下寻求适合具体工程、方便施工、对环境影响小的最为经济的设计。

2. 桩基础设计所需资料及步骤

在进行桩基础设计时，需要收集必要的基本资料，其中包括：

（1）结构的设计资料，如上部结构的形式、荷载性质与大小、结构的安全等级、抗震设防等级、对基础的使用要求等。

（2）结构物地基及地质资料，如地基土层性质及分布规律、地质条件和水文资料、地下水分布等。

（3）结构物场地环境及施工条件资料，如相邻建筑安全等级、基础形式及埋深、周边结构物对抗震与噪声的要求、泥浆及弃土的排放条件、材料供应等。

整理收集资料的基础上，根据原始资料拟定出设计方案，随后进行基桩、承台以及桩基础整体的强度、稳定、变形验算；经过计算、比较、修改，在确保承台、基桩和地基在强度、变形及稳定性方面满足安全和使用要求的基础上，还需考虑技术和经济上的可能性与合理性，最后确定较理想的桩基础设计方案。

8.4.2　桩基础类型的选择

选择桩基础类型时，需要考虑各种类型桩基础具有的不同特点以及各类影响因素进行综合分析。

1. 承台底面标高的影响

桩基础按承台位置可分为高桩承台基础和低桩承台基础,因此承台的类型也会影响到桩基础的设计。设定承台底面标高时需要考虑桩的受力情况、刚度和地形、地质、水流、施工等条件。

低承台的稳定性相对较好,但在水中施工时难度较大,适用于季节性河流、冲刷小的河流或旱地上其他结构物的基础。对于埋设于冻胀土中的承台,为了避免因土的冻胀产生的桩基础损坏,通常要求承台底面应设于冻结线以下至少 0.25 m。高桩承台通常适用于常年有流水、冲刷较深或水位较高、施工排水困难的情况。

在航道中或有流冰的河道,承台的底面也应适当放低,以保证基桩不会直接受到撞击,否则应在桩基周围设置防撞装置。当作用在桩基础上的水平力和弯矩较大,或桩侧土质的强度较低时,为减少桩身荷载,可适当降低承台底面标高。

2. 端承桩和摩擦桩的选择

端承桩和摩擦桩的设计原则和受力特征均不相同,主要根据地质和桩土的受力情况确定桩基础的类型。相对而言,端承桩的承载力大、沉降量小,较为安全可靠,因此当基岩埋深较浅时,应考虑采用端承桩。若基岩埋置较深或受施工条件的限制不宜采用端承桩时,则可采用摩擦桩。但在同一桩基础中不宜同时采用端承桩和摩擦桩,同时也不宜采用不同材料、不同直径和长度相差过大的桩,以避免桩基产生不均匀沉降或丧失稳定性。

3. 桩体材料和施工方法

桩体材料与施工方法的选择需考虑当地材料的供给能力、施工机具与技术水平、结构造价、施工工期及场地环境等具体情况。例如,中、小型工程可用素混凝土灌注桩,以节省投资。大型工程则应采用钢筋混凝土桩,以便提高基础的承载能力及稳定性。

8.4.3 桩基础规格的拟定

1. 桩的截面尺寸

桩的类型选定之后,截面面积可根据桩顶荷载大小、当地施工机具的条件及建筑经验确定。例如,中、小工程中的钢筋混凝土预制桩常用 250mm × 250mm 或 300mm × 300mm,大型工程常用 350mm×350mm 或 400mm×400mm。

2. 桩的长度

对桩长影响最大的是土体的性质,尤其是桩端持力层的性质对桩体的承载力和沉降量均有关键的决定性作用。在对桩基础进行设计时,可先根据地质条件及施工可行性(如钻孔灌注桩钻机可达到的最大深度等)选择适宜的桩端持力层初步确定桩长。

端承桩在选择持力层时,应尽量选择岩层或坚硬的土层上,以便桩基础具备足够大的承载力和较小的沉降量。若在施工范围内的地基土中没有坚硬土层,则应选择压缩层相对较低、强度较高的土层作为持力层,并要避免将桩底设置在软土层上或与软弱下卧层距离太近,以免桩底产生过大的位移量。

对于摩擦桩，桩长亦受到桩数的影响，桩底持力层的选择模式较多，在该情况下，可通过比较不同的桩体设置方案，选择较合理的桩长和桩数。摩擦桩的桩长通常不应小于 4 m，以便充分发挥桩身与土体之间的摩阻力，达到把荷载传递到深层或减小基础下沉量的目的。若桩长较短则需要增加桩体的数量，以满足上部结构对桩基础的需求，承台的尺寸也会相应增大，将会增加施工的难度。

对不同的地基土，桩端全断面嵌入持力层的深度亦不同，通常黏性土、粉土不小于 $2d$，砂土不小于 $1.5d$，碎石类土不小于 $1d$，其中 d 为桩径；桩顶部亦需要嵌入承台内部，以此确定桩长。

8.4.4　桩的根数及平面布置

1. 桩的根数

桩基础的根数可根据承台底面上的竖向荷载和单桩容许承载力按式(8.20)估算，即

$$n \geqslant \mu \frac{F_k + G_k}{[P]} \qquad (8.20)$$

式中：n——桩的根数；

　　　μ——考虑偏心荷载时各桩受力不均而适当增加桩数的经验系数，可取 1.1～1.2；

　　　F_k——相应于荷载效应标准组合时，作用于桩基承台顶面的竖向力设计值(kN)；

　　　G_k——桩基承台自重及承台上土体自重标准值(kN)；

　　　$[P]$——单桩竖向承载力特征值(kN)。

根据上式估算桩数之后，还需要根据实际荷载(复合荷载)确定受力最大的桩并验算其竖向承载力，最后确定桩数。

同时，桩数的确定还须满足桩基础水平承载力的要求。若有水平静载试验资料，可以将所有单桩水平承载力之和作为桩基础的水平承载力(为偏安全考虑)校核按式(8.20)估算的桩数。

桩数的确定还应考虑与承台尺寸、桩长及桩间距的相关性。

2. 桩的平面布置

当桩的数量初步确定后，可根据上部结构的特点与荷载性质，进行桩的平面布置。

1) 桩的中心距

为了避免桩基础在施工过程中可能引起的土体松弛效应和挤土效应，同时降低群桩效应对桩体承载力带来的不利影响，在桩体布设时，应根据成桩工艺以及排列确定桩的最小中心距。若中心距过小，桩在施工时将会互相挤土影响桩的质量；反之，若桩的中心距过大，则桩承台尺寸会太大，并且不够经济。

一般情况下，穿越饱和软土的挤土桩要求桩中心距最大，部分挤土桩或穿越非饱和土的挤土桩次之，非挤土桩最小。对于大面积的桩群，桩的最小中心距宜适当加大。对于桩的排数为 1～2 排、桩数小于 9 根的其他情况摩擦型桩基，桩的最小中心距可适当减小。桩的最小中心距如表 8-12 所示。

对于扩底灌注桩，除应符合表中桩的最小中心距要求外，尚应满足表 8-13 中灌注桩扩底端的最小中心距的要求。

表 8-12　桩的最小中心距

土类与成桩工艺		排列不小于 3 排且桩数 n≥9 根的摩擦型桩基	其他情况
非挤土和部分挤土灌注桩		3.0d	2.5d
挤土灌注桩	穿越非饱和土	3.5d	3.0d
	穿越饱和土	4.0d	3.5d
挤土预制桩		3.5d	3.0d
打入式敞口管桩 H 型钢桩		3.5d	3.0d

注：d 为圆桩的直径或方桩的边长。

表 8-13　灌注桩扩底桩的最小中心距

成桩方法	最小中心距
钻、挖孔灌注桩	1.5D 或 1 m(当 D>2 m 时)
沉管夯扩灌注桩	2.0D

注：D 为扩大端设计直径。

2) 桩在平面上的布置

当确定桩体的数量之后，需要对桩进行布设，通常根据桩基受力情况选用单排桩或多排桩基础。多排桩的排列形式常采用行列式和梅花式，如图 8-15 所示。在相同的承台底面积下，梅花式可排列较多的基桩，而行列式则有利于施工。

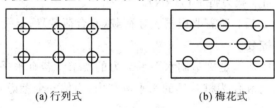

(a)行列式　　　　　　(b)梅花式

图 8-15　多排桩的排列形式

在进行桩的平面布置时，除了应满足最小桩距的要求外，还应注意以下几点：

(1)为使各桩受力均匀，充分发挥每根桩的承载能力，设计布置时，应尽可能使桩群横截面的重心与荷载合力作用点重合或接近，通常桥墩桩基础中的基桩采取对称布置，而桥台多排桩桩基础视受力情况在纵桥向采用非对称布置。

(2)当作用于桩基的弯矩较大时，宜尽量使桩基受水平力和力矩较大方向有较大的截面模量，将桩布置在离承台形心较远处，采用外密内疏的布置方式，以增大基桩对承台形心或合力作用点的惯性距，提高桩基的抗弯能力。

(3)基桩布置还应考虑使承台的受力较为有利，例如桩柱式墩台应尽量使墩柱轴线与基桩轴线重合，盖梁式承台的桩柱布置应使承台发生的正负弯矩接近或相等，以减小承台所承受的弯曲应力。

(4)在同一结构单元中，应尽量避免采用不同类型的桩，对桩长和桩径等亦应加以调整。对于非嵌岩端承型桩，同一基础相邻桩的标底标高差不宜超过相邻桩的中心距；对于摩擦型桩，在相同土层中不宜超过桩长的 1/10。

8.4.5 桩基础的设计实例

对桩基础进行设计的过程中，桩基础应符合安全、经济、合理的要求，桩必须有足够的强度、刚度和耐久性，地基基础则应有足够的承载力、不产生过量的变形。

例题 8.1 根据以下资料计算桩基础的桩长及单桩承载力。

设计资料：

(1) 工程地质条件。建筑场地河面常水位标高 25.000 m，河床标高为 22.000 m，一般冲刷线标高 20.000 m，最大冲刷线标高 18.000 m 处，一般冲刷线以下的地质情况表如表 8-14 所示。

表 8-14 建筑场地地质情况表

序号	名称	层厚	土层描述	天然重度 γ	容许承载力 $[\sigma]$	极限摩阻力 τ_i
1	淤泥质土	4.6 m	软塑	16 kN/m³	50 kPa	20 kPa
2	黏土	3.8 m	灰黄色，硬塑	17 kN/m³	240 kPa	50 kPa
3	碎石	>50 m	黄色，密实	20 kN/m³	550 kPa	240 kPa

(2) 荷载条件。

① 恒载。

桥面自重：$N_1 = 1500 + 8 \times 10 = 1580$ kN。

箱梁自重：$N_2 = 5000 + 8 \times 50 = 5400$ kN。

墩帽自重：$N_3 = 800$ kN。

桥墩自重：$N_4 = 975$ kN；扣除浮重：150 kN。

② 活载。

一跨活载反力：$N_5 = 2835.75$ kN，在顺桥向引起的弯矩：$M_1 = 3334.3$ kN·m。

两跨活载反力：$N_6 = 5030.04 + 8 \times 100 = 5830.04$ kN。

③ 水平力。

制动力：$H_1 = 300$ kN，对承台顶力矩 6.5 m。

风力：$H_2 = 2.7$ kN，对承台顶力矩 4.75 m。

(3) 主要材料。承台采用 C30 混凝土，重度 $\gamma = 25$ kN/m³、$\gamma' = 10$ kN/m³（浮容重），桩基采用 C30 混凝土，HRB335 级钢筋。

(4) 墩身、承台及桩的尺寸。墩身采用 C30 混凝土，其尺寸：长×宽×高=3 m×2 m×6.5 m。承台平面尺寸：长×宽=7 m×4.5 m，厚度初定为 2.5 m，承台底标高 20.000 m。拟采用 4 根钻孔灌注桩，设计直径 1.0 m，成孔直径 1.1 m，设计要求桩底沉渣厚度小于 300 mm。

(5) 其他参数。结构重要性系数 $\gamma_{so} = 1.1$，荷载组合系数 $\varphi = 1.0$，恒载分项系数 $\gamma_G = 1.2$，活载分项系数 $\gamma_Q = 1.4$。

解 桩基础设计验算

(1) 设计荷载。

① 桩、承台尺寸与材料。

承台尺寸：7.0 m×4.5 m×2.5 m，初步拟定采用四根桩，设计直径为 1 m，成孔直径为 1.1 m。桩身及承台混凝土均采用 C30，其受压弹性模量 $E_h = 3 \times 10^4$ MPa。

② 荷载情况。在对上部结构荷载进行组合时，采用最不利状态，则作用在承台底面中心的荷载为

$$\sum N = 1.2 \times (1580 + 5400 + 800 + 975 - 150 + 7 \times 4.5 \times 2.5 \times 15) + 1.4 \times 5830.04$$
$$= 19\ 905.556\ \text{kN}$$

$$\sum H = 1.4 \times (300 + 2.7) = 423.78\ \text{kN}$$

$$\sum M = [3334.3 + 300 \times (2.5 + 6.5) + 2.7 \times (4.75 + 2.5)] \times 1.4 = 8475.425\ \text{kN}$$

桩体（直径为 1 m）自重每延米为

$$q = \frac{\pi \times 1^2}{4} \times 15 = 11.78\ \text{kN/m}$$

（2）桩基设计。

① 反算桩长。根据确定单桩容许承载力的经验公式（8.5），初步反算桩的长度。设该桩埋入最大冲刷线以下深度为 h'，一般冲刷线以下深度为 h，则

$$N_h = [P] = \frac{1}{2}U\sum l_i\tau_i + \lambda m_0 A\{[\sigma_0] + K_2\gamma_2(h-3)\}$$

其中，桩的设计桩径为 1 m，冲抓锥成孔直径为 1.1 m，桩周长 $U = \pi \times 1.1 = 3.456$ m，面积为 $\frac{\pi \times 1}{4} = 0.785$ m^2；假定桩长小于 20 m，据表 8-6 取 $\lambda = 0.7$，据表 8-7 中 $\frac{t}{d} < \frac{0.3}{1} = 0.3$，取 $m_0 = 0.80$；由于桩底土体为碎石，查表 8-8 得 $K_2 = 6.0$，已知 $[\sigma_0] = 550$ kPa，则

$$N_h = \frac{19\ 905.556}{4} + q \cdot l_0 + \frac{1}{2}q \cdot h' = 4976.389 + q \times (25-18) + 5.891h'$$

其中，l_0 为自由桩长。对于多层土 γ_2 按换算加权重度计算，即

$$\gamma_2 = \frac{16 \times 4.6 + 17 \times 3.8 + (h'+2-4.6-3.8) \times 20}{h'+2} - 10 = 10 - \frac{29.8}{h'+2}$$

所以得到

$$N_h = [P] = \frac{1}{2}U\sum l_i\tau_i + \lambda m_0 A\{[\sigma_0] + K_2\gamma_2(h-3)\}$$

$$= \frac{1}{2} \times 3.456 \times [4.6 \times 20 + 3.8 \times 50 + (h'+2-4.6-3.8) \times 240]$$

$$+ 0.7 \times 0.8 \times 0.785 \times \left[550 + 6 \times \left(10 - \frac{29.8}{h'+2}\right) \times (h'-1)\right]$$

$$= \frac{1}{h'+2} \times (441.096h'^2 - 1147.916h' - 3829.416)$$

令 $N_h = [P]$ 可计算解得

$$435.205h'^2 - 6218.554h' - 13\ 947.128 = 0 \Rightarrow h' = 16.26\ \text{m}$$

现取 $h' = 17$ m < 20 m，满足 $\lambda = 0.7$ 的取值范围，则桩底标高为 1.00 m。

② 单桩竖向承载力。代入数据 $h' = 17$ m 得

$$[P] = \frac{1}{2}U\sum l_i\tau_i + \lambda m_0 A\{[\sigma_0] + K_2\gamma_2(h-3)\} = 5480.67\ \text{kN}$$

加权重度

$$\gamma_2 = 10 - \frac{29.8}{h'+2} = 10 - \frac{29.8}{17+2} = 8.432 \text{ kN/m}^3$$

通过以上计算可得：桩体长度设计为 17 m，单桩承载力为 5481 kN。

思考题及习题

思考题

1. 桩基础有何特点，它适用于什么情况？

2. 高桩承台和低桩承台各有哪些优缺点，它们各自适用于什么情况？

3. 端承桩与摩擦桩的区别是什么？各具备什么特点？

4. 按施工方法可将桩基础分为哪几类？灌注桩具有什么优点？

5. 试述单桩轴向荷载的传递机理，在确定桩基础的单桩承载力时需要考虑哪些影响因素？

6. 单桩在轴向荷载作用下的破坏状态有哪几种？

7. 单桩轴向容许承载力如何确定？哪几种方法较符合实际？

8. 什么是桩的负摩阻力？它产生的条件是什么？对基桩有什么影响？

习 题

1. 某地基土第一层为稍松粉细砂，厚 4 m，其桩侧极限摩阻力为 30 kPa；第二层为中密中砂，其桩侧极限摩阻力为 80 kPa，桩底极限承载力为 6000 kPa，厚数十米。现采用一直径为 1 m、深 10 m 的预制摩擦桩，请确定其单桩竖向容许承载力。（答案：3391.8 kN）

2. 某一桩基础工程，每根基桩顶轴向荷载 $P=2000$ kN，地基土第一层为塑性黏性土，厚 2 m，$\gamma=19$ kN/m³，其容许承载力为 300 kPa，极限摩阻力为 60 kPa；第二层为中密中砂，$\gamma=20$ kN/m³，其容许承载力为 550 kPa，极限摩阻力为 250 kPa，砂层厚数十米，地下水在地面以下 20 m 处。现采用钻孔灌注桩，设计桩径为 1 m，桩底沉渣厚度为 0.3 m，请确定其入土深度。（答案：6.48 m）

第九章

地 基 处 理

【本章要点】 本章对工程中较易出现的地基问题进行了分析，针对地基处理的目的、对象、原则以及方法进行了介绍，使学生了解国内外土木工程地基处理技术的发展概况、地基处理的目的、处理方法的分类和选用原则，并能掌握复合地基承载力及沉降量的计算方法。

本章分别对工程中经常采用的地基处理方法的概念、加固机理、适用范围进行了介绍，并分别对换填垫层法，振密挤密法中的强夯法、挤密砂石桩法、土桩、灰土桩、夯实水泥土桩法，排水固结法中的堆载预压法，化学加固法中的水泥土搅拌法、高压喷射注浆法，加筋法中的加筋土挡墙、锚杆法等地基处理方法的设计计算过程、施工方法以及质量检验等做了详尽的阐述。希望通过本章内容的学习，应能够把握以下内容：

（1）掌握常用地基处理方法的设计计算过程。

（2）针对不同的地基处理方法采用相应的施工工艺和质量检验方法。

9.1 概　　述

9.1.1 地基处理的目的

在建筑、水利、交通等土木工程事故中，地基破坏往往是最常出现却最难解决的问题，分别如图 9-1、图 9-2 所示，常出现的地基问题有以下几个方面：

（1）地基强度及稳定性问题。当结构物在外荷载（包括静、动荷载的各种组合）作用下引起的剪应力超过地基土的抗剪强度时，地基就会产生局部或整体剪切破坏。

（2）地基不均匀沉降问题。在上部结构荷载作用下，地基产生过大的变形；或者由于水文条件变化，如土的湿陷、膨胀等，超过结构物的容许变形时，就会影响到结构物的正常使用。

（3）地基的渗漏问题。水利工程、基坑工程中由于水力坡降超过容许值时，会发生水土流失、潜蚀、管涌、流砂等，造成事故。

（4）振动液化和震陷问题。在地震、机器、车辆、波浪、爆破等动力荷载作用下，可能引起饱和无黏性土的液化失稳或沉陷等危害。

（5）特殊土如湿陷性土、膨胀土、冻土、软土的不良特性问题。当结构物的地基存在不良特性时，就需进行地基处理以满足工程的安全和正常使用。

图 9-1 汶川地震紫坪铺水库地被震陷　　　　图 9-2 加拿大 Transcona 谷仓的倾覆

地基处理的目的就是解决以上问题，提高地基承载力，改变地基土体的变形性质或渗透性质。地基处理的具体目标有提高地基的抗剪强度，增加其稳定性；降低地基土的压缩性，减少地基的沉降变形；改善地基土的渗透特性，减少地基渗漏或加强其渗透稳定；改善地基土的动力特性，提高地基的抗振性能；改善特殊土地基的不良特性，满足工程设计要求。

9.1.2 地基处理的对象

地基处理的对象主要是不能满足结构物对地基要求的天然地基，它们被定义为软弱地基和不良地基，且天然地基是否属于软弱地基或不良地基也是相对结构物的要求而言的。在土木工程建设中需要进行地基处理的软弱土和不良土地基主要有软黏土、冲填土、杂填土或其他高压缩性土层构成的地基，还有部分特殊土地基的地基处理也需要引起重视。

1. 软弱土和不良土

1）软黏土

淤泥及淤泥质土总称为软黏土，是在第四纪后期因静水或非常缓慢的流水环境沉积、并经生物化学作用形成的。软黏土大部分处于饱和状态，天然含水量大于液限、天然孔隙比大于 1.0。当天然孔隙比大于 1.0 而小于 1.5 时为淤泥质土；当天然孔隙比大于 1.5 时为淤泥。

软黏土的特点是天然含水量高、天然孔隙比大、抗剪强度低、压缩系数高、渗透系数小。在荷载作用下，软黏土地基承载力低，地基沉降变形大，不均匀沉降也大，而且沉降稳定历时比较长，一般需要几年甚至几十年。

2）冲填土

冲填土是指由水力冲填泥沙形成或在整治和疏通江河航道时由泥浆泵吹出的填土，在围海筑地中常被采用。冲填土的成分是比较复杂的，与所冲填泥沙的来源及冲填时的水力条件有密切关系。因冲填土中含有大量水分且难于排出，土体在形成初期处于流动状态，因而这类土属于强度较低和压缩性较高的欠固结土，其强度和压缩性指标都比同类天然沉积土差。以粉细砂为主的冲填土，其工程性质基本上和粉细砂相同。例如，以黏性土为主，冲填土的工程性质主要取决于颗粒组成、均匀性和排水固结条件等。

3）杂填土

杂填土是由人类活动产生的建筑垃圾、工业废料和生活垃圾等无规则堆积物。由于其成因很不规律，组成的物质杂乱，分布极不均匀，结构松散，因此其主要特性是强度低、压缩性高和均匀性差，一般还具有浸水湿陷性。即使在同一建筑场地的不同位置，地基承载力和压缩性也有较大差异。对有机质含量较多的生活垃圾和对基础有侵蚀性的工业废料等杂填土，未经处理不宜作为持力层。

4）其他高压缩性土

饱和松散粉细砂（包括部分粉土）也应属于软弱地基范畴，在动力荷载（机械振动、地震等）重复作用下将产生液化，基坑开挖时也会产生管涌。

2. 特殊土地基

工程上常见的特殊土地基主要有湿陷性黄土、膨胀土、红黏土、冻土等。

1）湿陷性土

湿陷性土包括湿陷性黄土、粉砂土和干旱或半干旱地区具有崩解性的碎石土等，是否属湿陷性土可根据野外浸水载荷试验确定。当在 200 kPa 压力作用下附加变形量与载荷板宽的比大于 0.015 时，称为湿陷性土。在工程建设中遇到较多的是湿陷性黄土。湿陷性黄土是指在覆盖土层的自重应力或与附加应力共同作用下，受水浸湿后，土的结构迅速破坏，并发生显著的附加沉降，其强度也迅速降低的黄土。当此类湿陷性土作为结构物地基时，首先要判断它是否具有湿陷性，然后才考虑是否需要地基处理以及如何处理。

2）膨胀土

膨胀土是指黏粒成分主要由亲水性黏土矿物组成的黏性土。它是一种吸水膨胀、失水收缩、具有较大的胀缩变形性能且变形往复的高塑性黏土。利用膨胀土作为结构物地基时，如果没有采取必要的地基处理措施，膨胀土在环境的温度和湿度变化时会产生强烈的胀缩变形，常会给结构物造成危害。

3）盐渍土

土中含盐量超过一定数量的土称为盐渍土。盐渍土地基浸水后，土中盐溶解可能产生地基溶陷，某些盐渍土（如含硫酸钠的土）在环境温度和湿度变化时，可能产生土体体积膨胀。除此以外，盐渍土中的盐溶液还会导致结构物材料的腐蚀，造成结构设施的破坏。

4）季节性冻土

凡处于负温或零温，其中含有冰的各种土都称为冻土；而冬季冻结，夏季融化的土层，称为季节性冻土；对冻结状态持续三年或三年以上的土层，则称为多年冻土或永冻土。

5）岩溶和土洞

岩溶或称为喀斯特，其主要出现在碳酸类岩石地区，它是石灰岩、白云岩、泥灰岩、大理石、岩盐、石膏等可溶性岩层受水的化学和机械作用而形成的溶洞、溶沟、裂隙。其基本特性是地基主要受力范围内受水的化学和机械作用而形成溶洞、溶沟、溶槽、落水洞以及土洞等。岩溶和土洞对结构物的影响很大，可能造成地面变形、地基陷落、发生水的渗漏和涌水等现象。在岩溶地区修建结构物时要特别重视岩溶和土洞的影响。

9.1.3 地基处理的原则

我国地域辽阔，工程地质条件千变万化，各地施工机械条件、技术水平、经验积累以及建筑材料品种、价格差异很大。因此，在地基处理的设计和施工中应保证安全适用、技术先进、经济合理、确保质量、保护环境。地基处理的方法很多，每种处理方法都有一定的适用范围、局限性和优缺点，没有一种地基处理方法是万能的，地基处理的方法应满足工程设计要求，做到因地制宜、就地取材、保护环境和节约资源等。

9.1.4 地基处理规划程序

在对结构物进行基础施工之前，首先应根据结构物对地基的各种要求和天然地基条件确定地基是否需要处理。若天然地基能够满足要求，尽量直接在天然地基上建造构筑物。在确定是否需要进行地基处理时，应将上部结构、基础和地基统一考虑。若天然地基的强度及变形能力不能满足结构物对地基的要求时，应该确定天然地基需要进行地基处理的范围及地基处理的要求，然后根据天然地基的条件、地基处理方法及原理、经验和机具设备、材料条件进行地基处理方案的可行性研究，提出多种可行方案。对提出的多种方案进行技术、经济、进度等方面的比较分析，考虑环境保护要求，确定采用一种或几种地基处理综合方法。具体的地基处理规划程序一般按如图9-3所示的框图进行。

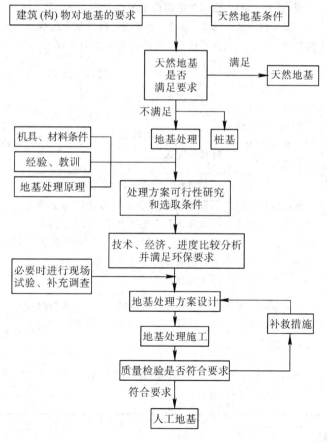

图 9-3 地基处理规划程序

9.1.5 地基处理的方法

地基处理的方法很多，在进行选择时需要考虑不同处理方法的原理及适用性，常用的地基处理方法如表 9 - 1 所示。

表 9 - 1　地基处理方法的分类及各方法的适用范围

编号	分 类	地基处理方法	原理及作用	适用范围
1	碾压及夯实	重锤夯实法、机械碾压法、振动压实法、强夯法（动力固结）	利用压实原理，通过机械碾压夯击，把表层地基土压实，强夯则利用强大的夯击能，在地基中产生强烈的冲击波和动应力，使土体动力固结密实	碎石、砂土、粉土、低饱和度的黏性土、杂填土等。对饱和黏性土可采用强夯法
2	换土垫层	砂石垫层、素土垫层、灰土垫层、矿渣垫层	以砂石、素土、灰土和矿渣等强度较高的材料，置换地基表层软弱土，提高持力层的承载力，减少沉降量	暗沟、暗塘等软弱土地基
3	振密挤密	振冲挤密、灰土挤密桩、砂桩、石灰桩、爆破挤密	采用一定的技术措施，通过振动或挤密，使土体孔隙减少，强度提高；也可在振动挤密的过程中，回填砂、砾石、灰土、素土等，与地基土组成复合地基，从而提高地基的承载力，减少沉降量	松砂、粉土、杂填土及湿陷性黄土
4	排水固结	天然地基预压、砂井预压、塑料排水板预压、真空预压、降水预压	通过改善地基排水条件和施加预压荷载，加速地基的固结和强度增长，提高地基的稳定性，并使基础沉降提前完成	饱和软弱土层；对于渗透性很低的泥炭土，则应慎重
5	置换及拌入	振冲置换、深层搅拌、高压喷射注浆、石灰桩等	采用专门的技术措施，以砂、碎石等置换软弱土地基中部分软弱土或在部分软弱土地基中掺入水泥、石灰或砂浆等形成加固体，与周边土组成复合地基，从而提高地基的承载力，减少沉降量	黏性土、冲填土、粉砂、细砂等
6	土工聚合物	土工膜、土工织物、土工格栅等合成物	一种用于土工的化学纤维新型材料，可用于排水、隔离、反滤和加固补强等	软土地基、填土及陡坡填土、砂土
7	其他	灌浆、冻结、托换、纠偏技术	通过独特的技术措施处理软弱土地基	根据结构物和地基基础情况确定

9.1.6　复合地基

1. 复合地基的概念

天然地基采用各种地基处理方法处理形成的人工地基大致上可以分为均质地基和复合地基两大类。均质地基是天然地基土体在地基处理过程中得到全面的土质改良所形成的，均质地基中土体的物理力学性质是比较均匀的。复合地基是指天然地基在地基处理过程中部分土体得到增强(置换或在天然地基中设置加筋材料),加固区由天然地基土体和增强体两部分组成。复合地基的土体性质是不均匀的,其本质是桩和桩间土共同直接承担荷载。

2. 复合地基与桩基础的区别

复合地基与桩基础都是采用桩的形式处理地基,但复合地基属于地基范畴,而桩基属于基础范畴,所以两者又有本质区别。复合地基中桩体与地基基础往往不是直接相连的,它们之间通过垫层(碎石或砂石垫层)来过渡;而桩基中的桩体与基础直接相连,两者形成一个整体。天然地基、复合地基和桩基础的受力状态如图9-4所示。

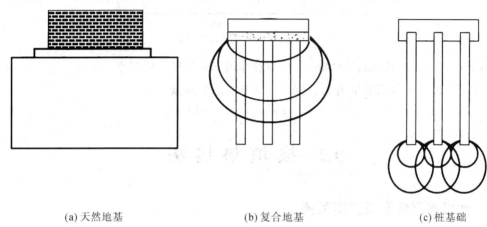

(a) 天然地基　　　　　　(b)复合地基　　　　　　(c)桩基础

图9-4　天然地基、复合地基、桩基础的受力状态

3. 复合地基承载力的计算

复合地基承载力的计算思路通常是先分别确定桩体的承载力和桩间土承载力,然后根据一定的原则叠加这两部分承载力得到复合地基的承载力。

复合地基的极限承载力 p_{cof} 为

$$p_{cof} = k_1\lambda_1 m p_{pf} + k_2\lambda_2(1-m)p_{sf} \tag{9.1}$$

式中: p_{pf} ——单桩极限承载力(kPa);

p_{sf} ——天然地基极限承载力(kPa);

k_1 ——反映复合地基中桩体实际极限承载力与单桩极限承载力不同的修正系数;

k_2 ——反映复合地基中桩间土实际极限承载力与天然地基极限承载力不同的修正系数;

λ_1 ——复合地基破坏时,桩体发挥其极限强度的比例,称为桩体极限强度发挥度;

λ_2 ——复合地基破坏时,桩间土发挥其极限强度的比例,称为桩间土极限强度发挥度;

m ——复合地基置换率, $m = \dfrac{A_p}{A}$,其中, A_p 为桩体面积, A 为对应的加固面积。

4. 复合地基沉降量的计算

在各类复合地基沉降量的计算方法中,通常把复合地基总沉降量分为两个部分,如图9-5所示。

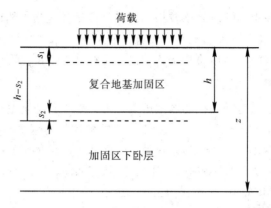

图 9-5　复合地基沉降计算模式

图中 h 为复合地基加固区厚度，z 为荷载作用下地基压缩层厚度。加固区的压缩量为 s_1，加固区下卧层土体压缩量为 s_2。则复合地基的总沉降量 s 为

$$s = s_1 + s_2 \tag{9.2}$$

9.2　换填垫层法

9.2.1　换填垫层法及其适用范围

1. 换填垫层法的定义

当结构物基础下的持力层比较软弱，不能满足上部荷载对地基的要求时，常采用换填垫层法来处理软弱土地基。

换填垫层法是指挖去地表浅层一定深度范围内不满足地基性能要求的软弱土层（或局部岩石），回填符合地基性能要求的坚硬、较粗粒径材料，然后分层夯实，作为基础持力层的地基处理方法。大量工程实践表明，换填垫层法可以有效地处理某些荷载不大的结构物地基问题，如多层房屋、路堤、油罐和水闸等的地基。换填垫层法按其换填材料的功能不同，又分为垫层法和褥垫法。

垫层法又称为开挖置换法、换土垫层法，简称换土法。通常指当软弱土地基的承载力和变形满足不了建（构）筑物的要求，而软弱土层的厚度又不很大时，将基础底面以下处理范围内的软弱土层的部分或全部挖去，然后分层换填强度较大的砂（碎石、素土、灰土、矿渣、粉煤灰）或其他性能稳定、无侵蚀性的材料，并压（夯、振）实至要求的密实度。

褥垫法是指将基础底面下一定深度范围内局部压缩性较低的岩石凿去，换填压缩性较大的材料，然后分层夯实的垫层作为基础的部分持力层，使基础整个持力层的变形相互协调。褥垫法是我国近年来在处理山区不均匀岩土地基中常采用的简便易行又较为可靠的方法。

2. 换填垫层法的适用范围

换填垫层法适用于浅层软弱地基及不均匀地基的处理。《建筑地基处理技术规范》（JGJ79—2012）中规定：垫层法适用于淤泥、淤泥质土、湿陷性黄土、素填土、杂填土地基及暗沟、暗塘等浅层软弱地基及不均匀地基的处理。

9.2.2　垫层的主要作用

1. 提高地基承载力

地基的剪切破坏一般是从基础边缘开始的，并随着应力的增大逐渐向纵深发展。若以强度较高的地基材料代替可能产生剪切破坏的软弱土，就可避免地基的破坏。

2. 减少沉降量

一般，基础下浅层地基的沉降量在总沉降量中所占的比例较大。以条形基础为例，在相当于基础宽度的深度范围内沉降量约占总沉降量的 50％ 左右；由侧向变形而引起的沉降，理论上也是浅层部分所占的比例较大。若以密实的地基材料代替浅层软弱土，由于换填垫层自身的变形减小且有对上部应力的扩散作用，使得作用在下卧土层上的压力较小，这样便会减少整个土层的沉降量。

3. 加速软弱土层的排水固结

在荷载作用下，地基土中的水会被迫沿着基础两侧排出，但由于结构物的基础透水性差、基础下部的软弱土通常不易固结，便会在地基土中形成较大的孔隙水压力，从而导致因地基土强度降低而产生的塑性破坏。换填垫层可提供基底下的排水面，不但可以使基础下面的孔隙水压力迅速消散，避免地基土的塑性破坏，还可以加速垫层下软弱土层的固结。

4. 防止冻胀

在寒冷地区，很多地基土会因结冰造成冻胀，采用换填垫层法将地基土换为粗颗粒的垫层材料，可增加土体的孔隙率，不易产生毛细管现象。同时寒冷地区路基内外空气连通温度变化不大，从而使路基内部的冻土不会因温度升高而融陷，这样可有效利用冻土抗剪强度高的特性增加地基承载力。

5. 消除膨胀土的胀缩作用

采用换填垫层法对膨胀土进行替换，通过采用粗集料增加垫层的变形能力，可以减小膨胀土胀缩作用对地基变形的影响。

6. 消除或部分消除土体的湿陷性

由于湿陷性土具有遇水下陷的特性，因此挖除基础底面以下的湿陷性土，换填不透水性材料的垫层，可消除或部分消除湿陷性土的湿陷性。

上述作用中前三种为主要作用，在不同工程中垫层所起的主要作用也是不同的，如结构物基础下的砂垫层主要起换土的作用，而在路堤及土坝等工程中，常常以排水固结作用为主。

9.2.3　换填垫层的设计

垫层的设计需要满足结构物对地基变形及稳定性的要求，同时还需要满足经济性的要求。在设计中应对结构的形式、特点、荷载性质、岩土工程条件、施工机械设备及填料性质和来源等进行综合分析，从而进行换填垫层的设计和施工方法的选择。

换填垫层设计内容包括垫层材料的选用，垫层铺设范围、厚度的确定以及地基沉降计算等。

1. 垫层的材料及要求

(1) 砂石。宜选用碎石、卵石、角砾、圆砾、砾砂、粗砂、中砂或石屑,级配良好,粒径小于 2 mm 的部分不应超过总重的 45%,且不含植物残体、垃圾等杂质。当使用粉细砂或石粉时,应掺入不少于总重 30% 的碎石或卵石,且粒径小于 0.075 mm 的部分不应超过总重的 9%。砂石的最大粒径不宜大于 50 mm。对湿陷性地基,垫层不得选用砂石等透水材料。

(2) 粉质黏土。作为垫层材料,粉质黏土的土料中有机质含量不得超过 5%,亦不得含有冻土或膨胀土。当含有碎石时,其粒径不宜大于 50 mm。用于湿陷性土或膨胀土地基的粉质黏土垫层,土料中不得夹有砖、瓦和石块。

(3) 灰土。垫层材料为灰土时,要求其体积配合比宜为 2∶8 或 3∶7。土料宜用粉质黏土,不宜使用块状黏土和砂质粉土,不得含有松软杂质,并应过筛,其颗粒不得大于 15 mm。石灰宜用新鲜的消石灰,其颗粒不得大于 5 mm。

(4) 粉煤灰。此类垫层可用于道路、堆场和小型结构物等的换填垫层,粉煤灰垫上宜覆土(0.3~0.5 m)。粉煤灰垫层中采用掺加剂时,应通过试验确定其性能及适用条件。粉煤灰应符合有关放射安全标准的要求,大量填筑粉煤灰时应考虑对地下水和土壤的环境影响。

(5) 矿渣。矿渣垫层主要用于堆场、道路和地坪,也可用于小型建筑、构筑物地基。选用矿渣的松散重度不小于 11 kN/m³,有机质及含泥总量不超过 5%。设计、施工前必须对选用的矿渣进行试验,在确认其性能稳定并符合安全规定后方可使用。

(6) 土工合成材料。由分层铺设的土工合成材料与地基土构成加筋垫层。所用土工合成材料的品种与性能及填料的土类应根据工程特性和地基土条件,按照现行国家标准《土工合成材料应用技术规范》(GB/T 50290—2014)的要求,通过设计并进行现场试验后确定。

2. 垫层的铺设范围

垫层铺设范围的设计主要是确定断面的合理厚度和宽度。对于垫层,既要求有足够的厚度来置换可能被剪切破坏的软弱土层,又要有足够的宽度以防止垫层向两侧挤出。对于有排水要求的垫层来说,还需形成一个排水面,促进软弱土层的固结,提高其强度,以满足上部荷载的要求。

1) 垫层的宽度

垫层铺设的宽度除应满足应力扩散的要求外,还应防止垫层向两侧挤出。如果垫层宽度不足,四周侧面土质又较软弱时,垫层就有可能部分挤入侧面软弱土中,使基础沉降增大。垫层宽度的计算通常可按扩散角法进行,如图 9-6 所示。

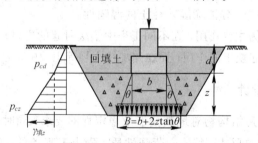

图 9-6 垫层内应力分布

对于条形基础,垫层宽度 B 为

$$B \geqslant b + 2z \cdot \tan\theta \tag{9.3}$$

式中:B——垫层宽度(m);

b——基础底面宽度(m);

z——垫层厚度(m);

θ——压力扩散角,可参考表 9-2;当 $z/b<0.25$ 时,仍按表 9-2 中 $z/b=0.25$ 的值选择。

整片垫层的宽度可根据施工的要求适当放宽。垫层顶面每边超出基础底边不宜小于 300 mm 或从垫层底面两侧向上,按当地开挖基坑经验放坡。

表 9-2 压力扩散角 θ(单位:(°))

换填材料 z/b	中砂、粗砂、砾砂圆砾、角砾、 卵石、碎石、石屑、矿渣	粉质黏土、粉煤灰	灰土
0.25	20	6	28
≥0.5	30	23	

注:① 当 $z/b<0.25$ 时,除灰土 $\theta=28°$ 外,其他材料均取 $\theta=0°$。

② 当 $0.25<z/b<0.5$ 时,θ 可用内插法求得。

2) 垫层厚度的确定

垫层的厚度 z 应根据需置换软弱土的深度或下卧土层的承载力确定,要求垫层底面处土的自重应力与荷载作用下产生的附加应力之和不大于同一标高处的地基承载力特征值,即

$$p_z + p_{cz} \leqslant f_{az} \tag{9.4}$$

式中:p_z——相应于荷载效应标准组合时,垫层底面处的附加压力值(kPa);

p_{cz}——垫层底面处土的自重应力值(kPa);

f_{az}——垫层底面处经深度修正后的地基承载力特征值(kPa)。

在对换填垫层进行设计计算时,先根据垫层的地基承载力特征值确定出基础宽度,再根据下卧层的承载力特征值确定垫层的厚度。一般情况下,垫层厚度不宜小于 0.5 m,也不宜大于 3 m。垫层太厚成本高而且施工比较困难,垫层效用并不随厚度线性增大;垫层太薄则其作用不显著。

3. 垫层的压实标准

一般换填垫层还需对其压实程度进行控制,通常采用的参数是压实系数,即垫层材料的干密度 ρ_d 与最大干密度的比值 $\rho_{d\max}$,压实系数 $\overline{\lambda}_c<1$。不同换填材料的垫层压实系数 λ_c 有所不同,各种垫层的压实标准如表 9-3 所示。

表 9-3 各种垫层的压实标准

施工方法	换填材料类别	压实系数 λ_c
碾压、振密或夯实	碎石、卵石	0.94~0.97
	砂夹石(其中碎石、卵石占全重的 30%~50%)	
	土夹石(其中碎石、卵石占全重的 30%~50%)	
	中砂、粗砂、砾砂、角砾、圆砾、石屑	
	粉质黏土	
	灰土	0.95
	粉煤灰	0.90~0.95

9.3 振密、挤密法

振密、挤密是指通过夯击、振动或挤压使地基土体密实、土体抗剪强度提高、压缩性减小，以达到提高地基承载力和减小沉降为目的的一类地基处理方法。振密、挤密法中主要有强夯法、挤密砂石桩法、爆破挤密法、土桩、灰土桩法、夯实水泥土桩法以及孔内夯扩法等。

9.3.1 强夯法

1. 强夯法及其适用范围

强夯法是指利用起重机反复将夯锤（通常重 100～600 kN）提到高处（一般为 6～40 m）使其自由落下，给地基以冲击和振动能量，将地基土夯实的地基加固处理方法。

强夯法适用于处理碎石土、砂土、低饱和度的粉土与黏性土、湿陷性黄土、素填土和杂填土等地基。通常认为强夯挤密法只是适用于塑性指数 $I_p \leqslant 10$ 的土，对于饱和度较高的黏性土地基等，如有工程经验或试验证明采用强夯法有加固效果的也可采用。对淤泥与淤泥质土地基不宜采用强夯法加固，国内已有数例报道采用强夯法加固饱和软黏土地基失败的工程实例。

2. 强夯法加固机理

强夯法加固地基主要是由于强大的夯击能在地基中产生强烈的冲击波和动应力，从夯击点向地基深处传播，对地基土起压缩和剪切作用。通过冲击波和动应力的反复作用，引起地基土的压密固结，迫使土骨架产生塑性变形，由夯击能转化为土骨架的变形能，使土体密实，提高土的抗剪强度，降低土的压缩性。

强夯的荷载作用下，在地基中沿土体深度常形成性质不同的三个作用区：在地基表层受到冲击波和剪切波的干扰形成松动区；在松动区下面某一深度，受到压缩波的作用，使土层产生沉降和土体的压密，形成加固区；在加固区下面，冲击波逐渐衰减，不足以使土产生塑性变形，对地基不起加固作用，称为弹性区。

3. 强夯法的设计

强夯法加固地基的设计方法包括以下内容：确定强夯法加固地基的有效加固深度和单击夯击能，选用夯锤的重量、形状以及夯击落距，确定强夯施工夯击范围，夯击点的平面布置、每点夯击击数、强夯施工夯击次数以及间歇时间，并确定垫层厚度。

1）有效加固深度及单击夯击能

强夯法加固地基能达到的有效加固深度直接影响采用强夯法加固地基的加固效果，有效加固深度的影响因素除了夯锤的锤重和落距外，还有地基土的性质、不同土层的厚度和埋藏顺序、地下水位以及其他强夯的设计参数等。有效加固深度既是选择地基处理方法的重要依据，又是反映处理效果的重要参数。

由于强夯加固地基有效加固深度的影响因素比较复杂，一般应通过试验确定，试验前可采用 Menard 公式修正，即

$$H = K\sqrt{\frac{Wh}{10}} \tag{9.5}$$

式中：H——有效加固深度(m)；

　　　W——夯锤重量(kN)；

　　　h——夯锤落距(m)；

　　　K——修正系数，一般为 $0.34 \sim 0.8$。

有效加固深度一般可理解为：经强夯加固后，土层强度有所提高、压缩模量增大、且加固效果显著的土层范围。

影响有效加固深度的因素很多，因此，强夯的有效加固深度应根据现场试夯或当地经验确定。在缺少经验或试验资料时，可按表 9-4 进行预估。

表 9-4　强夯法的有效加固深度(单位：m)

单夯击能/(kN·m)	碎石土、砂土等粗颗粒土	黏土、黏性土、湿陷性黄土等细颗粒土
1000	5.0～6.0	4.0～5.0
2000	6.0～7.0	5.0～6.0
3000	7.0～8.0	6.0～7.0
4000	8.0～9.0	7.0～8.0
5000	9.0～9.5	8.0～8.5
6000	9.5～10.0	8.5～9.0
8000	10.0～10.5	9.0～9.5

注：强夯法的有效加固深度应从最初起夯面算起。

单击夯击能为夯锤重与落距的乘积，锤重和落距越大，强夯法的加固效果越好。整个加固场地的总夯击能量(即锤重×落距×总夯击数)除以加固面积称为单位夯击能。强夯的单位夯击能应根据地基土类别、结构类型、荷载大小和要求处理的深度等综合考虑，并可通过试验确定。

2) 夯锤和落距

我国通常采用的夯锤重 $10 \sim 25$ t，夯锤的平面一般有圆形和方形等形状。夯锤中需要设置若干个上下贯通的气孔，既可减小起吊夯锤时的吸力，又可减少夯击时落地前瞬间气垫的上托力。夯锤确定后，根据要求的单击夯击能，就能确定夯锤的落距。国内通常采用的落距为 $6 \sim 40$ m。对相同的夯击能量，常选用大落距的施工方案，以获得较大的接地速度，能将大部分能量有效地传到地下深处，增加深层夯实效果，减少消耗在地表土层塑性变形的能量。

3) 夯击点布置及间距

采用强夯法处理地基的范围应大于结构物的基础范围，通常要求强夯加固范围每边超出基础外缘宽度宜为基底下设计处理深度的 $1/2 \sim 2/3$，并且不宜小于 3 m。

夯击点位置可根据基底平面形状，采用等边三角形(或等腰三角形)和正方形布置，如图 9-7 所示。

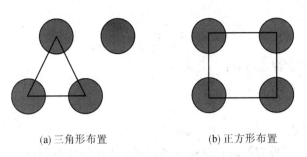

(a) 三角形布置   (b) 正方形布置

图 9-7　夯击点的布置

通常，第一遍夯击点间距可取夯锤直径的 2.5～3.5 倍，第二遍夯击点位于第一遍夯击点之间，以后各遍夯击点间距可适当减小。对处理深度较深或单击夯击能较大的工程，第一遍夯击点间距宜适当增大。

4）夯击次数与遍数

（1）每遍每个夯点的夯击次数，应按现场试夯得到的夯击次数和夯沉量关系曲线确定，一般以最后两次夯击的平均夯沉量小于某一数值作为标准。如当单击夯击能小于 4000 kN·m 时，最后两次夯击的平均夯沉量不宜大于 50 mm；当单击夯击能为 4000～6000 kN·m 时，最后两次夯击的平均夯沉量不宜大于 100 mm；当单击夯击能大于 6000 kN·m 时，最后两次夯击的平均夯沉量不宜大于 200 mm。

（2）夯击遍数应根据现场地质条件和工程要求确定，也与每遍每个夯击点的夯击数有关。夯击遍数一般可采用点夯 2～3 遍，对于渗透性较差的细颗粒土，必要时夯击遍数可适当增加。最后再以低能量满夯 2 遍，满夯可采用轻锤或低落距锤多次夯击，锤印搭接。

5）间歇时间

由于强夯法会影响土体的受力状态，两遍夯击之间应有一定的时间间隔，间隔时间取决于土中超孔隙水压力的消散时间。当缺少实测资料时，可根据地基土的渗透性确定。对于渗透性好的地基，因强夯形成的超孔隙水压力消散很快，夯完一遍，第二遍可连续夯击，不需要间歇时间。对于渗透性较差的地基土，强夯在地基土体中形成的超孔隙水压力消散较慢，两遍夯击之间所需间歇时间要长。对于黏性土地基，夯完一遍一般需间歇 3～4 星期才能进行下一遍夯击。

6）垫层铺设

由于强夯设备较重，在强夯前应在天然地基上铺设一层稍硬的垫层，使其能支承起重设备，并便于扩散强夯施工产生的"夯击能"，同时也可依靠垫层加大地下水位与地表面的距离，有利于进行强夯施工。对场地地下水位在 2 m 深度以下的砂砾石土层，可直接施行强夯，无需铺设垫层；对地下水位较高的饱和黏性土与易于液化流动的饱和砂土，都需要铺设砂、砾或碎石垫层才进行强夯，否则土体会发生流动。垫层厚度随场地的土质条件、夯锤重量及其形状等条件而定，砂砾石的垫层厚度一般为 0.5～2.0 m，铺设的垫层不能含有黏土。

9.3.2　挤密砂石桩法

1. 挤密砂石桩及其适用范围

挤密砂石桩法是指采用振动、冲击或水冲等方式在地基中成孔后，在地基中设置砂石所构成的密实桩体,并在设置桩体过程中对桩间土进行挤密,组成挤密砂石桩复合地基的处理方法。根据挤密材料的不同,挤密砂石桩还包括挤密碎石桩法(只由碎石组成)和挤密砂桩法(只由砂石组成)。

挤密砂石桩法在桩体设置过程中,桩间土体被有效振密、挤密,该复合地基具有承载力提高幅度大、沉降小的优点。砂石桩法适用于挤密松散砂土、粉土、黏性土、素填土、杂填土等地基,砂桩与碎石桩一样可用于提高松散砂土地基的承载力和防止砂土振动液化,也可用于增大软弱黏性土地基的整体稳定性。

对饱和黏性土地基,变形控制要求不严的工程也可采用砂石桩置换处理。对砂桩用来处理饱和黏性土地基很多研究者持有不同观点,认为黏性土的渗透性较小、灵敏度大,成桩过程中土内产生的超孔隙水压力不能迅速消散,故挤密较差。在成桩过程中又破坏了地基土的天然结构,使土的抗剪强度降低。若不预压,砂桩施工后地基仍会有较大的沉降,因而对沉降要求严格的结构物而言,就难以满足沉降的要求。所以应按工程对象区别对待,并进行现场试验研究确定。

根据国内外的碎石桩和砂桩使用经验,可适用的工程有:中小型工业与民用结构物;港湾构筑物,如码头、护岸等;土工构筑物,如土石坝、路基等;材料堆置场,如矿石场、原料场;其他构筑物,如轨道、滑道、船坞等。

2. 挤密砂石桩法的加固机理

挤密砂石桩对地基土体的加固机理主要是挤密和置换。

通常,砂类土依靠砂石桩在成桩过程中的挤密作用加固。疏松砂土为单粒结构,孔隙大、颗粒位置不稳定,在静力和振动作用下,土粒易位移至稳定位置,使孔隙减小而压密。在挤密砂石桩成桩过程中,桩套管挤入砂层,该处的砂被挤向桩管四周而变密,从而起到加固地基的作用。

黏性土地基中挤密砂石桩主要利用其本身的强度及其排水效果对不良土体进行加固。砂石桩在黏性土中形成大直径密实砂石桩桩体,桩与桩周土体形成复合地基,共同承担上部荷载,提高了地基承载力和整体稳定性。同时,由于黏性土的抗剪能力较小,上部荷载会产生对砂石桩的应力集中,减少黏性土的应力,从而减少地基的固结沉降量。砂石桩能够在黏性土地基中形成排水通道,加速地基土的固结速率。

3. 挤密砂石桩的设计

挤密砂石桩法加固地基的设计内容包括:加固范围、桩长、桩径、桩位布设、复合地基置换率和桩体材料的选择等。

1)加固范围

挤密砂石桩的处理范围应大于基底范围,处理宽度宜在基础外缘扩大 1 至 3 排桩。对可液化地基,在基础外缘扩大宽度不应小于可液化土层厚度的 1/2,并不应小于 5 m。

2)桩长

挤密砂石桩的桩长可根据工程要求和工程地质条件通过计算确定。当加固地基的软弱土层厚度不大时,砂石桩宜穿过松软土层;当加固地基的软弱土层厚度较大时,对按结构稳定性控制的工程,砂石桩桩长应不小于最危险滑动面以下 2 m 的深度;对按地基变形控制的工程,砂石桩桩长应满足处理后地基变形量不超过结构物的地基变形允许值并满足软弱下卧层承载力的要求；对可液化的地基，砂石桩桩长应按现行国家标准《建筑抗震设计规范》(GB50011—2010)中有关抗液化设计的规定采用。且挤密砂石桩的桩长不宜小于4 m。

3）桩径

挤密砂石桩的直径可采用 300～800 mm，应根据地基土质情况和成桩设备等因素确定。对饱和黏性土地基宜选用较大的直径。

4）桩位布置

挤密砂石桩孔位宜采用等边三角形或正方形布置。对大面积满场处理，桩位宜用等边三角形布置；对独立或条形基础，桩位宜用正方形、矩形或等腰三角形布置；对于圆形或环形基础(如油罐基础)宜用放射形布置，如图 9-8 所示。

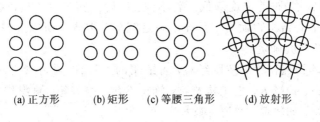

(a) 正方形　　(b) 矩形　　(c) 等腰三角形　　(d) 放射形

图 9-8　桩位布置

桩的间距应通过现场试验确定，对粉土和砂土地基，不宜大于砂石桩直径的 4.5 倍；对黏性土地基不宜大于砂石桩直径的 3 倍。

5）桩体材料

桩体材料可用碎石、卵石、角砾、砾砂、粗砂、中砂、石屑或等硬质材料，含泥量不得大于 5%，最大粒径不宜大于 50 mm。

砂石桩桩孔内的填料量应通过现场试验确定，估算时可按设计桩孔体积乘以充盈系数 β 确定，β 可取 1.2～1.4。如施工中地面有下沉或隆起现象，则填料数量应根据现场具体情况予以增减。

6）垫层铺设

挤密砂石桩加固地基时应在地基顶部铺设一层砂石垫层，通常厚度为 300～500 mm。

7）承载力验算

挤密砂石桩的承载力按照复合地基承载力的计算方法确定，同时应通过现场复合地基载荷试验加以辅助，初步设计时，也可估算。

8）沉降量计算

挤密砂石桩处理地基的沉降量计算，应按规范的规定计算，通常采用分层总和法进行；对于砂桩处理的砂土地基，应按现行国家标准《建筑地基基础设计规范》(GB50007—2011)的有关规定进行抗滑稳定性验算。

9.3.3　土桩、灰土桩、夯实水泥土桩法

1. 土桩、灰土桩、夯实水泥土桩法及其适用范围

土桩、灰土桩、夯实水泥土桩法均是利用横向挤压成孔或非挤压成孔方式成孔，然后

分层回填填料，再逐层夯实成桩，并与桩间土组成复合地基的地基处理方法。土桩法是用素土填入桩孔内，灰土桩法是指用石灰拌土制备成的灰土回填，夯实水泥土桩法是用水泥拌土制备成的水泥土回填。在夯击回填料成桩过程中不仅夯实了桩体，而且挤密了桩间土，达到地基加固的目的。

土桩和灰土挤密法适用于处理地下水位以上的湿陷性黄土、素填土和杂填土等地基，可处理地基的深度为 5～15 mm。当以消除地基土的湿陷性为主要目的时，宜选用土桩法；当以提高地基土的承载力或增强其水稳性为主要目的时，宜选用灰土桩法；当地基土的含水量大于 20%、饱和度大于 65% 时，不宜选用土桩、灰土桩或夯实水泥土桩法。

2. 加固机理

1）挤密作用

土桩（或灰土桩、夯实水泥土桩）在挤压成孔时，桩孔位置的原有土体会被强制侧向挤压，使桩周一定范围内的土层密实度提高，挤密影响半径通常为 $1.5～2.0\ d$（d 为桩孔直径）。相邻桩孔间的挤密区交界处桩间土的挤密效果会相互叠加，桩间土中心部位的密实度增大，桩距愈近，叠加效果愈显著。

2）桩体作用

在挤密地基中，桩体的抗剪模量远大于桩间土。曾有载荷试验测试结果表明：只占压板面积约 20% 的灰土桩承担了总荷载的一半左右，而另一半由占压板面积 80% 的桩间土承担。由于总荷载的一半由桩体承担，从而降低了基础底面下一定深度内土中的应力，消除了持力层内产生大量压缩变形和湿陷变形的不利因素。此外，由于桩对桩间土能起侧向约束作用，限制土的侧向移动，因此桩间土只产生竖向压密，压力与沉降始终呈线性关系。

3）灰土性质作用

灰土桩是用石灰和土按一定体积比例（2∶8 或 3∶7）拌和，并在桩孔内夯实加密后形成的桩，这种材料在化学性能上具有气硬性和水硬性。石灰内的正电荷钙离子与黏土颗粒的负电荷相互吸附，将会形成胶体凝聚。随着灰土龄期的增长，土体固化作用随之提高，使灰土强度逐渐增加。在力学性能上，它可达到挤密地基效果，提高地基承载力、消除湿陷性，使地基的沉降均匀且能减小沉降量。

3. 桩体的设计

土桩、灰土桩、夯实水泥土桩的设计内容包括填料的选用，桩径、桩长、处理范围的确定、桩位布置和桩距的选择。

1）桩孔填料的选用

填料的选用应首先保证工程要求，确保桩孔填料的夯实质量，然后尽量利用地方材料，以节省工程投资。土桩填料多选用与桩间土性质相近，就近挖运的黄土类土。灰土桩填料多采用石灰与土体积配合比为 2∶8 或 3∶7 的灰土，也可采用水泥和土的混合填料。

2）桩径

桩孔的直径要合理选择。桩孔直径过小，则桩数增加，工作量增大；若桩孔直径过大，相应桩间距增大，则可能造成不能有效挤密桩间土，消除湿陷性效果欠佳。目前，我国土桩、灰土桩桩孔直径一般选用 300～450 mm。

3）桩长

土桩和灰土挤密桩处理地基的深度，应根据建筑场地的土质情况、工程要求、成孔及夯实设备等综合因素确定。对湿陷性黄土地基，应符合现行国家标准《湿陷性黄土地区建筑规范》(GB50025 — 2004)的有关规定。对非自重湿陷性地基，桩长一般要求至地基压缩层下限，或者穿过附加压力与土自重压力之和大于湿陷起始压力的全部土层。对于自重湿陷性黄土地基，桩长要求至非湿陷性土层顶面。桩长还应满足沉降量控制要求。

通常土桩、灰土桩的处理深度为 6～15 m。若只要求处理厚度 5 m 以内土层，采用挤密桩加固综合效果不如采用强夯法、重锤夯实法以及换土填层法；而当加固土层大于 15 m 时受成孔设备条件限制，很少采用挤密桩加固，而往往采用其他方法加固。

4）处理范围

土桩和灰土挤密桩处理地基的面积，应大于基础或结构物底层平面的面积，并应符合下列规定：

(1) 当采用局部处理时，超出基础底面的宽度：对非自重湿陷性黄土、素填土和杂填土等地基，每边不应小于基底宽度的 0.25 倍，并不应小于 0.50 m；对自重湿陷性黄土地基，每边不应小于基底宽度的 0.75 倍，并不应小于 1.00 m。

(2) 当采用整片处理时，超出结构物外墙基础底面外缘的宽度，每边不宜小于处理土层厚度 1/2，并不应小于 2 m。

5）桩位布置和桩距的选择

为使桩间土得到均匀挤密，桩位应尽量按等边三角形布置。有时为了适应基础尺寸，合理减少桩孔排数和孔数，也可采用正方形和矩形排列方式。

设计桩孔间距时，应以保证桩间土的平均压实系数或平均干密度达到规定的指标，满足消除湿陷性或其他力学指标要求。一般合理的相邻桩孔中心距约为 2～3 倍桩孔直径。

9.4 排 水 固 结 法

9.4.1 排水固结法及其适用范围

1. 排水固结法的定义

软土地基的特点是含水量大、压缩性高、强度低、透水性差，若在软土地基上直接建造结构物或进行填土时，地基由于固结和剪切变形会产生很大的沉降差，且沉降的延续时间很长，影响结构物的安全正常使用。因此，对软土地基通常需进行处理，排水固结法就是处理软黏土地基最有效的处理方法之一。

排水固结法是在天然地基中设置砂井等竖向排水体，然后利用结构物本身重量分级加载或在结构物建造前在场地先行加载预压，使土体中的孔隙水排出、逐渐固结，地基发生沉降，同时逐步提高地基承载力的方法。排水固结法可以将地基的沉降在加载预压期间基本完成或大部分完成，使结构物在使用期间不致产生过大的沉降和沉降差，以增加地基土的抗剪强度，从而提高地基的承载力和稳定性。

2. 排水固结法的适用范围

排水固结法适用于处理淤泥质土、淤泥、泥炭土和冲填土等饱和黏性土地基，可以用于处理飞机跑道、铁路和公路路堤、仓库、罐体及轻型结构物等的地基。

9.4.2　排水固结法的组成及功能

排水固结法通常由排水系统和加压系统两部分组成。该法的原理和组成分别如图 9-9 和图 9-10 所示。

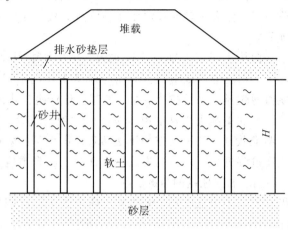

图 9-9　排水固结法的原理

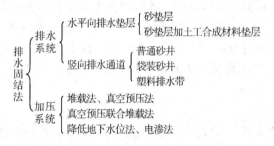

图 9-10　排水固结法的组成

1. 排水系统

排水系统通常由水平向排水垫层和竖向排水通道组成，在加载过程中，土层中的水会沿竖向排水体向水平排水砂垫层输送，构成排水系统，加快土体固结。水平向排水垫层一般为砂垫层，也可以由砂垫层与土工合成材料垫层复合形成。竖向排水通道常采用在地基中设置普通砂井、袋装砂井、塑料排水带等形成。若地基土体渗透系数较大，或在地基中有较多的水平砂层时，可以只在地基表面铺设水平排水垫层，无需设人工竖向排水通道。

2. 加压系统

加压系统是指对地基施行预压的荷载，它可以使地基土的固结压力增加而产生固结。其材料有固体(土石料等)、液体(水等)、真空负压力荷载等。通常采用的加载方法有堆载法、真空预压法、真空预压联合堆载法、降低地下水位法和电渗法等。

排水固结法一般根据预压目的选择加压方法：如果预压是为了减小结构物的沉降，则应采用预先堆载加压，使地基的沉降在结构物建造之前产生；若预压的目的主要是增加地基强度，则可用自重加压，即放慢施工速度或增加土的排水速率，使地基强度的增长与结构物荷重的增加相适应。

9.4.3 排水固结法的类型及应用条件

堆载法是指在被加固地基上采用堆载达到施加预压目的排水固结加固方法，通常堆载材料有土或砂石料，也可以利用结构物自重进行预压。堆载预压法又可分为两种：当预压荷载小于或等于使用荷载时，称为一般堆载预压法，简称堆载预压法；当预压荷载大于使用荷载时，称为超载预压法。

真空预压法是在水平向排水垫层上铺设不透水膜，并在其中埋设排水管，通过抽水、抽气，在砂垫层和竖向排水通道中形成负压区，在与地基土体间形成的水头压差作用下，地基土体中的水和气便可通过排水系统排出膜外，地基土体产生排水固结。

真空预压联合堆载法是在单纯采用真空预压法不能达到地基处理设计要求时采用的，理论分析和工程实践表明堆载预压法和真空预压法两者加固地基的效用可以叠加。

降低地下水位法是通过降低地下水位的方式增加地基土中自重应力，以改变地基中的应力场、达到加速排水固结、加固地基的目的。

电渗法采用正负极在地基中形成电场，使地基土体中的水流向阴极并被排出，达到排水固结、加固地基的目的。

为了保障排水固结法的实施，除了要有砂井（袋装砂井或塑料排水带）的施工机械和材料外，还必须要有预压荷载、预压时间、适用的土类等条件。预压荷载是个关键问题，因为施加预压荷载后才能引起地基土的排水固结。许多工程因无条件施加预压荷载而不宜采用砂井预压处理地基，这时就必须采用真空预压法、降水预压法或电渗排水等。

下面将针对最常用的堆载预压法的设计、施工及质量检验等内容进行介绍。

9.4.4 堆载预压法

堆载预压法通过在地面上堆载，对地基土体进行预压，使地基土体在预压过程中产生排水固结，以便减少地基沉降量和提高地基承载力。

1. 设计

堆载预压法的设计分别包括排水系统和加压系统两部分。排水系统的设计内容主要包括竖向排水体的材料选用、排水体长度、断面、平面布置的确定等；加压系统的设计内容主要包括堆载预压计划的确定、堆载材料的选用以及堆载预压过程中的现场监测设计等。

1）排水系统设计

（1）竖向排水体的材料选择。通常普通砂井、袋装砂井和塑料排水带均可以用来布设竖向排水体。可根据各种材料的特征、来源、施工条件和经济性进行比较确定。普通砂井适用于设置长度超过 20 m 的竖向排水体；袋装砂井通常采用聚丙烯编织布包装，需要现场制备，直径多为 70 mm 左右，砂料宜用风干砂，并要求含泥量应小于 3%。塑料排水带在工厂生产，品种型号很多，可以将内部通水孔道做成很多种形式，如口琴型、城墙型、圆孔型、双面型等，外面包裹一层无纺土工织物滤层。

（2）竖向排水体的设置深度。竖向排水体的深度需要考虑结构物对工后沉降的要求和地基承载力的要求。若软土层较薄，竖向排水体应贯穿软土层。若软土层中有砂层，而且砂层中设有承压水，应尽量打至砂层。如砂层中有承压水，则不应打至砂层，应留有一定厚度的软土层，防止承压水与竖向排水体连通。

（3）竖向排水体的平面布设。在工程应用中，普通砂井直径一般为 $300\sim500$ mm，多采用 400 mm；当加固土层很厚时，砂井直径也有大于 1000 mm 的。袋装砂井直径一般为 $70\sim100$ mm，多采用 70 mm。砂井的布置形状通常为等边三角形或正方形。塑料排水带常用当量直径 D_P 表示，当塑料排水带宽度为 b、厚度为 δ 时，当量直径按照式（9.6）进行计算，即

$$D_P = \frac{2(b+\delta)}{\pi} \tag{9.6}$$

在预压法处理地基中，竖向排水体的布置范围一般要比结构物基础范围稍大一些，以利于提高地基稳定性，减小在荷载作用下因地基土体侧向变形引起的结构物沉降。

（4）水平排水砂垫层设计。水平砂垫层是排水固结法的组成部分，通常可以采用中粗砂铺设，含泥量应小于 5%，砂垫层的厚度一般应大于 400 mm。水平排水系统也可采用土工合成材料与砂垫形成的混合垫层。

通常，要求水平排水系统的设置能保证地基土在预压加固过程中将土体中的水引出预压区。

2）堆载预压计划的设计

在初步确定排水系统的设计方案之后，结合地基处理对于地基承载力、地基工后沉降以及容许的堆载预压工期等要求，拟定堆载预压计划，其中包括预压荷载集度、预压时间等，如图 9-11 所示。

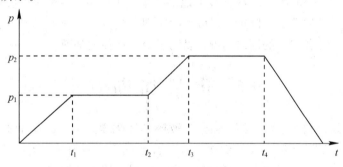

图 9-11　堆载预压计划

由图可见，通常预压荷载分两次等速加载。第一次预压荷载为 p_1，加荷期限为 t_1，然后保持恒载 p_1 预压至时间 t_2；第二次增加预压荷载为 p_2-p_1，加荷从 t_2 时刻开始，加荷期限为 t_3-t_2，再保持恒载预压，堆载预压结束时间为 t_4。预压结束后卸载。

在实际工程中，需要通过对初步拟定的堆载预压计划结合现场实测结果进行验算，不断调整堆载预压计划，必要时还要调整排水系统的设计。通过不断调整，反复验算，确定排水系统和堆载预压计划的设计内容。

在确定分级加载荷载的大小时需要注意，第一级预压荷载大小根据天然地基承载力确定。当地基相对于第一级预压荷载加载时的平均固结度达到 80% 左右开始施加第二级预压荷载，第二级预压荷载的大小根据此时地基实际承载力确定，可以通过稳定分析验算。依次类推，拟定堆载预压计划。

2. 现场监测

在采用堆载预压法加固地基时，需要对施工过程进行监测，其中的内容包括地面沉

降、地表水平位移观测和地基土体中孔隙水压力观测，如有条件也可进行地基中深层沉降和水平位移观测。

1）地面沉降观测

地面沉降观测点通常沿堆载面积纵、横轴线布置，用于测量荷载作用范围内地面沉降、荷载作用范围外的地面沉降或隆起。利用沉降观测资料可以估算地基平均固结度，也可推算在荷载作用下地基最终沉降量。在加载过程中，如果地基沉降速率突然增大，说明地基中可能产生较大的塑性变形区。每天的地面沉降通常应控制在 $10\sim20$ mm。

2）地面水平位移观测

地面水平位移的观测点一般布置在堆载的坡脚，并根据荷载情况，在堆载作用面外再布置 $2\sim3$ 排观测点。通过水平位移观测限制加荷速率，监视地基稳定性。当堆载大小接近地基极限荷载时，坡脚及外侧观测点水平位移会迅速增大。每天水平位移值一般应控制不超过 4 mm。

3）孔隙水压力观测

地基中孔隙水压力测点一般布置在堆载面以下堆载中心线和边线附近的不同深度处，通过地基中孔隙水压力观测资料可以推算地基土的固结度，计算地基土体强度增长，控制加荷速率。

4）深层沉降观测

深层沉降测点一般布置在堆载轴线下地基的不同土层中，一个深层沉降测点只能测一点的竖向位移。若采用分层沉降标，则可连续得到一竖直线上各点竖向位移情况。通过深层沉降观测可以了解各层土的固结情况，以利于更好地控制加荷速率。

9.5　化　学　加　固　法

化学加固法是指利用水泥浆液、黏土浆液或其他化学浆液，通过灌注压入、高压喷射或机械搅拌，使浆液与土颗粒胶结起来，以改善地基土的物理和力学性质的地基处理方法。在工程中经常采用的有水泥土搅拌法、高压喷射注浆法及灌浆法等。

9.5.1　化学浆液的基本特性

化学加固法加固地基时采用的化学浆液种类很多，分别有水泥浆液、以水玻璃为主剂的浆液、以丙烯酰胺为主剂的浆液等。

水泥浆液通常采用高标号的硅酸盐水泥，为了调节水泥浆的性能，可掺入速凝剂或缓凝剂等外加剂。常用的速凝剂有水玻璃和氯化钙，其用量为水泥用量的 $1\%\sim2\%$；常用的缓凝剂有木质素磺酸钙和酒石酸，其用量约为水泥用量的 $0.2\%\sim0.5\%$。水泥浆液为无机系浆液，取材充足，配方简单，价格低廉又不污染环境，是世界各国最常用的浆液材料。

以水玻璃为主剂的浆液主要材料为水玻璃（$Na_2O \cdot nSiO_2$），在酸性固化剂作用下可产生凝胶，常用于工程中的制剂为水玻璃-氯化钙浆液与水玻璃-铝酸钠浆液。以水玻璃为主的浆液也是无机系浆液，无毒、价廉、可灌性好，是目前常用的浆液。

以丙烯酰胺为主剂的浆液以水溶液状态注入地基，与土体发生聚合反应，形成具有弹性而不溶于水的聚合体。丙烯酰胺的材料性能优良，浆液黏度小，凝胶时间可准确控制在几秒至几十分钟内,抗渗性能好,抗压强度低。主要缺点在于浆材中的丙烯酰胺对神经系统有毒,污染空气和地下水。

9.5.2　水泥土搅拌法

1. 水泥土搅拌法及适用范围

1) 水泥土搅拌法的定义

水泥土搅拌法是以水泥、水泥粉或石灰粉为固化剂,外加一定的掺合剂,采用特制的搅拌机械将水泥浆(或粉体)与被加固土强制拌和而制成搅拌桩体,从而对地基进行加固,形成复合地基的地基处理方法。按照固化剂掺入状态的不同,可分为水泥浆液搅拌法和粉体喷射搅拌法两种,一般说来,水泥浆液比粉体喷射搅拌法均匀性好,但有时对高含水量的淤泥,粉体喷射搅拌法也有一定的优势。

2) 水泥土搅拌法的适用范围

水泥土搅拌法适用于处理正常固结的淤泥与淤泥质土、粉土、饱和黄土、素填土、黏性土以及无流动地下水的饱和松散砂土等地基。在黏粒含量不足的情况下,可以添加粉煤灰。水泥土搅拌法用于处理泥碳土、有机质土、塑性指数 I_p 大于 25 的黏土、地下水具有腐蚀性的地区,对无工程经验可以借鉴的地区,必须通过现场试验确定其适用性。

2. 水泥土搅拌法的特点及工程应用

1) 水泥土搅拌法的特点

(1) 加固效果显著。采用水泥土搅拌法对软土地基加固效果显著。

(2) 形式灵活多样。水泥土搅拌法可根据上部结构的需要灵活采用柱状、壁状、格栅状和块状等多种加固形式。

(3) 能够充分利用原土。由于水泥搅拌法是利用特殊的机械在地基中就地将土体和少量固化剂强制进行搅拌,使地基土的复合强度得到提高,因此其对原土的利用率很高。

(4) 对周围环境无污染。在加固过程中对周围土体无扰动,不会造成软土侧向挤出。施工时无振动、无噪音,对周围环境无污染,可在建筑密集的地方施工。

(5) 施工机具简单。所用的施工机具比较简单,便于制作和推广应用,适合我国目前的经济技术条件。

(6) 节约资金。与钢筋混凝土桩相比,可节约钢材、降低造价,适用于大规模地基加固工程。

2) 水泥土搅拌桩的工程应用

水泥土搅拌桩的应用主要有以下方面:

(1) 形成水泥桩复合地基。水泥桩桩体加固土强度及模量比天然地基土体提高数十倍至数百倍,桩体与桩间土形成复合地基,可有效提高地基承载力,降低地基变形。该类复合地基广泛应用于以下工程:

① 在工业与民用建筑各个工程领域,广泛应用于 12 层以下的住宅及一般的办公楼、厂房的地基处理。

② 高等级公路、铁路、机场的地基处理,在广东、上海、江苏、浙江、福建的高速公路建设中大量采用搅拌桩处理地基。如京九铁路的软基路段、深圳机场、福州至漳州高速公

路的多数桥台软基等。

③ 自来水厂、污水厂、泵房、油罐等市政设施的地基处理,如福州、泉州、厦门近几年来建造的水厂、污水厂、水池大量采用搅拌桩处理地基,浙江的许多大型油罐地基处理中也采用了搅拌桩。

④ 码头、堆场、库房、车间地面地基处理。

(2) 形成水泥土重力式围护结构。针对在软黏土地基中开挖深度为 5 m 左右的基坑,采用水泥搅拌法形成的水泥土重力式挡墙可以较充分利用水泥土的强度和防渗性能,水泥土重力式挡墙既是挡土结构又是防渗帷幕。由于围护结构也需要承受水平向荷载,为了克服水泥土抗拉强度低的缺点,可以在水泥土围护结构中插置竹筋,对其抗拉性能也有较好的提高效果。若在水泥土围护结构中插置型钢,通常称为加筋水泥土挡墙。

(3) 作为防渗帷幕。水泥土的渗透系数小于 10^{-7} cm/s,具有较好的防渗能力,因此常将水泥土桩搭接施工组成连续的水泥土帷幕墙,广泛地用于粉土、夹砂层、砂土地基的防渗工程中。水泥土防渗帷幕由相互搭接的水泥土桩组成,视土层土质情况以及防渗帷幕的深度,可采用一排、两排或多排形式,如图 9-12 所示。

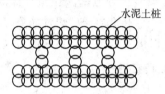

图 9-12 水泥土帷幕剖面

(4) 水泥土桩的组合作用。水泥土桩与其他类型的桩共同组成复合地基,或者水泥土桩与其他材料组合形成水泥土复合结构,如插筋水泥土墙、插钢水泥土墙、相间钢筋混凝土桩水泥土墙,如图 9-13 所示。

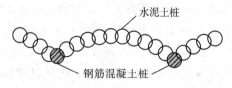

图 9-13 相间钢筋混凝土桩水泥土墙

该类组合结构可用于提高地基土的复合抗剪强度,如边坡加固、基坑底抗隆起稳定加固、被动区土体加固等。

3. 影响水泥土工程特性的主要因素

影响水泥土工程特性的主要因素有水泥掺和比、土的性质、搅拌的均匀程度、养护的时间和温度等。

1) 水泥掺和比

水泥土的无侧限抗压强度随水泥掺合比的增大而提高,每增加单位水泥掺和比所产生的强度增量(掺和效率)在不同龄期、不同掺和比时不同,并且土样不同,掺和效率也不同。掺和比在 10%～25% 之间的掺和效率最佳,掺和比小于 5% 时,水泥土的固化反应很弱,水泥土比原状土强度增强甚微。当水泥掺和比超过一定数值时,水泥土的强度增加幅度减缓，而且水泥土的成本增加较多。当水泥土的水泥掺和比相同时，地基土的含水量越高，形成的水泥土密度越小。随着水泥土龄期的增长，水泥掺和效率越高。

2）土体性质

土体的性质包括土的含水量、密度等物理力学性质，这些指标对水泥土的强度亦有一定影响。随着地基土含水量的提高，水泥水化后产生新物质的密度相应减小，因此当水泥掺和比相同时，水泥土强度随土中含水量的提高而降低。

研究表明，当土样含水量在 $50\%\sim85\%$ 范围内变化时，含水量每降低 10%，强度可提高 $30\%\sim50\%$。同时，土中有机质含量、pH 值对水泥土强度之间有很强的负相关关系。当腐殖物含量超过 $0.7\%\sim0.9\%$、pH 值低于 $4.5\sim6.0$ 时，则加固效果较差。

3）搅拌的均匀程度

搅拌的均匀程度对水泥土强度的影响很大，但达到一定拌和时间后，强度随拌和时间的增加增长缓慢。

土的物理力学指标中含水量 w、塑性指数 I_p、液性指数 I_L 对相同搅拌时间水泥土的均匀性影响很大。I_p 越大，土体越黏，搅拌均匀的难度越大；对黏性土，w、I_L 过低，易产生抱土现象，不易搅拌均匀。

4）养护龄期与养护温度

由于水泥土中的颗粒减缓了水泥的硬凝反应，使水泥土强度随龄期的增长规律不同于混凝土。当龄期超过 28 天后强度仍有明显增长，但增长率逐渐减小，90 天后逐渐趋于稳定。因此，以常温下 90 天强度为水泥土的标准强度。

4．水泥土搅拌法的加固机理

1）水泥的水解和水化反应

普通硅酸盐水泥的主要成分有氧化钙、二氧化硅、三氧化二铝、三氧化二铁及三氧化硫等，由这些不同的氧化物分别组成了不同的水泥矿物：硅酸三钙、硅酸二钙、铝酸三钙、铁铝酸四钙、硫酸钙等。用水泥加固软土时，水泥颗粒表面的矿物很快与软土中的水发生水解和水化反应，生成氢氧化钙、含水硅酸钙、含水铝酸钙及含水铁酸钙等化合物，其反应过程如下：

（1）硅酸三钙（$3CaO \cdot SiO_2$）：在水泥中含量最高（约占全重的 50% 左右），是决定强度的主要因素。化学反应式为

$$2(3CaO \cdot SiO_2) + 6H_2O \rightarrow 3CaO \cdot 2SiO_2 \cdot 3H_2O + 3Ca(OH)_2$$

（2）硅酸二钙（$2CaO \cdot SiO_2$）：在水泥中的含量较高（占 25% 左右），主要产生后期强度。化学反应式为

$$2(2CaO \cdot SiO_2) + 4H_2O \rightarrow 3CaO \cdot 2SiO_2 \cdot 3H_2O + Ca(OH)_2$$

（3）铝酸三钙（$3CaO \cdot Al_2O_3$）：占水泥重量的 10%，水化速度最快，促进水泥土早凝。化学反应式为

$$3CaO \cdot Al_2O_3 + 6H_2O \rightarrow 3CaO \cdot Al_2O_3 \cdot 6H_2O$$

（4）铁铝酸四钙（$4CaO \cdot Al_2O_3 \cdot Fe_3O_3$）：占水泥重量的 10% 左右，能促进早期强度。化学反应式为

$$4CaO \cdot Al_2O_3 \cdot Fe_2O_3 + 2Ca(OH)_2 + 10H_2O \rightarrow 3CaO \cdot Al_2O_3 \cdot 6H_2O + 3CaO \cdot Fe_2O_3 \cdot 6H_2O$$

所生成的氢氧化钙、含水硅酸钙能迅速溶于水中，使水泥颗粒表面重新暴露出来，再与

水发生反应，这样周围的水溶液就逐渐达到饱和。当溶液达到饱和后，水分子虽继续深入颗粒内部，但新生成物已不能再溶解，只能以分散状态的胶体状态悬浮于溶液中，形成胶体。

（5）硫酸钙（$CaSO_4$）：虽然它在水泥中的含量仅占 3% 左右，但它会与铝酸三钙一起与水反应，生成一种被称为"水泥杆菌"的化合物。化学反应式为

$$3CaSO_4 + 3CaO \cdot Al_2O_3 + 32H_2O \rightarrow 3CaO \cdot Al_2O_3 \cdot 3CaSO_4 \cdot 32H_2O$$

2）黏土颗粒与水泥水化物的作用

当水泥的各种水化物生成后，有的继续硬化，形成水泥石骨架；有的则与其周围具有一定活性的黏土颗粒发生反应。

（1）离子交换和团粒化作用。黏土和水结合时就表现出一种胶体特征，如土中含量最多的二氧化硅遇水后，形成硅酸胶体微粒，其表面带有钠离子 Na^+ 或钾离子 K^+，它们能和水泥水化生成的氢氧化钙中的钙离子 Ca^{++} 进行当量吸附交换，使较小的土颗粒形成较大的土团粒，从而使土体强度提高。

水泥水化生成的凝胶粒子的比表面积约比原水泥颗粒大 1000 倍，因而产生很大的表面能，有强烈的吸附活性，能使较大的土团粒进一步结合起来，形成水泥土的团粒结构，并封闭各土团的空隙，形成坚固的联结，从宏观上看也就使水泥土的强度大大提高。

（2）硬凝反应。随着水泥水化反应的深入，溶液中析出大量的钙离子，当其数量超过离子交换的需要量后，在碱性环境中，能使组成黏土矿物的二氧化硅及三氧化二铝的一部分或大部分与钙离子进行化学反应，逐渐生成不溶于水的稳定结晶化合物，增大了水泥土的强度，其反应过程为

$$\begin{matrix} SiO_2 \\ (Al_2O_3) \end{matrix} + Ca(OH)_2 + nH_2O \rightarrow \begin{matrix} CaO \cdot (n+1)H_2O \\ (CaO \cdot Al_2O_3 + (n+1)H_2O) \end{matrix}$$

3）碳酸化作用

水泥水化物中游离的氢氧化钙能吸收水中和空气中的二氧化碳，发生碳酸化反应，生成不溶于水的碳酸钙，其反应为：$Ca(OH)_2 + CO_2 \rightarrow CaCO_3 \downarrow + H_2O$。这种反应也能使水泥土增加强度，但增长的速度较慢，幅度也较小。

从水泥土的加固机理分析，由于搅拌机械的切削搅拌作用，不可避免地会留下一些未被粉碎的大小土团。在拌入水泥后将出现水泥浆包裹土团的现象，而土团间的大孔隙基本上已被水泥颗粒填满。所以，加固后的水泥土中形成一些水泥较多的微区，而在大小土团内部则没有水泥。只有经过较长的时间，土团内的土颗粒在水泥水解产物渗透作用下，才逐渐改变其性质。因此在水泥土中不可避免地会产生强度较大和水稳性较好的水泥石区和强度较低的土块区。两者在空间相互交替，从而形成一种独特的水泥土结构。可见，搅拌越充分，土块被粉碎得越小，水泥分布到土中越均匀，则水泥土结构强度的离散性越小，其宏观的总体强度也最高。

5. 水泥土搅拌桩的设计

以下为水泥土搅拌桩复合地基的设计步骤。

1）确定单桩的容许承载力

根据天然地基工程地质情况和荷载情况，初步确定水泥土桩的桩长、桩径和水泥掺和比，并由此初步确定单桩的容许承载力。其中水泥掺和比通常可采用 15%～25%，选定水泥掺和比后可通过试验确定水泥土强度，也可首先确定采用的水泥土强度，通过试验确定

采用的水泥掺和比。

单桩竖向容许承载力 P_p 可按式(9.7)及式(9.8)的较小值计算确定，有

$$P_p = \eta f_{cu} A_p \tag{9.7}$$

$$P_p = u_p \sum_{i=1}^{n} q_{si} l_i + a q_p A_p \tag{9.8}$$

式中：η——桩身强度折减系数，一般取 0.20～0.33(考虑 7 天强度)；

f_{cu}——与搅拌桩桩身水泥掺和比相同的室内水泥土试块立方体抗压强度平均值(kPa)；

μ_p——桩的周长(m)；

l_i——桩长范围内第 i 层土的厚度(m)；

q_{si}——桩周第 i 层土的侧向容许摩阻力(kPa)；

q_p——桩端地基土未经修正的容许承载力(kPa)；

a——桩端天然地基土的容许承载力折减系数，可取 0.4～0.6；

A_p——桩的截面面积(m^2)。

2）确定复合地基容许承载力要求值

根据荷载的大小和结构物承载力要求初步确定的基础深度和宽度，可确定复合地基容许承载力要求值。

3）计算复合地基置换率

根据所需的复合地基容许承载力值、单桩容许承载力值和桩间土容许承载力值，可采用下式计算复合地基置换率 m 为

$$m = \frac{p_{co} - \beta p_s}{\dfrac{P_p}{A_p} - \beta p_s} \tag{9.9}$$

式中：p_{co}——复合地基容许承载力(kPa)；

m——复合地基置换率；

p_s——桩间天然地基土容许承载力(kPa)；

P_p——桩的容许承载力(kN)；

A_p——桩的横截面积；

β——桩间土承载力折减系数。

4）确定桩数

根据复合地基置换率确定总桩数，按照式(9.10)进行计算，即

$$n = \frac{mA}{A_p} \tag{9.10}$$

式中：n——总桩数；

A——基础底面积。

5）确定桩位平面布置

当总桩数 n 确定后，即可根据基础形状采用一定的布桩形式(如三角形、正方形或梯形布置等)合理布桩，确定设计实际用桩数。

6）验算加固区下卧软弱土层的地基强度

当加固范围以下存在软弱下卧土层时，应进行下卧土层的强度验算。通常将复合地基

加固区视为一个假想实体基础进行下卧层地基强度验算，按照式(9.11)计算，即

$$R_b = \frac{p_{co} \cdot A + G - V\overline{q_s} - p_s(A - F_1)}{F_1} \leqslant R'_a \qquad (9.11)$$

式中：R_b——假想实体基础底面处的平均压力；

    G——假想实体基础的自重；

    V——假想实体基础的侧表面积；

    $\overline{q_s}$——桩周土的平均摩擦力；

    F_1——假想实体基础的底面积；

    R'_a——假想实体基础底面处修正后的地基容许承载力；

    其余符号同前。

当加固区下卧层强度验算不能满足要求时，需重新设计。一般需增加桩长或扩大基础面积，直至加固区下卧层强度验算满足要求。

7）沉降计算

在竖向荷载作用下，水泥土桩复合地基产生的沉降 s 包括复合地基加固区本身的压缩变形量 s_1 和加固区以下下卧土层的沉降量 s_2 两部分，即

$$s = s_1 + s_2 \qquad (9.12)$$

水泥土桩复合地基沉降可采用分层总和法计算，即

$$s = \sum_{i=1}^{n} \frac{\Delta p_i}{E_i} h_i \qquad (9.13)$$

式中：Δp_i——第 i 层土上附加应力增量；

    E_i——第 i 层土压缩模量，对加固区，为复合压缩模量 E_c；

    h_i——第 i 层复合地基的土层。

其中，复合压缩模量 E_c 为

$$E_c = mE_p + (1 - m)E_s \qquad (9.14)$$

式中：E_p——水泥土压缩模量；

    E_s——土体压缩模量。

若沉降不能满足设计要求，则应增加桩长，再重新进行设计。

8）确定垫层

水泥土桩布设完成之后，需要根据基础情况在复合地基和基础间设置垫层。对刚性基础，可设置柔性垫层，如设置 $30 \sim 50$ cm 厚的砂石垫层；对土堤等情况，可设置刚度较大的垫层，如加筋土垫层或灰土垫层等。

水泥土搅拌桩复合地基设计完成后，尚需通过现场试验检验复合地基承载力或水泥土单桩承载力。若现场试验检验达不到设计要求的承载力值，应修改设计。

9.5.3 高压喷射注浆法

1. 高压喷射注浆法及其适用范围

1）高压喷射注浆法的定义

高压喷射注浆法是将带有特殊喷嘴的注浆管置于土层预定的深度，以高压喷射流切割地基土体，使固化浆液与土体混合，并置换部分土体，固化浆液与土体产生一系列物理化

学作用,水泥土凝固硬化,达到加固地基的一种地基处理方法。若在喷射固化浆液的同时,喷嘴以一定的速度旋转、提升,喷射的浆液和土体混合形成圆柱形桩体,则称为高压旋喷法。

2)高压喷射注浆法的适用范围

高压喷射注浆法适用于处理淤泥、淤泥质土、流塑、软塑或可塑黏性土、粉土、砂土、黄土、素填土和碎石土等地基。

当土中含有较多的大粒径块石、大量植物根茎或有较高的有机质时,或地下水流速过大和已涌水的工程,应根据现场试验结果确定其适用性。

2. 高压喷射注浆法的加固机理

1)高压喷射流对土体的破坏作用

破坏土体的结构强度的最主要因素是喷射动压,根据动量定律,在空气中喷射时的破坏力为

$$P = \rho \cdot Q \cdot v_m \tag{9.15}$$

式中:P——破坏力($kg \cdot m/s^2$);

ρ——密度(kg/m^3);

Q——流量(m^3/s),$Q = v_m \cdot A$;

v_m——喷射流的平均速度(m/s)。

换算后,高压喷射时的破坏力为

$$P = \rho \cdot A \cdot v_m^2 \tag{9.16}$$

式中,A 为喷嘴断面积(m^2)。

破坏力对于某一种密度的液体而言,与该射流的流量 Q、流速 v_m 的乘积成正比。而流量 Q 是喷嘴断面积 A 与流速 v_m 的乘积。所以在一定的喷嘴面积 A 的条件下,为了取得更大的破坏力,需要增加平均流速,也就是需要增加旋喷压力,一般要求高压脉冲泵的工作压力在 20 MPa 以上,使射流象刚体一样,冲击破坏土体,使土与浆液搅拌混合,凝固成圆柱状的固结体。

喷射流在终期区域,能量衰减很大,不能直接冲击土体使土颗粒剥落,但能对有效射程的边界土产生挤压力,对四周有压密作用,并使部分浆液进入土粒之间的空隙里,使固结体与四周土紧密相依,不产生脱离现象。

2)水(浆)、气同轴喷射流对土的破坏作用

单射流虽然具有巨大的能量,但由于压力在土中急剧衰减,因此破坏土的有效射程较短,致使旋喷固结体的直径较小。

当在喷嘴出口的高压水喷流的周围加上圆筒状空气射流,进行水、气同轴喷射时,空气流使水或浆的高压喷射流从破坏的土体上将土粒迅速吹散,使高压喷射流的喷射破坏条件得到改善,阻力大大减少,能量消耗降低,因而增大了高喷射流的破坏能力,形成的旋喷固结体的直径较大,根据不同类喷射流中动水压力与距离的关系,高速空气具有防止高速水射流动压急剧衰减的作用。

旋喷时,高压喷射流在地基中,把土体切削破坏。其加固范围就是喷射距离加上渗透部分或压缩部分的长度为半径的圆柱体。一部分细小的土粒被喷射的浆液所置换,随着液

流被带到地面上(俗称冒浆),其余的土粒与浆液搅拌混合。在喷射动压力、离心力和重力的共同作用下,在横断面上土粒按质量大小有规律地排列起来,小颗粒在中部居多,大颗粒多数在外侧或边缘部分,经过一定时间便可使土体凝固成强度较高、渗透系数较小的固结体。随着土质的不同,横断面结构也多少有些不同。由于旋喷体不是等颗粒的单体结构,固结质量也不均匀,通常是中心部分强度低,边缘部分强度高。高压喷射注浆成桩的固结体情况如图 9 - 14 所示。

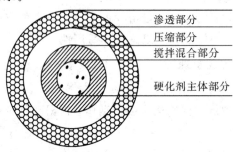

图 9 - 14　高压喷射注浆成桩的固结体情况

3. 高压喷射注浆法的成桩形状

按照喷射流动方向将高压喷射注浆法所形成的固结体形状分为旋转喷射(简称旋喷)、定向喷射(简称定喷)和摆动喷射(简称摆喷)三种形式,如图 9 - 15 所示。

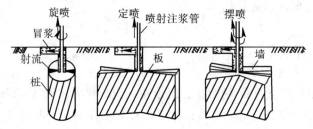

图 9 - 15　高压喷射注浆法成桩形式

旋喷法施工时,喷嘴一面喷射一面旋转并提升,固结体呈圆柱状,称为旋喷桩。桩体与周围土体形成复合地基,主要用于加固地基、提高地基的抗剪强度、改善土的变形性质,也可组成闭合的帷幕,用于截阻地下水流和治理流砂。

定喷法施工是将喷嘴一面喷射一面提升,喷射的方向固定不变,所形成的固结体形如板状或壁状。

摆喷法施工时,喷嘴一面喷射一面提升,喷射的方向呈较小角度来回摆动,形成的固结体形如较厚墙状或块状。

定喷及摆喷两种方法通常用于基坑防渗、改善地基土的水流性质和稳定边坡等工程。

4. 高压喷射注浆法的工程应用

高压喷射注浆法主要应用于新建工程和既有建筑地基加固,深基础、地铁等地下工程的土层加固或防水,堤坝加固及路基加固应用也较广泛,其功能主要有:

(1) 形成复合地基、提高地基承载力、减少结构物沉降。对于整治既有结构物沉降和不均匀沉降的工程有一定的效果。

（2）挡土围堰及地下工程建设中可在基坑开挖时保护邻近建（构）筑物或路基。

（3）增大土的摩擦力和黏聚力，防止小型坍方滑坡，锚固基础。

（4）防止路基冻胀，整治路基翻浆。

（5）减少设备基础振动，防止饱和砂土液化。

（6）基坑防渗帷幕，防止涌砂冒水；地下开巷防渗帷幕；地下连续墙补缺，支护排桩间防渗；坝基防渗。

（7）河堤、桥涵及水工构筑物基础防水冲刷。

9.6 加 筋 法

9.6.1 加筋法及适用范围

1. 加筋法的定义

加筋是指在土体中设置强度高、模量大的加筋材料，形成能够抗压、抗拉、抗剪、抗弯的复合土体，以提高地基承载力，减少沉降和增加地基稳定性的一类地基处理方法。土体中起加筋作用的人工材料称为筋体，可以是土工合成材（如土工布、土工格栅等），也可以是在地基中所设置的土钉、锚杆等。由土和筋体所组成的复合土体称为加筋土。

2. 加筋法的应用

随着不同类型土工合成材料的大量开发，加筋土得到了广泛的工程应用，目前主要应用于支挡结构、陡坡和软土地基的加固等方面，如图 9－16 所示。

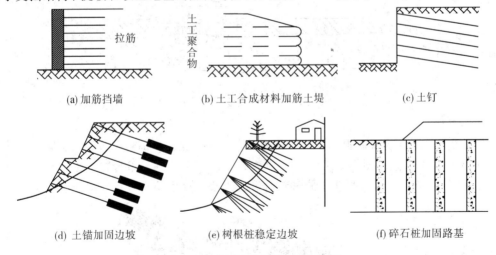

（a）加筋挡墙　　　　（b）土工合成材料加筋土堤　　　　（c）土钉

（d）土锚加固边坡　　　　（e）树根桩稳定边坡　　　　（f）碎石桩加固路基

图 9－16　加筋法的工程应用

9.6.2 土工合成材料

1. 土工合成材料的作用

在软土地基上修筑路堤或结构物时，往往是由于地基抗剪强度不够引起路堤侧向整体滑动，边坡外侧土体隆起。路基底面沿横向产生盆形沉降曲线，导致路面横坡变缓，影响横向排水。若将土工织物、土工网、土工格栅铺设于软土地基和路堤之间，对软基路堤加筋，可以保证路堤的稳定性。通过格栅上部填料的垂直变形向水平方向扩散，使其上部填料的抗剪变形能力得以充分发挥，使软土地基表面的承载区大大增加，表面压强相应减小，以达到提高地基承载力的目的。

2. 土工合成材料的类型

土工合成材料可分为土工织物、土工膜、土工复合材料和土工特种材料等类型。土工特种材料包括土工格栅、土工膜袋、土工网、土工网垫、土工格室、土工织物膨润土垫等。土工复合材料由上述各种材料复合而成，如复合土工膜、复合土工织物、复合防排水材料（排水带、排水管）等。

1）土工织物

土工织物是一种透水性材料，按制造方法不同，可进一步划分为织造土工织物和非织造（无纺）土工织物。

土工织物在路基工程中的应用主要是起过滤排水作用。土工织物铺于软土地基之上，可疏散土中的水分，使土排水固结，提高地基承载力，用其包裹埋于路基中的排水管，可防止水管淤塞。在沿河路堤为防止水流或洪水对堤岸冲刷侵蚀，用土工织物铺于边坡之上，起着防渗作用，且可代替传统砂砾反滤层。土工织物用于路面工程，可以减薄面层厚度，防止或抑制反射裂缝。土工织物的工程应用如图 9-17 所示。

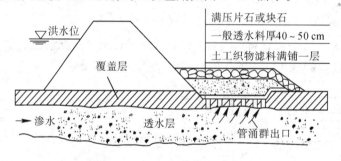

图 9-17　土工织物的工程应用

2）土工膜

土工膜是由聚合物或沥青制成的一种相对不透水薄膜。目前，含沥青土工膜主要为复合型的（含编织型或无纺型的土工织物），沥青作为浸润粘接剂。聚合物土工膜根据不同的主材料分为塑性土工膜、弹性土工膜和组合型土工膜。典型的土工膜如图 9-18 所示。

图 9-18　土工膜

大量工程实践表明，土工膜的不透水性很好，弹性和适应变形的能力很强，能承受不同的施工条件和工作应力，具有良好的耐老化能力（处于水下和土中的土工膜的耐久性尤为突出）。

3）复合型土工合成材料

复合型土工合成材料是两种或两种以上的土工合成材料组合在一起的产品。这类产品将各组合材料的特性相结合，以满足工程的特定需要。不同的工程有不同的综合功能要求，故复合型土工材料的品种繁多，主要分为复合土工膜和复合排水材两大类。

复合土工膜是将土工膜和土工织物（包括织造和非织造）组合在一起的产品，应用较多的是非织造针刺土工织物。复合土工膜在工厂制造时有两种方法：一是将织物和膜共同压成；二是可在织物上涂抹聚合物形成二层（俗称一布一膜）、三层（二布一膜）、五层（三布二膜）的复合土工膜。

复合土工膜有许多优点，例如，以织造型土工织物复合，可以对土工膜加筋，保护膜不受运输或施工期间的外力损坏；以非织造型织物复合，不仅对膜提供加筋和保护，还可起到排水排气的作用，同时提高膜面的摩擦系数，在公路工程中有很广泛的应用。

4）土工特种材料

（1）土工格栅。土工格栅是由有规则的网状抗拉条带形成的用于加筋的土工合成材料，其开孔可容周围土石或其他土工材料穿入，如图9-19所示。土工格栅常用作加筋土结构的筋材或土工复合材料的筋材等。土工格栅分为塑料类和玻璃纤维类两种类型。

图9-19 土工格栅

由于土石料在土工格栅网格内互锁力增高，它们之间的摩擦系数显著增大（可达0.8～1.0)，土工格栅埋入土中的抗拔力由于格栅与土体间的摩擦咬合力较强而显著增大，因此它是一种很好的加筋材料。同时土工格栅是一种质量轻、具有一定柔性的塑料平面网材，易于现场裁剪和连接，也可重叠搭接，施工简便。

（2）土工膜袋。由双层化纤织物制成的连续或单独的袋状材料，其中充填混凝土或水泥砂浆凝结后形成板状防护块体。它可以代替模板用高压泵把混凝土或砂浆灌入膜袋中，最后形成板状或其他形状结构，常用于护坡或其他地基处理工程，如图9-20所示。

图 9-20 土工膜袋

（3）土工网。土工网是由平行肋条经以不同角度与其上相同肋条粘结为一体的土工合成材料，用于平面排液排气，是软基加固垫层、坡面防护、植草以及用于制造组合土工材料的基材，如图 9-21 所示。

图 9-21 土工网

（4）土工网垫和土工格室。土工网垫是以热塑性树脂为原料制成的三维结构，其底部为基础层，上覆起泡膨松网包，包内填沃土和草籽供植物生长。土工格室都是由土工格栅、土工织物或土工膜条带构成的蜂窝状或网格状三维结构材料。两者常用于防冲蚀和保土工程中，刚度大、侧限能力高的土工格室多用于地基加筋垫层路基基床或道床中，如图 9-22 所示。

(a) 土工网垫

(b) 土工格室

图 9-22 土工网垫与土工格室

9.6.3 加筋土挡墙

1. 加筋土挡墙的定义

加筋土挡墙是由填土、填土中布置的拉筋以及直立的墙面板三部分组成的一个整体复合结构。这种结构内部内力互相平衡（包括墙面土压力、拉筋的拉力、填料及拉筋间的摩擦力等相互作用的内力），保证了这一复合结构的内部稳定。同时，这一复合结构类似于重力式挡墙，能抵抗加筋体后面填土所产生的侧压力，因而使整个复合结构较为稳定。

2. 加筋土挡墙的特点

（1）加筋土挡墙可实行垂直填土以减少占地面积，具有较大的经济价值。

（2）面板、筋带等构件全部预制，实现了工厂化生产，易于保证施工质量。

（3）能够充分利用土与拉筋的共同作用，使挡墙结构轻型化。

（4）加筋土挡墙具有柔性结构性能，可承受较大的地基变形。因而加筋土挡墙可应用于软土地基上砌筑挡土墙，并具有良好的抗震性能。

（5）加筋土挡墙外侧可铺面板，面板的形式可根据需要拼装，造型美观，适用于城市道路的支挡工程。加筋土挡墙也可与三维植被网结合，在加筋土挡墙外侧进行绿化，景观效果也好。

（6）构件较轻，施工简便快速，并且能节省劳力和缩短工期，经济效益明显。

3. 加筋土挡墙的设计

加筋土挡墙设计包括两个方面：一方面是加筋土挡墙的整体稳定验算；另一方面是加筋土中拉筋的验算。一般先按经验初定一个断面，然后验算拉筋的受力，确定拉筋的设置以及拉筋的长度，最后验算挡土结构的整体稳定性。若挡土结构的整体稳定性不能满足要求，则需调整拉筋的设置；若稳定性验算安全系数偏大，可进一步进行优化，调整拉筋的设置以获得合理断面。

目前，加筋土挡墙主要用于公路加筋土挡墙和道路梁（板）式加筋土桥台等构筑物。

9.6.4　锚杆

1. 锚杆的定义及功能

锚杆是在地面深开挖的地下室墙面（挡土墙、桩或地下连续墙）或未开挖的基坑立壁土层钻孔（或掏孔），达到一定设计深度后，然后在孔内放入钢筋、钢管、钢丝束、钢绞线或其他抗拉材料，最后灌入水泥浆或化学浆液，与土层结合成为抗拉（拔）力强的锚杆。锚杆端部与挡土墙灌注连接或再张拉，将构筑物受到的外力通过拉杆传给远离构筑物的稳定土层，以达到控制基坑支护的变形、保持基坑土体与结构物稳定的目的。

2. 锚杆的工程应用

土层锚杆在国内外已广泛应用于地下工程结构施工的临时支护或作为永久性建筑工程的承拉构件。例如，用于作为挡土结构的锚杆，可以防坍方或滑坡；用于以逆作法施工地下室外墙支撑，以节省钢支护；在基坑深度、宽度较大（大于 10 m）、上部不能用钢支护的情况下坑壁支护，使基础可在完全敞开、不放坡的条件下进行基坑人工开挖和机械化作业；在陡边坡作为护壁支撑，可用于支承一定土压力的挡土墙和护面作用，减少放坡，节省挖坡土方量，如图 9 - 23 所示。

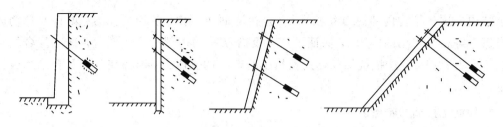

图 9-23　土层锚杆作为护壁支撑的各种应用

锚杆还可用于作输电线路铁塔基础的锚桩，以减少基础尺寸等，特别对于难以采用支撑的大面积、大深度的基坑，如地下铁道的车站、大型地下商场、地下停车场等更有实用意义，如图 9-24 所示。

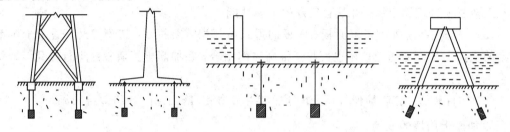

图 9-24　土层锚杆加固的各种应用

3. 锚杆的类型及适用范围

锚杆按锚固体形态可分为圆柱型锚杆、端部扩大头型锚杆和连续球体型锚杆（如图 9-25～图 9-27 所示），图中 L_f 为非锚固段（自由段）长度，L_c 为锚固段长度，L 为锚杆全长，D 为锚固体直径，d 为拉杆直径。

圆柱型锚杆是国内外早期开发的一种锚杆形式，如图 9-25 所示。圆柱型锚杆工艺简单，依靠锚固体与周围土层的摩阻力来传递荷载，适用于较密实的砂土、粉土和硬塑至坚硬的黏性土体，而对于软弱黏土，往往难于满足设计拉力值的要求。

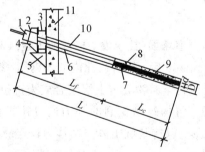

1—锚具；2—承压板；3—横梁；4—台座；5—承托支架；
6—套管；7—钢拉杆；8—砂浆；9—锚固体；10—钻孔；11—挡墙

图 9-25　圆柱型锚杆

端部扩大头型锚杆如图 9-26 所示，在其进行施工时，可用爆炸或叶片切削两种方法扩孔，灌满砂浆后，便在端部形成扩大头体，锚杆依靠锚固体与土体间的摩阻力及扩大头处土体承压面的端承力来传递荷载。故在相同锚固长度的条件下，端部扩大头型锚杆的承载力远比圆柱型锚杆大。该类锚杆适用于软弱黏土层和一般圆柱型锚杆受毗邻地界限制、锚固长度不足的情况。

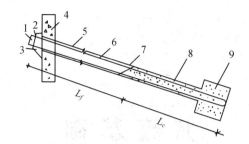

1—锚具；2—承压板；3—横梁；4—挡墙；5—钻孔；
6—套管；7—钢拉杆；8—锚固体；9—端部扩大头

图9-26　端部扩大头型锚杆

连续球体型锚杆如图9-27所示，其利用设于非锚固段与锚固段交界处的密封装置和带许多环圈的套管，可对锚固段进行高压灌浆处理。必要时还可以使用高压破坏原来已有一定强度(5.0 MPa)的灌浆体，对锚固段进行二次或多次灌浆处理，使锚固段形成一连串球状体，使之与周围土体有更高的嵌固强度。该类锚杆适用于淤泥、淤泥质黏土地层或要求较高锚固力的情况。

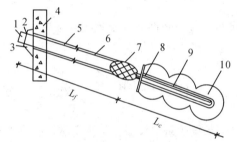

1—锚头；2—承压板；3—台座；4—挡墙；5—钻孔；6—塑料套管；
7—止浆密封装置；8—钢拉杆；9—注浆套管；10—锚固体

图9-27　连续球体型锚杆

思 考 题

1. 何为复合地基，其与桩基础有什么区别？
2. 试述复合地基的作用机理。
3. 试举例说明复合地基在地基处理工程中的应用。
4. 何谓换土垫层法？常用方法有哪几种？
5. 试述各种垫层的材料及其适用范围。
6. 试述砂垫层、粉煤灰垫层、干渣垫层、土（及灰土、二灰）垫层的适用范围及选用条件。
7. 试述强夯法的加固机理。
8. 振冲法分哪几类及适用土的类型？桩体采用何种材料？
9. 加筋土挡墙有哪些类型？
10. 试述土工合成材料的分类、性能和作用。

第十章

```
┅┅┅┅┅┅┅┅┅┅┅┅┅┅
  储 罐 基 础
┅┅┅┅┅┅┅┅┅┅┅┅┅┅
```

【本章要点】 储罐直径大、荷载重，因而对地基和基础设计有特殊的要求，这类特殊构筑物的基础同一般工业与民用建筑的基础相比，在设计、施工方面截然不同，如按常规的地基基础规范进行设计，则会出现较大的差错。本章重点讲述了储罐基础的类型和适用范围，需要掌握如下要点：

(1) 储罐基础的设计原则。

(2) 储罐环墙基础设计与计算。

(3) 储罐地基承载力计算、地基中的应力分析。

(4) 地基变形计算、地基变形允许值等。

10.1 概　　述

储罐是广泛用于油库储运系统的重要设备，在油库建设项目中占地面积最大、投资比例最高，其技术经济性能直接影响到项目的总费用和投资效益。储罐直径大、荷载重，因而对地基和基础设计有特殊的要求。储罐基础由于荷载面差不多是水平的，所以是均布荷载的，跟一般基础不同，具有较大的柔性，同时由于罐储存量经常变动，所以荷载压力是变化的。储罐基础同一般工业与民用建筑的基础相比，在设计、施工方面截然不同，如按常规的地基基础规范进行设计，则会出现较大的差错。立式储油罐的外形图如图 10-1 所示。

图 10-1　立式储油罐的外形图

10.1.1 储罐的用途和分类

储罐有很多种类，而各类储罐的结构型式和使用功能有很大差别，圆形储罐按其使用功能，可分为储油罐和储气罐两大类。

1. 储油罐

储油罐是储存各种油品的圆形储罐，通常按几何形状和结构型式可以分为拱顶罐和浮顶罐。

1）拱顶罐

拱顶罐可分为自支承拱顶罐和支承式拱顶罐两种。自支承拱顶罐的罐顶是一种形状接近于球形表面的罐顶。它是由 4～6 mm 的薄钢板和加强筋（通常为扁钢）组成的球形薄壳，如图 10 - 2 所示。拱顶载荷靠拱顶板周边支承于罐壁上。支承式拱顶是一种形状接近于球形表面的罐顶，拱顶荷载主要靠柱或罐顶桁架支承于罐壁上。拱顶罐是我国石油和化工各个部门广泛采用的一种储罐结构形式。拱顶罐与相同容积的锥顶罐相比较耗钢量少，能承受较高的剩余压力，有利于减少储液蒸发损耗，但罐顶的制造施工较复杂。

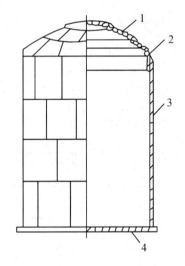

1—罐顶；2—包边角钢；3—罐壁；4—罐底

图 10 - 2 自支承拱顶罐简图

2）浮顶罐

浮顶罐可分为浮顶罐和内浮顶罐（带盖内浮顶罐），浮顶储罐顶盖为浮船式活动顶盖，在罐顶设有转动浮梯和浮船舱，顶盖随进油而浮升，卸油而降落，浮顶与内部液体直接接触，因而油品损耗少，一般用于轻质油品的储存。对这类储罐的基础不均匀沉降要求严格，如有较大不均匀沉降就会影响储罐浮顶的上升和降落。浮顶储油罐和内浮顶储油罐的示意图分别如图 10 - 3 和图 10 - 4 所示。

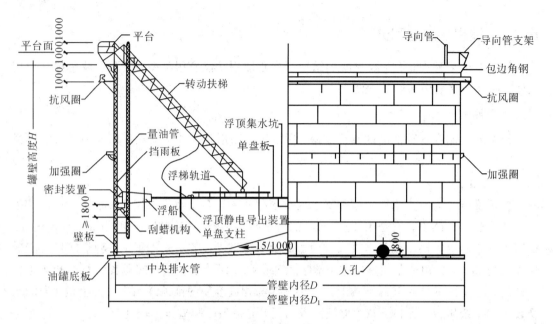

图 10-3 浮顶储油罐示意图

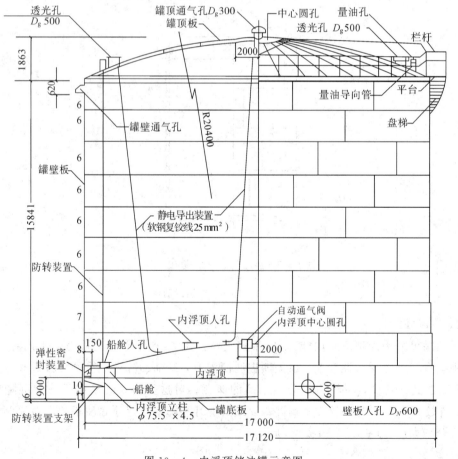

图 10-4 内浮顶储油罐示意图

2. 储气罐

储气罐根据采用的压力可分为低压储气罐、中压储气罐和高压储气罐，低压储气罐的压力为$(1.47\sim3.92)\times10^{-3}$ MPa，中压储气罐的压力为$(5.88\sim8.34)\times10^{-3}$ MPa，高压储气罐的压力为$0.07\sim3.04$ MPa。低压储气罐根据工艺和结构特性，可以划分为湿式储气罐和干式储气罐。湿式储气罐下设一固定水池，采用水作为密封，顶盖像一个倒放杯子的钟罩，连接中间各节活动罐体，充气时它的压力首先将钟罩升起，然后通过挂圈，将其他各节活动罐体逐节上升，当所有活动罐体连接成一个整体时，则罐达到最大容积。当气体从罐内放出时，则活动罐体和钟罩逐节下降。气罐的升或降都是沿着罐壁导轨进行的。根据导轨的类型，储气罐又可分为垂直导轨湿式储气罐和螺旋导轨湿式储气罐两种，如图10-5所示。由于导轨必须保持其垂直度或有一定的角度，因此基础的不均匀沉降，可能使罐壁卡住，影响储气罐的上升或降落。

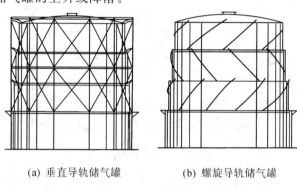

(a) 垂直导轨储气罐　　　　(b) 螺旋导轨储气罐

图 10-5　湿式储气罐示意图

干式储气罐不需要水封槽，为了得到可靠的不漏气密封，一般采用圆筒形环，它由围膜、壳体壁板及活塞组成，其间灌入一种在相当低的温度才结冰的防冻液体，一般简称这种储气罐为曼（德文 MAN 的译音）型罐，由德国人发明，也称为稀油密封型干式储气罐，如图10-6(a)所示。另一种是柔膜密封型干式储气罐，它在圆筒形储罐内装有顶盖和底板，并设有沿着高度方向移动的垫板。垫板在气体压力的作用下向上升起，在气体排出后就下降，由其本身的重量而对储气罐排出的气体加压力。密封是在壳体及垫板之间设橡胶软性隔板，代替液体接触密封。

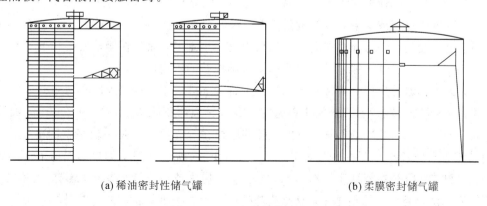

(a)稀油密封性储气罐　　　　　　　(b)柔膜密封储气罐

图 10-6　干式储气罐示意图

10.1.2　储罐的结构构造特征

　　常用储罐是钢制立式筒形的,浮置在基础顶面上。图 10 - 7 是某 100 000 m³ 储油油罐的构造示意图,它主要由罐壁、底板和浮顶三部分构成。罐直径为 80 m,高为 21.8 m,由高强度钢板焊接而成,罐壁壁板厚 32.5～12 mm,罐底底板厚 21～12 mm。罐壁底部以上⊥形焊缝与底板的环形板相焊接,罐壁上部以型钢做成的抗风圈加强。罐浮顶是用薄钢板(4.5 mm)焊成的盘型箱式密闭结构,像船一样浮于罐内油液液面上,随着油液液面的升降而起落。由于浮顶几乎全部消除了罐内的气体空间,而且浮顶与罐壁之间的环形缝隙用弹性密封装置封严,从而大大减少了油品挥发损失,并增加了安全性,储罐的结构构造特点主要有:

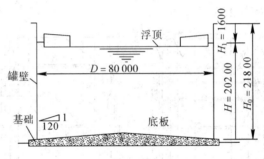

图 10 - 7　大型油罐构造示意图

　　(1) 大型储罐是立式筒形钢板焊接结构,其高度及筒壁直径都很大,但高度仅为直径的 1/3 左右,整体呈短粗圆筒状;罐体钢板厚度的最大值为 32.5 mm,与罐高或直径相比,比值都很小且筒壁上都开口不封顶,故罐体整体柔性大、易变形;它几乎没有调整基础地基不均匀沉降的能力;反之,地基基础各种形式的不均匀沉降,几乎都会对罐体产生不同程度的影响。

　　(2) 罐壁的垂直柱面钢板与罐底板的大致水平面钢板,在罐体下部正交焊接成一体,该部位是⊥形焊接结构,在静或动液压力作用下,受力非常复杂且不明确。它不但受液位升降的影响显著,形成所谓低周高应力状态,而且对基础地基的不均匀沉降和地震作用反应极敏感,油罐的恶性事故大多由此而生。所以,此处是罐体的关键部位之一。

　　(3) 罐壁垂直度或水平断面圆度的偏差,对浮顶在筒壁内上下升降的灵活性有直接影响,偏差过大会使浮顶升降功能受阻。如果没有发生地震,而且在罐体安装精度符合规范要求的情况下,造成这一偏差的主要原因是基础地基的不均匀沉降。

　　(4) 大型油罐的底板是直接在基础顶面上铺设、排版施焊的,因而有两个问题值得注意:其一,钢板的焊接变形是不可避免的,由于底板面积很大(一个 100 000 m³ 油罐达 5000 m² 以上),为多块钢板焊成,所以实际的底板在焊成后并非一块平整的薄板,而是充满局部凹凸变形的大致平整的薄板。这些凹凸变形或局部鼓起,如果不能与下面的基础顶面紧密贴合,将会在液柱压力作用下,产生有害应力或造成变形集中(皱褶)。其二,底板下表面无法进行防腐涂层施工,只能从基础构造上设法改善底板的潮湿易蚀环境。这个问题上,基础材料的化学性质、地下水位与底板的距离、底板与场地地面的距离、建罐地区的气候环境、地下水的侵蚀性等，都是设计中不可忽视的因素。

（5）罐体是钢板焊接结构，母材和焊缝存在脆性断裂的危险性；随着罐体的大型化，罐壁钢材厚度加大，选用的材料屈服极限高，这二者都使得钢材冲击韧性下降，从而加剧了上述危险性。另外，地基的不均匀沉降、地震作用、罐板腐蚀等因素，也可能诱发上述危险的发生，事故先例已有多起。

（6）大型油罐对基础地基的主要作用荷载是罐体及储液自重，该作用荷载的特点是分布面积大荷载强度大，对地基的影响深度大、一般地基因之产生的沉降量也较大。其中，不均匀沉降反过来会对罐体受力状态和使用功能产生不良影响。

10.2 储罐基础类型及适用范围

10.2.1 储罐基础类型

选择储罐基础类型，必须根据储罐的特点及储罐所在地区工程地质条件、土的性质、地基的承载力，针对不同类型的储罐，选择和设计恰当的类型，必要时还要推算并预计沉降量。根据国内外实际使用的情况，储罐基础大致可分为以下几种做法：

1. 护坡式基础

护坡式基础包括混凝土护坡、石砌护坡和碎石灌浆护坡。一般情况，当建造场地有足够地方，地基容许承载力满足要求，并沉降量较小时，可采用护坡式基础；当建造场地有足够地方、地基承载力满足要求，并有较大沉降量或者软土地基（经处理后），亦可采用碎石护坡式基础，如图 10-8 所示。

2. 环墙式基础

环墙式基础包括砖砌环墙式、石砌环墙式、碎石环墙式和钢筋混凝土环墙式，如图 10-9 所示。当建造场地受限制时，软土地基（经处理后），地震区或者浮顶储罐（包括内浮顶储罐）应选环墙式基础。但在地震区或软土地基上建罐时宜选用钢筋混凝土环墙式基础。这种基础（简称"环基"）是直接在储罐壁板下设置钢筋混凝土环墙，以支持壁板荷重。这对需要埋设锚栓的压力储罐来说，是非常合适的，它不需要另设专门锚板，而将锚栓直接埋在环墙上。

设置钢筋混凝土环基的主要目的是护送上部结构（储罐罐壁）在充水预压过程中安全抵达沉降稳定位置，防止在下沉过程中出现过大的罐壁变形；在软土地基上建造储罐一般都有很大的下沉量，因此在基础设计时都将罐底标高作预抬高，预抬高的量是根据工艺对罐底标高的设计要求及储罐的沉降估算量的大小而定。设置环基可以大量节省场地预抬高所需的土方量，使环基外侧可以不必堆填土石方；减轻了储罐场地的外加荷载，从而也可适当地减少储罐的下沉，这在沿海低洼地区且土方来源短缺的情况下更能体现其技术经济合理性；在储罐下沉稳定以后，若罐壁出现较大的倾斜或差异沉降需进行调整时，则环基可作为刚性垫块用来安置千斤顶，用千斤顶来调整储罐的倾斜。

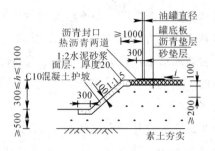

(a) 混凝土护坡

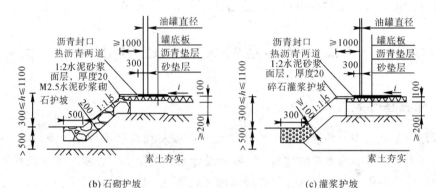

(b) 石砌护坡

(c) 灌浆护坡

图 10-8　护坡式基础

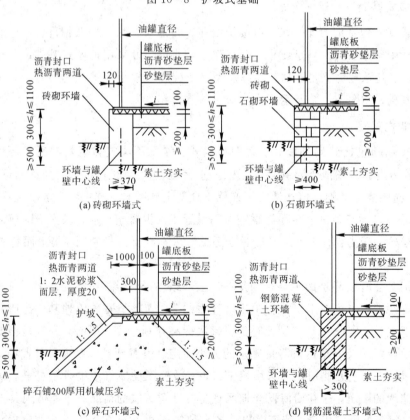

(a) 砖砌环墙式

(b) 石砌环墙式

(c) 碎石环墙式

(d) 钢筋混凝土环墙式

图 10-9　环墙式基础

3. 护圈式基础(或称为外环墙式基础)

为了阻止土的侧向变形,基础可采用护圈式基础(如图 10-10 所示)。这类基础是使砌体或混凝土护圈墙离开储罐壁 10～20 cm 左右。采用这类基础节省用地,一般用于车间内部的生产原料储罐,要求容积在 1000 m³ 之内,且地基土能满足土的承载力和沉降差的要求。

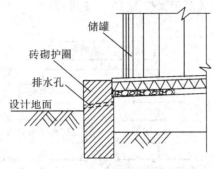

图 10-10 护圈(外环墙)式基础

4. 环台式基础

环台式基础是在储罐壁板下部用碎石压实,筑成一个梯形环基(如图 10-11 所示)。这类基础用在地基土承载力较高的地区。虽然基础的造价低,但储罐四周的环台常常容易松动,目前在国内很少应用。

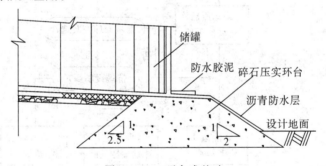

图 10-11 环台式基础

除了上述几种储罐基础的形式外,在软弱地基上建造储罐时,也有个别的设计或施工部门采用带有钢筋混凝土承台的桩基,这也是一种基础的形式。但由于储罐的直径比较大,承台要满足刚性基础的需求,承台往往很厚,因此桩基的费用更高,有时等于甚至超过上部储罐本身的建造费用,在国外为了减少基础的造价,在桩顶铺一层厚 1.2 m 左右的碎石层代替钢筋混凝土承台。由于密实的碎石能起壳的作用,将荷载均匀传到桩基上。以碎石层代替钢筋混凝土承台的作用,在国外应用已有 60 多年的历史。但目前设计碎石层承台还是凭经验进行的,需要进一步研究。对于碎石层在地震作用下工作情况,目前尚无法分析。

综上所述,目前储罐基础常用的形式基本上为护坡式、护圈(外环墙)式和环墙式三种,使用材料为石砌体、砖砌体和钢筋混凝土三种,施工方法可分为块状砌体、现浇结构和预制装配结构三种。总之,储罐基础的形式,主要取决于上层构造和地基土的好坏,具体情况应因地制宜进行决定。

10.2.2　储罐基础设计选型

储罐基础设计选型通常从建筑场地的工程地质条件入手，主要考虑罐体对地基的允许承载力和变形要求，还要结合抗震设防，材料供应情况等，从而选出安全可靠、技术经济合理的基础方案。一般基础选型步骤按图 10-12 进行。

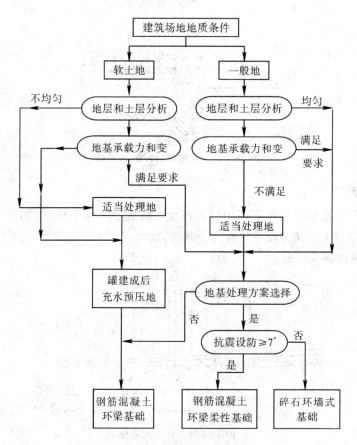

图 10-12　大型油罐基础设计选型步骤

储罐基础选型应考虑的要求，如储罐的安全性、适用的地质条件、调整不均匀沉降的性能，基础工程造价以及对施工技术要求等，如表 10-1 所示。

表 10-1　储罐基础选型要求

序号	选型时应考虑的要求	基础形式		
		环梁柔性基础	钢筋混凝土环梁基础	碎石环墙式基础
1	罐体的静、动力反应	轻	重	中
2	罐体的安全储备	大	小	中
3	调整地基不均匀沉降	作用较大、效果尚可	作用大、效果好	作用小、差
4	适用的地质条件	硬和中硬场地	软和中软场地	硬和中硬场地

序号	选型时应考虑的要求	基础形式		
		环梁柔性基础	钢筋混凝土环梁基础	碎石环墙式基础
5	对软土地基的要求	须于建罐前妥善处理	可于建罐后充水压顶	须于建罐前妥善处理
6	自身扰度稳定性	稳固	稳固	欠稳固
7	适用的设防烈度	6°～9°	6°～9°	<6°
8	基础钢材水泥耗量	少	多	少
9	砂及碎石卵石用量	较多	中	多
10	基础工程投资	中	多	少
11	对施工技术的要求	土方压实技术水平高	一般	土方压实技术水平高

10.3　储罐基础设计

10.3.1　储罐基础设计原则

1. 储罐对基础的设计要求

储罐作为一个结构，它必须能够经受得住所储存油品的液体压力或煤气的气体压力，并且必须具备有足够的密闭性，以存装气体或各类的油品。储罐是由钢板焊成的薄壁容器结构，具有柔性大，刚度小的特点，因而能经受起一般建筑物、构筑物所不能经受的地基沉降变形，有的储罐即使产生较大的沉降，只要是均匀沉降，仍然不影响储罐的使用。储罐的底板是用很薄的钢板焊制而成，当沉降发生时，仍能和下面基础保持接触，能够使荷载均匀地分布在地基土壤上，所以对基础和地基的承受力情况比较明确。储罐的自重力与满载时的重量相比要轻得多。而油品的密度和气体的密度都要小于水的密度。如果地基的承载力不足，就要利用试水阶段的荷载来预压地基。因此，储罐基础出现事故，常常是因为没有经过事先试水预压，而产生基础较大的不均匀沉降。储罐的外形是直径大，高度低的"矮胖"型结构，所以风力的影响很小，只有在台风或地震作用下且它又是空罐时，才可能产生移动，所以在风级大于10级地区或9度地震区建罐时，才考虑储罐与基础的锚固问题。总之，对储罐基础进行设计时，应考虑以下要求：

（1）地基应首先满足储罐的自重和试水重量的总荷重，不能满足必须通过储罐试水来预压地基。

（2）储罐地基的总沉降和不均匀沉降都必须满足储罐允许沉降和倾斜的要求，有时虽可能超过这一规定，但也不能影响储罐的正常使用。

（3）储罐的底板一定是中间高，四周低的预起拱，以使底板变形后不至于拉裂焊缝或造成角焊缝的破坏。

（4）在地基沉降变形较大的地区建储罐时，基础必须预抬高安装标高，以使最终沉降稳定后的罐基础必须高出四周地面，以免积水，影响储罐的使用。

（5）储罐基础建在土质较差地区，可能会出现较大的沉降，因此储罐与管线的连接必须采取措施，最好是采用柔性管接头或波纹管连接。

2. 储罐基础设计的基本要求

（1）建造完毕的基础锥面坡度对于一般地基为 $15/1000$；对于软弱地基一般不应大于 $35/1000$。地基基础沉降基本稳定后，表明坡度不应小于 $8/1000$。

（2）地基基础沉降基本稳定后，罐底边缘应高出周围地坪不小于 $300\ mm$。在地坪以上，应从基础砂垫层中引出穿越基础环墙（梁）或护坡表层的罐底泄漏检测管，其周向间距不宜大于 $20\ m$，每台储罐最少设 4 个，钢管直径不宜小于 DN32。

（3）沿罐壁圆周方向上每 $10\ m$ 长度的沉降差不应大于 $25\ mm$，对于浮顶罐任意直径方向上的沉降差不应大于 $4D/1000\sim7D/1000$（D 为储罐内径）；对于拱顶罐，不应大于 $8D/1000\sim15D/1000$（D 为储罐内径）。

（4）支承罐壁的基础部分应具有保持其水平度的承载力，且应避免与附近的基础部分发生沉降突变。

（5）基础中心坐标偏差不应大于 $20\ mm$，中心标高偏差不应大于 $\pm10\ mm$。

（6）支承罐壁的基础顶面，有环梁（或环墙）的条件下，沿圆周内每 $10\ m$ 长度各点高差不应大于 $6\ mm$，整个圆周上任意两点的高差不应大于 $10\ mm$；无环梁（或环墙）时，沿圆周方向每 $3\ m$ 长度内各点高差不应大于 $5\ mm$，整个圆周上任意两点的高差不应大于 $20\ mm$。

（7）基础锥面任意方向上不应有突起的棱角，基础的表面凹凸度，从中心向周边拉线测量不应超过 $25\ mm$。

（8）为减少储罐底板的腐蚀，基础表面应设防潮绝缘层。

10.3.2 储罐环墙基础设计与计算

1. 环墙基础（简称环基）受力分析

我们把作用在环基上的力，包括地基反力在内，都作为环基所受的外力（如图 10-13 所示）。

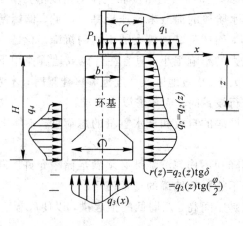

图 10-13 作用在环基上的力系

P_1—罐壁荷重（kN/m）；q_1—储罐底板及储液的荷重。分布宽度（从罐内壁至环基大放脚内侧边缘的距离）由于砂垫的扩散作用实际上大于理论距离；q_2—侧压力（kPa），也写作 $q_2(z)$，表示 q_2 是 z 的函数；$\tau(z)$—摩擦力（kPa）；$q_3(x)$—环基底面的地基反力（kPa）；q_4—环基外侧的土压力作用在环基上的外力有以下四种：

（1）环基顶面储罐壁荷重 p_1 储罐边缘处分布宽度为 C 的储罐底板及储液荷重 q_1。分布宽度 C 为自罐内壁至环基大放脚内侧边缘间的距离。实际上由于砂垫的扩散作用，C 值将大于上述距离。

（2）环基内侧大面积储液荷重 q_1 及砂垫层自重产生的侧向水平侧压力 q_2。

（3）环基内壁砂垫层竖向摩擦力 $\tau(z)$，这是由于在沉降过程中，环基与砂垫层之间出现竖向剪切变形引起的。由于储罐的中心沉降大于边缘的沉降，故作用于环基内壁的摩擦力 $\tau(z)$ 作用方向是竖直向下的。

（4）环基底面地基反力 $q_3(x)$。设在图 10-14 中环基截面上取任意一点。这一点在完整的环基中就代表着一根环形纤维，可以假想环基就是由无数根环行纤维组成的。现在我们假定把图 10-14 的环基截面当成一个刚体截面来处理，即假定截面在受到任何外力的作用以后，其截面的几何尺寸和形状始终保持不变，也即假定纤维与纤维之间不发生挤压和错动现象。这就是说在任何外力的作用力，截面上任意一点的正应力 σ_x、σ_z、剪应力 τ_{xz} 均等于零，即

$$\sigma_x = 0, \quad \sigma_z = 0, \quad \tau_{xz} = 0 \tag{10.1}$$

截面允许有整体的移动和转动，有了这样的基本假定，我们就可以把作用在截面上的任何形状分布荷载用一个集中力与集中力矩来等效代替。

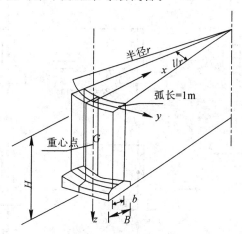

图 10-14　环基单元体（考虑弧长为 1 m 的一段环节）

如果沿着环基周长截取单位长度为 1 m 的单元，再将作用在单元体上的上述外力通过单元体重心零点的集中力及集中力矩的形式表示。那么，上述外力将对应表示于图 10-15(a)～图 10-15(e) 中。

根据脱离体保持静止平衡的条件，可知截面上肯定有内力存在，由于环基是轴对称构件，作用在环基上的外力也是对称的。因此环基截面上的内力也只能是轴对称的，一切非轴对称的内力应为零。由此可知环基截面上只允许存在法向正应力，不允许有非轴对称的剪应力存在。这样，我们就可以把截面上的内力，通过截面重心的法向集中力 T 和分别绕 x 轴及 y 轴转动的内力矩 M_x、M_z 来表示。由于环基的截面宽度 B 与环基的半径 r 比较，

比值 B/r 是很小的，因此可以假定截面上的法向应力 σ_r 沿截面宽度方向是矩形均匀分布 $M_z=0$。因此，剩下的问题就是如何求出 T 和 M_x。

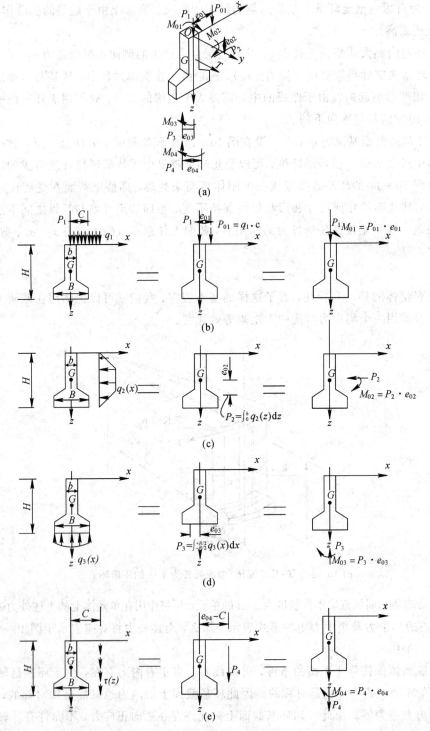

图 10-15 外力通过重心的集中力及集中力矩

2. 环墙内力分析

在求内力 T 及内力矩 M_x 之前，先观测一下环基截面在受外荷作用下的位移状况。图 10-16 是表示环基位移的分析图。环基的储罐未充水预压以前处于状态(a)，随着充水预压荷载的不断增加，环基出现了下沉①。环基内侧压力不断加大，使环基的周长也有增加，及环基半径出现了增大趋势②。而且从裂缝宽度的开展情况还可看出，环基底部半径的增长要比顶部大，这就说明了环基截面事实上出现绕其自身的重心转动了一个角度为 θ 的转角变位③。

假定在最大一级充水预压荷载下环基处在如图 10-16 所示的状态(b)，其时环基就出现了下沉变形 S 和半径 Δr 的增量及截面的转角 θ。

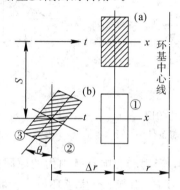

图 10-16　环基位移分析图

环基由状态(a)进入过渡状态①。尽管有很大的沉降量 S，但对环基整体来说只是产生一个整个圆环的刚体平行移动，不会引起环基截面的内力发生任何变化。即

$$T_① = 0; \quad M_{x①} = 0 \tag{10.2}$$

环基之所以由状态(a)进入过渡状态，是由于受竖向外力作用的结果，产生这种位移效应的外力平衡条件为

$$P_3 = P_1 + P_4 \tag{10.3}$$

再由过渡状态①进入到过渡状态②时，表现为环基半径有了一个增量 Δr。这使得环基沿周长有了拉伸变形，环基内必然出现了环拉力。这个环拉力是由环基内侧砂垫层的侧压力 P_2 引起的。

由图 10-17 取半球为脱离体，可求得

$$T_② = P_2 \cdot r \tag{10.4}$$

$$M_{x②} = 0 \tag{10.5}$$

当由过渡状态②达到过渡状态③也即最终状态(b)，环基截面出现了如图 10-17 所示方向的转动，这就使得环基顶面半径有所缩短，而环基底部半径却有所增长。这就必然导致环基内的环拉力顶部与底部的不一致，底部的环拉力要比顶部为大。但状态③与状态②相比较，其平均半径仍等于 $r+\Delta r$，由此可知截面的总环拉力仍保持不变，故截面的转动只影响环拉力沿截面高度的分布，而不影响其总环拉力的大小。另外，过渡状态③更加重要的是说明了既然所有截面都产生了一个转角，必然环基沿其圆周方向上有一个均匀分布

的外力矩 M_0 的存在，这个均布外力矩实际上就是 M_{01}、M_{02}、M_{03}、M_{04} 的总和。即

$$M_0 = M_{01} + M_{02} + M_{03} + M_{04} \tag{10.6}$$

圆环受径向均布外力矩 M_0 作用下的截面内力，同样可取半径作脱离体，由平衡条件（如图 10-18 所示）求得

$$M_{x③} = M_0 \cdot r \tag{10.7}$$

$$T_③ = 0 \tag{10.8}$$

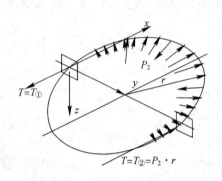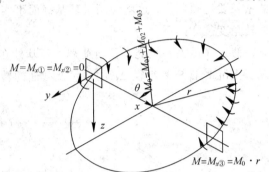

图 10-17　环基在受径向均匀图　　　图 10-18　环基在受径向均匀外力
外力作用下的平衡条件　　　　　　作用下的平衡条件

从上面的位移分析中知道，产生和影响环基内力的原因是状态②和状态③，而且知道状态③是由环基内侧水平侧压力 P_2 引起，产生了环拉力。状态③是由环基所有外力矩的总和引起的，即由 $M_0 = M_{01} + M_{02} + M_{03} + M_{04}$ 引起，状态③不改变总环拉力 T，只是改变环拉力在截面高度的分布形状，只使环基沿环向引起纯弯曲。

根据这样的结论，我们就可分别来求环基的总拉力 T 和截面总内力矩 M_x，然后将这两种情况加以迭加，按偏心受拉构件进行配筋，有

$$T = T_① + T_② + T_③ = T_② = P_2 \cdot r \tag{10.9}$$

$$M_x = M_{x①} + M_{x②} + M_{x③} = M_{x③} = M_0 \cdot r$$

3. 按国家行标规范法计算环基

目前工程设计中油罐环基侧压力通常按朗肯（Rankine）主动土压力公式计算，这种状态土压力必须满足三个基本条件：

（1）为使用环基内侧回填土的抗剪强度得到最大限度地发挥，环基内侧填土需要有足够的位移。

（2）环基内侧填土中孔隙水压力影响可以忽略不计。

（3）主动土压力公式中有关土的参数应是明确的。

根据环基受力特点和土压力实测数据，并经数理统计分析，建议按国家行业标准现行规范法计算环基。

（1）环墙宽度。当罐壁位于环墙顶面时，环墙式基础等截面环墙高度（如图 10-19 所示）可按下式计算，有

$$b = \frac{g_k}{(1-\beta)\gamma_L h_L - (\gamma_c - \gamma_m)h} \tag{10.10}$$

式中：b——环墙宽度（m）；

g_k——罐壁底端传给环墙顶端的线分布荷载标准值（当有保温层时，尚应包括保温层的荷载标准值）(kN/m)；

β——罐壁伸入环墙顶面宽度系数，一般取 0.4～0.6，宜取 0.5；

γ_L——罐内使用阶段储存介质的重度(kN/m³)；

h_L——环墙顶面至罐内最高储液面高度(m)；

γ_c——环墙的重度(kN/m³)；

γ_m——环墙内各层的平均重度(kN/m³)；

h——环墙高度(m)。

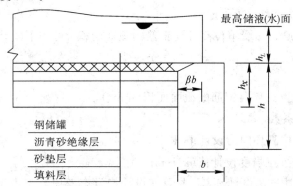

图 10-19　环墙尺寸示意图

（2）环墙上作用效应。环墙作用效应根据地基情况进行计算。环墙可仅做环向应力计算。

① 当罐壁位于环墙顶面时（即环墙式），环墙单位高环向力设计值可按下式计算（如图 10-20 所示）。

$$F_t = (\gamma_{Qw}\gamma_w h_w + \gamma_{Qm}\gamma_m h)KR \tag{10.11}$$

式中：F_t——环墙单位高环向力设计值(kN/m)；

K——环墙侧压力系数，一般地基可取 0.33；软土地基可取 0.50；

γ_{Qw}、γ_{Qm}——分别为水、环墙内各层自重分项系数，γ_{Qw} 可取 1.1，γ_{Qm} 可取 1.0；

γ_w、γ_m——分别为水的重度，环墙内各层的平均重度，单位为 kN/m³，γ_w 可取 9.80，γ_m 可取 18.00；

h_w——环墙顶面至罐内最高储水面高度(m)；

h——环墙高度(m)；

R——环墙中心线半径(m)。

② 当罐壁位于环墙内侧一定距离时（即外环墙式），外环墙单位高环向力设计值可按下式计算：

当 $b_1 < H$ 时，在 45°扩散角以下部分，可按下式计算

$$F_{t0} = \left(\gamma_{Qm}\gamma_m H + \gamma\frac{g_k}{2b_1} + \gamma_{Qm}\gamma_m h_w\frac{R_t^2}{R_h^2}\right)KR \tag{10.12(a)}$$

在 45°扩散角以上部分，可按下式计算

$$F_{t0} = (\gamma_{Qw}\gamma_m b_1)KR \tag{10.12(b)}$$

当 $b_1 > H$ 时，有

$$F_{t0} = \gamma_{Qm} \gamma_m HKR \tag{10.12(c)}$$

式中：F_{t0}——外环墙单位高环向力设计值（kN/m）；

    γ——罐体自重分项系数，可取 1.2；

    b_1——外环墙内侧至罐壁内侧距离（m）；

    R_t——储罐底圈内半径（m）；

    R_h——外环墙内侧半径（m）；

    H——罐底至外环墙底高度（m）；

    R——外环墙中心线半径（m）。

（3）环墙截面配筋。环墙单位高环向钢筋的截面面积，可按下式计算

$$A_s = \frac{r_0 \cdot F_t}{f_y} \tag{10.13}$$

式中：A_s——环墙单位高环向钢筋的截面面积（mm^2）；

    r_0——重要性系数，取 1.0；

    F_t——环向单位高环向力设计值（kN）；

    f_y——钢筋的抗拉强度设计值（kN/mm^2）。

实践证明，用上述方法设计环基，尽管在设计中没有考虑环基由于地基局部差异沉降引起环基的应力集中影响，但实际上环基具有相当大的抵抗和调整地基局部差异沉降的能力。环基作为整体，在抵抗内壁侧向土压力的能力始终没有丧失，这说明环基事实上具有很大的强度安全储备。为什么环基出现了许多宽裂缝而不发生整体破坏呢？这和环基构件的基本属性有关。事实上，环基构件作为弹性地基上的圆环是一种具有无数弹性支承的高次超静定结构。我们可将环基两条相邻的宽裂缝之间的块体拿出来分析，很显然，块体的底部支承在地基土上，块体的两侧尽管已经有一定数量的钢筋假设已被拉断，但只要不是全部的钢筋都被拉断，那么没有拉断的钢筋事实上成为块体在侧边的许多柔性拉杆支承，因此其块体仍属多次超静定体系，只要剩下的钢筋的总承载能力仍大于环基的环拉力 T，那么块体不会被破坏，即使被破坏，对超静定结构也有一个充分给予警告的时间阶段，在此期间可进行补强工作（如图 10-20 所示）。

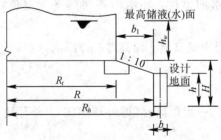

图 10-20 外环墙尺寸示意图

4. 环墙基础设计与计算实例

一个 5000 m^3 钢制储罐，罐底直径为 23.85 m，罐体直径为 23.70 m，储罐总高度为 15.085 m，罐体高 12.48 m，基础顶面到储罐内最高液面高度为 12 m，罐内设计储液密度

$10\ kN/m^3$，储罐空重 1281.7 kN；充水质量为 55 000 kN；储罐最大质量为 56 281.7 kN，储罐平均壁厚为 9 mm，罐壁底端传给环墙顶端的线分布荷载标准值为 8.8 kN/m，储罐基础顶面高于地面标高 1 m，基础埋深 1.5 m，修正后的地基承载力特征值为 200 kPa，试设计储罐环墙基础。

解：(1) 环墙宽度计算。由于采用环墙式基础，基础埋深要在地面以下至少 1.2 m，环墙高 h 则为环墙顶面至罐区地坪加上埋深，即 $h = 1.00 + 1.50 = 2.50$ m，则

$$b = \frac{g}{(1-\beta)\gamma_L h_L - (\gamma_c - \gamma_m)h} = \frac{12.3}{(1-0.5)\times 10 \times 12 - (25-18)\times 2.5} = 0.207\ \text{m}$$

取 $b = 250$ mm。

(2) 地基承载力计算，有

$$p_K = \frac{F_k + G_k}{A} = \frac{56\ 281.7 + 18 \times 2.5 \times 3.14 \times 11.725^2 + 3.14 \times 0.25 \times 23.7 \times 2.5 \times 25}{3.14 \times 11.975^2}$$

$$= 170.72\ \text{kPa}$$

即 $p_K = 170.72\ \text{kPa} < f_a = 200\ \text{kPa}$。

(3) 环墙上作用效应计算。根据下式计算环墙单位高环拉力设计值，有

$$F_t = (\gamma_{Qw}\gamma_w h_w + \gamma_{Qm}\gamma_m h)KR = (1.1 \times 9.8 \times 12.48 + 1.0 \times 18 \times 2.5) \times 0.33 \times 11.85$$

$$= 702.1\ \text{kN/m}$$

(4) 环墙配筋计算。环墙单位高环向钢筋的截面面积按下式计算，配筋图如图 10-21 所示，有

$$A_s = \frac{\gamma_0 F_t}{f_y} = \frac{1.0 \times 702.1}{360} = 1950\ \text{mm}^2，实配 \phi 16@200$$

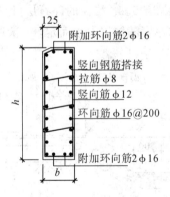

图 10-21　环墙式基础配筋图

10.3.3　装配式环墙基础

储罐基础采用装配环墙式基础(如图 10-22 所示)，其主要优点是能加快工程进度，节省模板，解决了现浇钢筋混凝土环墙因超长容易由温差与收缩应力引起环墙的裂缝问题。

采用装配环墙式基础时，首先根据储罐基础的直径 D 确定预制环墙的分块大小及数量，然后预留出环墙的接头缝，缝宽 20～30 cm；钢筋锚入缝内，引成暗柱配筋；环墙板安装就位后支模，浇灌接缝处的高一级标号混凝土，以便将环墙连成整体。

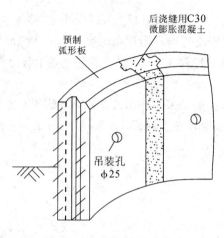

图 10-22　装配环墙式基础

10.3.4　护坡式基础

护坡式基础一般用于地基较好、固定顶盖的拱顶罐基础以及容积较小且为活动顶盖的浮顶罐基础。护坡式基础的一般做法：首先挖掉场地内地基表面的耕土层和有机物之后，压实基层的地基土，这时要特别注意雨水的排泄，决不能让水浸泡储罐的地基土。然后根据工艺安装设计标高决定基础填实的材料；当基础填实高度小于 1 m 时，可按回填土施工的要求，施工一部分土垫层、灰土垫层或碎石垫层，这层的总厚度最好不超过 1 m，之后在这层垫层上直接施工砂垫层；如果当地建筑砂很便宜，也可把全部厚度直接做成砂垫层，砂垫层上施工沥青砂绝缘层，有时为了防止施工沥青砂绝缘层时将砂垫层表面的砂扰动得很乱，可以在砂垫层上先铺一层 2～5 cm 粒径的碎石层（厚度为 5～8 cm），然后接着再做沥青砂绝缘层（沥青砂绝缘层的厚度随储罐大小而定，一般厚度为 8～12 cm，如图 10-23所示）。

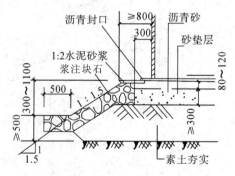

图 10-23　护坡式基础构造图

储罐基础施工时，从挖土开始到砂垫层施工完成，都要从储罐基础中心向四周边缘做成预起拱的坡度，该坡度根据储罐直径的大小一般定为 1.5％～5％左右。

储罐基础应高出设计地面 30～50 cm，其四周用毛石或预制混凝土块铺砌护坡。坡度一般为 1∶1.5，坡脚处砌成排水沟，其宽度为 50～80 cm，排水坡度不得小于1.5％，以将雨水或地面水有组织地排入下水井内，防止排水不通畅浸泡储罐的基础。

采用护坡式基础的缺点是不宜用于地基沉降较大地区，因为储罐基础沉降大会使周围毛石护坡砌体开裂。此种基础占地范围比其他型式的大。

10.3.5 护圈式基础

为了阻止土层侧向变形，必须设置护圈。国外常用钢筋混凝土环墙、板桩环墙做护圈。国内的护圈式基础一般用红砖砌护圈墙，厚度为 24～37 cm(也有用钢筋混凝土现浇的)。一般用于生产车间或装置内部容积比较小的储罐(10～500 m³ 的固定顶储罐)。其特点是护圈墙离开储罐壁板 10～20 cm(图 10-24)，宜用于储存高温介质的储罐、能使储罐底板处的温度局部降低。这种基础一般用于土质较好、基础沉降较小的地区。而护圈内的材料铺设与护坡式基础基本相同。

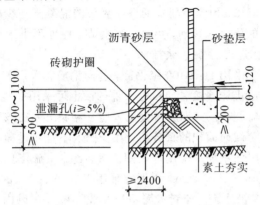

图 10-24 护圈式基础构造图

10.3.6 储罐基础材料及构造要求

储罐基础不论采用哪种基础形式，都离不开铺填砂垫层和沥青砂绝缘层这两种基础材料，现介绍这两种材料的基本要求。

砂垫层是储罐基础中普遍采用的一种铺垫材料，砂宜采用质地坚硬的中、粗砂，亦可采用最大粒径不超过 20 mm 的砂石混合物，不宜采用细砂，不得采用粉砂或其他含水结冰砂石。当地如果缺少砂源，也可采用粉细砂加石屑、工业废渣等材料代替，其最大粒径及级配宜通过试验确定。

砂中不得含植物残体、垃圾等杂质，应级配良好。当使用粉、细砂时，应掺入 25％～30％的碎石或石屑。最大粒径不宜大于 20 mm，对湿陷性黄土地基的储罐基础，不得选用砂石等掺水材料。对掺入的石屑一定要在施工前过筛，不得掺入石粉。工业废渣，主要是高炉矿渣及铜矿渣，是很好的铺垫代用材料。但钢渣因其具有膨胀性及不稳定性，使用前必须经过结构稳定性试验，掌握其性能并满足设计要求后方可使用。

对于有的储罐基础因垫砂厚度太高需要填素土时，土料中有机质含量不得超过 5％，亦不得含有冻土或膨胀土。当含有碎石时，其粒径不宜大于 50 mm，用于湿陷性黄土地基的素土垫层，在土料中不得夹有砖、瓦和石块。

对于在湿陷性黄土地基上建储罐，其基础中的砂垫层可改用灰土垫层，灰土的体积配合比宜为 2：8 或 3：7。土料宜用黏性土及塑性指数大于 4 的粉土且不得含有松软杂质，并应过筛，其颗粒不得大于 15 mm。灰土宜用新鲜的消石灰，其颗粒不得大于 5 mm。

经夯实后的砂垫层或其他土垫层处理后的地基，由于理论计算方法至今还不够完善，或由于较难选取有代表性的计算参数等原因，而难于准确确定其垫层的承载力。对大型储罐基础可通过现场试验确定；对于一般储罐，当无现场试验资料时，可根据设计压实系数和承载力标准值取用。

沥青砂绝缘层直接与储罐底板接触，起到隔潮和减少土壤电化学腐蚀的作用。沥青绝缘层又分沥青混凝土绝缘层和沥青砂绝缘层两种。而目前在储罐底板下铺设的绝大部分是沥青砂绝缘层。沥青砂绝缘层可采用热搅拌及冷搅拌两种方法施工。其中热搅拌用得较普遍。沥青砂绝缘层厚度不得小于 80 mm，采用中砂，砂中含泥量不得超过 5%。

环墙式基础的环墙，一般采用钢筋混凝土制作，不论采用现浇或预制装配，采用的混凝土强度等级均不低于 C20，预制装配式的环墙接头的混凝土至少应高于环墙混凝土强度等级一级。对小型储罐的环墙式基础，可采用红砖砌，厚度不小于 24 cm，用 MU10 红砖、M5 水泥砂浆砌筑，并用 1:2 水泥砂浆抹面。

环墙内的环向钢筋宜采用 HRB400 级钢筋，竖向钢筋宜采用 HPB300 级钢筋。环向钢筋接头应采用焊接连接或机械连接。如没有条件的话也可采用搭接，但搭接长度不应小于 1.2la(la 为搭接钢筋的锚固长度)，钢筋搭接位置应互相错开；在该区段内有接头的受力钢筋截面面积占受力钢筋总截面面积的百分率，在受拉区不宜超过 50%，在受压区和钢筋连接处则不限制。环墙内竖向钢筋可采用焊接网片进行组装，施工比较方便。

钢筋保护层厚度不应小于 35 mm，水泥宜采用不低于 425 号的普通水泥，采用现浇环墙时，最好采用 425 号矿渣水泥；控制水泥用量在 330 kg/m³ 以内，并使混凝土的养护龄期达 60 天；用 60 天强度的目的是减少水泥用量。也可采用环墙预留后浇缝(水平钢筋不断)的办法来消除因温差与收缩应力引起的裂缝，后浇缝的预留宽度约 300~500 mm，待 28 天后用高一级强度等级细石微膨胀混凝土浇灌密实。

对钢筋混凝土环墙顶面，在环墙内侧应做成一个斜角，并不小于 20°(图 10-25 所示)，或做成 1:2 斜面以防止储罐底板变形后底板角部应力增加。

环墙四周在砂垫层高度方向每隔 10~15 m 应均匀设置泄漏管，直径为 φ50(可埋设 DN50 钢管)，预埋管向外形成的坡度不得小于 10%。在环墙内侧预埋管入口处应设粒径为 20~40 mm 的卵石过滤层(如图 10-26 所示)，但预埋管出口宜高出设计地面。如低于设计地面，就要设排水井，通往罐区竖向的排水管网系统。

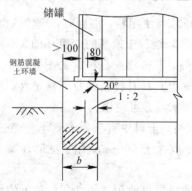

图 10-25　环墙顶设斜角图

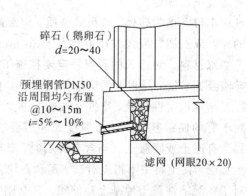

图 10-26　环墙基础预埋泄漏管

　　装配式环墙是根据示意图储罐基础直径的大小，确定预制板的分块大小及弧形板的数量。预制环墙最小截面与构造配筋要求及预制装配式环墙的最大重量如表 10 - 2 所示。

表 10 - 2　预制装配式环墙尺寸与配筋

环墙尺寸/cm			环墙配筋/mm		预制环墙的最大重量/kg
环墙厚度 b	环墙高度 h	板宽 L（弧长）	环向水平筋	竖向垂直筋	
最小 20 cm，以 5 进位	最小 80 cm 以 20 进位，最高不超过 210 cm	最小 100 cm，以 20 进位	$\phi 12$@150 最大 $\phi 18$@100	$h \leqslant 1.8$ m 用 $\phi 10$@200 $H \geqslant 1.8$ m 用 $\phi 12$@200	≤800

　　根据储罐生产和检修、清罐的需要，每个储罐基础边缘要设置一个排污井，排污井的平面尺寸根据工艺安装确定，一般排污井要求进入罐底 1～1.5 m（图 10 - 27）。排污井壁板可用混凝土浇筑，也可用红砖砌筑，表面抹比例为 1：2 水泥砂浆 20 mm 厚。当储罐修建在软土地基地区，排污井不能与基础同时修建时，要等储罐充水预压、基础大量沉降完成后再修建排污井。一定要在环墙上按排污井尺寸预先留出孔洞，这部分孔洞先用红砖砌筑，以便日后拆除再修建排污井。

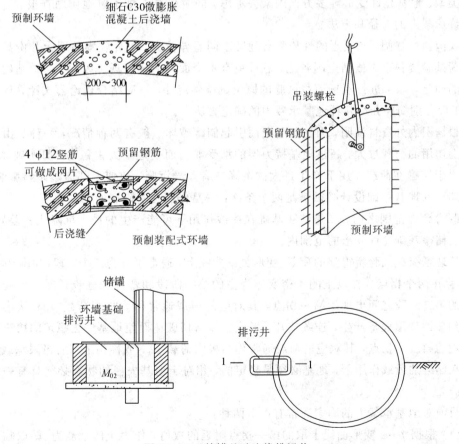

图 10 - 27　储罐基础边缘排污井

　　储罐边上的操作平台基础一定要与储罐基础分开，管线的连接也要待试水预压完成后再施工。储罐环墙基础四周应做出 80 cm 宽的散水护坡或人行道，以便罐区的排水和生产操作。

10.4 储罐地基承载力计算及变形验算

10.4.1 储罐地基承载力计算

储罐建在软土地基上，首先碰到的问题是地基承载力不足。实际工程中可以通过以储罐内充水荷载进行分期预压地基的方法获得足够的承载力，地基承载力不是一成不变的，主要在于坚持因地制宜的原则，尊重客观事实而不要单纯以理论计算所束缚，在综合考虑上部结构、材料情况、施工条件等因素的基础上，在保证地基稳定、安全的前提下，采用经济合理、切实可行的措施达到工程建设的目的。

当前还有不少工程技术人员，在工程上对地基承载力如何合理地确定还有不同的认识，往往按地质勘查报告提出的地基承载力，就决定地基处理方案这种不全面的，决定地基是否要加固处理，不能只凭地基承载力不足，而应该了解土的性质，土层构造、上部结构的类型、地基允许变形等多方面因素去考虑，同时也要详细了解地质勘查报告，提出地基允许承载力的途径和方法。

我国幅员辽阔，同类土的性质随着地区不同差异较大，单凭收集整理十几份甚至百余份载荷试验资料也难概括全国各地，总难免有不全面的情况出现。因此，储罐基础地基承载力的确定，除了进行现场荷载试验的原位试验确定外，还应结合理论公式计算等综合确定，下面分别简要介绍几种地基承载力的确定方法。

根据国内外资料说明，因地基问题而引起储罐破坏一般有两种情况：一种是由于储罐地基上作用的荷载过大，超过地基持力层的承受能力而使地基失去稳定，剪切破坏；另一种是由于储罐在荷载作用下产生过大的沉降或者差异沉降，致使上部储罐倾斜影响使用。因此储罐的地基基础设计必须满足两个条件：一是作用在基础底面的平均压力，应该在地基承载力允许范围之内；二是储罐基础在荷载作用下可能产生的最大沉降或者差异沉降，应该在储罐基础允许变形的范围内。

从现场荷载试验所得到的荷载-变形关系曲线上，通常可分为三个阶段（如图10-28所示），存在两个拐点。在以土的压密变形为主的第一阶段和塑性区逐步开展产生局部剪切破坏的第二阶段之间出现的第一拐点，其对应的荷载通常称为临塑荷载 p_{cr}；从第二阶段过渡到塑性变形大量产生，连续成片，形成整体剪切破坏而使地基失去稳定的第三阶段之间出现的第二个拐点，其对应的荷载通常称为极限荷载 p_u，或称为地基的极限承载能力。

在储罐的荷载作用下，地基必须是稳定的，相对于地基失稳的状态必须具有一定的安全度。

目前对地基承载力的确定通常有以下两种：

（1）根据 $p-s$ 变形曲线上取的第一拐点附近的数值，作为土的承载力（即取临塑荷载 p_{cr} 或临界荷载 $p_{1/4}$）。

（2）根据 $p-s$ 变形曲线上的第二个拐点，即极限荷载 p 除以一定的安全系数，所得到的值称为地基承载能力。

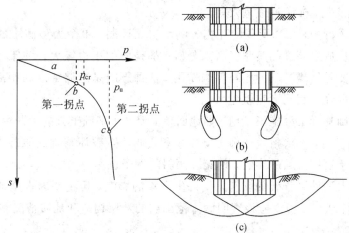

(a) 直线变形阶段；(b) 局部剪切破坏阶段；(c) 整体破坏阶段

图 10 - 28　地基试验的 $p \sim s$ 变形曲线

10.4.2　导致储罐地基变形和倾斜的主要因素

圆形储罐基础的地基变形特性，应包括基础的最大沉降量、最小沉降量、平均沉降量、相对倾斜、周围土的地面沉降、地基土的深层沉降及土的侧向变形、圆形储罐底板变形等，但直接影响大型储罐的使用功能是沉降量和倾斜。储罐如果事先估计会产生较大的沉降，一般可以采取预先抬高基础安装标高，或采用该事先在储罐内充水、预压地基，使大量的基础沉降在未投产前完成，同时可采用柔性管道连接储罐等方法获得解决。但基础的倾斜是直接影响到储罐的生产使用，在不得已的情况下，往往只好采用顶升调整法来纠正大型储罐的倾斜。所以对大型储罐来说，控制储罐的倾斜是关键。根据大量的实际观测，了解到影响大型储罐基础倾斜的因素是多方面的，主要由以下几个原因所引起：

表 10 - 3　三台储罐实测成果对比

序号	储罐容积/m³	顶盖形式	基地计算压力/kPa	控制加荷速率时的基础沉降速率/(mm/d)	实测基础平均沉降/mm	实测基础倾斜	地基处理情况
1	20 000	浮顶	171	5	111.7	0.0033	砂垫层及充水预压
2	10 000	固定顶	164.3	18	167.2	0.0108	采用砂桩，直径为 35 cm，桩长为 18 m，共 253 根
3	10 000	固定顶	164.3	16～18	84.2	0.0153	砂垫层及充水预压

（1）储罐内加荷速率的快慢，直接影响基础的倾斜。从表 10 - 3 对比可见，三个地区不同容量的大型储罐，由于加荷速率的快慢，直接反应在控制基础沉降速率的大小，其实测结果是加荷速率快的，其沉降量的倾斜较大，由于放宽了控制的沉降速率；其结果是基

地设计压力虽然是小的，而地基又做了砂桩处理，反而出现沉降和倾斜较大。

（2）建造场地土质的不均匀性，其中包括土层厚薄的不均匀以及地基土质的不均匀，或存在其他地质缺陷，如暗浜或墓穴等。

（3）大型储罐群中，相邻荷载的互相影响。实测证明，单个大型储罐的底板变形是中间大边缘小，但从成组储罐的实测资料来分析，都是中间小边缘大，而且沉降量也是比单个储罐大，这主要是储罐基础的相互影响作用，这种影响是随储罐之间距离起作用，基础之间距离越近，沉降的相互影响就越大。

（4）储罐基础临近工程施工工地，如地面单面降水，基础土方的大开挖或气动打桩等；或因储罐基础施工时，不严格遵守施工操作规程，如严重破坏基坑的原装土，造成大型储罐的倾斜等，由于这些方面的影响，使储罐倾斜的例子也是不少的。

综上所述，大型储罐基础的倾斜是受许多因素的影响，但主要因素是地基土层的不均匀，因此，在设计和施工前都应该查明储罐范围内的地层构造和地质情况。

10.4.3　地基中的应力分析

计算储罐地基沉降，首先必须知道在储罐荷载作用下地基土层中引起的应力，其次必须掌握地基土层的分布情况及其应力—应变关系特征，由此就不难计算出地基沉降。

地基沉降计算应包括地基中应力分布、地基沉降计算、地基允许变形值以及减少地基不均匀沉降措施。

储罐建造前存在于地基中的应力主要来自土层自重，称为自重应力。建造后，地基中存在的应力，除自重应力之外，还有储罐荷载引起的应力，这部分新增加的应力称为附加应力，正是由于附加应力才引起地基变形。

圆形面积上均布荷载作用下深度 z 处土的附加应力分布，当表面荷载分布在一个面积内，合成应力可根据鲍辛内斯克(J.Boussinesq)公式在有关面积内积分面求得。下面讨论圆形(半径为 r)均布荷载中心以下的垂直应力分量。

从图 10-29 中可看出作用于单元面积上的荷载 $qr\mathrm{d}\theta\mathrm{d}r$，在荷载面积中心以下 z 深度处储罐地基均布荷载作用下 z 深度处土的附加应力分布如图 10-30 所示。

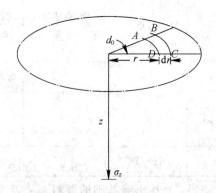

图 10-29　表面上圆形均布荷载面积中心下的应力

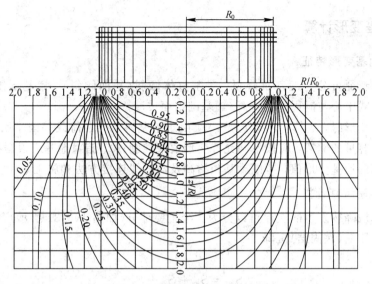

图 10-30　储罐地基内应力分布

$$\sigma_z = \int\limits_0^{2\pi}\int\limits_0^a \frac{qr}{z^2}\frac{3}{2\pi}\frac{z^5}{R^5}\mathrm{d}\theta\,\mathrm{d}r = \frac{3qz^3}{2\pi}\int\limits_0^{2\pi}\int\limits_0^a \frac{r}{R^5}\mathrm{d}\theta\,\mathrm{d}r = \frac{3qz^3}{2\pi}\int\limits_0^{2\pi}\int\limits_0^a \frac{r\,\mathrm{d}\theta\,\mathrm{d}r}{(r^2+z^2)^{5/2}}$$

$$= 3qz^3\int\limits_0^a \frac{r\,\mathrm{d}r}{(r^2+z^2)^{5/2}} = q\left(1 - \frac{1}{\left[1+\left(\dfrac{a}{z}\right)^2\right]^{3/2}}\right)$$

$$= qI_\sigma$$

式中，$I_\sigma = 1 - \dfrac{1}{[1+(a/z)^2]^{3/2}}$，这里的 I_σ 值可查表 10-4。

除上述方法外，也可采用有限单元法计算地基内的应力，但是从地基沉降的计算精度来看，地基的应力计算采用上述图表一般可以满足工程设计要求。

表 10-4　表面上圆形均布荷载面积中心下垂直感应应力分量 σ_z 的感应系数

z/a	I_σ	z/a	I_σ	z/a	I_σ
0	1.000				
0.1	0.999	1.1	0.595	2.1	0.264
0.2	0.992	1.2	0.547	2.2	0.245
0.3	0.970	1.3	0.502	2.3	0.229
0.4	0.949	1.4	0.461	2.4	0.214
0.5	0.911	1.5	0.424	2.5	0.200
0.6	0.864	1.6	0.390	3.0	0.146
0.7	0.818	1.7	0.360	4.0	0.087
0.8	0.756	1.8	0.332	5.0	0.057
0.9	0.701	1.9	0.307	10.0	0.015
1.0	0.646	2.0	0.284		

注：对于圆形荷载，$\sigma_z = Q/\pi a^2 \cdot I_\sigma$。

10.4.4 地基变形计算

1. 储罐地基变形特征

地基变形特征可分为罐基沉降量、罐基整体倾斜(平面倾斜)、罐基周围不均匀沉降(非平倾斜)及罐中心与罐周边的沉降(罐基础锥面坡度)。

计算地基变形时,应符合的规定是:① 由于地基不均匀、荷载等因素引起地基变形,对不同型式与容量的储罐,应按不同允许变形值来控制;② 储罐地基应根据在充水预压期间和使用期间的地基变形值,考虑罐基预抬高及与管线连接方法和施工顺序。

2. 储罐地基沉降计算

储罐地基沉降按发生的次序可以分为三个主要部分(如图 10 - 31 所示),即初始沉降、固结沉降和次压缩(次固结)沉降。

$$S_\infty = S_d + S_c + S_s \tag{10.14}$$

式中:S_d——因侧向变形引起的沉降分量(初始沉降);

S_c——因固结变形引起的沉降分量,即按分层总和法计算的储罐地基最终沉降量(固结沉降);

S_s——因次固结引起的沉降分量(次固结沉降)。

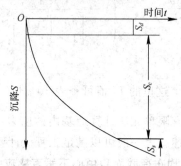

图 10 - 31　沉降计算三个组成部分

瞬时沉降(亦称为初始沉降)是指加荷后地基瞬时发生的沉降。由于基础加荷面积为有限尺寸,地基中会发生剪应变,特别是靠近基础边缘应力集中部位。对于饱和或接近饱和的黏性土,加荷后土中水来不及排出,在不排水和恒体积状况下由于剪应变引起侧向变形从而造成沉降。固结沉降(亦称为主固结沉降)是指饱和与接近饱和的黏性土在基础荷载作用下,随着超孔隙水压力的消散,土骨架产生变形所造成的沉降(固结压密过程)。骨架变形主要是压缩变形,但也有剪切变形。固结沉降速率取决于孔隙水的排出速率。

次固结沉降(亦称为次压密沉降或蠕变)是指主固结过程(超孔隙水压力消散过程)结束后,在有效应力不变的情况下土的骨架仍随时间继续发生变形。这种变形的速率已与孔隙水排出的速率无关,主要取决于土骨架本身的蠕变性质。这种次固结沉降包括剪应变,又包括体积变化。

上述三部分沉降实际上并非在不同时间截然分开发生的,如次固结沉降在固结过程开始就产生了,只不过数量相对很小,而主要是主固结沉降。但超隙孔隙水压力消散得差不多后,主固结沉降很小了,而次固结沉降愈来愈显著,逐渐上升成为主要的。

储罐地基沉降实测结果表明，固结过程可能持续很长时间，故很难将主固结和次固结过程分清。

以上三部分沉降的相对大小随土的种类、储罐基础尺寸和荷载水平而异。

按国家行业标准《石油化工钢储罐地基与基础设计规范》(SHT3068 — 2007)规定方法计算储罐地基变形。

罐基础当处于下列情况之一时，应做地基沉降量计算：

(1) 地基基础设计等级为甲级、乙级的罐基础。

(2) 当天然地基土不能满足承载力特征值要求时，或储罐影响深度范围内有软弱下卧层时。

(3) 当罐基础与相邻基础较近，罐基础有可能发生倾斜时。

(4) 当罐基础下有薄厚不均匀的地基土时。

计算地基沉降时，不考虑由风荷载和地震作用引起的附加压力。

地基最终沉降量，可采用分层总和法，按下式计算，有

$$S = \Psi_s S' = \Psi_s \sum_{i=1}^{n} \frac{P_0}{E_{si}}(z_i \bar{a}_i - z_{i-1} \bar{a}_{i-1}) \tag{10.15}$$

式中：S——地基最终沉降(mm)；

$\quad\quad S'$——按分层总和法计算出的地基沉降量；

$\quad\quad \Psi_s$——沉降计算经验系数，根据现行国家规范或地区的规定采用；

$\quad\quad n$——地基沉降计算深度范围内所划分的土层数(如图 10-32 所示)；

$\quad\quad P_0$——对应于荷载标准值时的基础底面处的附加压力(kPa)；

$\quad\quad E_{si}$——基础底面下第 i 层土的压缩模量，按实际应力范围取值(kPa)；

$\quad\quad z_i, z_{i-1}$——基础底面第 j 层土、第 $i-1$ 层土底面的距离(m)；

$\quad\quad \bar{a}_i, \bar{a}_{i-1}$——基础底面计算点至第 i 层土、第 $i-1$ 层土底面范围内平均附加应力系数。可按规范(SHT3068 — 2007)附录 A 表 A.1 采用。

地基变形深度 Z_n(图 10-32 所示)，应符合下式要求，即

$$\Delta S'_n \leqslant 0.025 \sum_{i=1}^{n} \Delta S'_i \tag{10.16}$$

式中：$\Delta S'_i$——在计算深度范围内，第 i 层土的计算变形值；

$\quad\quad \Delta S'_n$——在由计算深度向上取厚度为 Δz 的土层计算变形值，Δz 如图 10-32 所示，并按表 10-5 确定。

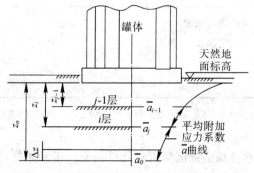

图 10-32　储罐基础沉降计算的分层示意图

表 10 - 5　Δz 值

D_i/m	$8<D_i\leqslant15$	$15<D_i\leqslant30$	$30<D_i\leqslant60$	$60<D_i\leqslant80$	$80<D_i\leqslant100$	$100<D_i$
ΔZ/m	0.92～1.11	1.11～1.32	1.32～1.53	1.53～1.62	1.62～1.68	1.68

10.4.5　地基变形允许值

储罐地基变形允许值应根据土的性状、储罐型式与容量以及使用要求，参照当地同类储罐的实例资料和使用经验确定。石油化工钢储罐地基与基础设计规范(SH/T 3068 — 2007)建议采用的储罐地基变形允许值如表 10 - 6 所示。

表 10 - 6　储罐地基变形允许值

储罐地基变形特征	储罐形式	储罐底圈内直径	沉降差允许值
平面倾斜 (任意直径方向)	浮顶罐与内浮顶罐	$D_t\leqslant22$	$0.007D_t$
		$22<D_t\leqslant30$	$0.006D_t$
		$30<D_t\leqslant40$	$0.005D_t$
		$40<D_t\leqslant60$	$0.004D_t$
		$60<D_t\leqslant80$	$0.0035D_t$
		$80<D_t\leqslant100$	$0.003D_t$
	固定顶罐	$D_t\leqslant22$	$0.015D_t$
		$22<D_t\leqslant30$	$0.010D_t$
		$30<D_t\leqslant40$	$0.009D_t$
		$40<D_t\leqslant60$	$0.008D_t$
非平面倾斜 (罐周边不均匀沉降)	浮顶罐与顶罐 固定顶罐		$\Delta S/l\leqslant0.0025$ $\Delta S/l\leqslant0.0040$
罐基础锥面坡度			$\geqslant0.008$

注：D_t 为储罐底圈内直径(单位为 m)；ΔS 为罐周边相邻测点的沉降差(单位为 mm)；l 为罐周边相邻测点的间距(单位为 mm)。

根据国内 100 座储罐地基实测沉降资料分析表明，其沉降模式有多种形式，基本上可分为三种模式(如图 10 - 33 所示)，即罐体呈平面倾斜(沿任意直径方向)、罐壁扭曲呈非平面倾斜(沿罐壁圆周方向)和罐基础锥面坡度。

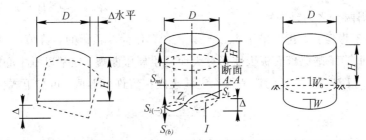

(a)罐体呈平面倾斜　(b)罐壁扭曲呈非平面倾斜　(c)罐基础锥面坡度

S_{mi}—在点 i 的总的实测沉降，即自罐建成时起测出的该点高程变化；Δ—直径方向上点间沉降之差；Z_i—点 i 由平面倾斜引起的沉降分量；S_i—点 i 由平面外扭曲引起的沉降分量；D—罐直径；H—罐高度；W_0—罐底原始中心与边缘高度差；W—实际的中心与边缘高度差；I—表示平均倾斜面

图 10-33　储罐沉降模式

1.平面倾斜(沿任意直径方向)

罐体本身平面倾斜相对来说不是最重要的(除非大的倾斜)，由于罐体倾斜改变了液面形式，从而使罐壁增加了附加应力，由罐体应力分析表明，只要罐壁在无次应力情况下，给出最大倾斜值即可。

2.非平面倾斜(罐周边不均匀沉降)

罐壁本身刚度可减少罐周不均匀沉降，但罐周差异沉降仍是产生罐壁次应力和椭圆度的主要影响因素。这是因为，与罐周不均匀沉降相应的倾斜是因为浅层土产生剪切变形引起的，所以也是相当危险的，椭圆度过大将影响浮顶自由升降，甚至造成事故。罐周边沉降通常按罐周等分设置水准观测点，进行水准测试。如果罐体倾斜，但保持在同一平面时，测出沉降，对比其相应周长，可构成一个正弦曲线(如图 10-34 所示)。从理论上分析，正弦曲线表示偏差程度即表明微分变形是否会使罐体达到破坏程度。

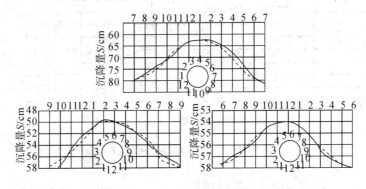

图 10-34　罐周不均匀沉降

沉降曲线呈现峰和谷，这就反映了罐周有扭曲变形。对浮顶罐控制罐周不均匀沉降尤为重要，按下式估算，有

$$\delta_{max}=\frac{\Delta S}{L} \tag{10.17}$$

式中：ΔS——罐周任意相邻两点沉差；

L——罐周两点之间罐周弧长。

根据国内外工程经验，建议采用 $\delta_{max} = 2.5 \times 10^{-3}$ 作为浮顶罐的容许值。

目前，工程上为了避免罐底板因变形过大而发生屈服断裂，通常以罐中心沉降($S_{中}$)与罐周边沉降($S_{边}$)只差和罐半径的比值来确定储罐底板容许变形值，可按下式估算，有

$$I = \frac{S_{中} - S_{边}}{R} \tag{10.18}$$

这是一种简化方法，根据工程实测较为符合实际。

采用有限单元法对一些罐底基础沉降进行与实测对比分析，最大沉降不是罐中心，而是在距离罐基中心 $R/4$ 左右。这种性质与太沙基提出的柔性地基相符合，即以 R 为半径的圆形荷载在弹性地基上沉降的计算结果相当接近。通过对叠焊的罐底板做试验，其结果表明罐基础中心到边缘拱度容许值为 2.23%。

3. 罐中心与罐周边沉降差（罐基础锥面坡度）

罐底的径向是特别柔性的，这与罐壁能允许大的沉降有关。为便于向罐周边排出储液，因此主要问题是对罐底向下(或向上)锥面坡度的准确估算。如果计算锥面坡度大于初始拱度而不产生过大的拉力，罐就能正常使用。为了预估造成损坏的不均匀沉降值，应采取减少底板拉力的措施，以避免节点焊缝应力过大，可在罐中心采用预抬高的方法来补偿预估沉降。图 10-35 为充水预压前后的罐底变形图与罐底沉降情况。

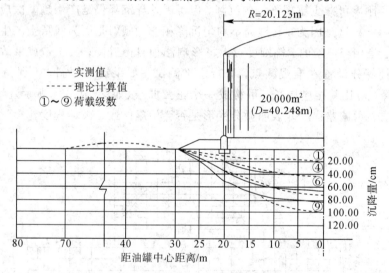

图 10-35 各级荷载罐基础实测沉降与有限单元法计算值对比

思考题及习题

思考题

1. 试述拱顶罐和浮顶罐的区别。

2. 试述储罐基础的类型及特点。

3. 试述储罐基础的设计原则。

4. 储罐基础材料主要有哪些？

5. 试述储罐地基承载力的计算方法。

6. 导致储罐地基变形和倾斜的主要原因有哪些？

习　题

1. 现设计一个 6000 m³ 钢制储罐基础，罐底直径为 25.6 m，罐体直径为 24.8 m，储罐总高度为 16.1 m，罐体高 13.3 m，基础顶面到储罐内最高液面高度为 12 m，罐内设计储液密度为 8 kN/m³，储罐平均壁厚为 9 mm，罐壁底端传给环墙顶端的线分布荷载标准值为 10.2 kN/m，储罐基础顶面高于地面标高 1 m，基础埋深 1.2 m。（答案：$b = 300$ mm，$A_s = 2080$ mm²）

2. 现需进行某 10 000 m³ 油罐环墙基础设计，罐底盘直径为 30.16 m，罐体直径为 30.00 m；大罐总高度为 18.98 m；罐体高 15.70 m，大罐自重 2430 kN；充水重 107 500 kN；介质容重为 7.2 kN/m³；基础顶面到罐内最高液面高度为 15.70 m；罐壁底端传给环墙顶端的线分布荷载标准值为 12.3 kN/m；罐基础顶面标高为 72.00 m；罐内地面标高为 71.0 m，高差为 1.00 m。罐壁平均壁厚为 10 mm。（答案：$b = 300$ mm，$A_s = 2872$ mm²）

第十一章

动力设备基础

【本章要点】 运转时会产生较大不平衡惯性力的一类设备称为动力设备。动力设备基础的设计较为复杂，主要是大多数动力设备均会对基础施加往复作用。同时动荷载也会引起地基及基础的振动，从而可能产生一系列不良影响，因此本章的学习应着重掌握以下问题：

(1) 动力设备基础的基本设计要求。

(2) 动力设备基础的基本结构类型。

(3) 动力设备基础的隔振原则和措施。

(4) 地基土可能的振动液化及防治措施。

(5) 游梁式抽油机基础的设计计算要点。

(6) 丛式井联动主机基础及井架基础的设计计算要点。

11.1 概 述

11.1.1 设计要求

动力设备基础设计是一个较为复杂的问题，通常会涉及两个领域：其一是机械振动学和结构动力学，其二是土动力学，因此设计比一般静荷载作用下的基础设计要复杂得多。既要考虑机器运行所产生扰力值的计算方法、扰力作用位置等，又要考虑基础振动的计算方法及对不同机器基础振动值的控制标准，后者要弄清土的动力性质、土的各种动力参数（如刚度系数、阻尼比）等。同时，机器基础的强烈振动不仅危及机器本身的正常运行和生产，而且会通过在地基土中的传播而影响相邻的建筑物、构筑物以及周围的环境等，因此一个合理的动力机器基础设计，应该使其振动控制在足以保证机器平稳运转和正常生产，并不干扰邻近设备、操作人员和居民的工作和生活，为了达到这个目标，除了使基础的结构便于布置外，基础设计应符合下列基本设计要求：

(1) 基础应具有足够的强度、稳定性和耐久性。

(2) 基础底面地基平均压应力计算应符合下列要求，即

$$p \leqslant a_R f \tag{11.1}$$

式中：p——基础底面平均压应力（kPa）；

f——修正后的地基承载力设计值(kPa)；

a_R——地基土承载力的动力折减系数，按现行《动力机器基础设计规范》(GB 50040—1996)采用。通常按照不同动力机器采用，如汽轮机组和电机设备通常采用 0.8。锻锤基础按照式(11.2)计算，即

$$a_R = \frac{1}{1 + \beta \cdot \dfrac{a}{g}} \tag{11.2}$$

式中，β 为土的动沉降影响系数，由表 11-1 所示。a 为锤击的振动加速度(m/s^2)。g 为重力加速度值(m/s^2)。

表 11-1　土的动沉降影响系数 β 值

地基土类别	地基土名称及容许承载力/kPa	β
一类	碎石土，$f>400$；黏性土，$f>250$	1.0
二类	碎石土、砂土，$f=300\sim400$；黏性土，$f=180\sim250$	1.3
三类	碎石土、砂土，$f=160\sim300$；黏性土，$f=130\sim180$	2.0
四类	砂土，$f=120\sim160$；黏性土，$f=80\sim120$	3.0

(3) 机器基础的最大线位移、速度和加速度应符合下列要求，即

$$A_f \leqslant [A] \tag{11.3}$$
$$V_f \leqslant [V] \tag{11.4}$$
$$a_f \leqslant [a] \tag{11.5}$$

式中：A_f——基础顶面最大振动线位移(即振幅)计算值(m)；

$\quad\quad V_f$——基础顶面最大振动速度计算值(m/s)；

$\quad\quad a_f$——基础顶面最大振动加速度计算值(m/s^2)；

$\quad\quad [A]$——基础的允许振动线位移(即振幅)(m)；

$\quad\quad [V]$——基础允许振动速度(m/s)；

$\quad\quad [a]$——基础的允许振动加速度(m/s^2)。

11.1.2　动力作用的类型

动力设备基础上由于负载有机器设备，机器设备在工作条件下会产生不同的荷载作用，具体可以分为以下两类：

(1) 单次冲击或无规律的连续冲击作用。该类作用出现的情况较为单一，例如锻锤在工作过程中对于锻锤基础的冲击作用，卷扬机紧急刹车时产生的冲击作用等都归为此类。在冲击作用时，通常通过增大基础质量和设置弹性支座类保护基础和减小基础振动。

(2) 按一定的时间顺序往复作用的惯性力，即周期力的作用。大多数机器都会产生这类动力。例如，活塞式机器工作可引起一阶、二阶或更高阶的惯性力作用。在此类动力作用下基础设计的要点是在减轻基础自重的同时增加刚度和质量惯性矩，以提高基础的自振频率，从而达到减少振幅值的要求。

11.2 动力设备基础的类型

11.2.1 基本结构类型

从材料来说，机器动力设备的基础多为钢筋混凝土预制而成。由于设备安装的需要，因此多在基础中预埋金属构件。从基本结构的形式来说，动力设备基础可以分为两种主要类型：

1. 整体块式基础

整体块式基础类似于工业建筑当中所采用的独立基础，应用范围很广，常见于产生冲击荷载和周期往复荷载的设备基础中。对整体块式基础进行动力分析时，可以忽略基础自身的变形，将基础作为刚体来进行处理，仅考虑基础下部地基的变形。整体块式基础如图11-1(a)所示。

2. 刚架式基础

刚架式基础通常仅用于安装高转速低功率的机器，如风机或汽轮机等。与整体块式基础不同的一点是，对于刚架式基础进行动力分析时必须考虑基础的变形。同时由于在构造上将刚架放置于一个厚重的底板上，因此分析时可以不考虑基础下部地基的变形。刚架式基础如图11-1(b)所示。

3. 筒壁式基础

筒壁式基础是指用墙来代替刚架式基础的梁。通常当墙的净高不超过墙厚的4倍时，分析仍可以按照整体块式基础进行。筒壁式基础如图11-1(c)所示。

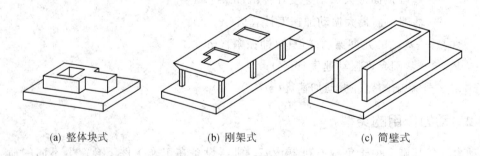

(a) 整体块式   (b) 刚架式   (c) 筒壁式

图11-1 基础的结构类型

通常地，我们将基础和设备以及基础上的附属设施和基础底面以上的回填土等称之为基组。如果基础为桩基，则基组中还可能包括与基础一起振动的部分桩体和桩间土。

11.2.2 基础的设计步骤

1. 动力设备基础的设计要求

除第一节中所提及的基本要求外，动力设备基础尚应满足以下要求：

（1）机器运转时，基础不发生共振。

（2）基础的振幅不大于机器正常运作所容许的振幅。

（3）地面振动的传播不危及临近环境的安全及机器正常运作。

（4）基础和地基之间应当始终保持受压接触状态。

2. 基础设计的步骤

通常情况下，动力设备基础的设计可以按照如图 11-2 所示的流程进行。

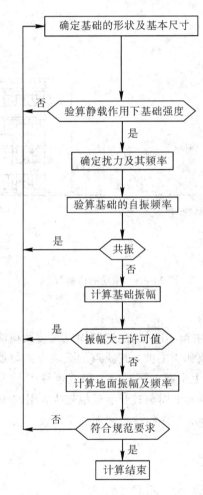

图 11-2　设备基础的设计流程

11.3　基础的隔振与加固

11.3.1　基础振动的传播

当设备运转时，振动的传播途径可以通过基础使得地基振动，地基的振动在地表及地下传播到临近的建筑物时，又会通过该建筑物的基础使得建筑物发生振动。振动的传播效果如图 11-3 所示。

在振动传播的过程中，各个对象的振动在一定程度上体现为一定的频率及振幅。一般振动的频率沿传播途径保持不变，而振幅则由于阻尼作用随传播距离的加大而衰减。但在传播途径的两端，即机器一端和受到振动影响的建筑物一端，由于有共振的可能性，振幅也有可能加大。因此，不但在基组设计中不允许共振，对受影响的建筑物也应避免产生共振。

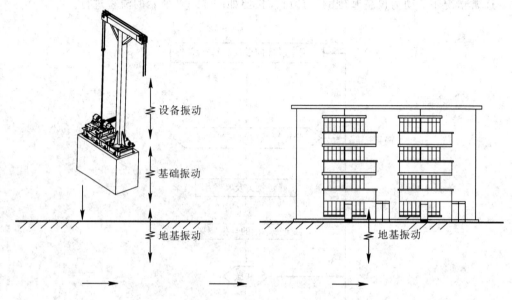

图 11-3　振动的传播效果

1. 振幅在地基土中的衰减

振动从振源（地基土中发生振动的位置）向四周以纵波及横波（两者也称之为体波）的形式向四周传播，纵波也称 P 波和压缩波，其质点的振动方向与波的传播方向一致，一般表现出周期短、振幅小，在地面上引起上下颠簸。横波也称 S 波和剪切波，其质点的振动方向与波的前进方向垂直一般表现出周期较长、振幅较大，引起地面前后左右摇晃。纵波及横波传播示意图如图 11-4 所示。在到达地表时，又以表面波（瑞利波和勒夫波）的形式在

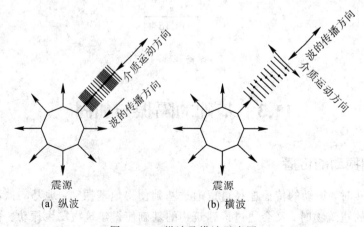

图 11-4　纵波及横波示意图

地表向四周传播。瑞利波在传播时，质点在波的传播方向和地面法线所组成的平面内作椭圆运动。勒夫波则在地面上呈蛇形运动形式。面波振幅大而周期长，只在地表附近传播，振幅随深度增加而减小，面波的传播是平面的，比体波衰减慢，故能传到很远的地方。面波的传播示意图如图 11 - 5 所示。

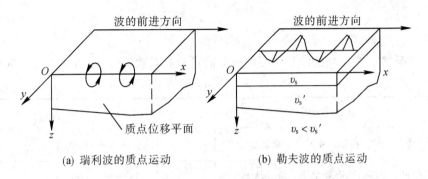

(a) 瑞利波的质点运动　　　　(b) 勒夫波的质点运动

图 11 - 5　面波的传播示意图

2. 不同波的传播波速

各种振动的波速，不论按公式计算或实际测定均已表明：纵波的传播速度最快，地面以下一、二十千米内约为 5~6 km/s；横波波速小于纵波波速，在地面以下一、二十千米内约为 3~4 km/s；面波波速最慢，一般约为 3 km/s。因此纵波最先到达，横波次之，最后为面波。一般当横波或面波到达时，地面振动最猛烈，因此影响也最大。

岩土的剪切波速（横波波速）反映了地基的动力特性，是判定场地土类型的重要参数，一般应通过现场波速试验确定。岩土剪切波的传播速度 v_s 理论上可由弹性介质的运动方程(11.6)求得，即

$$v_s = \sqrt{\frac{E}{2\rho(1+\mu)}} \tag{11.6}$$

式中：ρ——介质（地基土）的质量密度（g/cm³）；

　　　E——介质的弹性模量（kPa）；

　　　μ——介质的泊松比。

表 11 - 2 给出了不同介质中剪切波速的参考值（适用于深度小于 10 m 的情况）。

表 11 - 2　剪切波速参考值

土　质 类　别	填土（包括杂 填土）	黏性土（包括 亚黏土等）	砂土（粉、 中、粗）	砾石、卵石、 碎石	风化岩	岩石
剪切波速范围 /（m/s）	90~270	100~450	150~500	200~500	350~500	＞500

3. 机器基础振动传播

由于纵波和横波衰减很快，因此对四周，尤其是对距离较远处有影响的主要是表面

波。所以在估计机器基础振动对四周的影响时，可以忽略纵波和横波的作用，只考虑表面波的影响。

表面波的振幅沿着行进的方向衰减，设基础底面边缘距离中心为 r_0，当基础发生竖向振幅为 z_0 的振动时，距离基础中心为 $r(m)$ 处的振幅 z_r 为

$$z_r = z_0 \sqrt{\frac{r_0}{re^{-\alpha(r-r_0)}}} \tag{11.7}$$

式中：e——自然常数；

α——反映土对振动的阻尼作用的振动能量吸收系数$(1/m)$，按表 11-3 取值。

表 11-3 剪切波速参考值

土的类别	$\alpha/(1/m)$
饱和细砂、粉砂、亚砂土、亚黏土	0.03～0.04
中砂、粗砂、潮湿亚黏土、潮湿黏土	0.04～0.06
干燥亚黏土、干燥黏土	0.06～0.1
黄石	0.1
碎石	0.1～0.12

4. 基础振动对周围环境的影响

振动传播对环境的影响可以用环境所受到的振幅和振动频率来描述。其首要原则就是周边的构筑物和建筑物在此振动下不发生共振。但即使不发生共振，周围环境对所能容忍的振动也有一定的限度。所能容忍的振幅和振动频率之间存在一定的关联，即振动的频率越高，所能容忍的振幅就越小。

11.3.2 隔振的措施

1. 隔振的思路

对于转动运动的机器，在安装之前进行动、静平衡以消除偏心，即可以消除运转时产生的振动。但对于有往复运动部件的设备，由于运动质量的分布所产生的周期性扰力便无法消除。如要消除其振动对周围环境的影响，就必须在振动传播途径上采取措施，这类措施统称为隔振措施。通常可以采取以下三个方面的措施进行有效隔振：

（1）对产生振动的机器采取隔振措施，称为主动隔振或积极隔振。

（2）对需要防的对象采取隔振措施，称为被动隔振或消极隔振。

（3）对中间传播途径采取措施。

2. 隔振措施的主要原理

1）基本原理

主动隔振（积极隔振）通常是在产生振动的机器设备基础下安装隔振器，从而使得扰力经过隔振器传到地基上时能有所减弱，达到降低地基的振幅及其对四周的影响。

被动隔振(消极隔振)的原理与主动隔振相似。在被动隔振中,扰力来自地面传来的振幅及频率。隔振效果也可以用隔振系数 e 来衡量。其计算公式与主动隔振的隔振系数计算公式相同。

隔振器通常是具有阻尼作用的弹性体,隔振器和基础组合在一起构成隔振系统。现以竖向扰力 $P_z \sin\omega t$ 作用下的基础为例,分析隔振器的设置要求。近似地视地基为刚体,同时忽略隔振器的质量,其隔振示意图如图 11-6 所示。

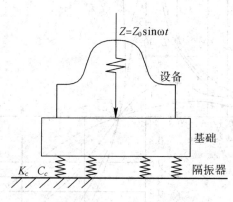

图 11-6　隔振示意图

设隔振器的弹性刚度为 K_c,阻尼系数为 C_c,则基础的竖向位移为

$$z = \frac{Z_0}{K_c} \eta_c \sin(\omega t - \delta)$$ (11.8)

式中,η_c 为动力系数,$\eta_c = \dfrac{1}{\sqrt{\left(1 - \dfrac{\omega^2}{\lambda_c^2}\right)^2 + 4\alpha_c^2 \dfrac{\omega^2}{\lambda_c^2}}}$,其中,$\alpha_c = \dfrac{C_c}{2m}$,　$\lambda_c^2 = \dfrac{K_c}{m}$,$\lambda_c$ 为隔振系统的自振频率;Z_0 为振动幅值(m);m 为基组质量(kg)。

作用在地基上的扰力可以表达为

$$N = C_c \dot{z} + K_c z$$
$$= \eta_c Z_0 \sin(\omega t - \delta) + \frac{Z_0}{K_c} \eta_c C_c \omega \cos(\omega t - \delta)$$ (11.9)

引入 $D_c = \alpha_c / \lambda_c$,扰力 N 的最大值(幅值)N_0 为

$$N_0 = \sqrt{(\eta_c Z_0)^2 + \left(\frac{Z_0}{K_c} \eta_c C_c \omega\right)^2} = \eta_c Z_0 \sqrt{1 + 4D_c^2 \frac{\omega^2}{\lambda_c^2}}$$ (11.10)

隔振的效果可以用扰力的幅值 N_0 与振幅的幅值 Z_0 的比值 e 来表示,e 称为隔振系数,并且有

$$e = \frac{N_0}{Z_0} = \eta_c \sqrt{1 + 4D_c^2 \frac{\omega^2}{\lambda_c^2}}$$ (11.11)

图 11-7 表示在不同阻尼比 D_c 的情况下,隔振系数 e 与频率比 ω/λ_c 之间在对数坐标系上的关系。

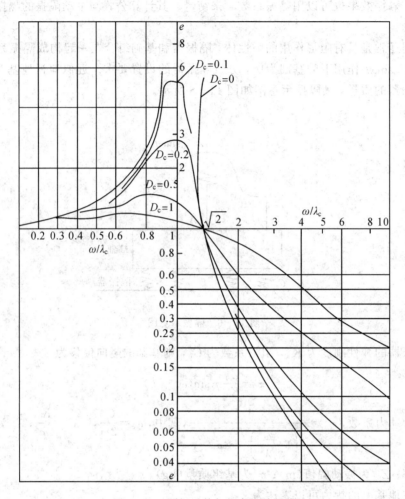

图 11-7　隔振系数与频率比关系图

由图 11-7 中可以得出一些普遍结论：

（1）仅有当频率比 ω/λ_c 大于 $\sqrt{2}$ 时，隔振器才能起到隔振的效果，并且随着频率比的上升，隔振效果也相应变得更好。在进行隔振设计时，频率比 ω/λ_c 达到 2.5～5 通常已经可以满足要求。

（2）当频率比大于 $\sqrt{2}$ 时，阻尼比 D_c 越大，隔振的效果就越差。

2）隔振器布置

隔振器的布置要考虑基组的一些特性，如扰力的作用方向、基组的质心位置等。一般有以下两种布置方式（被动隔振的隔振器布置与积极隔振相一致）：

（1）支承式。支承式对高频和低频都适用。典型的布置如图 11-8 所示。图 11-8（a）中适用产生竖向扰力的基组，图 11-8（b）中适用产生水平扰力的基组，图 11-8（c）适用于质心位置较高的基组。

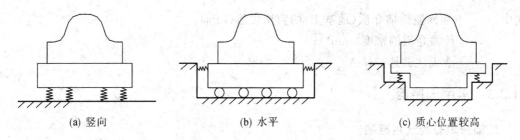

(a) 竖向　　　　　　　　(b) 水平　　　　　　　　(c) 质心位置较高

图 11-8　隔振器支承式布置示意图

（2）悬挂式。悬挂式通常仅适用于低频振动设备，其典型的布置如图 11-9 所示。

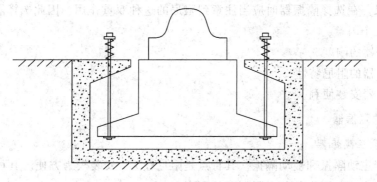

图 11-9　隔振器悬挂式布置示意图

3. 对中间途径的隔振措施

1）距离隔振

由式(11.6)可以得出，表面波振幅随着距离的增加而以指数函数的形式衰减。因此，在一定程度上增加传播距离是一种有效的隔振措施，并且地基土的吸收振动能量系数 α 越大，距离隔振的效果就越显著。

2）设置波障

设置波障的目的是为了阻断表面波的传播，以达到隔振的目的。在波速一定的条件下，波长与频率成反比，因此，通过设置板桩或挖沟的方式来阻断表面波的方法是可行的。然而，对于低频振动而言，其波长可能有几十米甚至上百米，因此要通过挖沟方式阻断振动传播并不容易做到。对于高频振动而言，通常沟深不小于表面波波长的 0.6 倍即可有效形成沟障隔振。

表面波的波长可以按照式(11.12)计算，即

$$L = \frac{60v}{n} \tag{11.12}$$

式中：L——表面波的波长(m)；

v——表面波的波速(m/s)；

n——表面波的频率(r/min)。

波速 v 可近似地按照式(11.13)进行估算，即

$$v = 0.95\sqrt{\frac{G}{\rho}} \tag{11.13}$$

式中：G——表面波传播介质（地基土）的剪切模量（kPa）；

   ρ——传播介质的密度（t/m³）；

   v——表面波波速（m/s）。

11.3.3 常用隔振器

1. 隔振设备的选用原则

隔振器的刚度直接影响隔振系统的自振频率 λ_c，也就是影响隔振系数 e。隔振器的阻尼作用可以有效降低设备在启动过程中，转速通过共振区时的共振振幅。同时，阻尼又会降低隔振效果。在选择隔振器时应当注意到阻尼的这种双重作用。因此选择隔振器通常需要考虑以下几个因素：

（1）隔振器的刚度。

（2）隔振器的阻尼特性。

（3）隔振器安装便利。

2. 常用的隔振器

1）橡胶承压隔振器

可以用于主动隔振和被动隔振。其特点是阻尼较大，安装较为方便。其可以通过改变厚度及截面积来控制刚度。单个隔振器的刚度 k_c 为

$$k_c = \frac{EA}{d} \tag{11.14}$$

式中：E——橡胶的弹性模量（kPa），橡胶的弹性模量随橡胶的品种、硬度及温度而变，一般在 $1500\sim5000$ kPa；

   A——橡胶隔振器的截面积（m²）；

   d——橡胶隔振器的厚度（m）。

2）橡胶承剪隔振器

橡胶承剪隔振器多为定型产品，其特点是刚度小而阻尼大，常用于精密机床或精密仪器的隔振。

3）金属弹簧隔振器

金属弹簧隔振器的特点是承载力强，容许变形大，性能稳定。金属弹簧的阻尼很小，所以为了降低共振振幅，可以与高阻尼隔振器并联使用。最普通的金属弹簧隔振器就是圆柱形螺旋钢弹簧。金属弹簧隔振器常用于对低频振动的积极与消极隔振，用于高频振动的隔振效果较差。

11.4 动力设备基础的不均匀沉降

由于动力设备在运行时均对基础构成动荷载的作用。而地基的土体在受到动荷载的作用时，如果动荷载有一定的强度，土体将会出现新的附加变形，称为振陷。从而导致动力设备基础产生不均匀沉降。这种附加变形的出现是土体结构受到动荷载作用时发生一定程度破坏（颗粒的滑移、变密）的结果。它随着动荷载幅值的增大或历时的增长而增大，其发

展水平视其动力荷载水平及其起始的静应力状态而定，可能在发展到一定数值后稳定在一个不致影响土体上动力设备正常工作的水平上，也可能发展到使土体上设备无法继续使用或土体发生强度破坏直接危及其上设备工作与安全。

11.4.1　饱和砂土的振动液化

饱和砂土受到振动后趋于密实，导致孔隙水压力骤然上升，相应地减小了土粒间的有效应力，从而降低了土体的抗剪强度。在周期性的地震荷载作用下，孔隙水压力逐渐累积，甚至可以完全抵消有效应力，使土粒处于悬浮状态，而接近液体的特性。这种现象称为液化。表现的形式近于流砂，产生的原因在于振动。当某一深度处砂层产生液化，则液化区的超静水压力将迫使水流涌向地表，使上层土体受到自下而上的动水力。若水头梯度达到了临界值 i_{cr}，则上层土体的颗粒间的有效应力也将等于零，构成"间接液化"。

饱和砂土振动液化后，随着孔隙水逐渐排出，孔隙水压力逐渐消散减小，土粒逐渐沉落堆积，并重新排列出较为密实的状态。

11.4.2　地基容许承载力的降低

在动荷载尤其是往复荷载作用下，土的抗剪强度会降低。同时土的抗剪强度随着振动加速度的增大而相应减小。当振动加速度超过某一限值（如 $0.2\,g \sim 0.3\,g$）后，地基土特别是砂土将由于振动压密而产生动沉降，动沉降比只受静荷载作用时所产生的静沉降要大得多，甚至会几倍于静沉降。

定性分析可以得出，动力设备基础所产生的动沉降与土的性质、基础尺寸、静压力和振动特性等有关，它将随着土体的振动加速度（近似等于机器基础的振动加速度）和静压力的增加而增大。因此，为了避免动力机器基础和强烈振源附近的其他基础产生过大的动沉降，根据设计经验，常采用降低地基土容许承载力的办法进行调整控制。

地基土容许承载力的减少程度首先与基础的振动加速度有关，振动加速度越大，土的容许承载力就减少得越多。一般说，转速很高的汽轮机组和电机基础，由于其振动频率虽高，但振幅很小（一般只有几个微米），因此振动加速度也不大，土的容许承载力应减小得少一些，即折减系数值应采用稍小于1的系数；锻锤基础由于其振动频率和振幅都比较大，所以土的容许承载力应减小得多一些，即折减系数应取更小一些；低速机械设备的频率较小，虽然振幅较大，但振动加速度依然较小（一般常小于 $0.2\,g$），所以土的容许承载力可不予减小，即折减系数等于 1.0。各种动力设备基础下地基土的强度验算应满足式（11.1）要求。

11.4.3　基础和上部结构处理

对基础和上部结构进行适当处理，可以减轻液化所造成的基础不均匀沉降的影响。可按具体条件选用下列措施：

（1）选择合适的基础埋置深度，如减少基础的埋置深度，使基础至液化土层上界的距离不小于 3 m。

（2）调整基础底面积，减少基础偏心。

（3）加强基础的整体性和刚性。

11.5 常规游梁式抽油机基础

11.5.1 抽油机基础的结构类型

1. 基础的分类

常规游梁式抽油机基础通常为混凝土结构，常见有两种形式：一种是整体固定基础；另一种是可移动的活动基础。

固定基础具有安装制作简单、稳定可靠的优点，但固定基础搬移困难，不利于同一井位使用不同类型的抽油机。分块组合可搬移基础，由 2~4 块组成。可根据不同抽油机的安装需要进行预先制作，再搬运至井场，对同一井位的抽油机换型极为方便。但可移动基础对井场地面垫层要求较高，基础找平不方便。

另外，根据基础上固定抽油机的连接形式不同又分为预埋地脚螺栓基础和挂钩式基础。而预埋式基础又分为直接预埋式和间接预埋式两种。其中，直接预埋地脚螺栓基础是油田使用最多的基础之一。直接预埋式即在浇筑混凝土基础时，预先将预埋地脚螺栓与基础体内钢筋笼组焊，螺栓头外露一定长度，然后直接与基础体一起浇筑。间接预埋式是指根据抽油机底座尺寸预留出地脚螺栓方孔，下露钢筋笼，然后进行整体浇筑。待抽油机底座安装完成后，再用高标号快干水泥填充预留方孔。此种方法安装周期较长且强度较弱，油田使用范围较窄。

2. 基础设计要求

（1）设计曲柄游梁式抽油机基础时应取得以下资料：

① 抽油机的名称、型号，包括抽油机的传力方式、悬点负荷、冲程及冲次、电机功率、转速、各种工作状况下的不平衡扰力及扰力矩。

② 抽油机游梁长度、支点位置、曲柄半径及相应负载夹角。

③ 抽油机各主要部件的质量及其质心位置、平衡块的质量及质心位置。

④ 抽油机的外形尺寸、总装图及底座的制造图。

⑤ 地脚螺栓孔的位置，地脚螺栓的直径、长度。

⑥ 抽油机的安装标高及与井口的相关位置。

⑦ 工程测量与地质资料，包括井场地面设计标高及原自然地面标高，地基土的承载力，土壤的物理力学性质，地质剖面，最高地下水位，土壤最大冻深，在寒冷地区要给出土壤冻胀等级。

（2）抽油机基础型式可采用大块式、墩式、简式和整体组装式。

（3）抽油机基础的埋深应根据工程地质、冻结深度、水文条件、基础构造等要求综合考虑确定，一般应建在原状土层上，不得建在淤泥、未经处理回填土、腐植质土层上。

（4）抽油机功率小于 55 kW 且冲次少于每分钟 16 次，基础设计时可只做静力计算。

（5）基础底面地基土的强度应符合式（11.1）的要求。

（6）抽油机机组的质心和基础的形心偏差，可不按动力基础规定要求，但机组偏心和最大。

悬点负荷时所引起偏心力矩的附加应力,应按式(11.15)控制,有

$$p_{\min}^{\max} < \frac{N}{F} \pm \frac{M}{W} \qquad (11.15)$$

式中:N——机组、基础及其回填土总重力荷载(kN);

F——基础底面积(m^2);

M——最大悬点荷载和机组偏心所引起力矩之和($kN \cdot m$);

W——基础底面与力矩对应的弹性抵抗矩(m^3);

$p_{\max}$——悬点近端基础底面最大压应力,其值应小于或等于基础底面平均压应力(kPa);

$p_{\min}$——悬点远端基础底面最小压应力,其值应大于零,即不容许出现拉应力(kPa)。

(7)当天然地基上的承载力 $f \geqslant 80$ kPa 时,可直接利用天然地基,当 $f < 80$ kPa 时,地基应经处理后再建造抽油机基础。

(8)为提高抽油机的安装速度并方便检修和换型,抽油机基础应一基多用。这就要求抽油机应尽量统一型号,不同型号和抽力的抽油机,共用一种基础。为了加快抽油机的施工速度,应尽量采用钢筋混凝土整体组装式基础。

(9)混凝土抽油机基础的混凝土等级不宜低于 C15,钢筋混凝土抽油机基础的混凝土等级不宜低于 C20。壁厚不宜小于 100 mm,埋入土中部分钢筋的混凝土保护层不小于25 mm,钢筋不小于 $\phi 8@200$。

(10)混凝土抽油机基础应根据土壤侵蚀介质的种类采取有效的防腐蚀措施,包括水泥品种和粗细骨料的选用与土壤表面接触部分的防腐处理等。

(11)地处严寒地区的抽油机基础,还应根据土壤冻胀等级确定基础埋深。对于冻胀、强冻胀土,基础与土壤接触的四周侧面应采取防冻切力措施,基础四周侧面与土壤接触部分刷冷底子油一道、热沥青两道,或者在基础四周回填 200~300 mm 厚砂卵石层,深度为冻深的三分之二。

(12)抽油机基础加深措施。抽油机基础埋深多按正常自然地面处理,不考虑井场填方。而实际井场多为填方,遇低洼地和春融期施工,必须对地基进行处理和加深,抽油机基础地基处理措施如下:

① 素土垫层:采用黏性土分层回填夯实,回填土应按要求施工,压缩系数必须达到设计要求。此方案经济可行,适用于无地下水地区和非冬季施工。

② 砂卵石垫层:采用级配砂卵石(钢渣炉渣等)分层回填夯实,回填深度可在 1.5 m 以内。

③ 毛石砌体:采用 MU3 毛石、M5 水泥砂浆砌筑,顶部现浇 C15 混凝土垫层,其厚度为100 mm。为安装整体预制钢筋混凝土抽油机基础,其上设 1:2 水泥砂浆找平层,其厚度为20 mm。

④ 素混凝土垫块:采用 C10 素混凝土砌块铺砌,混凝土预制块为 1.0m×1.0m×0.5m,顶部设抗冻水泥砂浆找平层。此方案多用于冬季施工和地质条件不良地区处的抢建工程。

⑤ 桩基:多用于水中井场地面,回填土深度大于 3.0 m 或下卧层为软弱地基的井场。在抽油机受力点处打入 8 根钢筋混凝土摩擦桩,桩顶现浇 C20 混凝土厚度 200~250 mm 的钢筋混凝土承台板,其上设比例为 1:2 的水泥砂浆找平层,以便于安装抽油机基础。

(13)抽油机基础设计要考虑一基多用,便于检修和换型,且基础可以通用,做到换抽

油机不换基础。

11.5.2 基础的安装

1. 基础位置的确定

目前对于抽油机基础安装方向及位置没有统一规定，基础安装时主要考虑井场大小、井口位置、动力布局、输油管走向、修井操作、风阻等因素。一般情况下基础垂直于井场方向安装。

2. 地基处理

为保证基础有足够的承压能力和基础安装的水平度，在基础位置确定后，应首先对地基进行处理，处理时应根据井场不同土质条件和不同型号抽油机的承载要求进行。一般情况下，去除松软土质300～500 mm，下面夯实。在翻浆地区应挖至硬土层以下夯实。然后，在地基上铺设200～300 mm的砂、砾石或水泥灌浆预制垫层。

3. 基础铺设

整体固定基础，可根据不同类型抽油机的安装尺寸，在井场安装位置处直接预制，制作时，应首先按各类抽油机给定的相对井口距离，确定基础的中心线和基础与井口的距离。具体操作为：从井口拉尺测量，确定基础边缘位置，再以井口为顶点量出等腰三角形，确定基础中心位置，再确定基础前端两地脚螺栓位置。基础的制作一般采用400号水泥，配制成200号混凝土，预制基础和填埋地脚螺栓。基础铺设示意图如图11-10所示。

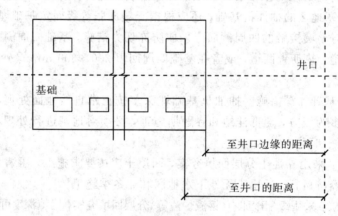

图 11-10 基础铺设示意图

可搬移基础的安装找正方法类似固定基础，首先找出第一块基础的中心，以给定的相对井口距离确定基础的摆放位置，并将基础中心线对准井口中心，再吊放其余各块基础，调整各块基础的纵向、横向水平，使其处于同一平面，并将各块焊接固定为一体。

11.5.3 游梁式抽油机基础设计实例

1. 基本设计条件

1）地基条件

某井场天然地基为黄土，为考虑安装游梁式抽油机及后续检修方便，将抽油机基础出露回填后地面 50 cm。考虑地基承载力要求，对地基采用 3：7 灰土回填并夯实，形成人工地基。处理后的地基承载力特征值为 150 kPa。

2）基础尺寸及受力分析

基于上部游梁式抽油机的尺寸要求确定为 5500 mm×3600 mm×1050 mm，基础所受悬点载荷 $P=30$ kN，抽油机整机重量 $G=36$ kN。游梁式抽油机基础主要承受抽油机所传递的压力和拉力。为了安全可靠性保障，在基础受压计算时，假设抽油机重量和悬点载荷全部作用于基础一端，按照基础受压进行计算。在基础受拉计算时，考虑基础存在沿长度方向发生倾覆的可能性，假设抽油机架支撑位置在游梁中间，连杆与曲柄在同一条直线上。此时基础收到最大拉力，大小等于悬点载荷 $P=30$ kN。按照基础静力平衡进行受拉计算。游梁式抽油机基础受力分析图如图 11 - 11 所示。

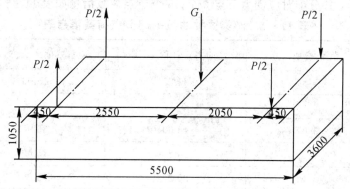

图 11 - 11　游梁式抽油机基础受力分析图

2. 基础设计计算过程

游梁式抽油机基础属于单阶矩形底板基础。考虑上部抽油机重力及悬点荷载作用位置，绘制出游梁式抽油机基础计算简图如图 11 - 12 所示。图中设纵向轴线为 X 轴，横向轴线为 Y 轴。

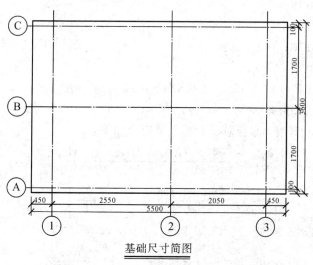

基础尺寸简图

图 11 - 12　游梁式抽油机基础计算简图

抽油机基础实际受力按照图 11-11 中的计算简图进行受力编号如表 11-4 所示。

表 11-4　游梁式抽油机基础节点受力编号表

节点编号	纵向轴线号	横向轴线号
1	1	A
2	3	A
3	2	B
4	1	C
5	3	C

如上表所示，共分配对应受力节点 5 个，5 个节点荷载信息如表 11-5 所示。

表 11-5　游梁式抽油机基础节点荷载信息表

节点编号	竖向力设计值 N/kN	竖向力标准值 N_k/kN
1	20.25	15.00
2	20.25	15.00
3	48.60	36.00
4	20.25	15.00
5	20.25	15.00

1）基本材料信息

混凝土强度等级：C25，$f_c = 11.90$ N/mm²，$f_t = 1.27$ N/mm²。

钢筋级别：HPB300，$f_y = 270$ N/mm²。

基础纵筋混凝土保护层厚度：40 mm。

基础与覆土的平均容重：25.00 kN/m³。

修正后的地基承载力特征值：150 kPa。

基础埋深：1.00 m。

2）计算过程

（1）基底反力计算：

统计到基底的荷载如下：

标准值：$N_k = 96.00$ kN，$M_{ky} = 9.00$ kN·m。

设计值：$N = 129.60$ kN，$M_y = 12.15$ kN·m。

在进行承载力验算时，底板总反力标准值组合如下：

$$p_{kmax} = \frac{N_k + G_k}{A} + \frac{|M_{xk}|}{W_x} + \frac{|M_{yk}|}{W_y}$$

$$= \frac{96.00 + 198.00}{19.80} + 0 + \frac{9.00}{18.15}$$

$$= 15.34 \text{ kPa}$$

$$p_{kmin} = \frac{N_k + G_k}{A} - \frac{|M_{xk}|}{W_x} - \frac{|M_{yk}|}{W_y}$$

$$= \frac{96.00 + 198.00}{19.80} - 0 - \frac{9.00}{18.15}$$

$$= 14.35 \text{ kPa}$$

$$p_k = \frac{N_k + G_k}{A} = 14.85 \text{ kPa}$$

各角点反力：

$$p_1 = 14.35 \text{ kPa}, \quad p_2 = 15.34 \text{ kPa}, \quad p_3 = 15.34 \text{ kPa}, \quad p_4 = 14.35 \text{ kPa}$$

在进行强度计算时，底板净反力设计值组合如下：

$$p_{\max} = \frac{N}{A} + \frac{|M_x|}{W_x} + \frac{|M_y|}{W_y}$$

$$= \frac{129.60}{19.80} + 0 + \frac{12.15}{18.15}$$

$$= 7.21 \text{ kPa}$$

$$p_{\min} = \frac{N}{A} - \frac{|M_x|}{W_x} - \frac{|M_y|}{W_y}$$

$$= \frac{129.60}{19.80} - 0 - \frac{12.15}{18.15}$$

$$= 5.88 \text{ kPa}$$

$$p = \frac{N}{A} = 6.55 \text{ kPa}$$

各角点反力：

$$p_1 = 5.88 \text{ kPa}, \quad p_2 = 7.21 \text{ kPa}, \quad p_3 = 7.21 \text{ kPa}, \quad p_4 = 5.88 \text{ kPa}$$

地基承载力验算：

$p_k = 14.85 \leqslant f_a = 150.00 \text{ kPa}$，满足。

$p_{k\max} = 15.34 \leqslant 1.2 \times f_a = 180.00 \text{ kPa}$，满足。

（2）底板内力计算：

垂直于 X 轴的弯矩计算截面（即沿基础宽度方向）结果如表 11-6 所示。

表 11-6　垂直于 X 轴的截面弯矩计算表（游梁式抽油机基础）

截面号	位　　　置	弯矩 M_y	剪力 Q
X1	位于节点 1（轴线 1A）的左侧，距底板左侧 445.00 mm	2.11	−9.50
X2	位于节点 1（轴线 1A）的右侧，距底板左侧 455.00 mm	2.00	30.78
X3	位于节点 3（轴线 2B）的左侧，距底板左侧 2995.00 mm	−4.27	−26.79
X4	位于节点 3（轴线 2B）的右侧，距底板左侧 3005.00 mm	−4.25	21.58
X5	位于节点 2（轴线 3A）的左侧，距底板左侧 5045.00 mm	2.47	−28.77
X6	位于节点 2（轴线 3A）的右侧，距底板左侧 5055.00 mm	2.56	11.47

注：弯矩 M_y 以底板下部受拉为正，单位为 kN·m；剪力 Q 以截面右侧部分受力向下为正，单位为 kN。

垂直于 Y 轴的弯矩计算截面(即沿基础长度方向)结果如表 11 - 7 所示。

表 11 - 7 垂直于 Y 轴的截面弯矩计算表(游梁式抽油机基础)

截面号	位　置	弯矩 M_x	剪力 Q
Y1	位于节点 1(轴线 1A)的下侧,距底板下侧 195.00 mm	0.68	-7.02
Y2	位于节点 1(轴线 1A)的上侧,距底板下侧 205.00 mm	0.55	33.12
Y3	位于节点 3(轴线 2B)的下侧,距底板下侧 1795.00 mm	-6.60	-24.12
Y4	位于节点 3(轴线 2B)的上侧,距底板下侧 1805.00 mm	-6.60	24.12
Y5	位于节点 4(轴线 1C)的下侧,距底板下侧 3395.00 mm	0.55	-33.12
Y6	位于节点 4(轴线 1C)的上侧,距底板下侧 3405.00 mm	0.68	7.02

注:弯矩 M_x 以底板下部受拉为正,单位为 kN·m;剪力 Q 以截面右侧部分受力向下为正,单位为 kN。

垂直于 X 轴的负弯矩计算截面(即沿基础宽度方向)结果如表 11 - 8 所示。

表 11 - 8 垂直于 X 轴的截面负弯矩计算表(游梁式抽油机基础)

截面号	位　置	弯矩 M_y
FX1	距底板左侧 1813.21 mm	-19.57
FX2	距底板左侧 2995.00 mm	-4.27
FX3	距底板左侧 3005.00 mm	-4.25
FX4	距底板左侧 3879.21 mm	-13.92

注:弯矩 M_y 以底板下部受拉为正,单位为 kN·m。

垂直于 Y 轴的负弯矩计算截面(即沿基础长度方向)结果如表 11 - 9 所示。

表 11 - 9 垂直于 Y 轴的截面负弯矩计算表(游梁式抽油机基础)

截面号	位　置	弯矩 M_x
FY1	距底板下侧 1125.00 mm	-14.68
FY2	距底板下侧 1795.00 mm	-6.60
FY3	距底板下侧 1805.00 mm	-6.60
FY4	距底板下侧 2475.00 mm	-14.68

注:弯矩 M_x 以底板下部受拉为正,单位为 kN·m。

(3)最大正、负弯矩和绝对值最大的剪力统计。垂直于 X 轴的截面计算结果如表 11 - 10 所示。

表 11 - 10 垂直于 X 轴的截面计算结果汇总表(游梁式抽油机基础)

项　目	最大值所在的截面号	最大值
最大正弯矩 M_y/(kN·m)	X6	2.56
最大剪力 Q/kN	X2	30.78(绝对值)
最大负弯矩 M_y/(kN·m)	FX1	-19.57

垂直于 Y 轴的截面计算结果如表 11-11 所示。

表 11-11　垂直于 Y 轴的截面计算结果汇总表(游梁式抽油机基础)

项　　目	最大值所在的截面号	最大值
最大正弯矩 M_x/(kN·m)	Y1、Y6	0.68
最大剪力 Q/kN	Y2、Y5	33.12(绝对值)
最大负弯矩 M_x/(kN·m)	FY1、FY4	−14.68

(4) 配筋计算。根据《建筑地基基础设计规范》(GB 50007—2011)中相关规定,扩展基础受力钢筋最小配筋率不应小于 0.15%。结合上述内力计算结果,主机基础配筋计算如表 11-12 所示。

表 11-12　游梁式抽油机基础配筋计算表

项　　目	M/(kN·m)	h_0/mm	计算 A_s/mm²	实配	实配 A_s/mm²	配筋率 ρ
底板下部 x 向	2.56	1005	3	φ18@160	1590	0.151
底板下部 y 向	0.68	1005	1	φ18@160	1590	0.151
底板上部 x 向	−19.57	1005	22	φ18@160	1590	0.151
底板上部 y 向	−14.68	1005	11	φ18@160	1590	0.151

(5) 基础抗剪验算。根据《建筑地基基础设计规范》(GB 50007—2011)中相关规定,依据公式:

$V_s \leqslant 0.7 \times \beta_h \times f_t \times A_c$ 进行抗剪验算,结果汇总于表 11-13 中。

表 11-13　游梁式抽油机基础抗剪计算表

最大剪力截面	剪力 V_s/kN	β_h	f_t/N/mm²	A_c/mm²	$0.7 \times \beta_h \times f_t \times A_c$	是否满足
X2	30.78	0.94	1.27	3 780 000	3158.79	满足
Y2、Y5	33.12	0.94	1.27	3 042 000	2542.08	满足

(6) 基础倾覆验算。由于游梁式抽油机的连杆有向上提拉的作用,导致主机基础承受一定的倾覆力矩,基础存在倾覆转动可能,因此对基础倾覆验算如下:

倾覆力矩为

$$M_1 = \frac{P}{2} \times (2.55 + 2.05 + 0.45) \times 2$$

$$= 15 \times 5.05 \times 2$$

$$= 151.5 \text{ kN·m}$$

抗倾覆力矩为

$$M_2 = G \times (2.05 + 0.45) + G_{基础} \times \frac{5.5}{2} + \frac{P}{2} \times 0.45 \times 2$$

$$= 36 \times 2.5 + 25 \times 2.75 + 15 \times 0.45 \times 2$$

$$= 172.25 \text{ kN} \cdot \text{m}$$

因为 $M_1 \leqslant M_2$。所以基础抗倾覆验算通过。

3）基础配筋简图

游梁式抽油机基础配筋简图如图 11-13 所示。

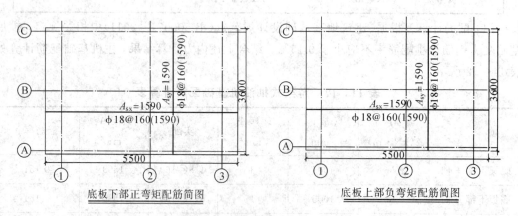

图 11-13 游梁式抽油机基础配筋简图

4）设计成果

某井场游梁式抽油机基础图如图 11-14 所示。

图 11-14 某井场游梁式抽油机基础图

11.6 丛式井联动主机基础

丛式井也称为"密集井"或"成组井"。丛式井是指在一个井场或平台上，钻出若干口井，各井的井口相距较近，通常为数米以内。各井井底则伸向不同方位。丛式井井场示意图如图 11 - 15 所示。

图 11 - 15 丛式井井场示意图

丛式井井场通常采用的设备主机为联动排采设备,属于介于前述块式基础和墙式基础之间中的一种。其计算过程可以参照《建筑地基基础设计规范》(GB 50007 — 2011)中有关独立基础的相关要求进行。

11.6.1 基础底面尺寸的确定

1. 中心荷载作用下基础尺寸

选择基础埋深 d 后,根据持力层地基承载力的特征值 f_a,可确定基础的底面尺寸。

在轴心荷载作用下,基底尺寸应满足

$$p_k \leqslant f_a \qquad (11.16)$$

式中:p_k——相应于荷载效应组合时,基础底面处的平均压力值(kPa);

f_a——修正后的地基承载力特征值(kPa)。

$$p_k = \frac{F_k + G_k}{A} \qquad (11.17)$$

式中:F_k——相应于荷载效应标准组合时,上部结构传至基础顶面的竖向力值(kN);

G_k——基础自重和基础上的土重之和(kN)。

$$G_k = A \cdot d \cdot \gamma_G \qquad (11.18)$$

式中:d——基础埋深(m);

γ_G——基础及回填土的平均重度,一般取 $\gamma_G = 20 \text{ kN/m}^3$;

A——基础底面积(m^2)。

因此

$$\frac{F_k + \gamma_G A d}{A} \leqslant f_a \qquad (11.19)$$

所以基底面积为

$$A \geqslant \frac{F_k}{f_a - \gamma_G d} \tag{11.20}$$

对于矩形基础，有

$$b \times l = A \geqslant \frac{F_k}{f_a - \gamma_G d} \tag{11.21}$$

对于方形基础，有

$$b = \sqrt{A} \geqslant \frac{F_k}{\sqrt{f_a - \gamma_G d}} \tag{11.22}$$

对于条形基础，取单位长度方向 1 延长米计算，所以

$$b = A \geqslant \frac{F}{f_a - \gamma_G d} \tag{11.23}$$

2. 偏心荷载作用下基础尺寸

在偏心荷载作用下，确定基础底面尺寸步骤如下：

首先，按轴心荷载，用式(11.21)~式(11.23)计算基底面积 A_1(或 b_1)；

其次，考虑荷载偏心，把 A_1(或 b_1)放大 10%~40%，即

$$A = (1.1 \sim 1.4)A_1 \tag{11.24}$$

再次，计算最大最小基底压力，判别是否同时满足

$$\frac{1}{2}(p_{k\max} + p_{k\min}) \leqslant f_a \tag{11.25}$$

$$p_{k\max} \leqslant 1.2f_a \tag{11.26}$$

其中

$$p_{k\max, k\min} = \frac{F_k + G_k}{A} \pm \frac{M_k}{W} \tag{11.27}$$

式中：M_k——相应于荷载效应标准组合时，作用于基础底面的力矩(kN·m)；

$\quad\quad W$——基础底面的抵抗矩(m³)。

如基底尺寸不满足式(11.25)和式(11.26)(太大或太小)，应调整基底尺寸，直至满足要求又能发挥地基的承载力为止。

11.6.2 丛式井联动主机基础设计

1. 基础设计要点

丛式井联动主机设备受力较为特殊，主要承受有曲柄连杆机构对基础的上下往复力作用，井架悬绳对基础的偏心提拉作用及自身的重力荷载，所以在设计时必须要同时考虑力和力矩的双重作用。在具体设计时，应首先注意确定一台主机基础负荷的井架数，其次应确定上述各项力的大小，而后再依据场地及设备条件进行基础尺寸初步估定，最后将其等代为结构设计中的独立基础，依据相关规范进行配筋计算及尺寸验算。

考虑到具体施工条件的偏差和安全储备要求，可以将最终的结果放大 1.2 倍予以施工图设计。具体设计步骤如下：

(1) 确定抽油机所承担的油井数量。

（2）对抽油机基础进行受力分析。

（3）依据现场及设备要求确定基础的基本尺寸。

（4）依据受力分析图进行丛式井联动主机基础等代。

（5）针对等代基础进行尺寸验算和配筋计算。

（6）调整计算结果形成施工图设计。

2. 基础设计实例

1）基本设计资料

某丛式井井场天然地基均为黄土，考虑黄土湿陷性特征，对地基做 3∶7 灰土回填并夯实，形成人工地基。两个井场处理后的地基承载力特征值均按 150 kPa 设计。

依据井场现场的布置，结合抽油机及轨道基本尺寸要求，丛式井联动主机基础设计尺寸构造图如图 11-16 所示。

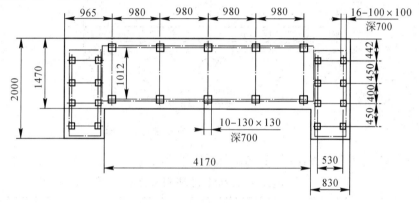

图 11-16　丛式井联动主机基础设计尺寸构造图

其中，两侧 800 mm 宽的两部井架基础通过预埋钢板与中间抽油机基础相连，这样可以在一定程度上减轻井架作用于抽油机基础的倾覆力矩。即图 11-16 中的基础是中间的抽油机基础和两侧的井架基础组合而成的，因此在抽油机基础设计时，按照除去两侧井架基础的实际中部承载部分进行基础计算。

基础上部抽油机组通过 5 组 10 个预埋螺栓孔和基础完成连接，考虑设备自重及运转过程中悬绳牵拉作用，其基础受力分析图如图 11-17 所示。

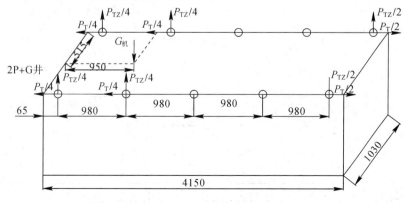

图 11-17　抽油机基础受力分析图

图中的 $G_机$ 为基础上部抽油机的重量，取 56 kN。P_T 为扭矩所产生力对抽油机底座的沿 X 方向(长度方向)分力，取 19 kN。P_{TZ} 为扭矩所产生力对抽油机底座的沿 Z 方向(高度方向)分力，取 16 kN。

2) 基础设计计算过程

丛式井联动主机基础属于单阶矩形底板基础。考虑 5 组螺栓位置及受力特征，绘制出丛式井联动主机基础计算简图如图 11-18 所示。图中设纵向轴线为 X 轴，横向轴线为 Y 轴。

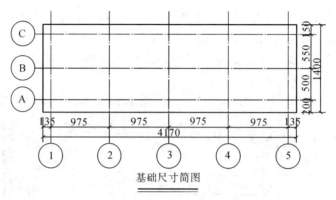

图 11-18　丛式井联动主机基础计算简图

将图 11-17 中的受力按照图 11-18 中的计算简图进行受力分配，如表 11-14 所示。

表 11-14　丛式井联动主机基础节点受力编号表

节点编号	纵向轴线号	横向轴线号
1	1	A
2	2	A
3	3	A
4	4	A
5	5	A
6	2	B
7	1	C
8	2	C
9	3	C
10	4	C
11	5	C

如上表所示，共分配对应 11 个节点，其中直接受力的节点有 7 个。7 个节点荷载信息如表 11-15 所示。

表 11 – 15　丛式井联动主机基础节点荷载信息表

节点编号	竖向力设计值 N/kN	水平力设计值 V_x/kN	竖向力标准值 N_k/kN	水平力标准值 V_{xk}/kN
1	5.40	−6.75	4.00	−5.00
2	5.40	−6.75	4.00	−5.00
5	10.80	13.50	8.00	10.00
6	60.75	0.00	45.00	0.00
7	5.40	−6.75	4.00	−5.00
8	5.40	−6.75	4.00	−5.00
11	10.80	13.50	8.00	10.00

（1）基本材料信息：

混凝土强度等级：C25，$f_c = 11.90$ N/mm²；$f_t = 1.27$ N/mm²。

钢筋级别：HPB300，$f_y = 270$ N/mm²。

基础纵筋混凝土保护层厚度：40 mm。

基础与覆土的平均容重：25.00 kN/m³。

修正后的地基承载力特征值：150 kPa。

基础埋深：1.00 m。

（2）计算过程：

① 基底反力计算：

统计到基底的荷载如下：

标准值：$N_k = 77.00$ kN，$M_{kx} = -0.80$ kN·m，$M_{ky} = -36.08$ kN·m。

设计值：$N = 103.95$ kN，$M_x = -1.08$ kN·m，$M_y = -48.70$ kN·m。

在进行承载力验算时，底板总反力标准值组合如下：

$$p_{kmax} = \frac{N_k + G_k}{A} + \frac{|M_{xk}|}{W_x} + \frac{|M_{yk}|}{W_y}$$

$$= \frac{77.00 + 58.38}{5.84} + \frac{0.80}{1.36} + \frac{36.08}{4.06}$$

$$= 32.67 \text{ kPa}$$

$$p_{kmin} = \frac{N_k + G_k}{A} - \frac{|M_{xk}|}{W_x} - \frac{|M_{yk}|}{W_y}$$

$$= \frac{77.00 + 58.38}{5.84} - \frac{0.80}{1.36} - \frac{36.08}{4.06}$$

$$= 13.71 \text{ kPa}$$

$$p_k = \frac{N_k + G_k}{A} = 23.19 \text{ kPa}$$

各角点反力：

$$p_1 = 31.49 \text{ kPa}, \quad p_2 = 13.71 \text{ kPa}, \quad p_3 = 14.89 \text{ kPa}, \quad p_4 = 32.67 \text{ kPa}$$

在进行强度计算时，底板净反力设计值组合如下：

$$p_{max} = \frac{N}{A} + \frac{|M_x|}{W_x} + \frac{|M_y|}{W_y}$$

$$= \frac{103.95}{5.84} + \frac{1.08}{1.36} + \frac{48.70}{4.06}$$

$$= 30.60 \text{ kPa}$$

$$p_{min} = \frac{N}{A} - \frac{|M_x|}{W_x} - \frac{|M_y|}{W_y}$$

$$= \frac{103.95}{5.84} - \frac{1.08}{1.36} - \frac{48.70}{4.06}$$

$$= 5.01 \text{ kPa}$$

$$p = \frac{N}{A} = 17.81 \text{ kPa}$$

各角点反力：

$$p_1 = 29.02 \text{ kPa}, \quad p_2 = 5.01 \text{ kPa}, \quad p_3 = 6.60 \text{ kPa}, \quad p_4 = 30.60 \text{ kPa}$$

地基承载力验算：

$p_k = 23.19 \leqslant f_a = 150.00 \text{ kPa}$，满足。

$p_{k max} = 32.67 \leqslant 1.2 \times f_a = 180.00 \text{ kPa}$，满足。

② 底板内力计算：

垂直于 X 轴的弯矩计算截面（即沿基础宽度方向）结果如表 11 - 16 所示。

表 11 - 16　垂直于 X 轴的截面弯矩计算表（丛式井联动主机基础）

截面号	位　　置	弯矩 M_y	剪力 Q
X1	位于节点 1（轴线 1A）的左侧，距底板左侧 130.00 mm	0.35	−5.36
X2	位于节点 1（轴线 1A）的右侧，距底板左侧 140.00 mm	−6.40	5.04
X3	位于节点 2（轴线 2A）的左侧，距底板左侧 1105.00 mm	6.44	−30.39
X4	位于节点 2（轴线 2A）的右侧，距底板左侧 1115.00 mm	−0.36	40.83
X5	位于节点 3（轴线 3A）的左侧，距底板左侧 2080.00 mm	−25.72	12.98
X6	位于节点 3（轴线 3A）的右侧，距底板左侧 2090.00 mm	−25.85	12.73
X7	位于节点 4（轴线 4A）的左侧，距底板左侧 3055.00 mm	−27.76	−7.53
X8	位于节点 4（轴线 4A）的右侧，距底板左侧 3065.00 mm	−27.68	−7.70
X9	位于节点 5（轴线 5A）的左侧，距底板左侧 4030.00 mm	−13.52	−20.38
X10	位于节点 5（轴线 5A）的右侧，距底板左侧 4040.00 mm	0.07	1.12

注：弯矩 M_y 以底板下部受拉为正，单位为 kN·m；剪力 Q 以截面右侧部分受力向下为正，单位为 kN。

垂直于 Y 轴的弯矩计算截面（即沿基础宽度方向）结果如表 11 - 17 所示。

表 11－17　垂直于 Y 轴的截面弯矩计算表(丛式井联动主机基础)

截面号	位　　置	弯矩 M_y	剪力 Q
Y1	位于节点 1(轴线 1A)的下侧,距底板下侧 195.00 mm	1.35	－13.92
Y2	位于节点 1(轴线 1A)的上侧,距底板下侧 205.00 mm	1.39	6.96
Y3	位于节点 6(轴线 2B)的下侧,距底板下侧 695.00 mm	6.71	－28.85
Y4	位于节点 6(轴线 2B)的上侧,距底板下侧 705.00 mm	6.69	31.16
Y5	位于节点 7(轴线 1C)的下侧,距底板下侧 1245.00 mm	0.82	－9.64
Y6	位于节点 7(轴线 1C)的上侧,距底板下侧 1255.00 mm	0.81	11.20

注:弯矩 M_x 以底板下部受拉为正,单位为 kN·m;剪力 Q 以截面右侧部分受力向下为正,单位为 kN。

垂直于 X 轴的负弯矩计算截面(即沿基础长度方向)结果如表 11－18 所示。

表 11－18　垂直于 X 轴的截面负弯矩计算表(丛式井联动主机基础)

截面号	位　　置	弯矩 M_y	剪力 Q
FX1	距底板左侧 140.00 mm	－6.40	FX1
FX2	距底板左侧 277.18 mm	－6.71	FX2
FX3	距底板左侧 1115.00 mm	－0.36	FX3
FX4	距底板左侧 2080.00 mm	－25.72	FX4
FX5	距底板左侧 2090.00 mm	－25.85	FX5
FX6	距底板左侧 2696.32 mm	－29.30	FX6
FX7	距底板左侧 3055.00 mm	－27.76	FX7
FX8	距底板左侧 3065.00 mm	－27.68	FX8
FX9	距底板左侧 4030.00 mm	－13.52	FX9

注:弯矩 M_y 以底板下部受拉为正,单位为 kN·m。

垂直于 Y 轴的计算截面未出现负弯矩,因此无需计算。

③ 最大正、负弯矩和绝对值最大的剪力统计。垂直于 X 轴的截面计算结果如表 11－19 所示。

表 11－19　垂直于 X 轴的截面计算结果汇总表(丛式井联动主机基础)

项　　目	最大值所在的截面号	最大值
最大正弯矩 M_y/(kN·m)	X3	6.44
最大剪力 Q/kN	X4	40.83(绝对值)
最大负弯矩 M_y/(kN·m)	FX6	－29.30

垂直于 Y 轴的截面计算结果如表 11−20 所示。

表 11−20　垂直于 Y 轴的截面计算结果汇总表（丛式井联动主机基础）

项　　目	最大值所在的截面号	最大值
最大正弯矩 M_x/(kN·m)	Y3	6.71
最大剪力 Q/kN	Y4	31.16（绝对值）
最大负弯矩 M_x/(kN·m)	无	无

④ 配筋计算。

根据《建筑地基基础设计规范》(GB 50007 — 2011) 中相关规定，扩展基础受力钢筋最小配筋率不应小于 0.15%。结合上述内力计算结果，丛式井联动主机基础配筋计算如表 11−21 所示。

表 11−21　丛式井联动主机基础配筋计算表

项目	M/(kN·m)	h_0/mm	计算 A_s/mm²	实配	实配 A_s/mm²	配筋率 ρ
底板下部 x 向	6.44	1005	17	$\phi18@160$	1590	0.151

续表

项目	M/(kN·m)	h_0/mm	计算 A_s/mm²	实配	实配 A_s/mm²	配筋率 ρ
底板下部 y 向	6.71	1005	6	$\phi18@160$	1590	0.151
底板上部 x 向	−29.30	1005	78	$\phi18@160$	1590	0.151
底板上部 y 向	—	—	—	—	无	—

⑤ 基础抗剪验算。

根据《建筑地基基础设计规范》(GB 50007 — 2011) 中相关规定，依据公式：$V_s \leqslant 0.7 \times \beta_h \times f_t \times A_c$ 进行抗剪验算，结果汇总于表 11−22 中。

表 11−22　丛式井联动主机基础抗剪计算表

最大剪力截面	剪力 V_s/kN	β_h	f_t/(N/mm²)	A_c/mm²	$0.7 \times \beta_h \times f_t \times A_c$	是否满足
X4	40.83	0.94	1.27	1 407 000	1181.48	满足
Y4	31.16	0.94	1.27	4 190 850	3519.13	满足

⑥ 基础倾覆验算。

由于丛式井联动抽油机链条的水平方向拉力作用在井架底座导轮上，导致主机基础承受较大的倾覆力矩，基础存在向上作用的倾覆转动可能，因此对基础倾覆验算如下：

倾覆力矩为

$$M_1 = \frac{P_{TZ}}{4} \times (0.98 \times 4 + 0.065) \times 2$$

$$+ \frac{P_{TZ}}{4} \times (0.98 \times 3 + 0.065) \times 2 + \frac{P_{TZ}}{4} \times 0.065 \times 2$$

$$= 4 \times 3.985 \times 2 + 4 \times 3.005 \times 2 + 4 \times 0.065 \times 2$$

$$= 56.44 \text{ kN·m}$$

抗倾覆力矩为

$$M_2 = G_{机} \times (0.98 \times 3 + 0.065) + G_{基础} \times \frac{4.15}{2}$$

$$= 56 \times 3.005 + 25 \times 4.15 \times 1.4 \times 1.05 \times 2.075$$

$$= 484.74 \text{ kN} \cdot \text{m}$$

因为 $M_1 \leqslant M_2$。

所以基础抗倾覆验算通过。

3）基础配筋简图

丛式井联动主机基础配筋简图如图 11-19 所示。

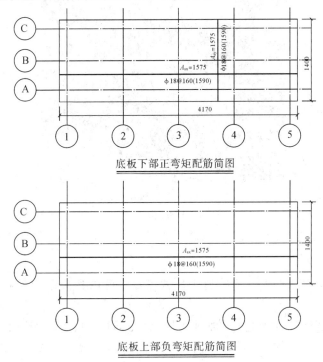

图 11-19 丛式井联动主机基础配筋简图

4）设计成果

两个井场丛式井联动主机基础图分别如图 11-20 和图 11-21 所示。

图 11-20 某井场丛式井联动主机基础图 1

图 11-21 某井场丛式井联动主机基础图 2

11.7 丛式井井架基础

11.7.1 丛式井井架基础的设计要求

1. 基本特点

井架基础与抽油机基础一样，均属于动力设备基础。丛式井井架如图 11-22 所示。

图 11-22 丛式井井架

丛式井井架需要同样经受悬点载荷，同时也存在有电机等设备的振动，因此在设计时应该从悬点载荷可能造成的基础转动倾覆和设备振动两个方面的影响展开分析。

2. 设计的基本步骤

丛式井联动排采设备井架基础属于块式基础，可以参照动力设备基础的设计汇总如下：

（1）收集设计资料，主要包括：抽油机的型号、转速、功率、轮廓尺寸图；机器底座外轮廓图、安装辅助设备与管道的预留孔洞尺寸和位置、灌浆层厚度、地脚螺栓和预埋件的位置；机器自重与重心位置；机器的扰力、扰力矩及其方向；机器本身及周围环境对振动的要求；工程地质勘察资料与动力试验资料等。

（2）根据抽油机的振动特点确定井架基础的结构形式。

（3）验算地基承载力并进行地基沉降计算。

（4）根据基础的结构形式进行结构强度验算与配筋。

11.7.2 丛式井联动采油机构井架基础设计

1. 基础设计要点

丛式井联动采油机构井架基础受力特点是承受链条传动机构的水平方向拉力所导致的力矩作用。除此以外，主要承受有自身重力荷载作用。在具体设计时，应首先注意确定上述两项力的大小，而后再依据场地及设备条件进行基础尺寸初步估定，最后将其等代为结构设计中的独立基础，依据相关规范进行配筋计算及尺寸验算。考虑到具体施工条件的偏差和安全储备要求，可以将最终的结果放大 1.2 倍予以施工图设计。井架及基础构造示意图如图 11-23 所示，具体设计步骤如下：

（1）对井架基础进行受力分析。

（2）依据现场及设备要求确定基础的基本尺寸。

（3）依据受力分析图进行基础等代。

（4）针对等代基础进行尺寸验算和配筋计算。

（5）调整计算结果形成施工图设计。

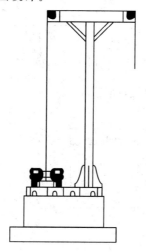

图 11-23　井架及基础构造示意图

2. 井架基础设计实例

1）基本设计资料

井架基础的地基条件与丛式井联动抽油机基础所处地基条件一致，天然地基均为黄土，考虑黄土湿陷性特征，对井架基础所在地基同样做 3：7 灰土回填并夯实，形成人工地基。两个井场处理后的地基承载力特征值均按 150 kPa 设计。

依据井场现场的布置，结合抽油机及轨道基本尺寸要求，丛式井井架基础设计尺寸示意图如图 11-24 所示。

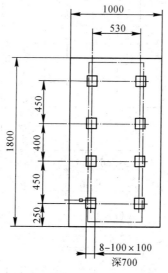

图 11-24　井架基础设计尺寸示意图

井架基础上部井架及链条传动机构通过 4 组 8 个预埋螺栓孔和基础完成连接，考虑井架设备自重及运转过程中悬绳牵拉作用，基础受力情况如图 11 - 25 所示。

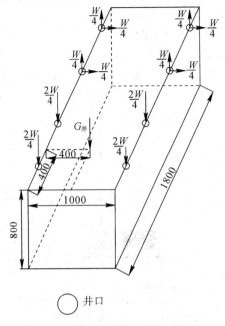

○ 井口

图 11 - 25 井架基础受力分析图

图中的 $G_{井}$ 为基础上部井架重量，取 11 kN。W 为井口对井架作用的最大悬点载荷，取 27 kN。

2）基础设计计算过程

丛式井井架基础属于单阶矩形底板基础。考虑 4 组螺栓位置及井架基础受力特征，绘制出井架基础计算简图，如图 11 - 26 所示。图中设纵向轴线为 X 轴，横向轴线为 Y 轴。

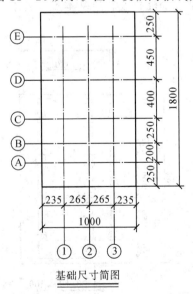

基础尺寸简图

图 11 - 26 井架基础计算简图

将图 11-25 中的受力按照图 11-26 中的计算简图进行受力分配,如表 11-23 所示。

表 11-23 井架基础节点受力编号表

节点编号	竖向轴线号	横向轴线号
1	1	A
2	2	B
3	1	C
4	1	D
5	1	E
6	3	A
7	3	C
8	3	D
9	3	E

如上表所示,共分配对应 9 个节点。9 个节点荷载信息如表 11-24 所示。

表 11-24 丛式井井架基础节点荷载信息表

节点编号	竖向力设计值 N/kN	水平力设计值 V_x/kN	竖向力标准值 N_k/kN	水平力标准值 V_{xk}/kN
1	18.90		14.00	
2	14.85		11.00	
3	18.90		14.00	
4	9.45	9.45	7.00	7.00
5	9.45	9.45	7.00	7.00
6	18.90		14.00	
7	18.90		14.00	
8	9.45	9.45	7.00	7.00
9	9.45	9.45	7.00	7.00

(1)基本材料信息:

混凝土强度等级:C25,$f_c = 11.90$ N/mm^2,$f_t = 1.27$ N/mm^2。

钢筋级别:HPB300,$f_y = 270$ N/mm^2。

基础纵筋混凝土保护层厚度:40 mm。

基础与覆土的平均容重:20.00 kN/m^3。

修正后的地基承载力特征值:150 kPa。

基础埋深:0.5 m。

（2）计算过程：

① 基底反力计算：

统计到基底的荷载如下：

标准值：$N_k = 95.00$ kN，$M_{kx} = 16.85$ kN·m。

设计值：$N = 128.25$ kN，$M_x = 22.75$ kN·m。

在进行承载力验算时，底板总反力标准值组合如下：

$$p_{k\max} = \frac{N_k + G_k}{A} + \frac{|M_{xk}|}{W_x} + \frac{|M_{yk}|}{W_y}$$

$$= \frac{95.00 + 18}{1.8} + \frac{16.85}{0.54} + 0$$

$$= 93.98 \text{ kPa}$$

$$p_{k\min} = \frac{N_k + G_k}{A} - \frac{|M_{xk}|}{W_x} - \frac{|M_{yk}|}{W_y}$$

$$= \frac{95.00 + 18}{1.8} - \frac{16.85}{0.54} - 0$$

$$= 31.57 \text{ kPa}$$

$$p_k = \frac{N_k + G_k}{A} = 62.78 \text{ kPa}$$

各角点反力：

$p_1 = 93.98$ kPa，$p_2 = 93.98$ kPa，$p_3 = 31.57$ kPa，$p_4 = 31.57$ kPa

在进行强度计算时，底板净反力设计值组合如下：

$$p_{\max} = \frac{N}{A} + \frac{|M_x|}{W_x} + \frac{|M_y|}{W_y}$$

$$= \frac{128.25}{1.80} + \frac{22.75}{0.54} + 0$$

$$= 113.38 \text{ kPa}$$

$$p_{\min} = \frac{N}{A} - \frac{|M_x|}{W_x} - \frac{|M_y|}{W_y}$$

$$= \frac{128.25}{1.80} - \frac{22.75}{0.54} - 0$$

$$= 29.12 \text{ kPa}$$

$$p = \frac{N}{A} = 71.25 \text{ kPa}$$

各角点反力：

$p_1 = 113.38$ kPa，$p_2 = 113.38$ kPa，$p_3 = 29.12$ kPa，$p_4 = 29.12$ kPa

地基承载力验算：

$p_k = 62.78 \leqslant f_a = 150.00$ kPa，满足。

$p_{k\max} = 93.98 \leqslant 1.2 \times f_a = 180.00$ kPa，满足。

② 底板内力计算：

垂直于 X 轴的弯矩计算截面(即沿基础长度方向)结果如表 11 - 25 所示。

表 11 - 25 垂直于 X 轴的截面弯矩计算表(丛式井井架基础)

截面号	位　　置	弯矩 M_y	剪力 Q
X1	位于节点 1(轴线 1A)的左侧,距底板左侧 230.00 mm	3.39	-29.50
X2	位于节点 1(轴线 1A)的右侧,距底板左侧 240.00 mm	3.41	25.92
X3	位于节点 2(轴线 2B)的左侧,距底板左侧 495.00 mm	0.97	-6.78
X4	位于节点 2(轴线 2B)的右侧,距底板左侧 505.00 mm	0.97	6.78
X5	位于节点 6(轴线 3A)的左侧,距底板左侧 760.00 mm	3.41	-25.92
X6	位于节点 6(轴线 3A)的右侧,距底板左侧 770.00 mm	3.39	29.50

注:弯矩 M_y 以底板下部受拉为正,单位为 kN·m;剪力 Q 以截面右侧部分受力向下为正,单位为 kN。

垂直于 Y 轴的弯矩计算截面(即沿基础宽度方向)结果如表 11 - 26 所示。

表 11 - 26 垂直于 Y 轴的截面弯矩计算表(丛式井井架基础)

截面号	位　　置	弯矩 M_y	剪力 Q
Y1	位于节点 1(轴线 1A)的下侧,距底板下侧 245.00 mm	3.29	-26.37
Y2	位于节点 1(轴线 1A)的上侧,距底板下侧 255.00 mm	3.37	10.41
Y3	位于节点 2(轴线 2B)的下侧,距底板下侧 445.00 mm	3.17	-8.02
Y4	位于节点 2(轴线 2B)的上侧,距底板下侧 455.00 mm	3.18	5.91
Y5	位于节点 3(轴线 1C)的下侧,距底板下侧 695.00 mm	4.30	-14.84
Y6	位于节点 3(轴线 1C)的上侧,距底板下侧 705.00 mm	4.27	22.15
Y7	位于节点 4(轴线 1D)的下侧,距底板下侧 1095.00 mm	1.28	-5.64
Y8	位于节点 4(轴线 1D)的上侧,距底板下侧 1105.00 mm	1.24	12.65
Y9	位于节点 5(轴线 1E)的下侧,距底板下侧 1545.00 mm	0.98	-9.95
Y10	位于节点 5(轴线 1E)的上侧,距底板下侧 1555.00 mm	0.99	8.54

注:弯矩 M_x 以底板下部受拉为正,单位为 kN·m;剪力 Q 以截面右侧部分受力向下为正,单位为 kN。

垂直于 Y 轴的负弯矩计算截面(即沿基础宽度方向)结果如表 11 - 27 所示。

表 11 - 27 垂直于 Y 轴的截面负弯矩计算表(丛式井井架基础)

截面号	位　　置	弯矩 M_x
FY1	距底板下侧 1351.23 mm	-0.12

注:弯矩 M_x 以底板下部受拉为正,单位为 kN·m。

垂直于 X 轴的计算截面未出现负弯矩,因此无需计算。

③ 最大正、负弯矩和绝对值最大的剪力统计。垂直于 X 轴的截面计算结果如表 11-28 所示。

表 11-28　垂直于 X 轴的截面计算结果汇总表(丛式井井架基础)

项　目	最大值所在的截面号	最大值
最大正弯矩 M_y/(kN·m)	X2、X5	3.41
最大剪力 Q/kN	X1、X6	29.5(绝对值)
最大负弯矩 M_y/(kN·m)	无	无

垂直于 Y 轴的截面计算结果如表 11-29 所示。

表 11-29　垂直于 Y 轴的截面计算结果汇总表(丛式井井架基础)

项　目	最大值所在的截面号	最大值
最大正弯矩 M_x/(kN·m)	Y5	4.30
最大剪力 Q/kN	Y1	26.37(绝对值)
最大负弯矩 M_x/(kN·m)	FY1	−0.12

④ 配筋计算。根据《建筑地基基础设计规范》(GB 50007—2011)中相关规定,扩展基础受力钢筋最小配筋率不应小于 0.15%。结合上述内力计算结果,丛式井联动主机基础配筋计算如表 11-30 所示。

表 11-30　丛式井井架基础配筋计算表

项　目	M/(kN·m)	h_0/mm	计算 A_s/mm²	实配	实配 A_s/mm²	配筋率 ρ
底板下部 x 向	3.41	755	10	φ16@160	1257	0.157
底板下部 y 向	4.30	755	23	φ16@160	1257	0.157
底板上部 x 向	—	—	—	—	无	—
底板上部 y 向	−0.12	755	1	φ16@160	1257	0.157

⑤ 基础抗剪验算。根据《建筑地基基础设计规范》(GB 50007—2011)中相关规定,依据公式:

$$V_s \leqslant 0.7 \times \beta_h \times f_t \times A_c$$

进行抗剪验算,结果汇总于表 11-31 中。

表 11-31　丛式井井架基础抗剪计算表

最大剪力截面	剪力 V_s/kN	β_h	f_t/(N/mm²)	A_c/mm²	$0.7 \times \beta_h \times f_t \times A_c$	是否满足
X1、X6	−29.50	1.00	1.27	1 359 000	1208.15	满足
Y1	−26.37	1.00	1.27	755 000	671.20	满足

⑥ 基础倾覆验算。由于丛式井井架基础上设计有联动抽油机链条传动，因此水平方向拉力在井架底座导轮上，导致井架基础承受较大的倾覆力矩，基础存在向上作用的倾覆转动可能，因此对基础倾覆验算如下：

倾覆力矩为

$$M_1 = \frac{W}{4} \times 1 \times 4 + \frac{W}{4} \times 0.8 \times 2$$
$$= 7 \times 1 \times 4 + 7 \times 0.8 \times 2$$
$$= 39.2 \text{ kN} \cdot \text{m}$$

抗倾覆力矩为

$$M_2 = G_{井} \times 0.4 + G_{基础} \times 0.4 + \frac{W}{2} \times 0.8 \times 2$$
$$= 11 \times 0.4 + 25 \times 1.8 \times 1 \times 0.8 \times 0.4 + 14 \times 0.8 \times 2$$
$$= 41.2 \text{ kN} \cdot \text{m}$$

因为 $M_1 \leqslant M_2$。

所以基础抗倾覆验算通过。

3）基础配筋简图

丛式井井架基础配筋简图如图11-27所示。

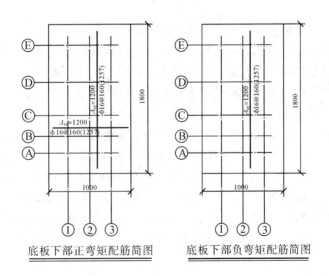

底板下部正弯矩配筋简图　　　　底板下部负弯矩配筋简图

图 11-27　丛式井井架基础配筋简图

4）设计成果

本次设计的丛式井联动排采设备同时带动6口井，为了使链条和每口井导向轮有效配合，基础设计了 T 形槽结构，以便灵活调整井架；井架基础 T 形槽结构早在基础浇注时已经预埋在内部，设备可以随时安装和运行，方便迅速。两个井场丛式井井架基础图分别如图 11-28 和图 11-29 所示。

图 11-28 某井场丛式井井架基础图

图 11-29 某井场丛式井井架基础图

思考题及习题

思考题

1. 常见的动力设备基础的结构类型有哪些？动力设备基础设计应符合的基本设计要求是什么？

2. 动力设备基础振动传播的特点是什么？动力设备基础隔振措施有哪些？常用隔振器的类型有哪些？

3. 饱和砂土的振动液化对动力设备基础的沉降有何影响？

4. 常规游梁式抽油机基础的构造特点是什么？有哪些设计计算要点？

5. 丛式井联动主机基础的构造特点是什么？有哪些设计计算要点？

6. 丛式井井架基础的设计要求是什么？具体的设计基本步骤有哪些？

习题

1. 某动力设备基础平面尺寸为 7.7 m×5.5 m，承受竖向正弦变化力的幅值为 20 kN，设备工作时的转速为 187 r/min，动力设备和基础总重为 238 t。处理后地基土抗压刚度系数为 26 000 kN/m³。试计算设备正常工作时的基础振动幅值。（答案：0.0198 mm）

2. 某整体块式基础及回填土的重量为 10 850 kN，机器及附属设备重 850 kN，地基土为碎石土，$f_{ak}=400$ kPa，基底尺寸为 7.5 m×12.4 m，不考虑基础的埋设效应，试确定基组无阻尼竖向固有圆频率。（答案：76.47 rad/s）